工业和信息化部“十二五”规划教材

“十二五”国家重点图书出版规划项目

模式识别（第2版）

Pattern Recognition

● 刘家锋　刘鹏　张英涛　吴锐　编著

● 唐降龙　主审

哈爾濱工業大學出版社

HARBIN INSTITUTE OF TECHNOLOGY PRESS

内容摘要

本书重点介绍模式识别的基本概念和基本方法，在保证理论完整性的前提下，详细讨论具体算法的基本思想、实现方法、优缺点以及适用领域，使读者在了解模式识别基本理论的同时能够掌握分类器设计方法，通过具体的应用实例和实践环节，帮助读者尽快做到理论与实践的结合，掌握模式识别方法用以解决在具体应用中所遇到的问题。

本书主要面向初学者和有一定自学能力的科研工作者，致力于对模式识别理论框架下概念的准确把握和算法实际应用能力的培养，算法与实用并重。本书可作为计算机科学与技术、电子科学与技术、控制科学与工程等专业本科生、研究生的教材或教学参考书，也可为其他相关专业人员了解模式识别方法提供入门参考。

图书在版编目(CIP)数据

模式识别/刘家锋等编著. —2版. —哈尔滨：哈尔滨工业大学出版社，2017.6(2024.6重印)

ISBN 978－7－5603－6713－2

Ⅰ.①模… Ⅱ.①刘… Ⅲ.①模式识别 Ⅳ.①O235

中国版本图书馆CIP数据核字(2017)第125675号

策划编辑 王桂芝 李子江
责任编辑 李广鑫 刘 威
出版发行 哈尔滨工业大学出版社
社 址 哈尔滨市南岗区复华四道街10号 邮编150006
传 真 0451－86414749
网 址 http://hitpress.hit.edu.cn
印 刷 辽宁新华印务有限公司
开 本 787mm×1092mm 1/16 印张16.25 字数391千字
版 次 2014年8月第1版 2017年6月第2版
2024年6月第4次印刷
书 号 ISBN 978－7－5603－6713－2
定 价 35.00元

再版前言

在这个信息化的时代里，计算机已经无处不在。随之而来的是人们对计算机智能化程度要求的不断提高，希望计算机能够自动感知和适应周围环境，或通过认知和学习能够理解和发现信息与数据背后隐藏的事物的内在规律。模式识别正是研究解决此类问题的学科。几十年来，这个领域的发展非常迅速，取得了丰富的研究成果，模式识别方法已被成功地应用于字符识别、生物特征身份认证、语音识别、图像理解与计算机视觉、信息检索、数据挖掘等多个领域。“模式识别”作为一门课程也在高等院校的教学过程中越来越受到了重视。本书是作者在哈尔滨工业大学模式识别研究中心多年讲授“模式识别”课程所积累的教学经验和课程讲义基础上整理形成的。

模式识别领域有丰富的研究内容，为了解决相关问题，研究者不断提出的模式识别方法及其各具特色的变体往往会使初学者陷入无所适从、难以抉择的困境；同时，作为一门既有严格理论框架，又有广泛应用背景的学科，模式识别课程的教学方式多种多样。本书从课程教学的角度出发，没有将最新的研究成果呈现在读者面前，而是侧重于介绍具体模式识别方法的思想来源、工作原理及其实现过程，重点剖析该领域中最经典和最常用的几种模式识别系统设计和实现方法，提示读者每个算法在实现过程中需要注意的诸多细节，并给出相应的 Matlab 代码供读者参考，使初学者尽快掌握和运用模式识别的理论和方法来解决实际问题。

本着由浅入深、初学者易于掌握的原则，本书第 2 章和第 3 章主要是从模式的相似性和距离度量入手，分别介绍了两种简单的分类方法和三种聚类算法，并且讨论了如何评价一个识别系统的性能以及聚类结果的有效性；第 4 章和第 6 章分别讨论了线性和非线性判别函数分类器的设计方法，重点介绍了线性网络、多层感知器网络和支持向量机的原理和算法；第 5 章的内容与其他章节略有不同，在这一章里介绍的算法不是对模式进行分类，而是对描述模式的特征进行选择和提取，降低特征的维数，以简化分类器的设计；第 7 章在分析了贝叶斯判别这一模式识别理论基础的同时，重点介绍了高斯模型、高斯混合模型以及隐含马尔科夫模型的分类与学习算法；第 8 章以图像识别、字符识别的实例形式给出了模式识别算法的实际应用方法。

此次再版由刘家锋、刘鹏、张英涛、吴锐、赵巍、金野共同负责，具体分工如下：第 1、4、5 章由刘家锋负责，第 2 章由张英涛负责，第 3 章由赵巍负责，第 6 章由刘鹏负责，第 7 章由金野负责，第 8 章由吴锐负责。全书由刘家锋、赵巍统稿，唐降龙教授审阅了全书的内容。

鉴于作者水平有限，书中难免存在疏漏和不妥之处，敬请读者指正。联系人：赵巍 zhaowei@hit.edu.cn。

作者

哈尔滨工业大学计算机科学与技术学院

模式识别研究中心

2017 年 5 月

目　　录

第1章　绪　　论

人能够很容易地分辨出不同的物体，认出熟悉的人，听懂别人说的话。辨识能力是人类最基本的智能行为，是人感知和理解周围环境，与外部世界进行交流的基础。识别能力对人类来说是极为平常的，甚至动物对不同的对象也有一定的分辨能力，例如可以区分不同的食物，发现敌害以避免受到攻击等。

生物体(包括人)是如何识别对象的？是如何具有识别能力的？这类问题属于认知科学的范畴，是心理学、哲学、生物学和神经科学的研究内容；而模式识别则是从工程的角度考虑，针对给定的任务和应用，研究如何使计算机具有识别能力的理论和方法。

什么是模式？粗略地说，存在于外部世界中每一个要识别的对象都可以称作是一个模式；更准确地说，模式并不是指识别对象本身，外部世界的事物只有通过人的视觉、听觉、嗅觉、触觉器官的感知才能够为人所认识，而模式则是指计算机通过对信号的采样、量化和处理之后得到的关于识别对象描述的一组属性集合，例如视觉识别对象的颜色、大小、形状，听觉识别对象的声音在各个频率上的能量分布等。在特定的任务和应用中，不同的模式可能属于同一个类别，例如同属于桌子类别的对象可以有不同的大小、形状和颜色。模式识别有时也被称为模式分类，所要研究的就是如何根据模式判断不同的识别对象是否属于相同类别。

1.1　模式识别的应用

统计学领域对于人类决策和分类行为的理论研究有着很长的历史。到了20世纪60年代，随着计算机的发明以及之后在多个领域的广泛应用，自动化技术和人工智能系统对模式识别提出了迫切的需求，这极大地推动了这个领域理论、方法和应用的研究。下面通过几个实际的应用场景来说明模式识别的过程和方法。

如何准确鉴定一个人的身份、保证信息安全是金融、电子商务、重要场所的安全检查、刑侦等领域需要解决的重要问题。原有的身份认证手段——卡(ID卡)、密钥、口令等极易伪造和丢失，无法满足信息化时代的要求。生物特征鉴别就是利用人体特有的生物特征进行身份认证的技术，这些特征包括指纹、视网膜、虹膜、面部图像、指静脉等生理特征，也包括笔迹、声纹、步态等行为特征。以人脸识别为例，首先需要由照相机或摄像机拍摄包含人脸的图片，数字化采样成为数字图像输入计算机；然后使用图像处理技术检测出人脸所在的区域，校正图像的亮度和位置、方向；最后由识别系统与保存在人脸数据库中的图像进行比对，确定其身份。

对生产线上的产品进行缺损检测是保证产品质量的重要手段，在快速的生产过程中由人力来检测产品的缺陷是一件很繁重的工作，往往会由于人的疲劳出现过多的漏检和误检，采用计算机视觉和模式识别技术自动检测产品质量是现代化生产线上的一个重要环节。当产品在生产线上运行到一定的位置时触发相应的成像设备拍摄该产品的图像，然后由识别系统在线地将其分类为“合格产品”或“有缺陷产品”，并将分类结果发送到相应的执行机构，由执行机构进行不同的处理，例如将缺陷产品剔除，将合格产品装箱等。

字符识别和语音识别技术现在已经被普遍地应用到了办公自动化领域和日常的移动智能设备上。语音识别首先由麦克风采集人说话的声音，转换成数字波形信号输入计算机；然后使用数字信号处理技术对输入的声音信号进行处理，例如滤除噪声、分析信号的频谱等；识别系统根据信号处理的结果进行分类，实现声音信息到文字信息的转换；最后将识别的结果交由其他环节使用，如在屏幕上显示文字信息的内容，将文字信息由一种语言翻译成另一种语言，或者作为智能问答系统的输入。

字符识别技术根据识别的内容可以分为手写字符识别和印刷体字符识别，根据字符的输入形式可以分为在线识别和光学字符识别。人在移动智能设备的触摸屏或数位板上书写，计算机根据书写的轨迹识别字符的方式称为在线的手写字符识别；由扫描仪或照相机将印刷或手写在纸上的字符转换成数字图像，然后由识别系统将其转换为相应的汉字、字母、数字或标点符号的过程称为光学字符识别。在光学字符识别中首先需要采用一系列的图像处理技术对输入的手写或印刷字符图像进行处理，校正图像的方向、切分文本行、分割出单个字符，然后由识别系统对包含单个字符的图像进行分类，将其转换为相应的字符编码，如ASCII码、汉字编码、Unicode码等。

计算机辅助诊断是模式识别技术应用的另一个重要领域。X光、CT、B超、核磁共振是现代医学影像检查的重要手段，但是医学图像普遍存在图像质量比较差、不易被人直观理解、病灶存在于一些细微之处等缺点，是否能够使用医学影像的手段准确诊断疾病很大程度上依赖于医生的经验。在实践中人们也发现，当医生需要做出判断时如果能够听取另外一位更有经验的影像科医生查看同一幅图像之后的意见，就可以有效提高诊断的准确率。计算机辅助诊断系统通过对已有病例的学习获得医学图像中与疾病相关的知识，能够对输入图像进行分析、判断，可以对医生的诊断起到辅助作用。

从以上所举的几个例子可以看出，人是运用自身的经验和知识完成了对外部事物、景物的感知和辨识，而模式识别则是希望能够将这些知识和经验传授给计算机，使得计算机也能够具有自动识别和感知周围事物的能力。当计算机具有自动识别的能力之后，就可以替代或辅助人类完成许多繁重、危险的工作。除了上述应用领域之外，模式识别技术也被广泛应用于机器人、自动车辆导航、考古、地质勘探、航天、军事等领域。

1.2 模式识别系统

从上一节所举的应用实例可以看出，模式识别系统所完成的工作是从外部世界获取一个所要识别对象的数据，经过分析和处理之后辨识其类别属性。完整的识别系统一般需要包括识别和训练两个过程，如图1.1所示。

1. 数据采集及预处理

数据采集是将外部世界需要识别的对象数字化为波形、图像、文本等计算机可以处理的形式输入识别系统。在数据采集过程中难免会有噪声或者其他与识别对象不相关的信息混入，在预处理过程中需要滤波去除噪声，将识别对象从背景中分离出来。

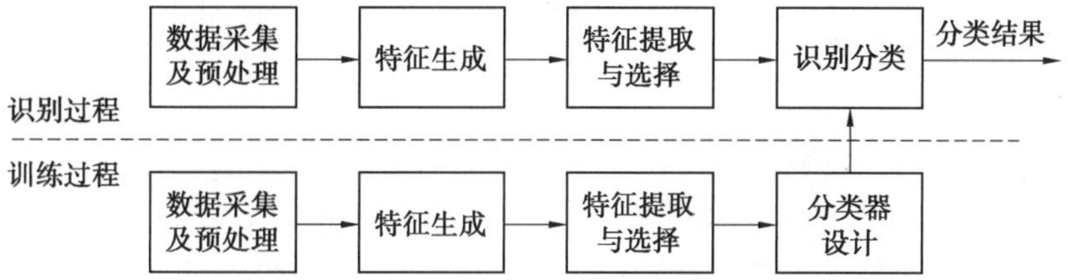

图 1.1　模式识别系统框图

2. **特征生成**

经过数据采集得到的数据量一般比较大，很难直接由分类器进行识别，需要对原始信息进行处理，找出描述不同类别对象之间差异的“特征”，分类器再根据这些特征来判别识别对象的类别属性。

3. **特征提取与选择**

采用什么样的特征对对象进行识别是模式识别系统设计的一个关键问题，但是特征往往是与实际应用相关的，不同的分类问题需要不同的特征。对于识别系统的设计者来说，一般很难预先确切地知道所面对的问题到底需要哪些特征，哪些特征能够很好地区分所要识别的对象。通常的做法是尽量多地从原始数据中生成与问题相关的特征，然后选择出最有效的特征，或对这些特征进行组合得到一组更有效的特征，这个过程一般称作特征的提取与选择。

4. **识别分类**

经过特征生成和特征提取与选择之后，每个被识别的对象都被描述为一组特征，这组特征一般被称为“特征矢量”。每个对象所对应的特征矢量可以看作是“特征空间”中的一个点，识别分类环节根据特征矢量判别对象所属的类别，这个过程可以看作是采用一定数学方法实现了从“特征空间”到“类别空间”的映射。

5. **分类器设计**

对于一些简单问题，可以采用人工的方式设计分类器，决定什么样的特征矢量应该映射为哪一个类别。然而，对于一个复杂的实际问题来说，人工方式设计分类器往往是低效的，特别是当特征的数量很多、特征空间的维数很高时，很难通过人的直观感觉设计出一个合适的分类器。人对周围不同物体和对象的分辨能力也不是与生俱来的，而是通过后天不断地学习和训练，以及对经验的总结逐渐形成的，识别系统中的分类器一般也需要一个训练和学习的过程。在训练过程中设计者需要提供大量不同识别对象的实例（这些实例一般被称作“训练样本”），而识别系统则采用一定的训练和学习算法在这些训练样本的基础之上自动完成分类器的设计。

下面通过一个简单的应用来详细介绍识别系统的各个环节。一个食品加工厂需要桃子和橘子两种水果，假设进厂时两种水果是混在一起的，需要通过一个传送带将其分开进行加工。

可以在传送带的特定位置安装一个 CCD 摄像机，当一个水果到达镜头下方时自动拍摄一幅数字图像输入计算机，这个过程完成的是对识别对象的数据采集。输入图像中的水果处于背景之中，需要采用数字图像处理的技术将其与背景分离，然后旋转到如图 1.2 所示的正立位置，这个过程称为预处理。

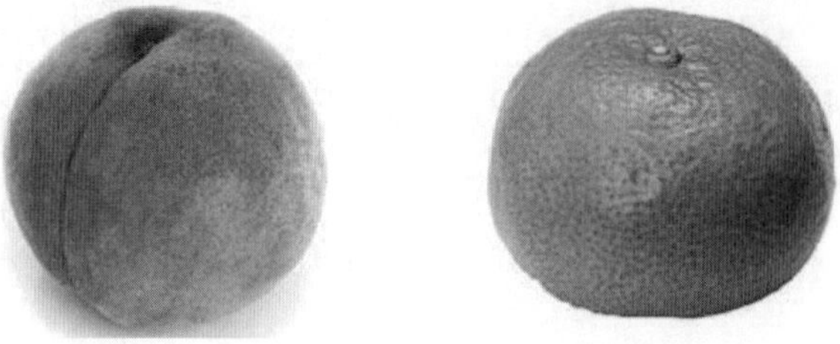

图 1.2　桃子和橘子的图像

下一步需要根据预处理之后的水果图像生成用于识别的特征。通过观察可以发现，桃子和橘子最明显的差别在于颜色的不同，因此首先选择颜色作为识别特征。数字图像可以看作是一个像素点的矩阵，每个像素点的颜色由红、绿、蓝 3 种基色的强度决定，一般来说每个基色的强度由一个字节表示，0 表示最弱，255 表示最强。经过预处理之后的图像中只包含一个水果，但是由很多个像素点所组成，使用某个像素的颜色代表整个水果的颜色不是一个合理的选择，可以以图 1.3 中水果图像中心矩形内所有像素点的颜色平均值作为生成的颜色特征 (r,g,b)。

成熟的橘子通常是橙色的，而桃子偏红色，没有完全成熟的橘子和桃子都会有较多的绿色成分，因此仅仅依靠颜色特征有时不能很好地区分两种水果，需要有其他特征的辅助。观察图 1.2 会发现，一般来说桃子的形状偏圆，而橘子偏扁，因此由水果的图像还可以生成出形状特征。然而，准确地描述一个真实物体的形状是很困难的。特征生成的最终目的是为识别服务，可以采用一种简单的方式获取区分桃子和橘子形状的特征。对于已经旋转到正立位置的水果图像，可以很方便地计算出图像前景区域的高度 h 和宽度 w，这样就生成了形状的粗略描述特征 (h,w)，如图 1.4 所示。

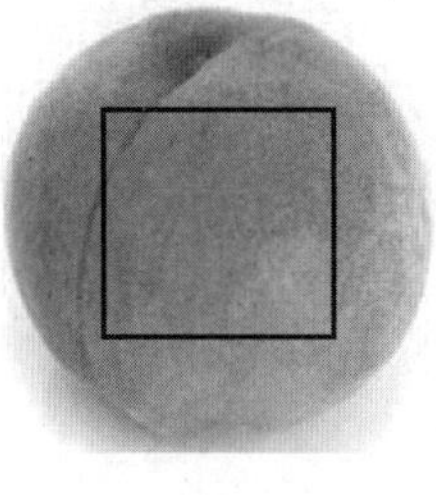

图 1.3　颜色特征的生成

图 1.4　形状特征的生成

将颜色特征和形状特征结合在一起就得到了描述水果图像的 5 个特征，在模式识别中一般将这些特征写成列矢量的形式，称为特征矢量：$\boldsymbol{y}=(r,g,b,h,w)^{\mathrm{T}}$。按照这样的方式，每一个识别对象经过特征生成之后都会得到一个 5 维的特征矢量，对应着特征空间中的一个点。

如果再来考察一下这 5 个识别特征就会发现，桃子和橘子的颜色分别是红色和橙色，因此区分两者主要依据的是红色分量 r 和绿色分量 g，而蓝色分量 b 一般均较小，对识别起的作用也很小，可以从识别特征中剔除，这个过程可以看作是对特征的选择。随着拍摄光照的增强，数字图像上像素点的3个颜色分量会同步增强，因此 r 和 g 两个特征的大小会随着光照的强弱发生变化；同时，待识别的不同水果的大小也是不同的，h 和 w 两个特征也会随着水果个体大小的不同发生变化。考虑到这些因素，可以由原始特征构造出两个新的特征，分别描述水果的颜色和形状：$x_1=g/r$，$x_2=h/w$，这个过程称为特征的提取。经过特征的选择和提取之后，每个识别对象被描述为一个2维的特征矢量：$\boldsymbol{x}=(x_1,x_2)^{\mathrm{T}}$，以特征矢量形式描述的识别对象往往也被称为"样本"。

图1.5显示了由颜色和形状所描述的桃子和橘子在2维特征空间中的大致分布，不同种类的水果分布在不同的区域，考虑到有些桃子的颜色并不是红色的而是青色的，因此可能分布在两个区域。分类器可以根据待识别的样本所处的区域对其类别进行判别。这样，由数据采集到识别分类就构成了一个完整的模式识别过程。

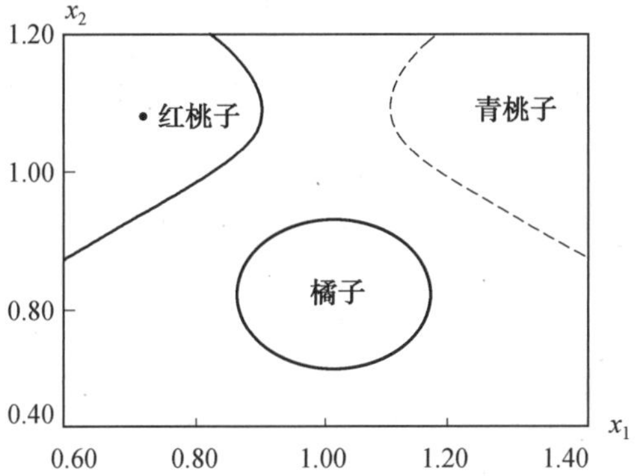

图1.5 特征空间中桃子和橘子的大致分布

在这个水果识别的例子中，由于经过特征生成、提取与选择之后得到的是一个2维的特征矢量，因此可以很容易地分析出不同类别识别对象分布的大概区域。而对于一个复杂的识别问题来说，往往会提取出更多维的特征，每个识别样本就会处于一个高维的特征空间之中，完全依靠人的观察很难确定不同类别的分布区域。通常的做法是由计算机自动地完成不同类别区域的划分，这就是一个分类器的学习和设计的过程。例如在水果识别问题中，可以预先采集一些桃子和橘子放到传送带上，由识别系统采集数字图像并提取成相应的特征矢量，这些样本所构成的集合一般被称为"训练样本集"。然后计算机采用一定的算法，根据输入的训练样本集自动地完成分类器的设计工作，经过训练和学习的分类器可以用于对未知类别的样本进行分类。识别过程和训练过程构成了一个完整的模式识别系统。

1.3 模式识别方法

在模式识别系统中，数据采集、预处理和特征生成的过程是与问题相关的，不同的应用需要采用不同的采集手段，生成不同的特征，而模式识别主要研究的是如何根据生成的特征集合选择和提取出更加有效的识别特征，以及分类器的训练、学习与识别方法。

1. 有监督学习与无监督学习

模式识别方法根据训练样本的不同可以分为有监督学习方法和无监督学习方法。有监督学习又被称为有教师学习，需要知道训练样本集合中的每个样本具体属于哪一个类别；无监督学习又被称为无教师学习，只知道训练样本集合中的每个训练样本，而不知道每个训练样本所属的类别，甚至在有些情况下所属类别的数量也是未知的。在水果识别的例子中，如果在分类器的训练过程中，首先采用人工的方式将一批水果分成桃子和橘子两类，分别输入到系统中，那么就可以采用有监督学习方法进行分类器的设计和学习；如果预先没有进行人工分类，直接将混合在一起的水果输入到系统中，那么就需要采用无监督学习的方法来设计和学习分类器，在分类器工作时会将需要识别的水果分成两类，由人来确定哪一类属于桃子，哪一类属于橘子。

2. 鉴别模型与产生式模型

一般来说，有监督学习的模式识别问题可以表示为如下形式：已知由 n 个 d 维特征矢量组成的训练样本集合 $D=\{\boldsymbol{x}_1,\cdots,\boldsymbol{x}_n\}$，$\boldsymbol{x}_i\in\mathbf{R}^d$，$i=1,\cdots,n$，$n$ 个训练样本分别属于 c 个不同的类别 $\omega_1,\cdots,\omega_c$；学习的目的是要构造一个分类器（分类函数）：

$$g(\boldsymbol{x}):\mathbf{R}^d\rightarrow\{1,\cdots,c\}$$

对于每一个需要识别的模式 $\boldsymbol{x}$，根据分类函数 $g(\boldsymbol{x})$ 的输出判别其类别的属性。

如何构造和学习分类函数 $g(\boldsymbol{x})$ 是模式识别研究的关键问题，识别方法根据设计思想的不同大致可以分为两类：鉴别模型与产生式模型。

鉴别模型认为不同类别的样本在特征空间中处于不同的区域，这类方法在训练过程中通过训练样本集学习分类函数，使得 $g(\boldsymbol{x})$ 对于不同区域的样本输出不同值，依据判别函数的输出值来判断待识别样本处于特征空间中哪个类别的区域。根据分类函数 $g(\boldsymbol{x})$ 复杂程度的不同，鉴别模型又可以分为线性和非线性两种。

产生式模型将模式看作是分布在特征空间中的一个随机矢量，每一个类别的模式可能出现在空间的任意一点，只不过在某些区域出现的概率大一些，某些区域出现的概率小一些（甚至为 0）。针对出现在特征空间中某一点的待识别模式，产生式模型根据该点属于哪个类别的概率更大来判别其类别属性。

一种模式识别方法属于鉴别模型还是产生式模型是相对的，并不是绝对的，鉴别模型方法换一种方式理解也可以看作是产生式模型方法，而产生式模型也可以做鉴别学习。

1.4 内容安排

为了便于初学者的理解，本书的内容安排遵循由浅入深，由简入繁的原则。

第 2 章（距离分类器）介绍了几种简单直观的模式识别方法，这些方法主要依据的是模式之间的距离（或相似程度）来构造分类器，这些方法有时也被称为“模板匹配”。距离分类器的特点是算法简单，分类器学习和识别的效率很高，目前仍然是解决识别问题的主要方法之一，特别是某些类别数量比较多、识别速度要求比较快的应用场景。

第 3 章（聚类分析）主要介绍了几种无监督学习中的聚类分析方法，这些方法仍然采用距离来度量模式之间的相似程度，然后根据无监督样本集合中样本的相似程度将其划分成不同的子集，实现对无监督样本的聚类。

第 4 章(线性判别函数分类器) 介绍了一种最简单的鉴别模型分类器 —— 线性判别函数分类器的学习与识别方法，线性分类器采用线性函数构造出特征空间中的一系列(超) 平面，由这些(超) 平面将空间划分成不同的区域，每个区域对应不同的类别。

由于后两章介绍的识别方法比较复杂，当识别特征的数量比较多时往往很难取得好的效果，为了使读者能够在学习过程中很方便地使用所学习的识别算法在相应的样本集上进行实验，本书的第 5 章(特征选择与特征提取) 介绍了几种常用的降低特征矢量维数的方法，方便后续章节算法的实验。

第 6 章(非线性判别函数分类器) 介绍的算法同线性分类器一脉相承，通过不同的方式将线性的判别方法转化成为非线性的方法，使用更加复杂的(超) 曲面对特征空间进行划分。

第 7 章(统计分类器及其学习) 内容的核心是贝叶斯分类器，在此基础上介绍了几种常用的产生式概率模型，以及概率模型参数的不同学习和估计方法。

第 8 章(模式识别应用系统实例) 通过在线手写汉字识别、纸币图像识别和乳腺超声图像识别 3 个具体应用实例，介绍了如何构建完整的识别系统，应用模式识别方法解决具体的分类问题。

第2章　距离分类器

能够识别不同对象似乎是人类一种与生俱来的能力，当问一个人为什么认为一个对象属于这一个类别，而不是那一个类别时，最可能得到的回答是目标与这个类别更像。例如当遇见一个人的时候，会在脑海中与以前见过的人进行比对，如果发现他（她）同某人长得非常相似，则很有可能判断遇见的就是这个人。

识别对象与某个类别是否相似是人在做出判断时的一个基本依据，根据这个思路，也可以利用相似性来构造用于计算机识别的分类器，这就是本章将要介绍的"距离分类器"。只要能够判断样本与类别之间的相似程度或者样本与样本之间的相似程度，就可以构造出一个距离分类器，所以说这是一种最简单的分类方法。

2.1　距离分类器

2.1.1　距离分类器的一般形式

距离分类器的目的是将需要识别的样本 $\boldsymbol{x}$ 分类到与其最相似的类别中，因此如果能够度量 $\boldsymbol{x}$ 与每一个类别的相似程度 $s(\boldsymbol{x},\omega_i)$，$i=1,\cdots,c$，那么就可以采用如下的方式进行分类：

$$\text{如果 } j=\underset{1\leqslant i\leqslant c}{\arg\max}\, s(\boldsymbol{x},\omega_i)\text{，则判别 } \boldsymbol{x}\in\omega_j \tag{2.1}$$

这是一种常用的数学化表示方式，含义是如果 j 是在所有 i 的可能取值中使得 $s(\boldsymbol{x},\omega_i)$ 最大者，则判别 $\boldsymbol{x}$ 属于 ω_j 类。距离分类器可以用一个简单的过程实现：

距离分类器的一般算法

■ 输入：需要识别的样本 $\boldsymbol{x}$；

■ 计算 $\boldsymbol{x}$ 与所有类别的相似度 $s(\boldsymbol{x},\omega_i)$，$i=1,\cdots,c$；

■ 输出：相似度最大的类别 ω_j。

距离分类器的实现非常简单，需要解决的关键问题是如何度量样本 $\boldsymbol{x}$ 与类别 ω_i 的相似程度，下面介绍几种最常用的样本与类别之间相似度的度量方式。

2.1.2　模板匹配

先来看一种最简单的情况，假设关于每个类别的先验知识就是一个能够代表这个类别的样本。例如我们曾经遇到过某个人，记住了这个人的长相，或者见过某种动物或植物，当再次见到这个人或这种动植物时，自然就会将其与记忆中的形象进行比对。对于分类器来说，输入的待识别样本是一个经过特征生成和提取之后的矢量，而代表第 i 个类别的样本也可以经过同样的过程表示为 $\boldsymbol{\mu}_i$。

在每个类别只有一个代表样本的情况下，最自然的方式就是用待识别样本 $\boldsymbol{x}$ 与类别代表样本之间的相似程度作为样本与类别相似程度的度量，即 $s(\boldsymbol{x},\omega_i)=s(\boldsymbol{x},\boldsymbol{\mu}_i)$。$\boldsymbol{x}$ 和 $\boldsymbol{\mu}_i$ 均为特征矢量，可以看作是 d 维特征空间中的两个点，所以很自然地可以用两者之间的"距离"来度量相似程度，距离越近相似程度越高，距离越远相似程度越低。由于使用"距离"度量样本之间以及样本与类别之间相似程度是一种最常用的方法，因此本章介绍的分类器被称为"距离分类器"。每个类别的代表样本有时也被称为"模板"，相应的分类方法称为"模板匹配"。

严格意义下"距离"的概念将在 2.3 节讨论，目前只是将其理解为一般意义的"距离"——欧氏距离。考虑到距离越大相似度越低的因素，可以按照如下方式计算样本 $\boldsymbol{x}$ 和 $\boldsymbol{\mu}$ 之间的相似程度：

$$s(\boldsymbol{x},\boldsymbol{\mu})=-d(\boldsymbol{x},\boldsymbol{\mu})=-\|\boldsymbol{x}-\boldsymbol{\mu}\|_2=-\sqrt{\sum_{i=1}^{d}(x_i-\mu_i)^2} \tag{2.2}$$

$\|\cdot\|_2$ 在数学上称作是矢量的"l_2 范数"，这里可以理解为矢量的长度，差矢量的 l_2 范数表示的就是这两个点之间的欧氏距离。按照这样的方式定义了样本与类别之间的相似度，相应的模板匹配过程可以表示为

$$\text{如果 } j=\underset{1\leqslant i\leqslant c}{\arg\min}\, d(\boldsymbol{x},\boldsymbol{\mu}_i)\text{，则判别 } \boldsymbol{x}\in\omega_j$$

计算过程如图 2.1 所示。

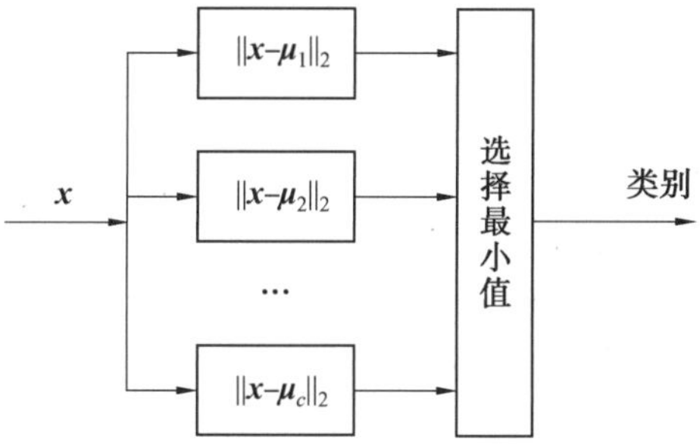

图 2.1　模板匹配的过程

以这样的方式进行识别，实际上是将特征空间划分成了 c 个区域，每个区域中的点距离该区域中的代表模板距离最近。如图 2.2，每个区域代表一个类别，如果待识别样本处于某个区域之内，则判别它属于相应的类别。两个区域的交界一般称为"判别界面"，在二维特征空间中是一条垂直平分两个类别代表样本连线的直线，在三维空间中是垂直平分的平面，而在高维空间中则被称为"超平面"。

2.1.3　最近邻分类

模板匹配用待识别样本与代表每个类别的一个样本之间的距离度量它与类别之间的相似程度。在大多数的模式识别问题中，每一个类别可以得到很多训练样本，例如在桃子和橘子的分类问题中，可以将预先手工分类好的多个水果经过特征生成和提取之后输入计算机。当每个类别存在多于一个训练样本时，如何来度量待识别样本与类别之间的相似程

度？

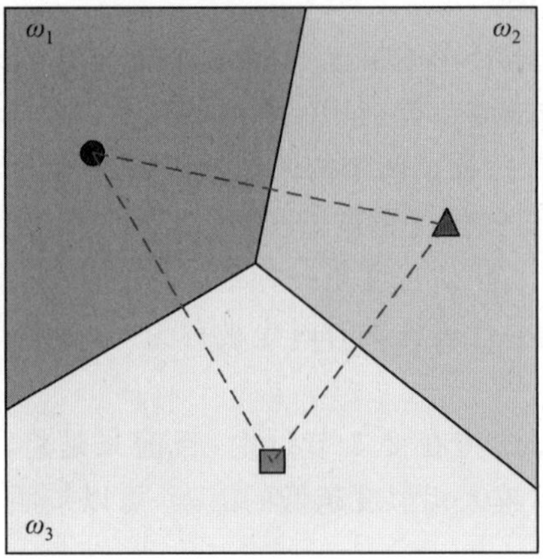

图 2.2　模板匹配的判别区域，圆、三角和方块为代表模板

每个类别已知的所有训练样本可以表示成一个集合 $D_i=\{\boldsymbol{x}_1^{(i)},\cdots,\boldsymbol{x}_{n_i}^{(i)}\}$，$i=1,\cdots,c$，$n_i$ 为第 i 个类别中的训练样本数。在这种情况下，样本 $\boldsymbol{x}$ 与类别 ω_i 之间相似程度可以用 $\boldsymbol{x}$ 与 D_i 中最近样本的距离来度量：

$$s(\boldsymbol{x},\omega_i)=-\min_{\boldsymbol{y}\in D_i} d(\boldsymbol{x},\boldsymbol{y}) \tag{2.3}$$

有了样本与类别的相似性，就可以根据式(2.1)进行分类了。综合考虑式(2.3)和式(2.1)，实际上可以采用一种更简单的方法来识别：首先计算待识别样本 $\boldsymbol{x}$ 与所有训练样本的距离，寻找与 $\boldsymbol{x}$ 距离最近的训练样本 $\boldsymbol{y}$，然后以 $\boldsymbol{y}$ 所属的类别分类 $\boldsymbol{x}$。这个过程一般被称为"最近邻分类"。

最近邻分类算法

■ 输入：需要识别的样本 $\boldsymbol{x}$，训练样本集 $D=\{\boldsymbol{x}_1,\cdots,\boldsymbol{x}_n\}$；

■ 寻找 D 中与 $\boldsymbol{x}$ 距离最近的样本：$\boldsymbol{y}=\arg\min_{\boldsymbol{x}_i\in D} d(\boldsymbol{x},\boldsymbol{x}_i)$；

■ 输出：$\boldsymbol{y}$ 所属的类别。

这里训练样本集 D 包含了所有类别的训练样本，n 为全部训练样本的数量：

$$D=\bigcup_{i=1}^{c} D_i,n=\sum_{i=1}^{c} n_i$$

图 2.3 中圆点和方点分别代表两个类别的训练样本，当采用最近邻的原则进行分类时，如果待识别样本 $\boldsymbol{x}$ 出现在某个单元格中，那么距离 $\boldsymbol{x}$ 最近的样本 $\boldsymbol{y}$ 就是该单元格中的训练样本，这样的表示方式称为 Voronoi 网格。最近邻分类算法得到的分类界面可以非常复杂(如图 2.3 中粗折线所示)，不再是模板匹配算法中的简单线性分类界面，而是分段线性分类界面。

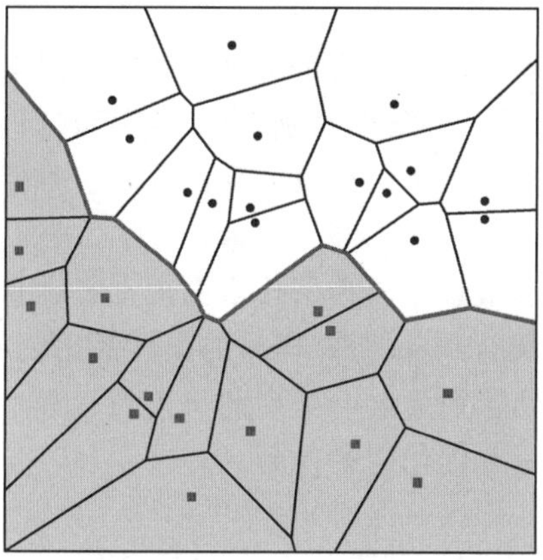

图 2.3　最近邻分类器的分类界面(粗折线)和 Voronoi 网格

最近邻分类算法可以用简单的 Matlab 函数实现如下：

函数名称：NNClassify
参数：X—— 识别样本(m×d 矩阵)，S—— 训练样本矩阵(n×d 矩阵)，T—— 样本的类别标号(n×1 矢量)，1，…，c
返回值：对 X 的分类结果(m×1 矢量)
函数功能：最近邻分类算法

```
function output = NNClassify( X, S, T )

Dist = pdist2( X, S );
[dmin,id] = min( Dist' );

output = T(id);
```

实践证明，当训练样本数量较多时，最近邻分类器对于很多识别问题可以取得良好的分类效果。然而最近邻分类器也存在着明显的不足：首先，最近邻算法的计算量较大，每次识别时 $\boldsymbol{x}$ 需要同所有的 n 个样本计算距离，而模板匹配只需要同 c 个代表样本计算，因此最近邻算法的识别速度一般较慢；同时，最近邻算法需要保存所有的训练样本，占用的存储空间也比较大 $O(nd)$；实际的训练样本中可能存在噪声，某些样本特征的生成有偏差，或者被标注了错误的类别标签，而最近邻算法对 $\boldsymbol{x}$ 类别的判断只依赖于与其距离最近的训练样本 $\boldsymbol{y}$，当 $\boldsymbol{y}$ 为噪声样本时，对 $\boldsymbol{x}$ 的分类就会发生错误。

2.1.4　最近邻分类器的加速

提高最近邻分类器识别速度的根本方法是减少待识别样本与训练样本之间距离的计算次数。

1. 转化为单模板匹配

减少最近邻算法计算量最直接的方法是用每个类别的训练样本学习出一个模板 $\boldsymbol{\mu}$ 来代表这个类别，待识别样本 $\boldsymbol{x}$ 只需要同每个类别的代表模板 $\boldsymbol{\mu}$ 计算距离，以这个距离来度量 $\boldsymbol{x}$ 与类别之间的相似程度。这实际上是一种由训练样本集学习模板，然后进行匹配的方法。

对于第 i 类的训练样本集合 $D_i=\{\boldsymbol{x}_1^{(i)},\cdots,\boldsymbol{x}_{n_i}^{(i)}\}$，什么样的 $\boldsymbol{\mu}_i$ 最适合作为代表模板？因为样本 $\boldsymbol{x}$ 会被识别为与其距离最近的模板所代表的类别，从图 2.4 可以看出，一个合理的想法是选择的 $\boldsymbol{\mu}_i$ 距离训练样本集合 D_i 中所有样本的距离都比较近，这样训练样本以及与训练样本相似的待识别样本被正确识别为这个类别的可能性比较大。根据这样的思路，每个类别的代表模板可以通过求解一个优化问题得到：

$$\boldsymbol{\mu}_i=\underset{\boldsymbol{\mu}\in\mathbf{R}^d}{\arg\min}\sum_{k=1}^{n_i}d(\boldsymbol{x}_k^{(i)},\boldsymbol{\mu}) \tag{2.4}$$

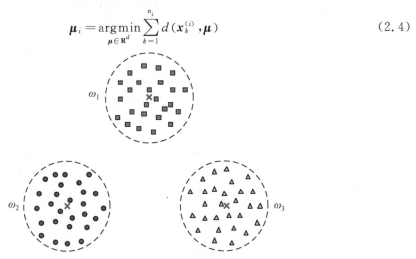

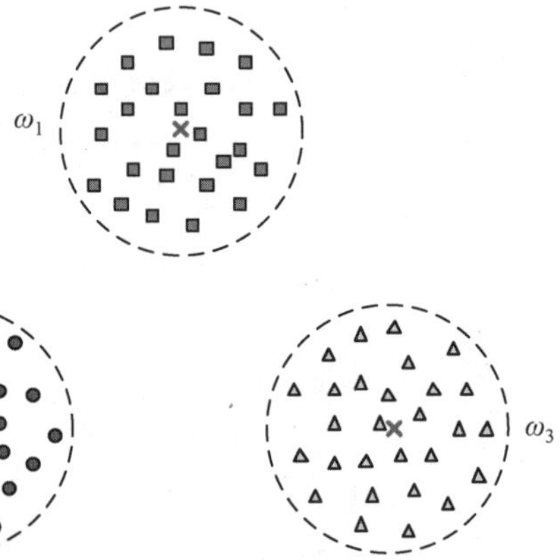

图 2.4　训练样本和代表模板

因为代表模板并不一定是 D_i 中的某一个样本，因此优化问题(2.4)是在整个 d 维欧氏空间中寻找一个最优矢量。距离度量 $d(\boldsymbol{x}_k^{(i)},\boldsymbol{\mu})$ 可以选择最常用的欧氏距离，为了计算方便，式(2.4)中对距离的求和可以变为对距离平方的求和：

$$J_i(\boldsymbol{\mu})=\sum_{k=1}^{n_i}\|\boldsymbol{x}_k^{(i)}-\boldsymbol{\mu}\|^2=\sum_{k=1}^{n_i}(\boldsymbol{x}_k^{(i)}-\boldsymbol{\mu})^{\mathrm{T}}(\boldsymbol{x}_k^{(i)}-\boldsymbol{\mu}) \tag{2.5}$$

$$\boldsymbol{\mu}_i=\underset{\boldsymbol{\mu}\in\mathbf{R}^d}{\arg\min}\,J_i(\boldsymbol{\mu}) \tag{2.6}$$

式(2.5)中 $J_i(\boldsymbol{\mu})$ 计算的是用 $\boldsymbol{\mu}$ 代替样本集 D_i 中每个训练样本所带来的误差矢量长度平方的总和，一般称作误差平方和准则函数。优化问题(2.6)可以通过令 $J_i(\boldsymbol{\mu})$ 的梯度等于零矢量求解出极值点，参考附录 A.1 中关于矢量导数的公式有如下结果：

$$\nabla J_i(\boldsymbol{\mu})=\frac{\partial J_i(\boldsymbol{\mu})}{\partial\boldsymbol{\mu}}=\sum_{k=1}^{n_i}2(\boldsymbol{x}_k^{(i)}-\boldsymbol{\mu})(-1)=2n_i\boldsymbol{\mu}-2\sum_{k=1}^{n_i}\boldsymbol{x}_k^{(i)}=0$$

因此 $J_i(\boldsymbol{\mu})$ 的极值点为

$$\boldsymbol{\mu}_i=\frac{1}{n_i}\sum_{k=1}^{n_i}\boldsymbol{x}_k^{(i)} \tag{2.7}$$

很明显，优化问题的极值点是第 i 类所有训练样本的均值。根据式(2.5)可以判断此极值点是最小值点，由式(2.7)得到的 $\boldsymbol{\mu}_i$ 可以作为样本集合 D_i 的代表模板。

单模板匹配的学习过程非常简单，只需要计算每个类别训练样本的均值并将其作为该类别的匹配模板，识别时采用与“模板匹配”同样的过程就可以得到识别结果。学习和分类算法可以用两个简单的 Matlab 代码实现：

函数名称：OneTemplateTrain
参数：X—— 训练样本矩阵(n×d 矩阵)，T—— 对应样本的类别标签(n×1 矢量)
返回值：Templates—— 学习的模板(c×d 矩阵)，Labels—— 模板对应的类别标签(c×1 矢量)
函数功能：学习单模板分类器

```
function [Templates Labels] = OneTemplateTrain( X, T )

n = size(X,1);              % 样本数

Labels = unique( T );
c = length(Labels);          % 类别树
dim = size(X,2);             % 特征维数

Templates = zeros(c,dim);

for i = 1:c
    id = find(T ==Labels(i));
    Templates(i,:) = mean(X(id,:));
end
```

函数名称：OneTemplatesClassify
参数：X—— 样本矩阵(m×d 矩阵)，Templates—— 模板矩阵(c×d 矩阵)，Labels—— 模板对应的类别标签(c×1 矢量)
返回值：Out—— 分类结果(m×1 矩阵)
函数功能：单模板匹配分类

```
function Out = OneTemplatesClassify( X, Templates, Labels )

Dist = pdist2(X,Templates);
[y,id] = min(Dist,[],2);

Out = Labels(id);
```

2. 转化为多模板匹配

当每个类别样本分布的区域都接近于球形，区域的大小相差不多，不同类别样本之间的距离较远时，用一个模板代替类别的所有训练样本进行识别可以取得很好的分类效果，如图 2.4 的情形。但是当样本的分布不满足这些条件时，情况可能就会完全不同了，例如两个类别的样本分布如图 2.5(a) 所示，ω_1 类的样本分布在两个分离的区域，而 ω_2 的样本则是分布在一个细长的区域内，如果简单地分别用均值代替两个类别的训练样本进行模板匹配，即使是训练样本也有很多会被错误分类。

对于这种情况，一个有效的解决办法是将每个类别的训练样本根据距离的远近划分为若干个子集，子集中的样本分别计算均值，每个均值都作为一个模板，用多个模板来代表每个类别的训练样本。如图 2.5(b) 所示，将 ω_1 类的样本划分为两个子集 ω_1^1 和 ω_1^2，分别计算均值 $\boldsymbol{\mu}_1^1$ 和 $\boldsymbol{\mu}_1^2$，而 ω_2 类划分为 3 个子集，分别得到均值 $\boldsymbol{\mu}_2^1$，$\boldsymbol{\mu}_2^2$，$\boldsymbol{\mu}_2^3$。

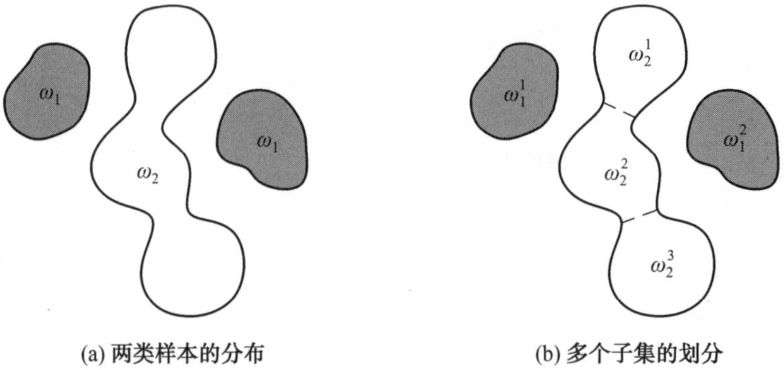

图 2.5　多模板匹配

假设用 m_i 个模板代表第 i 类的所有训练样本，那么待识别样本 $\boldsymbol{x}$ 需要同所有模板计算距离，寻找到最相近的模板，以这个模板所代表的类别作为分类结果。具体来说可以采用如下的方式进行判别：

$$j = \underset{1 \leqslant i \leqslant c}{\arg\min}\left[\min_{1 \leqslant k \leqslant m_i} d(\boldsymbol{x}, \boldsymbol{\mu}_i^k)\right]，\text{则判别：} \boldsymbol{x} \in \omega_j \tag{2.8}$$

在多模板匹配过程中，$\boldsymbol{x}$ 需要同所有的模板进行距离计算，共计 $\sum_{i=1}^{c} m_i$ 次，计算量要多于单模板匹配的 c 次距离计算，但要远远小于同所有 n 个训练样本进行匹配的最近邻分类算法。多模板匹配可以看作是在单模板匹配和最近邻算法之间的一个折中算法，平衡了识别过程的计算效率和识别准确率。

采用多模板匹配算法需要解决的一个关键问题是如何对每个类别的训练样本集合进行合理的划分，每个类别应该划分为几个子集，每个子集应该包含哪些训练样本。如果样本的特征数量比较少，如图 2.5 的问题中样本分布于 2 维特征空间，通过人的观察就可以找到对样本集合的合理划分。然而实际问题中样本往往处于一个高维的特征空间，人很难直观地观察出合理的划分方式，这种情况下一种常用的方法是采用下一章将要介绍的“聚类分析”来得到对样本集合的有效划分。

3. 剪辑近邻

使用一个或多个模板代表所有的训练样本虽然能够提高分类器的计算效率，降低计算复杂度，但并不能保证识别的准确率。

降低最近邻分类器计算复杂度的另外一种方法是在训练阶段对样本集合进行“剪辑”，删除掉某些“无用”的样本，减少训练样本的数量，这样就可以在识别过程中不必同所有的训练样本计算距离。什么样的训练样本是“无用”的？仔细观察图 2.3 中的 Voronoi 网格，如果待识别样本 $\boldsymbol{x}$ 处在某个网格中，它的最近邻是这个网格中的训练样本；如果相邻的其他网格都是与这个网格中的样本属于同一个类别，删除这个网格中的样本，虽然网格的结构会发生变化，$\boldsymbol{x}$ 的最近邻只有可能是相邻网格中的训练样本，因此对 $\boldsymbol{x}$ 的识别结果并没有发生改变。根据这样的思路就可以逐步找到并删除训练样本集中“无用”的样本。

最近邻剪辑算法

■ 输入：$D=\{\boldsymbol{x}_1,\cdots,\boldsymbol{x}_n\}$；
■ 构造 D 的 Voronoi 网格；
■ for i = 1,…,n
■ 　　寻找到与 $\boldsymbol{x}_i$ 相邻的所有网格；
■ 　　如果所有相邻的网格与 $\boldsymbol{x}_i$ 都属于同一类别，则标记 $\boldsymbol{x}_i$；
■ end
■ 删除 D 中被标记的样本，重新构造 Voronoi 网格。

从图 2.6 可以看出，经过最近邻剪辑之后保留了两个类别分类界面附近的训练样本，而远离边界的样本被修剪掉了，因此需要匹配的训练样本的数量减少了，剪辑后重新构造的 Voronoi 网格发生了变化，但分类界面并没有被改变。剪辑近邻算法在保证分类准确率的前提下降低了最近邻算法计算的复杂度。

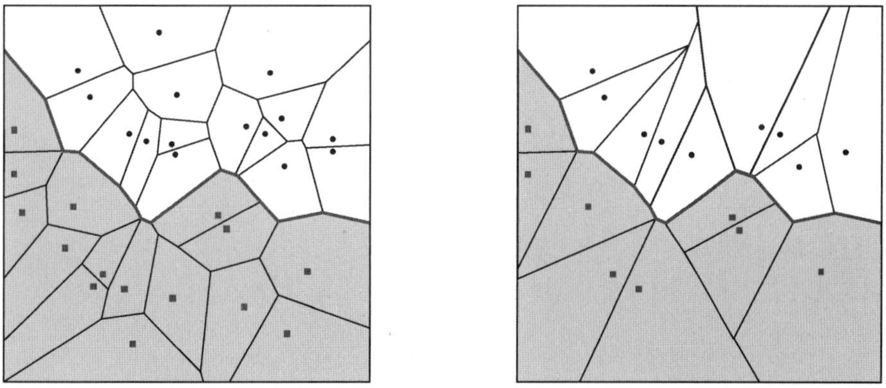

(a) 剪辑之前　　(b) 剪辑之后

图 2.6　Voronoi 网格的最近邻剪辑

2.1.5　*K*-近邻算法

最近邻算法对样本分类依据的是与其距离最近的训练样本的类别。当训练集中存在噪声样本时，个别样本可能被标记了错误的类别标签，或者样本的某些特征在测量时掺杂了误差使得其在特征空间中的位置发生了偏移，当待识别样本以噪声样本为最近邻时，对其类别的判断就会发生错误。

1. *K*- **近邻算法**

K- 近邻算法是对最近邻算法的一个自然推广，样本类别的判断不再只依赖与其最近的 1 个样本，而是由距离最近的 *K* 个样本投票来决定。*K*- 近邻算法的判别规则可以表示为

$$\text{如果 } j=\underset{1\leqslant i\leqslant c}{\arg\max}\, k_i\text{，则判别 } \boldsymbol{x}\in\omega_j \tag{2.9}$$

k_i 是与 x 距离最近的 K 个样本中属于 ω_i 类的样本数。显然，最近邻算法是 $K=1$ 的 *K*-近邻算法。

K- 近邻分类算法

■ 输入：需要识别的样本 $\boldsymbol{x}$，训练样本集 $D=\{\boldsymbol{x}_1,\cdots,\boldsymbol{x}_n\}$，参数 K；
■ 计算 $\boldsymbol{x}$ 与 D 中每个样本的距离；
■ 寻找与 $\boldsymbol{x}$ 距离最近的前 K 个样本，统计其中属于各个类别的样本数 k_i，$i=1,\cdots,c$；
■ 输出：$j=\underset{1\leqslant i\leqslant c}{\arg\max}\, k_i$。

K- 近邻分类算法的实现同最近邻算法类似：

函数名称：KNNClassify
参数：X—— 识别样本（m×d 矩阵），S—— 训练样本矩阵（n×d 矩阵），T—— 样本的类别标号（n×1 矢量），1，…，c，K—— 算法参数
返回值：对 X 的分类结果
函数功能：*K*- 近邻分类算法

```
function output = KNNClassify( X, S, T, K )

Labels = unique( T );
c = length(Labels);              % 类别数
m = size(X,1);                   % 样本数

Dist = pdist2( X, S );
[y,id] = sort( Dist,2,'ascend' );
k = zeros(c,m);                   % 记录 K 近邻中包含各类的样本数
for i = 1:c
    if m == 1
        k(i) = sum(T(id(:,1:K)) == Labels(i));
    else
```

```
        k(i,:) = sum(T(id(:,1:K)) == Labels(i),2);
    end
end
[y,j] = max(k);
output = Labels(j);
```

K- 近邻算法中参数 K 的选择对识别结果有很大的影响，K 值选择过小，算法的性能接近于最近邻分类；K 值选择过大，距离较远的样本也会对分类结果产生作用，这样也会引起分类误差，适合的 K 值需要根据具体问题来确定。

如果训练样本集合中某一类样本的数量很大，而其他类别样本的数量相对较少，一般被称为是"非平衡样本集"。K- 近邻算法的一个不足是对于非平衡样本集来说，与待识别样本 $\boldsymbol{x}$ 最相近的 K 个近邻中样本数多的类别总是占优势，这样往往也会引起分类的错误。

K- 近邻算法的计算复杂度与最近邻算法类似，也需要与每一个训练样本计算距离，当样本数量比较大时，识别效率不高。

2. ***K-D* 树**

K-D 树是一种提高 K- 近邻算法（包括最近邻算法）计算效率的手段。最近邻和 K- 近邻算法所进行的大量计算实际上是花费在从众多的训练样本中寻找与其最相近的 1 个或 K 个样本的过程中。先来考虑一种更简单的情况，如果样本的识别特征只有 1 维，那么所面对的问题就是在 n 个实数中（训练样本集）寻找到与给定的数（待识别样本的特征）最相近的 1 个或 K 个数。如果这 n 个数是无序的，那么只能逐个进行比较或排序，然后找出前若干个；如果 n 个数是有序的，那么就可以采用折半查找的办法快速找到最相近的数，计算复杂度由 $O(n)$ 降低为 $O(\log_2 n)$。*K-D* 树依据的也是这样一种思路，首先用一种树形结构使得训练样本有序化，然后在有序的结构中快速查找到与输入最相近的样本，只不过在 d 维识别特征的情况下问题要复杂得多。

K-D 树构建算法

■ 输入：训练样本集 D；

■ 如果 D 为空，输出空 *K-D* 树；

■ 计算 D 中每一维特征的方差，选择方差最大特征 s；

■ 排序 D 中所有样本的第 s 维特征，选择位于中间的样本作为根节点，并记录 s；

■ 将 D 中所有第 s 维特征小于根节点的样本放入左子集 D_L，递归调用建树过程，将得到的 *K-D* 树作为根节点的左子树；

■ 将 D 中所有第 s 维特征大于根节点的样本放入右子集 D_R，递归调用建树过程，将得到的 *K-D* 树作为根节点的右子树；

■ 输出：根节点的 *K-D* 树。

训练样本集的有序化是通过构建 *K-D* 树来实现的。*K-D* 树是一个二叉树，它的构建是一个递归的过程，首先从样本集中选择一个样本保存在根节点上，然后选择一维特征（称为

s)，将训练样本集中所有第 s 维特征小于根节点第 s 维特征的样本放入左子集，大于的放入右子集，分别对左子集和右子集递归调用建树过程，直到子集中只包含一个样本为止。由建树过程可以看出，每个节点实际上是构建了一个正交于 s 坐标轴的 $d-1$ 维(超) 平面将空间划分为了两部分，(超) 平面与 s 轴相交的位置是节点保存样本的第 s 维特征，通过 n 个样本的建树过程可以将整个 d 维特征空间划分为 n 个不相交的区域，利用 K-D 树可以快速地判断识别样本 $\boldsymbol{x}$ 处于空间中的哪个区域。

从理论上来说，可以在样本集中选择任意的样本和任意的特征 s 来构建 K-D 树，但是为了保证寻找 $\boldsymbol{x}$ 最近邻的快速性，最好是能够构建出一个均衡的二叉树。在每一轮递归中，一种合理的方式是首先选择样本集中方差最大的一维特征作为 s，然后排序所有样本的第 s 维特征，选择中间值对应的样本作为根节点。

【例 2.1】　现有 7 个训练样本，构建 K-D 树。

$$D=\{(3,7)^{\mathrm{T}},(3,4)^{\mathrm{T}},(1,2)^{\mathrm{T}},(4,2)^{\mathrm{T}},(6,1)^{\mathrm{T}},(7,4)^{\mathrm{T}},(9,3)^{\mathrm{T}}\}$$

解　分别计算 2 维特征的方差：

$$\sigma_1^2=7.571\,4,\sigma_2^2=3.904\,8$$

选择第 1 维特征作为 s，排序中间样本$(4,2)^{\mathrm{T}}$ 作为根节点。按照第 1 维特征小于和大于 4 将 D 划分为两个子集：

$$D_{\mathrm{L}}=\{(3,7)^{\mathrm{T}},(3,4)^{\mathrm{T}},(1,2)^{\mathrm{T}}\},D_{\mathrm{R}}=\{(6,1)^{\mathrm{T}},(7,4)^{\mathrm{T}},(9,3)^{\mathrm{T}}\}$$

对 D_{L} 和 D_{R} 采用相同的过程构建 K-D 树，分别作为左子树和右子树。得到的完整 K-D 树和对特征空间区域的划分分别如图 2.7 和图 2.8 所示。K-D 树的每个节点上前两个数字表示的是选择的样本，后一个数字是选择的特征 s，需要注意的是所有的叶节点 s 是任意的，因为叶节点上的样本集中只包含 1 个样本，每一维特征的方差均为 0。

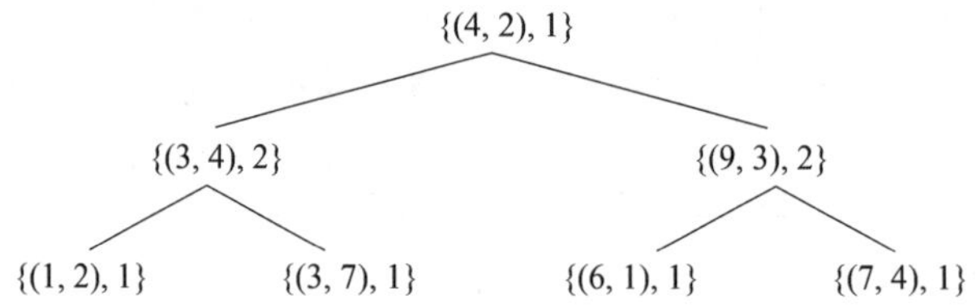

图 2.7　例 2.1 的 K-D 树

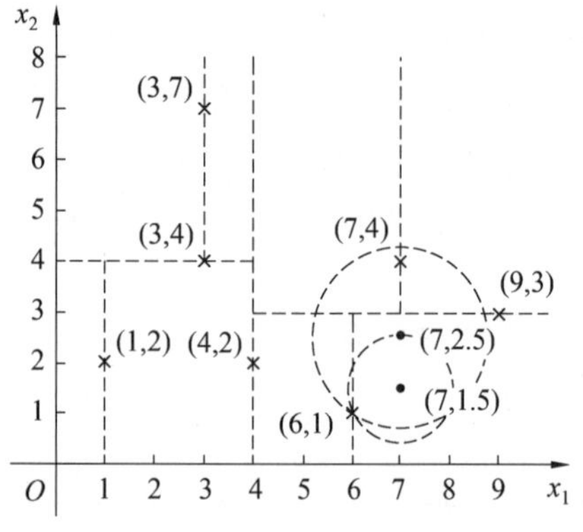

图 2.8　K-D 树的最近邻的搜索

利用 *K-D* 树的深度优先搜索可以快速地检索出需要识别的样本 $\boldsymbol{x}$ 处在特征空间的哪个子区域之中，例如对于 $\boldsymbol{x}=(7,1.5)^{\mathrm{T}}$，首先与根节点比较，第 1 维特征大于 4 进入右子树；与 $(9,3)^{\mathrm{T}}$ 的第 2 维特征比较，进入左子树，……，经过 3 次比较之后就可以判断 $\boldsymbol{x}$ 处于右下角的区域。每次在与节点比较时，不仅判断下一步进入哪个分支，同时计算 $\boldsymbol{x}$ 与节点样本的距离，保存距离最近者，例如经过 3 次比较之后可以得到与 $\boldsymbol{x}=(7,1.5)^{\mathrm{T}}$ 最相近的样本是 $(6,1)^{\mathrm{T}}$。

K-D 树最近邻搜索算法

■ 输入：*K-D* 树，识别样本 $\boldsymbol{x}$；

■ 初始化：节点指针 p 指向根节点，最近邻为根节点样本，最小距离为无穷大；

■ while $p \neq$ null：

- □ 将 p 压入堆栈；
- □ 计算 $\boldsymbol{x}$ 与 p 指向节点样本之间的距离，如果小于最小距离，则替换最小距离，并保存当前节点样本为最近邻；
- □ 如果 p 指向的是叶节点
  - • $p=$null；
- □ 否则：
  - • 取 p 指向节点的选择特征 s，比较 $\boldsymbol{x}$ 与 p 指向节点样本的第 s 维特征，如果小于，则 p 指向左子树，否则 p 指向右子树；

■ 回溯：循环直到堆栈为空：

- □ 从堆栈中弹出指针到 p；
- □ 取 p 指向节点的选择特征 s；
- □ 如果 $\boldsymbol{x}$ 与 p 指向节点样本在第 s 维特征上的差异（绝对值）小于最小距离，则：
  - • 比较 $\boldsymbol{x}$ 的第 s 维特征，如果小于 p 指向节点的第 s 维特征，则 p 指向右子树；否则 p 指向左子树；
  - • 将 p 压入堆栈；
  - • 搜索以 p 为根节点的子树；
- □ 计算 $\boldsymbol{x}$ 与 p 指向节点样本之间的距离，如果小于最小距离，则替换最小距离，并保存当前节点样本为最近邻；

■ 输出：最近邻节点样本。

K-D 树经过 $O(\log_2 n)$ 复杂度的比较和判断就可以确定待识别样本 $\boldsymbol{x}$ 所处的子区域，并且同时得到搜索过程经过的节点中与其距离最近的样本。但是这个样本并不能保证是 $\boldsymbol{x}$ 的最近邻。例如当 $\boldsymbol{x}=(7,2.5)^{\mathrm{T}}$ 时，*K-D* 树经过同样的过程可以判断它处于右下角区域，并且在经过的 3 个节点中距离 $(6,1)^{\mathrm{T}}$ 最近，但是在所有的 7 个样本中它的最近邻是 $(7,4)^{\mathrm{T}}$。为了找到真实的最近邻点，*K-D* 树搜索在到达叶节点之后需要有一个回溯的过程。在上面的

例子中，首先回溯到$(9,3)^T$节点，如果以$\boldsymbol{x}$为圆心，以当前找到的最近邻距离为半径画一个圆，就会发现$(7,1.5)^T$对应的圆与$(9,3)^T$节点的分割线不相交，这就说明最近邻点只有可能存在于下方的区域（对应于左子树），当前已经全部搜索完成；而$(7,2.5)^T$对应的圆与分割线相交，这说明最近邻点有可能存在于上半区域，因此应该回溯搜索右子树，而与$(4,2)^T$节点的分割线不相交，最近邻不可能处于左半区域，因此根节点的左子树不需要回溯搜索。

*K-D*树的最近邻搜索算法中由于需要进行回溯，因此时间复杂度要大于二叉树深度优先搜索的$O(\log_2 n)$，但是当以最小距离为半径的圆与节点的分割线（超平面）不相交时，另一半子树都不必搜索，例如$(7,2.5)^T$不需要搜索根节点的左子树，所以仍然能够减少最近邻算法的计算量。一般来说，当训练样本数n远远大于特征维数d时，*K-D*树的效率比较高。

这里给出的是*K-D*树搜索最近邻的算法，经过适当修改后也可以适用于*K-*近邻的搜索。

函数名称：CreateKDTree
参数：S—— 训练样本矩阵（n×d 矩阵），Labels—— 样本的类别标号（n×1 矢量），1，…，c
返回值：*K-D*树
函数功能：*K-D*树构建算法

```
function KDTree = CreateKDTree( S, Labels )

n = size(S,1);
KDTree(n) = struct( 'Parrent', [], 'Left', [], 'Right', [], 's', [], 'Sample', [],
'Label', [] );

global KDTree;
% 根节点建树
KDTree(1).Parrent = 0;
Create( S, Labels, 1 );

% 递归建树函数
function Create( D, Labels, t)
global KDTree;
n = size(D,1);              % 建树样本数
switch n
    case 0                  % 建树完成
        return;
    case 1                  % 建立叶节点
        KDTree(t).Sample = D(1,:);
        KDTree(t).Label = Labels(1);
```

```
        KDTree(t).s = 1;
        KDTree(t).Left = -1;
        KDTree(t).Right = -1;
otherwise                          % 建立中间节点
        sigma = var(D);
        [y,s] = max(sigma);

        % 选择方差最大特征维的中值划分样本集
        [sortedD,id] = sortrows(D,s);
        median = ceil(n/2);
        clear sortedD;

        KDTree(t).Sample = D(id(median),:);
        KDTree(t).Label = Labels(id(median));
        KDTree(t).s = s;
        if median == 1
            KDTree(t).Left = -1;
        else
            KDTree(t).Left = t+1;
        end
        KDTree(t).Right = t + median;

        KDTree(t+1).Parrent = t;
        KDTree(t+ median).Parrent = t;

        % 递归建立左子树
        DL = D(id(1:median-1),:);
        LabelsL = Labels(id(1:median-1));
        Create( DL, LabelsL, t+1);

        t = t + median;
        % 递归建立右子树
        DR = D(id(median+1:n),:);
        LabelsR = Labels(id(median+1:n));
        Create( DR, LabelsR, t);
end
```

函数名称:KDNNClassify
参数:x—— 待识别样本,KDTree—— 已构建的 *K-D* 树
返回值:对 x 的分类结果
函数功能:*K-D* 树最近邻分类算法

```
function L = KDNNClassify( x, KDTree )

p = 1; Head = 1;
Nearest = p; MinDist = inf;

% 深度优先搜索 K-D 树,确定 x 所在子区域
while p ~= -1
    Stack(Head) = p;
    Head = Head + 1;
    Dist = sqrt( (x - KDTree(p).Sample) * (x - KDTree(p).Sample)' );
    if Dist < MinDist
        Nearest = p;
        MinDist = Dist;
    end
    s = KDTree(p).s;
    if x(s) < KDTree(p).Sample(s)
        p = KDTree(p).Left;
    else
        p = KDTree(p).Right;
    end
end

% 回溯寻找最近邻样本
while Head ~=1
    Head = Head - 1;
    p = Stack(Head);
    s = KDTree(p).s;

    if abs( x(s) - KDTree(p).Sample(s) ) < MinDist
        if x(s) < KDTree(p).Sample(s)
            p = KDTree(p).Right;
        else
            p = KDTree(p).Left;
```

```
        end

        while p ~= -1
            Stack(Head) = p;
            Head = Head + 1;

            Dist = sqrt( (x - KDTree(p).Sample) * (x - KDTree(p).Sample)' );
            if Dist < MinDist
                Nearest = p;
                MinDist = Dist;
            end

            s = KDTree(p).s;
            if x(s) < KDTree(p).Sample(s)
                p = KDTree(p).Left;
            else
                p = KDTree(p).Right;
            end
        end
    end

    if p ~= -1
        Dist = sqrt( (x - KDTree(p).Sample) * (x - KDTree(p).Sample)' );
        if Dist < MinDist
            Nearest = p;
            MinDist = Dist;
        end
    end
end
L = KDTree(Nearest).Label;
```

2.2　距离和相似性度量

上一节介绍的算法中都是在用样本之间的距离来度量它们之间的相似程度，那么什么是“距离”？到目前为止我们都是在一般的意义上理解“距离”—— 特征空间中连接两个样本点之间直线的长度，或者说是两点之间最短路径的长度，这个长度都是用欧氏距离来度量的。

空间中两点之间最短路径的长度是否总是可以用欧氏距离来度量呢？先来看一下图

2.9 所示的例子，在城市的地图中经常会看到由街道和楼房所构成的街区和网格，如果一辆汽车想要从点 A 移动到点 B，它不可能穿过建筑物以直线的方式行进，而只能是沿着街道运动；同样在国际象棋中每个棋子的移动都有一定的规则限制，国王可以向左右或 45° 方向移动一格，而车（城堡）则只能横向或纵向移动若干格，图 2.10 中国王要从 e1 移动到 g4 至少需要经过 3 个格子，而车从 a1 到 c4 则至少要经过 5 个格子。

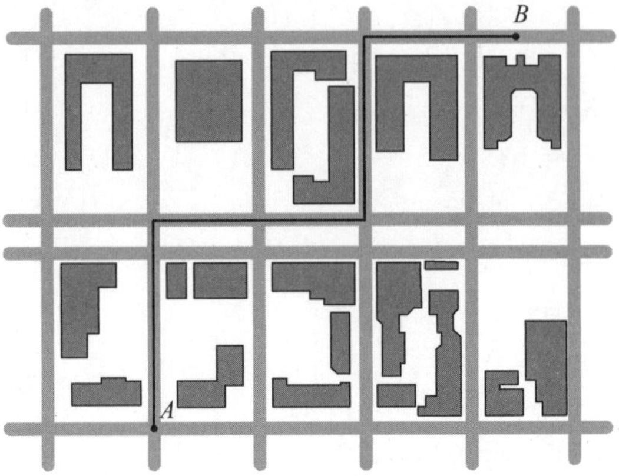

图 2.9　街市中的距离

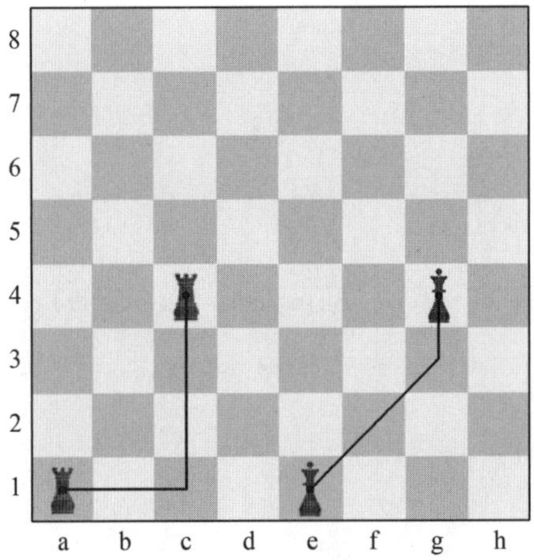

图 2.10　国际象棋中的距离

从这样两个例子可以看出，对于每个具体问题来说，连接两点之间直线的长度并不总是由一点移动到另一点最短路径的长度。对于一个模式识别问题来说也是一样，两个样本之间的欧氏距离不是在所有情况下都是对相似程度的合理度量。

这一节将首先给出在数学意义上对距离的定义，然后介绍几种常用的距离和相似性度量方式。

2.2.1　距离度量

距离度量是数学上的一个基本概念，对于任意一个定义在两个矢量 $\boldsymbol{x}$ 和 $\boldsymbol{y}$ 上的函数 $d(\boldsymbol{x},\boldsymbol{y})$ 只要满足如下 4 个性质就可以称作是一个“距离度量”：

① 非负性：$d(\boldsymbol{x},\boldsymbol{y}) \geqslant 0$；

② 对称性：$d(\boldsymbol{x},\boldsymbol{y})=d(\boldsymbol{y},\boldsymbol{x})$；

③ 自反性：$d(\boldsymbol{x},\boldsymbol{y})=0$，当且仅当 $\boldsymbol{x}=\boldsymbol{y}$；

④ 三角不等式：$d(\boldsymbol{x},\boldsymbol{y})+d(\boldsymbol{y},\boldsymbol{z})\geqslant d(\boldsymbol{x},\boldsymbol{z})$。

1. **欧几里得距离**(Euclidean Distance)

欧几里得距离也被称为欧氏距离，它是一种最常用的距离度量方式：

$$d(\boldsymbol{x},\boldsymbol{y})=\left[\sum_{i=1}^{d}(x_i-y_i)^2\right]^{\frac{1}{2}} \tag{2.10}$$

欧氏距离的直观理解是特征空间中 $\boldsymbol{x}$ 和 $\boldsymbol{y}$ 两个点之间的直线距离，距离度量与矢量的长度是密切相关的，欧氏距离也可以看作是差矢量 $\boldsymbol{x}-\boldsymbol{y}$ 的长度。矢量的长度在数学上也被称为“范数”，欧氏距离对应的是矢量的“l_2 范数”，也可以表示为

$$d(\boldsymbol{x},\boldsymbol{y})=\|\boldsymbol{x}-\boldsymbol{y}\|_2=\sqrt{(\boldsymbol{x}-\boldsymbol{y})^{\mathrm{T}}(\boldsymbol{x}-\boldsymbol{y})} \tag{2.11}$$

2. **街市距离**(City Block Distance)

街市距离也被称为曼哈顿距离(Manhattan Distance)：

$$d(\boldsymbol{x},\boldsymbol{y})=\sum_{i=1}^{d}|x_i-y_i| \tag{2.12}$$

对街市距离最直观的理解是城市街道上汽车行驶所走过的距离，如图 2.9 中从点 A 到点 B 最短路径的长度就是两点坐标之差绝对值的和，而在国际象棋中车所走过的格数可以用两点之间的街市距离来度量。街市距离对应矢量的“l_1 范数”，表示为

$$d(\boldsymbol{x},\boldsymbol{y})=\|\boldsymbol{x}-\boldsymbol{y}\|_1 \tag{2.13}$$

3. **切比雪夫距离**(Chebyshev Distance)

切比雪夫距离的定义是

$$d(\boldsymbol{x},\boldsymbol{y})=\max_{1\leqslant i\leqslant d}|x_i-y_i| \tag{2.14}$$

在国际象棋中国王和王后所走过的两点之间最少的格数可以用切比雪夫距离度量，例如在图 2.10 中，e1 和 g4 在横轴上相差 2 个格，在纵轴上相差 3 个格，因此两者之间的切比雪夫距离为 3，恰好是国王能够走的最短路径长度。数学上切比雪夫距离对应于矢量的“l_∞ 范数”，表示为

$$d(\boldsymbol{x},\boldsymbol{y})=\|\boldsymbol{x}-\boldsymbol{y}\|_\infty$$

4. **闵可夫斯基距离**(Minkowski Distance)

闵可夫斯基距离的定义是

$$d(\boldsymbol{x},\boldsymbol{y})=\left[\sum_{i=1}^{d}|x_i-y_i|^p\right]^{\frac{1}{p}},p\geqslant 1 \tag{2.15}$$

闵可夫斯基距离对应于矢量的“l_p 范数”，不同的 p 可以得到不同的距离度量。很明显欧氏距离和街市距离都是闵可夫斯基距离的特例，分别对应于 $p=1$ 和 $p=2$ 的情形，实际上可以证明切比雪夫距离也是闵可夫斯基距离的特例，对应于 $p\to+\infty$。

在欧氏距离度量下与坐标原点距离为 1 的点的轨迹是一个单位圆(图 2.11)，在街市距离度量下则变为了单位圆的内接正方形，随着闵可夫斯基距离中 p 值的增大，单位“圆”向外扩展，直到 $p\to+\infty$ 时演变为外接正方形。

在模式识别方法中识别对象是由一组特征表示的，每一维特征描述的是识别对象某一

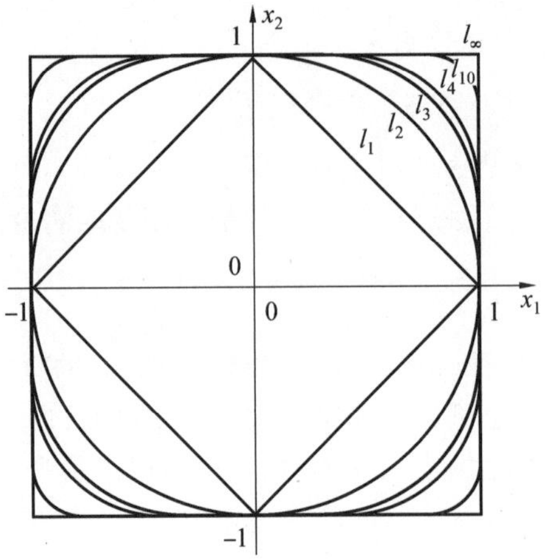

图 2.11　不同距离度量下的单位“圆”

方面的属性,对不同属性的观测或测量需要采用不同的量纲(或称为单位)。这里所介绍的几种距离度量对每一维特征同等对待,没有考虑不同特征采用不同量纲所造成的影响,例如图 2.12 的 2 维特征中,第 1 维特征描述的是识别对象的长度而第 2 维描述的则是质量,当它们分别采用毫米和千克作为量纲时 $d(\boldsymbol{x},\boldsymbol{y}) < d(\boldsymbol{x},\boldsymbol{z})$,而当量纲变为米和克时情况则刚好相反。

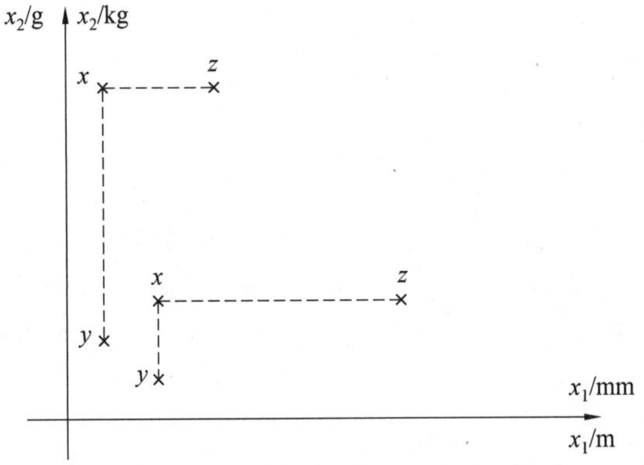

图 2.12　不同量纲对距离的影响

选择哪一种量纲来度量特征是合理的?如果仅仅依靠参与计算距离的样本本身是很难回答这个问题的,图 2.12 的两种量纲选择都是合理的。回答这个问题需要了解更多有关问题的先验知识,这些先验知识往往来源于训练样本集 $D=\{\boldsymbol{x}_1,\cdots,\boldsymbol{x}_n\}$。

5. 样本的规格化

当某个特征选择比较小的量纲时,样本集 D 在这一维上的分布范围一般较大,样本之间的差异也比较大,反之则分布的范围较小,样本在这一维上的差异也较小。规格化的目的是使得 D 中的样本每一维特征都分布在相同或相似的范围之内,这样在计算距离度量时每一维特征上的差异都会得到相同的体现。

常用的规格化方法有两种:一种方法是将 D 中样本的每一维特征都平移和缩放到

[0,1]范围之内。首先计算样本集 D 每一维特征的最大值和最小值：

$$x_{j_{\min}}=\min_{1\leqslant i\leqslant n}x_{ij},x_{j_{\max}}=\max_{1\leqslant i\leqslant n}x_{ij},\ j=1,\cdots,d \tag{2.16}$$

然后平移和缩放样本的每一维特征为

$$x'_{ij}=\frac{x_{ij}-x_{j_{\min}}}{x_{j_{\max}}-x_{j_{\min}}},i=1,\cdots,n,j=1,\cdots,d \tag{2.17}$$

式中　x_{ij},x'_{ij}—— 规格化前和规格化后第 i 个样本的第 j 维特征。

另外一种常用的规格化方法是认为样本的每一维特征都符合高斯分布，通过平移和缩放使其都变为均值为0、方差为1的标准高斯分布。首先计算 D 中样本每一维特征的均值和标准差：

$$\mu_j=\frac{1}{n}\sum_{i=1}^{n}x_{ij},s_j=\sqrt{\frac{1}{n}\sum_{i=1}^{n}(x_{ij}-\mu_j)^2},j=1,\cdots,d \tag{2.18}$$

然后规格化每一维特征：

$$x'_{ij}=\frac{x_{ij}-\mu_j}{s_j},i=1,\cdots,n,j=1,\cdots,d \tag{2.19}$$

可以证明，经过式(2.19) 规格化之后，样本集 D 的每一维特征均符合标准高斯分布。

6. 加权距离

除了样本规格化之外，还可以采用在距离度量计算时为不同特征引入不同权重的方式消除量纲的影响。这里以最常用的加权欧氏距离为例来说明：

$$d(\boldsymbol{x},\boldsymbol{y})=\left[\sum_{j=1}^{d}w_j(x_j-y_j)^2\right]^{\frac{1}{2}} \tag{2.20}$$

其中 w_j 是加在第 j 维特征上的权重，$w_j\geqslant 0$。使用加权距离需要解决的最重要问题是如何确定每一维特征的权重。仔细观察式(2.17)，式(2.19) 和式(2.20) 会发现，由于闵可夫斯基距离的计算具有平移不变性，如果使用式(2.17) 或式(2.19) 对样本规格化之后计算欧氏距离，等价于分别设置

$$w_j=\frac{1}{(x_{j_{\max}}-x_{j_{\min}})^2}\ 和\ w_j=\frac{1}{s_j^2} \tag{2.21}$$

之后的加权欧氏距离。

加权距离中权重的确定也可以与特征的分布无关，而是体现不同特征对于分类的重要程度，重要的特征赋予比较大的权重，不重要的特征赋予比较小的权重，实际上当某一维特征的权重被置为0时，这一维特征上的差异在距离计算中没有起到任何作用。特征的重要程度需要根据具体问题由分类器的设计者来确定。

7. 汉明距离(Hamming Distance)

前面介绍的几种距离度量的都是 d 维实数空间中矢量的相似程度，对于二值矢量来说，每个元素只取 0 或 1，$\boldsymbol{x},\boldsymbol{y}\in\{0,1\}^d$，可以用汉明距离来度量其相似性：

$$d(\boldsymbol{x},\boldsymbol{y})=\sum_{j=1}^{d}(x_j-y_j)^2 \tag{2.22}$$

实际上由于 $\boldsymbol{x},\boldsymbol{y}$ 为二值矢量，式(2.22) 计算的是两个矢量对应位置元素不同的数量，例如 $\boldsymbol{x}=(1,1,0,0,1,1,1)^{\mathrm{T}}$，$\boldsymbol{y}=(1,0,0,0,0,0,1)^{\mathrm{T}}$，两者的汉明距离为 3。

2.2.2 相似性度量

到目前为止都是在用距离来度量样本之间的相似程度，实际上在某些情况下可以采用更直接的方式度量样本的相似性。

1. 角度相似性

如果认为两个样本之间的相似程度只与它们之间的夹角有关，而与矢量的长度无关，那么就可以使用矢量夹角的余弦来度量相似性。根据附录 A.2 对于矢量内积的定义可以得到

$$s(\boldsymbol{x},\boldsymbol{y})=\cos\theta_{xy}=\frac{\boldsymbol{x}^{\mathrm{T}}\boldsymbol{y}}{\|\boldsymbol{x}\|\cdot\|\boldsymbol{y}\|}=\frac{\sum_{i=1}^{d}x_iy_i}{\sqrt{\sum_{i=1}^{d}x_i^2}\cdot\sqrt{\sum_{i=1}^{d}y_i^2}} \tag{2.23}$$

显然当 $\boldsymbol{x}$ 和 $\boldsymbol{y}$ 重合时，夹角 $\theta_{xy}=0$，相似度最大：$s(\boldsymbol{x},\boldsymbol{y})=1$；而当 x 和 y 方向相反时，夹角 $\theta_{xy}=\pi$，相似度最小：$s(\boldsymbol{x},\boldsymbol{y})=-1$。

2. 相关系数

样本之间的相关系数与角度相似性类似，实际上是数据中心化之后矢量夹角的余弦。这里矢量数据的中心化有两种方式，一种方式是认为矢量 $\boldsymbol{x}$ 和 $\boldsymbol{y}$ 分别来自于两个样本集，这两个样本集的均值分别为：$\boldsymbol{\mu}_x$ 和 $\boldsymbol{\mu}_y$，$\boldsymbol{x}$ 和 $\boldsymbol{y}$ 之间的相关系数定义为

$$s(\boldsymbol{x},\boldsymbol{y})=\frac{(\boldsymbol{x}-\boldsymbol{\mu}_x)^{\mathrm{T}}(\boldsymbol{y}-\boldsymbol{\mu}_y)}{\|\boldsymbol{x}-\boldsymbol{\mu}_x\|\cdot\|\boldsymbol{y}-\boldsymbol{\mu}_y\|}=\frac{\sum_{i=1}^{d}(x_i-\mu_{x_i})(y_i-\mu_{y_i})}{\sqrt{\sum_{i=1}^{d}(x_i-\mu_{x_i})^2}\cdot\sqrt{\sum_{i=1}^{d}(y_i-\mu_{y_i})^2}} \tag{2.24}$$

另外一种方式是将 $\boldsymbol{x}$ 和 $\boldsymbol{y}$ 视为一维信号，数据的中心化是相对于每个矢量特征均值进行的：

$$\boldsymbol{\mu}_x=\frac{1}{d}\sum_{i=1}^{d}x_i,\boldsymbol{\mu}_y=\frac{1}{d}\sum_{i=1}^{d}y_i$$

$$\boldsymbol{s}(\boldsymbol{x},\boldsymbol{y})=\frac{(\boldsymbol{x}-\boldsymbol{\mu}_x\boldsymbol{e})^{\mathrm{T}}(\boldsymbol{y}-\boldsymbol{\mu}_y\boldsymbol{e})}{\|\boldsymbol{x}-\boldsymbol{\mu}_x\boldsymbol{e}\|\cdot\|\boldsymbol{y}-\boldsymbol{\mu}_y\boldsymbol{e}\|}=\frac{\sum_{i=1}^{d}(x_i-\boldsymbol{\mu}_x)(y_i-\boldsymbol{\mu}_y)}{\sqrt{\sum_{i=1}^{d}(x_i-\boldsymbol{\mu}_x)^2}\cdot\sqrt{\sum_{i=1}^{d}(y_i-\boldsymbol{\mu}_y)^2}} \tag{2.25}$$

$\boldsymbol{e}$ 是所有元素均为 1 的 d 维矢量。

相似性度量随着样本之间相似程度的增加而增大，而距离则是随着相似程度的增加而减小，为了保持一致性可以将角度相似性和相关系数转化为距离：

$$d(\boldsymbol{x},\boldsymbol{y})=1-s(\boldsymbol{x},\boldsymbol{y}) \tag{2.26}$$

2.2.3 Matlab 实现

在 Matlab 的 Bioinformatics Toolbox 中提供了一个简单的 K- 近邻算法分类函数：

函数名称：knnclassify

功能：*K*- 近邻算法分类

函数形式：

Class = knnclassify(Sample，Training，Group，k，distance，rule)

参数：

Sample——m × d 矩阵，待分类样本矩阵，m 个待分类样本，d 维特征；

Training——n × d 矩阵，训练样本矩阵，n 个训练样本，d 维特征；

Group——n × 1 矩阵，与 Training 每一行对应的类别标签；

k——*K*- 近邻算法参数，缺省为 1(最近邻算法)；

distance—— 距离度量参数；

rule—— 分类参数；

返回：

class——m × 1 矩阵，对应 Sample 每一行的分类结果。

其中，距离度量参数 distance 可以设置为：

euclidean ：欧几里得距离度量；

cityblock：街市距离度量；

hamming：汉明距离度量；

cosine：角度相似性度量，由式(2.26) 转化为距离；

correlation：相关系数，采用式(2.25) 计算相关性，然后由式(2.26) 转化为距离；

对于多类别分类问题，或者两类别分类问题中参数 *K* 设置为偶数时，可能出现 *K* 个近邻中两个或多个类别的样本数量相同且最多的情况。这种情况下分类待识别样本的策略可以在分类参数 rule 中设置：

nearest：先用 *K*- 近邻原则分类，如果出现数量相同的情况则以最近邻的原则分类；

random：先用 *K*- 近邻原则分类，如果出现数量相同的情况则在样本数量最多的几个类别中随机地选择一个；

consensus：这是一种比较严格的识别策略，只有当 *K* 个近邻的类别相同时才输出分类结果，否则拒绝识别，输出 NaN 或空字符串。

在 Matlab 的 Statistics Toolbox 中以 Class 的方式提供了一种更复杂的 *K*- 近邻算法的实现：ClassificationKNN，在 ClassificationKNN 中涉及的方法和参数比较多，这里只介绍其中的一些主要内容。

函数名称：fit

功能：*K*- 近邻分类器的构造

函数形式：

model = ClassificationKNN. fit(X，Y，Name，Value)

参数：

X——n × d 矩阵，样本集矩阵，n 个训练样本，d 维特征；
Y——n × 1 矩阵，类别标签；
Name—— 参数名称；
Value—— 参数的值；

返回：
model——*K*- 近邻分类器。

函数名称：predict
功能：*K*- 近邻分类器识别

函数形式：
Z = predict(model, X)

参数：
model——*K*- 近邻分类器；
X——m × d 矩阵，测试样本矩阵，m 个样本，d 维特征数

返回：
Z——m × 1 矩阵，*K*- 近邻分类器识别结果

在 fit 函数中可以使用一组 Name 和对应的 Value 设置 *K*- 近邻分类器的参数：

距离度量：Distance
euclidean ：欧几里得距离度量；
cityblock：街市距离度量；
chebychev：切比雪夫距离度量；
minkowski：闵可夫斯基距离度量；
seuclidean：采用式(2.19) 规格化样本的欧氏距离度量；
hamming：汉明距离度量；
cosine：角度相似性度量，由式(2.26) 转化为距离；
correlation：相关系数，采用式(2.25) 计算相关性，然后由式(2.26) 转化为距离；

分类策略：BreakTies
nearest：先用 *K*- 近邻原则分类，如果出现数量相同的情况则以最近邻的原则分类；
random：先用 *K*- 近邻原则分类，如果出现数量相同的情况则在样本数量最多的几个类别中随机地选择一个；
smallest：先用 *K*- 近邻原则分类，如果出现数量相同的情况则选择类别标号最小的类别；

距离附加参数：DistParameter
minkowski：闵可夫斯基距离中的指数 p；
seuclidean：规格化样本的标准差；

K- 近邻算法参数：NumNeighbors，算法参数 *K*

特征加权值：W，d 维矢量，对应每一维特征的重要程度，用于距离加权。

2.3　分类器性能评价

通过这一章的学习，我们已经能够设计出一些简单的分类器了，下面需要考虑的是这些分类器能不能够在实际应用中解决具体问题？是不是能够达到设计指标？解决同一个问题可以有多种分类器设计方案，比如说可以采用 K- 近邻的方法，也可以采用学习一个或多个模板匹配的方法，哪一个更适合解决我们所面临的具体问题？在具体的分类器设计过程中往往还需要确定一些参数，如 K- 近邻算法中的 K，什么样的参数是最优的参数？

为了解决这些问题，必须能够对已经设计完成的分类器性能进行评价，然后才能够判断这个分类器是否能够达到要求，如果不能达到要求需要重新设计特征生成的方法，或者重新设计和学习分类器；在分类器设计方案和参数的选择过程中也需要对多个分类器的性能进行评价，找出最优的方案和分类器参数。

这一节就来介绍一些分类器性能评价的指标和方法，这些方法不仅适用于本章所涉及的分类器，也可用于评价后续章节将要介绍的各种分类器。

2.3.1　评价指标

设计分类器的目的是要对输入的未知类别样本进行判别，任何分类器都不能保证每次的识别结果是正确的，都有一定的可能性做出错误的判别，由此可以看出分类器的每一次识别过程都是一个随机事件。

1. 识别错误率

描述识别结果这样一个随机事件最基本的方式是它做出错误判别（或正确判别）的概率，称为识别错误率（或正确率）。一般来说，准确的分类器识别错误率 P_e 是得不到的（除非能够对所有可能的输入样本都进行测试，或者知道样本的真实分布），但是可以对它做出一定的估计，常用的方法就是将 m 个已知所属类别的样本输入分类器，如果其中有 m_e 个样本被分类错误，则

$$P_e \approx \frac{m_e}{m} \tag{2.27}$$

这是一种最简单的计数统计方式。

2. 拒识率

多数情况下每输入一个样本，分类器就会给出对其类别的判别结果，但是对于某些应用来说，分类器判别错误会带来非常严重的后果。例如医生根据各种检查结果对病人做出诊断，如果发生误诊，则一方面有可能耽误疾病的治疗，另一方面也有可能进行错误的治疗，这两种结果都是很难接受的。为了提高分类器识别的准确率、降低错误率，可以只对非常有把握的样本判别它的类别属性，而对没有把握的样本拒绝识别。在上个例子中，只有当所有的检查结果明确地显示出病人患有疾病或没有疾病时医生才会做出诊断，否则暂时不做出判断，而是要求病人再去做一些其他的检查来帮助做出进一步的判断。

当分类器可以拒绝给出识别结果时，评价分类器性能的指标除了识别错误率 P_e 之外，还要考虑拒绝识别的概率 P_r，一般称为拒识率。如果将 m 个样本提供给分类器，其中有 m_r

个样本被拒绝识别，而在 $m-m_r$ 个做出判别的样本中有 m_e 个被分类错误，那么可以对分类器的错误率和拒识率按照如下的方式进行估计：

$$P_e \approx \frac{m_e}{m-m_r}, P_r \approx \frac{m_r}{m} \tag{2.28}$$

由于有 m_r 个没有把握的样本被拒绝识别，因此式(2.28)得到的识别错误率 P_e 一般都会低于没有拒识分类器的错误率。

3. **敏感性、特异性和 ROC 曲线**

医学领域经常使用敏感性和特异性来评价一种诊断方法的有效性。对疾病的诊断可以看作是一个两分类问题：患病（一般称为正例）和正常（一般称为反例），如果将 m 个病例的检查结果作为样本输入分类器，对于其中的正例来说有 a 个被正确分类为正例，b 个被误分类为反例，而反例中有 d 个被正确分类，c 个被错误分类为正例，所有的结果可以表示为表 2.1。

表 2.1　两分类问题的混合矩阵

混合矩阵		分类结果	
		正例	反例
实际类别	正例	a	b
	反例	c	d

利用这些数据可以对敏感性 P_s 和特异性 P_n 做出如下估计：

$$P_s \approx \frac{a}{a+b}, P_n \approx \frac{d}{c+d} \tag{2.29}$$

敏感性表示的是在所有患病样本（正例）中被分类器诊断为正例的比率，一般称为“真阳率”；而特异性是所有正常样本（反例）中被分类器诊断为正常的比率，显然 $1-P_n$ 为正常病例被误诊为患病的比率，一般称为“假阳率”。自然对一种诊断方法，人们希望真阳率 P_s 越大越好，而假阳率 $1-P_n$ 越小越好。在分类器的设计过程中一般来说可以通过调整某些参数来提高敏感性 P_s，但是同时也会发现敏感性的提高常常伴随着假阳率 $1-P_n$ 的增大，两者存在着矛盾。例如，在极端情况下如果分类器将所有样本都判别为正例，所有的正例都会被正确分类，因此 $P_s=100\%$，但所有的反例也会被判别为正例，$1-P_n=100\%$；反之如果分类器将所有的样本判别为反例，两者都会变为 0。

在不同分类器参数下敏感性和假阳率之间的变化关系可以采用 ROC 曲线来描述。ROC 曲线的横轴为假阳率 $1-P_n$，纵轴为敏感性 P_s，通过实验改变分类器的参数，测试分类器在不同参数下对同一个样本集的敏感性和特异性，然后用这些数据可以绘制出 ROC 曲线。下面用一个具体的例子来看一下这个过程：某种疾病的诊断需要依据 10 项检查指标，每项指标只有阳性和阴性两种结果，患病的人大部分指标都会是阳性，而正常人大部分指标是阴性；现在可以建立一个分类器，根据 10 项指标中阳性的数量 s 是否大于阈值 θ_s 来判断是否患有疾病，在 $s=0,1,\cdots,10$ 的情况下，分别测试对不同病例的诊断结果，计算出敏感性 P_s 和假阳率 $1-P_n$，具体数据见表 2.2。

表 2.2　不同参数下的敏感性和假阳率

θ_s	10	9	8	7	6	5	4	3	2	1	0
P_s/%	0	23.1	43.8	62.2	72.3	89.6	96.1	98	98.9	99.5	100
$(1-P_n)$/%	0	4.3	8.6	17.1	25.9	40.4	63.5	80.2	92.3	96.5	100

根据表 2.2 的数据可以画出如图 2.13 所示的 ROC 曲线。只有当 ROC 曲线处于 45° 虚线的上方时才能够称为是一个"好"的分类器，因为如果构造一系列随机的分类器分别以概率 10%，20%，……，将任意的输入样本判别为正例，那么敏感性和假阳率都将是所选择的概率，这样一种随机分类器的 ROC 曲线刚好就是图中的 45° 虚线，只有在其上方的 ROC 曲线对应的分类器性能才会好于随机分类器。不同分类方法的优劣也可以用 ROC 曲线下方的面积来评价，面积越大则性能越好。

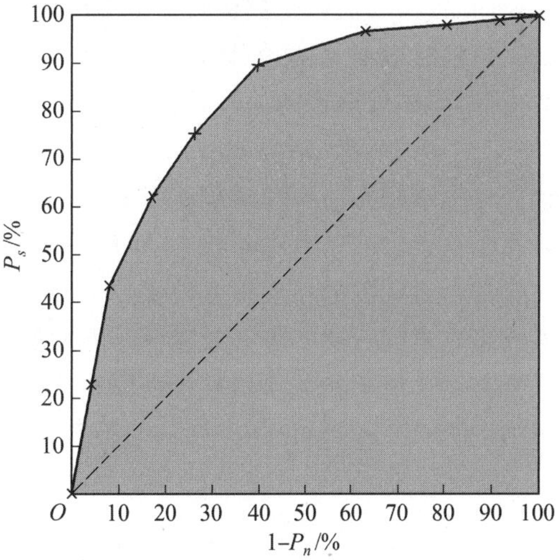

图 2.13　ROC 曲线

绘制 ROC 曲线也可以为分类器参数的选择提供依据，对于一般的应用来说，可以选择使得 $P_s = 1 - P_n$ 的参数；而对于敏感性要求较高的应用来说，则可以选择 P_s 超过 95% 或 98% 的参数。例如在疾病的诊断中，为了减少漏诊情况的发生需要较高的敏感性。

4. **召回率和准确率**

信息检索在某种程度上可以看作是一个模板匹配的过程，检索网页或文档时输入的关键词可以看作是一组描述特征，希望在库中检索出相关的文档；如果检索的是图像，可以从用户提供的图像中提取一组描述特征，如图像颜色的分布、图像中不同目标的形状等，这些特征构成了一个模板，然后在保存的图像库中找出相似度最大的一系列图像作为检索结果输出给用户。

这样的检索过程实际上是一个两分类问题，希望将库中的文档或图像等信息分类为"与检索目标相关"和"与检索目标不相关"两个类别，只不过在两个类别中只有一个类别的模板（相关类别），而没有另一个类别的描述模板（不相关类别）。信息检索的通常做法是将库中保存的信息与这个唯一的模板进行匹配，找出相似性最大的一组提供给用户。

信息检索领域常用的性能评价指标是召回率和准确率，它们的计算方法同医学领域的敏感性和特异性类似。例如在库中共有 n 个样本，检索出其中的 m 个；在被检索出的 m 个样本中与目标相关的有 a 个，不相关的有 c 个；在未被检索到的 $n-m$ 个样本中，与目标相关的有 b 个，不相关的有 d 个。召回率 R 和准确率 P 按照如下的方式计算：

$$R \approx \frac{a}{a+b}, P \approx \frac{a}{a+c} \tag{2.30}$$

表 2.3　检索结果矩阵

	检索到	未检索到
相关	a	b
不相关	c	d

召回率的意义是在库中所有相关的信息中被检索出来的比例，也称为“查全率”；准确率的意义是在所有的检索结果中包含相关信息的比例，也称为“查准率”。仔细观察公式(2.29)和(2.30)可以看出，召回率和敏感性的计算方法是相同的，而准确率与特异性的计算则是不同的。

对于一个检索方法来说，自然希望召回率和准确率都比较高。召回率高说明检索出了更多的相关信息，准确率高说明检索出的信息中不相关(噪声)信息较少。但是实际情况是两者存在着矛盾，检索中一般都会对匹配的相似程度设置一个阈值，只有相似度超过阈值的信息才会被检索出来，为了提高检索的召回率势必要降低匹配阈值，这样能够使得更多的相关信息被检索到，但同时也会有更多的不相关信息被检索出来，这样就会降低准确率。综合评价检索方法的性能需要同时兼顾召回率和准确率，一般使用的是两者的调和平均，称为 F_1 指标：

$$F_1 = \frac{2}{\dfrac{1}{R}+\dfrac{1}{P}} = \frac{2RP}{R+P} \tag{2.31}$$

2.3.2　评价方法

对分类器性能的评价，无论是识别错误率还是敏感性、特异性或者召回率、准确率，都是采用统计的方法对表征性能的概率指标做出估计，这些估计值依据的是分类器在一组测试样本上的“随机实验”结果。下面要讨论的问题是应该使用什么样的测试样本来评价分类器的性能。

分类器在训练和学习过程中都会使用一组训练样本，那么能否使用同样的一组样本来评价分类器的性能呢？如果设计分类器的目标只是要识别这些训练样本，这种测试方法是合理的；然而大多数的分类器是以识别训练样本集合之外的其他类别未知样本为目的的，那么使用训练样本评价的分类器性能指标就是不准确的了，往往过于“乐观”，例如如果由最近邻分类器来识别训练样本，每一个样本的最近邻都会是其自身，分类不会发生错误，然而当输入的是其他样本时，则很难保证每次都被分类正确。所以，一般来说应该采用独立于训练样本集合之外的其他样本来测试分类器的性能。

1. 两分法

两分法是随机地将训练样本集 D 划分为不相交的两个集合 D_l 和 D_t，首先使用训练样本集 D_l 学习分类器，然后由测试样本集 D_t 测试分类器的性能指标。为了进一步消除一次估计值的误差，上述的样本集划分、学习分类器和评价分类器性能的过程可以重复 K 次，然后取 K 次的平均值作为性能评价结果。

这种方法的一个弊端是只能用一部分样本学习分类器，另一部分样本测试性能，两部分的样本数量都会少于 D 中的样本数量。一般来说在分类器学习过程中希望训练样本的数量越多越好，通过大量的样本学习才有可能得到区分不同类别的信息，特别是对于后续章节将要介绍的一些复杂分类方法，减少训练样本的数量常常会降低分类器的性能；另一方面，分类器性能指标的估计过程也需要大量的样本，以错误识别率为例，式(2.27) 中只有当测试样本的数量 $m \to \infty$ 时才会得到对 P_e 的准确估计，过少的测试样本数量也会使得估计的准确程度下降。

2. 交叉验证

交叉验证法是将样本集 D 随机地分成不相交的 k 个子集，每个子集中的样本数量相同。然后按照如下的方式评价分类器的性能：

(1) 使用 $k-1$ 个子集的样本训练一个分类器。

(2) 测试没有参与训练子集的样本，得到对性能指标的一个估计。

(3) 上述过程重复 k 次，每次选择不同的测试子集，得到 k 个估计值。

(4) 以 k 次的平均值作为分类器的性能评价指标。

很明显，两分法相当于 $k=2$，并且训练集和测试集样本数量相等的交叉验证方法。对于包含 n 个样本的集合 D 来说，另一个极端的交叉验证方法是 $k=n$，每个子集中只包含 1 个训练样本；每一次使用 $n-1$ 个样本训练分类器，测试余下的一个样本；这个过程重复 n 次统计出样本被错误识别的次数，除以 n 得到对分类错误率的估计，这种方法也被称作是“留一法”。由于每次参与训练的样本数量与集合 D 基本相同(只相差 1 个)，因此这样得到的分类器性能受训练样本数量的影响最小；而所有的 n 个样本都参与了测试，对性能指标的估计也比较准确。

在统计学上评价一个统计量的优劣依据的是它的偏差(Bias) 和方差(Variance)，交叉验证中的 k 对这两者有着不同的影响，k 值小则偏差大而方差小，k 值大则偏差小而方差大，两分法和留一法刚好处于两个极端，交叉验证的方法则是在两者之间的折中。

3. Bootstrap 方法

Bootstrap 方法是统计学家 Efron Bradley 在 20 世纪 70 年代提出的一种统计量估计方法，可以按照如下方式将其用于对分类器性能的评价：

(1) 从样本集 D 中有放回地抽取 n 个样本，组成一个 Bootstrap 样本集 A(A 中的样本可能重复)。

(2) 同样方式得到另一个 Bootstrap 样本集 B。

(3) 用集合 A 训练分类器，然后测试集合 B 中的样本，得到对性能指标的一个估计。

(4) 上述过程重复 k 次，取 k 次的平均值作为分类器性能的评价。

在统计学上已经证明，只要重复次数 k 足够大，Bootstrap 方法能够同时得到较小的估计偏差和方差，兼具两分法和留一法的优点。

本章小结

本章介绍了几种非常简单的模式识别方法，这些方法都是以样本之间相似程度或距离度量为基础的，算法不需要复杂的学习过程，很容易实现。模板匹配的方法由于利用的类别可分性信息少，限制了识别性能的提高，但算法的时间复杂度和空间复杂度较低，因此常常被用于大类别数的识别问题中，例如在汉字识别系统中需要识别的类别数量可以达到7 000～12 000，使用模板匹配的方法一方面可以取得较好的识别准确率，同时能够保证识别系统的快速性和对计算机资源的更少占用。最近邻和 K- 近邻识别一般能够取得比较令人满意的识别效果，在第7章中将从更加严谨的理论角度来讨论这两种方法。计算复杂度是使用最近邻和 K- 近邻算法时必须要考虑的问题。

如何准确度量不同样本之间的相似程度是模式识别研究中的一个重要问题，本章中介绍了一些常用的距离度量和相似性度量方式。在使用过程中分类器的设计者需要根据实际问题的具体情况来选择采用何种度量方法，特别是对于某些特殊问题来说需要采用非特征矢量的方式描述模式，例如在语音识别、基因序列分析和视频分析中，待识别模式具有时序特性或先后次序关系，这类模式更适合采用字符串或特征矢量序列的形式进行描述；在指纹识别中常常需要提取纹线的起点、终点、分叉点和结合点作为细节特征点，而每个模式则是以这些细节特征点之间的几何位置关系构成的图来描述的。对于这些非矢量方式描述的模式，分类器的设计者需要采用特殊的方式来度量它们之间的相似程度，如序列的松弛匹配或图的匹配算法等。

准确评价分类器的性能是一件很困难的事情。首先，采用什么样的指标能够度量分类器的能力就是一个问题，识别错误率是最常用和最直观的评价指标，它的缺点是对所有类别的分类结果进行了相同的处理，认为每一个类别的样本被错误分类所带来的损失是一样的，当某些类别相对于其他类别更加重要，或者将某类样本错误识别为另外一个类别所付出的代价更大时，识别错误率就无法反映出这些信息了。对于这类问题可以计算一个错分矩阵，矩阵的第 (i,j) 个元素是将 ω_i 类样本分类为 ω_j 类的数量或概率。

识别错误率以及本章介绍的其他评价指标一般很难用解析的方式计算，需要通过一定的识别测试实验来估计。如何利用有限的样本集既能够训练一个分类器，又能够准确地评价分类器的性能是这里需要考虑的一个重要问题，交叉验证和留一法是两种常用的评价方法，而Bootstrap方法可以只考虑计算资源的多少而不受训练样本数量的限制进行任意多次的实验测试，是一种很好的分类器性能测试方法。

习　题

1. 8个二维矢量，前四个属于一个类别，后四个属于另外一个类别：

$$\omega_1: \boldsymbol{x}_1=(4,-2)^{\mathrm{T}}, \boldsymbol{x}_2=(3,-1)^{\mathrm{T}}, \boldsymbol{x}_3=(3,-3)^{\mathrm{T}}, \boldsymbol{x}_4=(3,-2)^{\mathrm{T}}$$

$$\omega_2: \boldsymbol{x}_5=(3,0)^{\mathrm{T}}, \boldsymbol{x}_6=(3,-4)^{\mathrm{T}}, \boldsymbol{x}_7=(1,-2)^{\mathrm{T}}, \boldsymbol{x}_8=(0,-1)^{\mathrm{T}}$$

(1) 请用最近邻分类方法判别 $x=(0,0)^{\mathrm{T}}$ 的类别属性。

(2) 画出最近邻法分类界面。

(3) 采用单模板匹配的方法判别 $\boldsymbol{x}$ 的类别属性,并画出相应的分类界面。

2. 式(2.4) 的优化问题中,如果距离度量 $d(\boldsymbol{x}_k^{(i)},\boldsymbol{\mu})$ 采用的是街市距离,请推导代表模板的优化解。

3. 修改 *K-D* 树最近邻搜索算法和 KDNNClassify 函数的代码,实现 *K*- 近邻分类算法的 *K-D* 树搜索。

4. 证明欧氏距离、街市距离、切比雪夫距离和闵可夫斯基距离满足关于距离度量的 4 个性质。

5. 证明切比雪夫距离是 $p \to +\infty$ 的闵可夫斯基距离。

6. 证明样本集合 $D=\{\boldsymbol{x}_1,\cdots,\boldsymbol{x}_n\}$ 经过式(2.19) 规格化之后每一维特征的均值为 0,方差为 1。

7. 证明闵可夫斯基距离具有平移不变性,即对于任意矢量 $\boldsymbol{\mu}$,如下等式成立:

$$d(\boldsymbol{x},\boldsymbol{y})=d(\boldsymbol{x}-\boldsymbol{\mu},\boldsymbol{y}-\boldsymbol{\mu})$$

$d(\boldsymbol{x},\boldsymbol{y})$ 为闵可夫斯基距离度量。

第3章　聚类分析

上一章所讨论的识别问题假定训练样本集合的类别信息是已知的,确切地知道每一个训练样本所属的类别;利用训练样本学习分类器,对未知类别样本进行分类。此类问题一般被称为有监督学习或有教师学习问题。在实际应用中,往往还需要面对另外一类问题,虽然已知训练样本集合中的样本,但不能确切地知道每个样本所属的类别,这样的样本集称为无监督样本集。利用无监督样本集,也希望能够学习出某种规律性的东西,构造相应的分类器,这样的问题一般被称为无监督学习问题或无教师学习问题。

本章将要介绍一类重要的无监督学习方法 —— 聚类分析。

3.1　无监督学习与聚类

所谓聚类分析是指根据某种原则将样本或者数据集合划分为若干个"有意义"的子集(聚类),一般来说要求同一子集内的样本之间具有较大的"相似性",而不同子集样本之间具有较大的"差异性"。也就是说尽量将彼此相同或相似的样本划分为同一个聚类,而将彼此不同的样本划分为不同的聚类。

作为一种无监督学习方法,聚类分析通常只讨论如何对当前样本集合中样本进行分类的问题,而不是像有监督学习方法,关心的是如何用有类别信息的样本集训练分类器,对样本集之外的其他样本进行分类。

3.1.1　为什么要进行无监督学习

训练样本的类别标签是学习分类器的一个重要信息,为什么在没有类别信息的条件下也需要学习分类器,进行无监督学习呢? 这主要是基于以下几点原因:

首先,无监督学习和聚类是人类学习的一种重要方式。人的一生获得的所有知识并不都是来自于教师或者他人所教,很多是自己在实践过程中通过经验的积累、整理和对事物规律的发现所得到的。特别是在现代科学技术研究过程中,往往需要对各种纷繁复杂的事物按照不同的属性分门别类,形成不同的学科和领域分支,针对具有相同或相近特性的事物开展专门的研究。例如世界上的生物首先被分为动物和植物,而动物又可以分为脊椎动物和无脊椎动物,脊椎动物又分为哺乳动物、鸟类、鱼类等,这些分类都是在人类长期观察和研究过程中按照动物的某些特性所形成的分类方法,有了这样的分类之后,可以很容易地将某个动物归结为其所属的类别,从而很快地了解到它所具有的结构和习性。

从模式识别技术应用的角度来看,随着近年来互联网的普及和发展,获取构建一个识别系统所需的训练样本变得越来越容易。例如在网络上存在着海量的文本、图像、视频和音频信息,这些信息为文本分类、图像识别、语音识别提供了大量的学习样本,然而逐一对这些样本进行标注却是一项非常耗时耗力的工程。聚类分析可以作为识别系统学习的前处理过程，聚类结果可以看作是对样本数据有用的概括和解释，提供了样本集合的有关结构信息。利用这些结构信息以及一定的样本标注，可以帮助我们更好地设计和学习分类系统。在某些有监督学习算法中，虽然样本集合包含了监督信息，但聚类分析可以帮助我们更好地设定学习算法的初始值或者提供算法应用的原型。例如可以在训练样本集中采用聚类的方法寻找到若干有代表性的样本，这些样本可以作为径向基函数网络或混合密度模型的初始权重和原型；同样这些有代表性的样本也可以用于最近邻算法，待识别样本首先计算与代表样本之间的距离，然后在最相似的代表样本附近搜索最近邻样本，这样可以有效地降低大样本集条件下最近邻算法计算的复杂度。

3.1.2　聚类分析的应用

聚类分析在包括信息检索、商业应用、图像分割、数据压缩、医学应用在内的很多领域有着广泛的应用。

1. 信息检索

当使用搜索引擎在互联网上检索信息时，可能会得到几十万条搜索结果，聚类分析的方法可以将这些结果按照某种属性进行分组，方便很快地找到想要的信息。例如当检索一部电影时，可以按照其内容将其聚类为影评、预告片、演员介绍、影院信息等，可以直接在相应的组内查找到需要的内容。

2. 商业应用

对于购物网站来说总是希望能够预测出消费者的需求，然后将其需要的产品推荐给相关的用户。需求预测的一种方法是利用网站所积累的大量用户信息，首先使用聚类的方法按照用户的属性对其进行分组，如果同一组内的多数用户购买了某种产品，则可以推测组内其他成员很有可能也有此需求。

3. 图像分割

图像分割的目标是要把数字图像分成若干特定的、具有独特性质的区域。从本质上说，图像分割就是一个针对图像中所有像素点的聚类过程，首先由位置、颜色、纹理等属性来描述像素点的特征，定义像素点之间的相似度量，然后采用聚类算法完成对图像中目标的分割。

4. 数据压缩

当有大量的数据（如语音、图像、视频等）需要传输或存储时，为了减少对传输带宽或存储介质的占用，往往需要首先对数据进行压缩。对于这类局部具有很高相似性的数据，可以通过聚类的方法寻找到每一组相似数据的原型（中心），以这些原型的编码来代替原始数据，此类方法在信号处理领域也被称作“矢量量化”，其目标是用尽量少的编码来代替一段或者一组数据，同时保证恢复数据时的误差或失真最小。

5. 医学应用

人体对药物的反应存在着很大的差异性，患有同样疾病的人服用同样药物的反应是不同的。根据以往的病例，可以将病人按照其对药物的不同反应聚成不同的类别，而新的患者可以找到与其最相近的类别，然后根据这个类别病人的药物反应决定治疗方案。

3.1.3　聚类分析的过程

聚类分析的过程一般包括特征提取与选择、相似性度量和聚类算法三个部分，如图 3.1 所示。

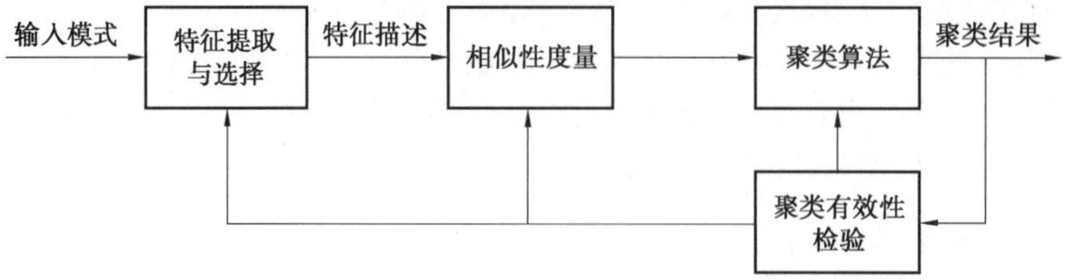

图 3.1　聚类分析的过程

1. 特征提取与选择

与分类过程一样，提取和选择什么样的特征是聚类分析的基础，同时也是与需要解决的问题息息相关的。对于同样的一组对象采用不同的特征聚类，结果可能是完全不同的。例如，如果按照繁殖和哺乳后代的方式来分，猪、狗、羊和海豚、鲸鱼可以划分为一类，鸽子、麻雀与青蛙、鲤鱼可以划分为另一类；而如果按照是否生活在水中来分，则猪、狗、羊同鸽子、麻雀可以分为一类，海豚、鲸鱼同鲤鱼分为一类，青蛙单独为一类。由此可见，只有选择和提取合适的特征，聚类过程才有可能得到所需要的结果。

2. 相似性度量

如何度量两个模式之间的相似程度在很多模式识别问题中都起着重要的作用，“距离分类器”一章中所介绍和讨论的各种模式距离和相似性的定义及计算方法同样适用于聚类分析。

3. 聚类算法

有了模式的特征描述和相似性度量，就可以选择一定的聚类算法按照一定的“准则”将无监督的样本集合划分为若干个子类。根据需要不同，输出的聚类结果可以是每个子类的中心、样本集中每个样本所属的子类标签或者是一种层次化的样本聚类结构，用以表征样本在不同层级上的聚集情况。

4. 聚类有效性检验

聚类的结果可能同预期存在差异，不一定能够满足实际应用的需要。造成这种结果的原因可能是选择的特征没有反映样本的本质聚类结构，相似性度量不合理，也可能是聚类算法不适合相应的问题，或者算法的参数设置不恰当。根据有效性检验结果，需要对聚类的相应环节进行调整，重新完成聚类。

3.1.4　聚类问题的描述

无监督样本集合 $D=\{\boldsymbol{x}_1,\cdots,\boldsymbol{x}_n\}$ 中包含 k 个聚类，聚类数 k 可能是先验已知的，也可能需要在聚类过程中确定，k 个聚类 $C_1,\cdots,C_k$ 需要满足如下条件：

① $C_i\neq\varnothing,\quad i=1,\cdots,k$；

② $\bigcup\limits_{i=1}^{k} C_i = D$；

③ $C_i \cap C_j = \varnothing$，　$i \neq j$，　$i,j = 1,\cdots,k$。

上述三个条件的含义是：每个聚类至少包含一个样本，任何一个样本属于且只属于一个聚类。从集合论的角度来讲，聚类结果实际上是对集合 D 的一个划分。

将给定集合 D 划分为 k 个子集存在很多种划分方法，其中的哪一个是需要的聚类结果？需要一个准则去评价每一种划分的"合理性"，最具合理性的划分就是聚类结果。"合理性"是一个与实际应用相关的问题，但从一般意义上讲总是希望每个聚类内样本具有较大的相似性(距离较小)，而聚类之间的样本距离较大，因此可以以此为基础建立聚类准则。

1. 类内距离准则

样本的类内聚集程度可以用每个样本与其所属聚类中心之间的距离平方之和来度量：

$$J_W(C_1,\cdots,C_k) = \frac{1}{n}\sum_{j=1}^{k}\sum_{x\in C_j} \| \boldsymbol{x} - \boldsymbol{m}_j \|^2 \tag{3.1}$$

$$\boldsymbol{m}_j = \frac{1}{n_j}\sum_{x\in C_j}\boldsymbol{x}$$

式中　$\boldsymbol{m}_j$—— 第 j 个聚类的样本中心；

　　　n_j—— 第 j 个聚类的样本数量。

2. 类间距离准则

聚类之间的分散程度可以用每个聚类的中心到样本整体中心之间的加权距离平方之和来度量：

$$J_B(C_1,\cdots,C_k) = \sum_{j=1}^{k}\frac{n_j}{n} \| \boldsymbol{m}_j - \boldsymbol{m} \|^2 \tag{3.2}$$

$$\boldsymbol{m} = \frac{1}{n}\sum_{x\in D}\boldsymbol{x}$$

式中　$\boldsymbol{m}$—— 样本整体的中心。

3. 类内、类间散布矩阵

类内、类间的距离平方和也可以用样本的散布矩阵来计算。第 j 类的类内散布矩阵定义为

$$S_W^j = \frac{1}{n_j}\sum_{x\in C_j}(\boldsymbol{x} - \boldsymbol{m}_j)(\boldsymbol{x} - \boldsymbol{m}_j)^{\mathrm{T}} \tag{3.3}$$

总的类内离散矩阵定义为

$$S_W = \sum_{j=1}^{k}\frac{n_j}{n}S_W^j \tag{3.4}$$

类间散布矩阵定义为

$$S_B = \sum_{j=1}^{k}\frac{n_j}{n}(\boldsymbol{m}_j - \boldsymbol{m})(\boldsymbol{m}_j - \boldsymbol{m})^{\mathrm{T}} \tag{3.5}$$

可以证明(习题 1) 类内、类间距离准则与散布矩阵的迹之间存在如下关系：

$$J_W(C_1,\cdots,C_k) = \mathrm{tr}(S_W) \tag{3.6}$$

$$J_B(C_1,\cdots,C_k) = \mathrm{tr}(S_B) \tag{3.7}$$

4. 类内、类间距离准则

利用类内和类间散布矩阵可以定义类内、类间距离准则，综合考虑样本聚类结果的类内聚集程度和类间离散程度：

$$J_{WB}(C_1,\cdots,C_k)=\mathrm{tr}(S_W^{-1}S_B) \tag{3.8}$$

有了准则函数，聚类就可以转化为相应的优化问题来进行求解：

$$\min_{C_1,\cdots,C_k} J_W(C_1,\cdots,C_k)$$

$$\max_{C_1,\cdots,C_k} J_B(C_1,\cdots,C_k)$$

$$\max_{C_1,\cdots,C_k} J_{WB}(C_1,\cdots,C_k)$$

直接对这些准则函数进行优化存在着如下困难：

(1)J_W、J_B 和 J_{WB} 均为不连续函数，无法采用梯度法或牛顿法进行迭代优化。

(2) 将包含 n 个样本的集合划分为 k 个子集的所有可能方式的数量可以由下式计算：

$$S(n,k)=\frac{1}{k!}\sum_{i=0}^{k}(-1)^{k-i}\binom{k}{i}i^n \tag{3.9}$$

对于一般规模的聚类问题来说，这个数字都会是非常巨大的，因此采用遍历方法寻找最优划分也是不可行的。

$$S(18,3)=64\ 439\ 010$$

$$S(27,5)=61\ 338\ 207\ 158\ 409\ 090$$

$$S(200,4)=1.075\times 10^{119}$$

现有的聚类分析方法都是采用某种方式寻找准则函数的近似最优解。本章主要介绍三种常用的聚类分析算法：顺序聚类、层次聚类和 K- 均值聚类，以及聚类结果有效性的检验方法。

3.2 简单聚类方法

3.2.1 顺序聚类

首先来看一种简单的聚类算法 —— 顺序聚类。顺序聚类的思想来自于 1967 年 Hall 发表在 *Nature* 上的一篇论文[1]，算法只需顺序扫描样本集一次，聚类数不需要预先设定，新的聚类可以在算法执行过程中自动形成。

顺序聚类算法每次输入一个样本，计算该样本与当前已经形成的各个聚类的距离，如果所有距离都大于一个预先设定的阈值 θ 时，生成一个新的聚类，否则将其加入距离最近的聚类中；同时也可以预先设定最多聚类数 M，已达到最大聚类数之后，不再新增聚类。

顺序聚类算法的思路非常简单，但在实现过程中需要计算样本与聚类之间的距离，也就是点与集合之间的距离。

矢量 $\boldsymbol{x}$ 与矢量集合 C 之间的距离 $d(\boldsymbol{x},C)$ 可以采用多种方式定义：

(1) 最大距离：以 $\boldsymbol{x}$ 与 C 中最远样本的距离作为样本与聚类之间的距离：

$$d(\boldsymbol{x},C)=\max_{\boldsymbol{y}\in C} d(\boldsymbol{x},\boldsymbol{y}) \tag{3.10}$$

(2) 最小距离：以 $\boldsymbol{x}$ 与 C 中最近样本的距离作为样本与聚类之间的距离：

$$d(\boldsymbol{x},C)=\min_{\boldsymbol{y}\in C} d(\boldsymbol{x},\boldsymbol{y}) \tag{3.11}$$

(3) 平均距离：以 $\boldsymbol{x}$ 与 C 中所有样本的距离平均值作为样本与聚类之间的距离：

$$d(\boldsymbol{x},C)=\frac{1}{n_C}\sum_{\boldsymbol{y}\in C} d(\boldsymbol{x},\boldsymbol{y}) \tag{3.12}$$

式中　n_C—— 聚类 C 中的样本数。

(4) 中心距离：以 $\boldsymbol{x}$ 与 C 中样本均值之间的距离作为样本与聚类之间的距离：

$$d(\boldsymbol{x},C)=d(\boldsymbol{x},\boldsymbol{m}_C) \tag{3.13}$$

式中　$\boldsymbol{m}_C=\frac{1}{n_C}\sum_{\boldsymbol{y}\in C}\boldsymbol{y}$，为聚类 C 的样本均值。

顺序聚类算法

■ 初始化：第一个样本 $\boldsymbol{x}_1$ 作为第一个聚类，$C_1=\{\boldsymbol{x}_1\}$，$l=1$；

■ 顺序输入每个训练样本 $\boldsymbol{x}_i$：

　□ 计算 $\boldsymbol{x}_i$ 距离最近的类别 C_k：$d(\boldsymbol{x}_i,C_k)=\min_{1\leqslant j\leqslant l} d(\boldsymbol{x}_i,C_j)$；

　□ 如果：$d(\boldsymbol{x}_i,C_k)>\theta$ 并且 $l<M$，则 $l=l+1$，$C_l=\{\boldsymbol{x}_i\}$；

　□ 否则：$C_k=C_k\cup\{\boldsymbol{x}_i\}$

■ 输出：聚类 $\{C_1,\cdots,C_l\}$，聚类数 l

从应用的角度来看，最大距离和最小距离分别以与两个极端样本 —— 最不相似样本和最相似样本之间的距离来度量样本与聚类之间的距离，而平均距离和中心距离则是以样本与聚类中样本的总体相似程度来度量样本与聚类之间的距离；从算法实现的角度来看，最大距离、最小距离和平均距离的计算量较大，第 i 个训练样本 $\boldsymbol{x}_i$ 与之前的 $i-1$ 个样本均需要计算距离，而中心距离则只需要与当前的 l 个聚类的中心计算距离，因此计算量较小。

使用中心距离度量样本与聚类之间的相似度虽然只需要计算与聚类中心之间的距离，但将一个新的样本加入到某个已有聚类之后，需要重新计算该聚类的中心，此过程可以采用累加的方式进行：

$$\boldsymbol{m}_{C\cup\{\boldsymbol{x}_i\}}=\frac{\sum_{\boldsymbol{y}\in C}\boldsymbol{y}+\boldsymbol{x}_i}{n_C+1}=\frac{n_C\boldsymbol{m}_C+\boldsymbol{x}_i}{n_C+1} \tag{3.14}$$

以中心距离度量为例，顺序聚类算法可以采用如下代码实现：

函数名称：SequencialClustering

参数：S—— 样本矩阵(n×d 矩阵)，T—— 样本到聚类的最小距离阈值，M—— 最大聚类数

返回值：l—— 实际聚类数，ClusterID—— 每个样本所属聚类的标号(n×1 矩阵)

函数功能：将样本集 S 按照顺序聚类算法聚类

```
function [ClusterID,l] = SequencialClustering(S,T,M)
```

```
n = size(S,1);                                   %n—— 样本数量
m = S(1,:);                                      % 第 1 个聚类
Nc(1) = 1;
l = 1;

ClusterID = zeros(n,1);
ClusterID(1) = 1;

for i = 2:n
    dist = pdist2(S(i,:),m);                     % 计算样本到所有聚类的距离
    [md,k] = min(dist);
    if ( md > T ) & ( l < M )
        l = l + 1;                               % 增加一个新的聚类
        ClusterID(i) = l;
        m(l,:) = S(i,:);
        Nc(l) = 1;
    else
        ClusterID(i) = k;                        % 加入距离最近的聚类
        m(k,:) = ( Nc(k) * m(k,:) + S(i,:) ) / ( Nc(k) + 1 );
        Nc(k) = Nc(k) + 1;
    end
end
```

【例 3.1】 由 7 个样本组成的样本集合 $D=\{\boldsymbol{x}_1,\cdots,\boldsymbol{x}_7\}$，顺序聚类算法对样本分类，阈值 $\theta=2.5$，最大聚类数 $M=5$，采用欧氏距离度量样本之间的相似度，中心距离度量样本与聚类之间的相似度。

$$\boldsymbol{x}_1=(1,1)^{\mathrm{T}},\boldsymbol{x}_2=(4,5)^{\mathrm{T}},\boldsymbol{x}_3=(3,5)^{\mathrm{T}},\boldsymbol{x}_4=(4,4)^{\mathrm{T}}$$
$$\boldsymbol{x}_5=(2,2)^{\mathrm{T}},\boldsymbol{x}_6=(3,4)^{\mathrm{T}},\boldsymbol{x}_7=(0,0)^{\mathrm{T}}$$

解 (1) $\boldsymbol{x}_1$ 作为第一个聚类中心：$C_1=\{\boldsymbol{x}_1\}$，$\boldsymbol{m}_1=\boldsymbol{x}_1=(1,1)^{\mathrm{T}}$。

(2) 输入 $\boldsymbol{x}_2$，$d(\boldsymbol{x}_2,C_1)=d(\boldsymbol{x}_2,\boldsymbol{m}_1)=5>\theta$

增加聚类：$C_2=\{\boldsymbol{x}_2\}$，$\boldsymbol{m}_2=\boldsymbol{x}_2=(4,5)^{\mathrm{T}}$

(3) 输入 $\boldsymbol{x}_3$，$d(\boldsymbol{x}_3,C_1)>d(\boldsymbol{x}_3,C_2)<\theta$

加入 C_2：$C_2=\{\boldsymbol{x}_2,\boldsymbol{x}_3\}$，$\boldsymbol{m}_2=\dfrac{\boldsymbol{x}_2+\boldsymbol{x}_3}{2}=(3.5,5)^{\mathrm{T}}$

(4) 输入 $\boldsymbol{x}_4$，$d(\boldsymbol{x}_4,C_1)>d(\boldsymbol{x}_4,C_2)<\theta$

加入 C_2：$C_2=\{\boldsymbol{x}_2,\boldsymbol{x}_3,\boldsymbol{x}_4\}$，$\boldsymbol{m}_2=\dfrac{\boldsymbol{x}_2+\boldsymbol{x}_3+\boldsymbol{x}_4}{3}=(3.66,4.66)^{\mathrm{T}}$

(5) 输入 $\boldsymbol{x}_5$：$d(\boldsymbol{x}_5,C_2)>d(\boldsymbol{x}_5,C_1)<\theta$

加入 C_1：$C_1=\{\boldsymbol{x}_1,\boldsymbol{x}_5\}$，$\boldsymbol{m}_1=\dfrac{\boldsymbol{x}_1+\boldsymbol{x}_5}{2}=(1.5,1.5)^{\mathrm{T}}$

(6) 输入$\boldsymbol{x}_6$：$d(\boldsymbol{x}_6,C_1)>d(\boldsymbol{x}_6,C_2)<\theta$

加入 C_2：$C_2=\{\boldsymbol{x}_2,\boldsymbol{x}_3,\boldsymbol{x}_4,\boldsymbol{x}_6\}$，$\boldsymbol{m}_2=\dfrac{\boldsymbol{x}_2+\boldsymbol{x}_3+\boldsymbol{x}_4+\boldsymbol{x}_6}{4}=(3.5,4.5)^{\mathrm{T}}$

(7) 输入$\boldsymbol{x}_7$：$d(\boldsymbol{x}_7,C_2)>d(\boldsymbol{x}_7,C_1)<\theta$

加入 C_1：$C_1=\{\boldsymbol{x}_1,\boldsymbol{x}_5,\boldsymbol{x}_7\}$，$\boldsymbol{m}_1=\dfrac{\boldsymbol{x}_1+\boldsymbol{x}_5+\boldsymbol{x}_7}{3}=(1,1)^{\mathrm{T}}$

最后的聚类结果：$C_1=\{\boldsymbol{x}_1,\boldsymbol{x}_5,\boldsymbol{x}_7\}$，$C_2=\{\boldsymbol{x}_2,\boldsymbol{x}_3,\boldsymbol{x}_4,\boldsymbol{x}_6\}$，如图 3.2 中实线所示。

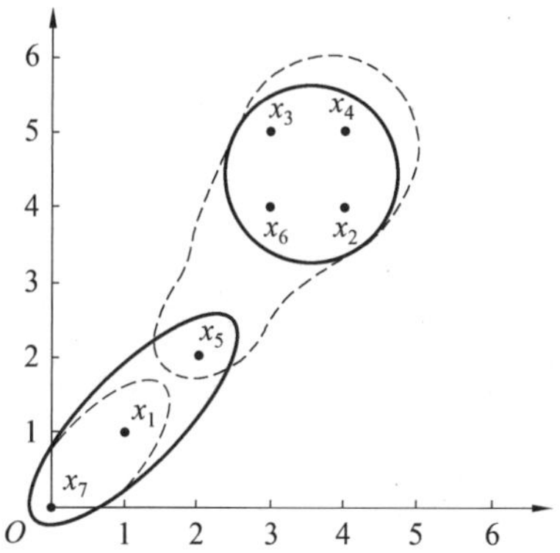

图 3.2　样本输入顺序对聚类结果的影响

顺序聚类算法的优点是算法简单，计算量小，如果采用中心距离只需计算不超过 $k\times n$ 个样本之间的距离，k 为最终得到的聚类数；不需要预先设定聚类数，算法可以自动确定需要的聚类数量。

顺序聚类算法的缺点也很明显，聚类结果受到样本输入次序的影响，不同的样本顺序会得到不同的聚类结果。例如在例 3.1 中如果按照$\boldsymbol{x}_7\rightarrow\boldsymbol{x}_1$ 的顺序输入样本，则会得到如图 3.2 中虚线所示的聚类结果。算法同样受到参数 θ 的影响，较小的 θ 值倾向于产生更多的聚类，较大的 θ 值则产生的聚类数量较少，如图 3.3 所示。

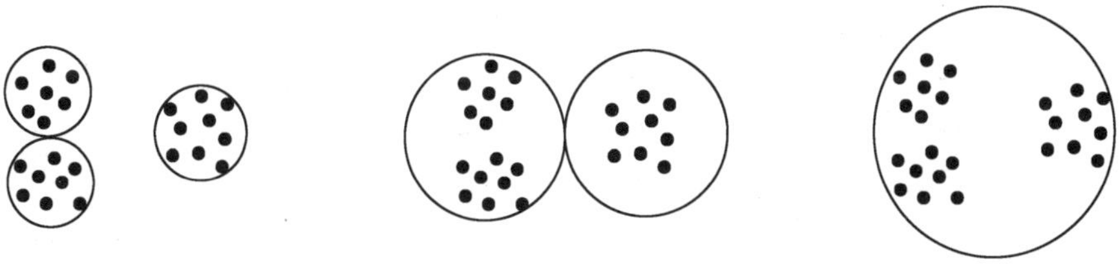

图 3.3　阈值 θ 对聚类结果的影响

3.2.2　最大最小距离聚类

顺序聚类算法中样本的分类和新的聚类产生过程同时进行，每一轮迭代根据当前样本到现有聚类中心的距离决定是产生新的聚类还是将样本并入到已有聚类；最大最小距离算法是将聚类中心的产生和样本的分类在两个过程中完成。

最大最小距离算法

■ 确定聚类数量和聚类中心：
　□ 初始化：第一个样本$\boldsymbol{x}_1$作为第一个聚类中心，$\boldsymbol{m}_1=\boldsymbol{x}_1$；
　□ 确定第二个聚类中心：寻找距离$\boldsymbol{m}_1$最远的样本作为第二个聚类中心：

$$i_{\max}=\underset{1\leqslant i\leqslant n}{\arg\max}\, d(\boldsymbol{x}_i,\boldsymbol{m}_1),\boldsymbol{m}_2=\boldsymbol{x}_{i_{\max}},l=2;$$

　□ 循环，直到没有新的聚类中心产生为止：
　　● 计算每个样本$\boldsymbol{x}_i$到当前l个聚类中心的距离，寻找其中的最小距离：

$$d_i=\min_{1\leqslant k\leqslant l} d(\boldsymbol{x}_i,\boldsymbol{m}_k)$$

　　● 寻找所有样本最小距离中的最大距离：

$$d_{\max}=\max_{1\leqslant i\leqslant n} d_i,i_{\max}=\underset{1\leqslant i\leqslant n}{\arg\max}\, d_i$$

　　● 如果$d_{\max}>\theta\|\boldsymbol{m}_1-\boldsymbol{m}_2\|$，则产生新的聚类中心，$\boldsymbol{m}_{l+1}=\boldsymbol{x}_{i_{\max}},l=l+1$；
■ 分类训练样本：
　□ 初始化各个聚类：$C_k=\varnothing,1\leqslant k\leqslant l$
　□ 顺序输入每个训练样本$\boldsymbol{x}_i$：
　　● 计算$\boldsymbol{x}_i$距离最近的聚类：$k=\underset{1\leqslant t\leqslant l}{\arg\min}\, d(\boldsymbol{x}_i,\boldsymbol{m}_t)$；
　　● 分类$\boldsymbol{x}_i$：$C_k=C_k\cup\{\boldsymbol{x}_i\}$
■ 输出：聚类$\{C_1,\cdots,C_l\}$，聚类数l。

算法在每一次循环中寻找距离当前所有聚类中心最远的样本（每个训练样本距离所有聚类中心最小距离中的最大距离），如果此样本与最近的聚类中心之间的距离大于一定的阈值，则增加此样本为一个新的聚类中心。与顺序聚类不同，最大最小距离算法的距离阈值是以前两个聚类中心之间距离为基准，按照一定预先设定的比例系数$\theta(0<\theta<1)$来确定的。

最大最小距离算法的结果只与第一个聚类中心$\boldsymbol{m}_1$以及阈值比例系数θ的选择有关，在一定程度上缓解了顺序聚类算法受样本顺序影响的缺陷。付出的代价是增加了算法的计算量，如果最终得到的聚类数为k，约需要计算$k(k-1)/2\times n+k\times n$次的距离。

函数名称：MaxMinClustering
参数：S—— 样本矩阵（n×d 矩阵），Theta—— 最大最小距离阈值比例系数
返回值：ClusterID—— 样本的聚类标签（n×1 矩阵），l—— 实际聚类数
函数功能：将样本集 S 按照最大最小距离算法聚类

```
function [ClusterID,l] = MaxMinClustering(S,Theta)
% 初始化前两个聚类中心
m = S(1,:);
dist = pdist2(S,m);
```

```
[maxdist,k] = max(dist);
m(2,:) = S(k,:);
l = 2;

% 设置最大最小距离阈值
T = Theta * pdist(m);

% 寻找其他聚类中心
ol = 0;
while ol ~= 1
    ol = 1;

    dist = pdist2(S,m);
    mindist = min(dist,[],2);
    [maxdist,k] = max(mindist);

    if maxdist > T
        m(l+1,:) = S(k,:);
        l = l + 1;
        ol = 0;
    end
end

% 分类所有样本
dist = pdist2(S,m);
[mindist,ClusterID] = min(dist,[],2);
```

【例 3.2】　采用最大最小距离算法聚类例 3.1 的样本集合,参数 $\theta=0.3$。

解　(1) $\boldsymbol{x}_1$ 作为第一个聚类中心:$\boldsymbol{m}_1=\boldsymbol{x}_1=(1,1)^{\mathrm{T}}$。

(2) 计算所有样本到$\boldsymbol{m}_1$ 的距离,$\boldsymbol{x}_2$ 距离$\boldsymbol{m}_1$ 最远:$\boldsymbol{m}_2=\boldsymbol{x}_2=(4,5)^{\mathrm{T}}$。

(3) 计算每个样本到$\boldsymbol{m}_1$ 和$\boldsymbol{m}_2$ 的最小距离:

$d_1=0,\quad d_2=0,\quad d_3=1,\quad d_4=1,\quad d_5=1.414,\quad d_6=1.414,\quad d_7=1.414$

(4) 寻找最小距离中的最大距离:$d_{max}=1.414<\theta\|\boldsymbol{m}_1-\boldsymbol{m}_2\|=1.5$,不再增加新的聚类。

(5) 根据每个样本到$\boldsymbol{m}_1$ 和$\boldsymbol{m}_2$ 的距离划分样本集合:

$$C_1=\{\boldsymbol{x}_1,\boldsymbol{x}_5,\boldsymbol{x}_7\},C_2=\{\boldsymbol{x}_2,\boldsymbol{x}_3,\boldsymbol{x}_4,\boldsymbol{x}_6\}$$

得到聚类结果。

3.3 谱系聚类

谱系聚类又被称为是系统聚类、层次聚类，它的思想来自于社会科学和生物分类学，目标不仅是要产生出样本的不同聚类，而且要生成一个完整的样本层次分类谱系。

谱系聚类算法可以分为两大类：合并法和分裂法。合并法初始的时候将每个样本单独作为一个聚类，每一轮迭代选择最相近的两个聚类进行合并，经过 n 轮之后将所有样本合并为一个类别；分裂法则与此相反，首先将所有样本作为一个聚类，每一轮迭代选择一个现有的聚类分裂为两个聚类，n 轮分裂之后形成 n 个聚类，每个聚类只包含一个样本。考虑到计算的复杂度，大多数谱系聚类采用的是合并法。

3.3.1 谱系聚类合并算法

首先给出一般的谱系生成算法，然后讨论几个谱系聚类过程中的具体实现问题。

一般的谱系生成算法

■ 初始化：每个样本作为一个单独的聚类，$C_i=\{\boldsymbol{x}_i\}$，$i=1,\cdots,n$

■ 循环，直到所有样本属于一个聚类为止：

　□ 寻找当前聚类中最相近的两个聚类：

$$d(C_i,C_j)=\min_{r,s} d(C_r,C_s)$$

　□ 删除聚类 C_i 和 C_j，增加新的聚类 $C_q=C_i\cup C_j$。

■ 输出：样本的合并过程，形成层次化谱系。

算法中 $d(C_i,C_j)$ 度量的是聚类 C_i 和 C_j 之间的距离。

对于一个聚类问题来说，将所有样本合并为一个聚类的结果显然是无意义的，当满足一定的终止条件时，可以提前结束合并过程，输出当前的聚类。常用的终止条件包括：

1. 预定类别数

预先设定一个目标聚类数，当合并过程中剩余的聚类数量达到预定的目标聚类数时，停止合并。

2. 距离阈值

预先设定一个距离阈值，当最近的两个聚类之间的距离大于阈值时，停止合并过程，输出当前的聚类。

3. "最优"聚类数

在合并聚类的过程中按照某种准则判断当前的聚类结果是否达到"最优"聚类数，以"最优"聚类数作为终止合并的条件。依据什么样的准则确定一个给定样本集的"最优"聚类数是大多数聚类分析方法都需要面对的问题，在 3.5 节中将介绍几种常用的判断准则。

每一轮迭代选择聚类进行合并的依据是样本集合之间的相似程度，之前已经定义了样本与样本之间的距离，样本到聚类之间的距离，下面给出几种常用的聚类之间距离的度量方法：

(1) 最大距离法。

以两个聚类 C_i 和 C_j 中相距最远的两个样本之间的距离度量聚类之间的相似程度：

$$d(C_i,C_j)=\max_{x\in C_i,y\in C_j} d(\boldsymbol{x},\boldsymbol{y}) \tag{3.15}$$

(2) 最小距离法。

以两个聚类 C_i 和 C_j 中相距最近的两个样本之间的距离度量聚类之间的相似程度：

$$d(C_i,C_j)=\min_{x\in C_i,y\in C_j} d(\boldsymbol{x},\boldsymbol{y}) \tag{3.16}$$

最大距离和最小距离只以两个集合中一对样本之间的距离度量集合之间的相似程度。

(3) 平均距离法。

计算两个集合中任意一对样本的距离，以所有距离的平均值度量两个集合的相似程度：

$$d(C_i,C_j)=\frac{1}{n_in_j}\sum_{x\in C_i,y\in C_j} d(\boldsymbol{x},\boldsymbol{y}) \tag{3.17}$$

式中　n_i,n_j—— 两个集合中的样本数量。

(4) 平均样本法。

以两类样本均值之间的距离度量集合之间的相似程度：

$$d(C_i,C_j)=d(\boldsymbol{m}_i,\boldsymbol{m}_j) \tag{3.18}$$

式中　$\boldsymbol{m}_i,\boldsymbol{m}_j$—— 两类样本的均值。

3.3.2　算法实现

算法在第 k 轮合并之前需要计算 $n-k+1$ 个聚类之间的距离，生成整个谱系需要 n 轮合并，因此总的距离计算次数是：

$$\sum_{k=1}^{n}\binom{n-k+1}{2}=\sum_{k=1}^{n}\frac{(n-k+1)(n-k)}{2}=\frac{n^3}{6}-\frac{n}{6}$$

在算法的实现过程中，由于每一轮只是将两个聚类的样本合并，生成一个新的聚类，而其他聚类并没有变化，因此这些聚类之间的距离也没有改变，需要重新计算的只是与新生成聚类有关的距离；同时，当选定某种类别之间距离度量方法之后，新生成聚类与原有聚类之间的距离也可以由被合并的两个聚类与其他聚类之间的距离进行推算，因此实际的计算量是可以缩减的。

采用最大距离度量类别之间相似度时，合并之后的聚类到某个原有聚类的距离由被合并的两个聚类到该聚类的距离最大者决定；采用最小距离度量类别之间相似度时，由被合并的两个聚类到该聚类的距离最小者决定。

采用平均距离度量类别之间相似度时，由于

$$\begin{aligned}
d(C_k,C_q)&=\frac{1}{n_kn_q}\sum_{x\in C_k,y\in C_q} d(\boldsymbol{x},\boldsymbol{y})\\
&=\frac{1}{n_k(n_i+n_j)}\sum_{x\in C_k,y\in C_i} d(\boldsymbol{x},\boldsymbol{y})+\frac{1}{n_k(n_i+n_j)}\sum_{x\in C_k,y\in C_j} d(\boldsymbol{x},\boldsymbol{y})\\
&=\frac{n_i}{n_i+n_j}d(C_k,C_i)+\frac{n_j}{n_i+n_j}d(C_k,C_j)
\end{aligned}$$

其中　$C_q=C_i\cup C_j,n_q=n_i+n_j$

因此新的距离可以由被合并的两个聚类与其他聚类之间的距离加权计算得到。采用平均样本法度量类别之间相似度时，如果样本均值之间的距离为欧氏距离，由于

$$\boldsymbol{m}_q = \frac{n_i}{n_i + n_j}\boldsymbol{m}_i + \frac{n_j}{n_i + n_j}\boldsymbol{m}_j$$

$$\begin{aligned}
D_{kq}^2 &= (\boldsymbol{m}_k - \boldsymbol{m}_q)^{\mathrm{T}}(\boldsymbol{m}_k - \boldsymbol{m}_q) \\
&= \boldsymbol{m}_k^{\mathrm{T}}\boldsymbol{m}_k - 2\boldsymbol{m}_k^{\mathrm{T}}\boldsymbol{m}_q + \boldsymbol{m}_q^{\mathrm{T}}\boldsymbol{m}_q \\
&= \boldsymbol{m}_k^{\mathrm{T}}\boldsymbol{m}_k - \frac{2n_i}{n_i + n_j}\boldsymbol{m}_k^{\mathrm{T}}\boldsymbol{m}_i - \frac{2n_j}{n_i + n_j}\boldsymbol{m}_k^{\mathrm{T}}\boldsymbol{m}_j + \left(\frac{n_i}{n_i + n_j}\right)^2\boldsymbol{m}_i^{\mathrm{T}}\boldsymbol{m}_i \\
&\quad + \frac{2n_in_j}{(n_i + n_j)^2}\boldsymbol{m}_i^{\mathrm{T}}\boldsymbol{m}_j + \left(\frac{n_j}{n_i + n_j}\right)^2\boldsymbol{m}_j^{\mathrm{T}}\boldsymbol{m}_j \\
&= \frac{n_i}{n_i + n_j}(\boldsymbol{m}_k - \boldsymbol{m}_i)^{\mathrm{T}}(\boldsymbol{m}_k - \boldsymbol{m}_i) \\
&\quad + \frac{n_j}{n_i + n_j}(\boldsymbol{m}_k - \boldsymbol{m}_j)^{\mathrm{T}}(\boldsymbol{m}_k - \boldsymbol{m}_j) - \frac{n_in_j}{(n_i + n_j)^2}(\boldsymbol{m}_i - \boldsymbol{m}_j)^{\mathrm{T}}(\boldsymbol{m}_i - \boldsymbol{m}_j) \\
&= \frac{n_i}{n_i + n_j}D_{ki}^2 + \frac{n_j}{n_i + n_j}D_{kj}^2 - \frac{n_in_j}{(n_i + n_j)^2}D_{ij}^2
\end{aligned}$$

其中 $D_{kq} = d(C_k, C_q)$，$D_{ki} = d(C_k, C_i)$，$D_{kj} = d(C_k, C_j)$，$D_{ij} = d(C_i, C_j)$。因此，合并后的聚类与其他聚类之间的距离也可以递推计算得到。

在具体实现过程中，可以利用距离矩阵 D 来记录当前各个聚类之间的距离，通过寻找 D 中的最小元素来确定下一步进行合并的两个聚类；合并聚类后，更新距离矩阵 D，删除被合并聚类对应的行和列，增加一个新的行和列，根据所用距离度量方式的不同计算新生成聚类与其他聚类之间的距离。

谱系聚类算法

■ 初始化：每个样本作为一个单独的聚类，$C_i = \{\boldsymbol{x}_i\}$，$i = 1, \cdots, n$，每个聚类的样本数：$n_i = 1$，计算任意两个样本之间的距离，构成距离矩阵 $D = (D_{ij} = d(\boldsymbol{x}_i, \boldsymbol{x}_j))_{n\times n}$，聚类数 $l = n$；

■ 循环，直到满足聚类终止条件为止：

　□ 寻找距离矩阵 D 中上三角矩阵元素的最小值 D_{ij}；

　□ 删除聚类 C_i 和 C_j，增加新的聚类 $C_q = C_i \cup C_j$，$n_q = n_i + n_j$，$l = l - 1$；

　□ 更新距离矩阵 D：

　　最大距离：$D_{kq} = D_{qk} = \max(D_{ik}, D_{jk})$

　　最小距离：$D_{kq} = D_{qk} = \min(D_{ik}, D_{jk})$

　　平均距离：$D_{kq} = D_{qk} = \frac{n_i}{n_i + n_j}D_{ik} + \frac{n_j}{n_i + n_j}D_{jk}$

　　平均样本法：$D_{kq} = D_{qk} = \sqrt{\frac{n_i}{n_i + n_j}D_{ki}^2 + \frac{n_j}{n_i + n_j}D_{kj}^2 - \frac{n_in_j}{(n_i + n_j)^2}D_{ij}^2}$

■ 输出：聚类 $\{C_1, \cdots, C_l\}$，聚类数 l

使用距离矩阵的谱系聚类算法主要的计算复杂度来自于初始距离矩阵需要进行的

$n(n-1)/2$ 次的样本距离计算，每一轮迭代的计算量较少。

谱系聚类算法的优点是聚类结果与样本的先后次序无关，只有当两组聚类之间的距离相等且为最小距离时，由于随机选择一组进行合并，才会引起聚类结果的不确定性；同时，谱系聚类不仅能够得到最终的聚类结果，也可以产生出样本的谱系聚类过程，有助于考察样本集合的聚类结构。

初始距离矩阵 D 的计算量和存储量均为 $O(n^2)$，当样本数 n 较大时，需要的存储空间和计算量还是比较大的；谱系聚类的另外一个特点是一旦在某个层级两个样本被合并到一个聚类中，这两个样本在最终的结果中也会处于同一个聚类，而不可能再被分到两个聚类中。

以欧氏距离度量样本之间的相似度，预设合并聚类之间距离阈值为终止条件的谱系聚类算法程序可以实现如下：

函数名称：HierarchicalClustering

参数：S—— 样本矩阵(n×d 矩阵)，T—— 合并聚类最大距离阈值，DistMetric—— 类别距离度量方法，MaxDist(最大距离)，MinDist(最小距离)，AveDist(平均距离)，AveSample(平均样本)

返回值：ClusterID—— 样本的聚类标签，l—— 实际聚类数

函数功能：将样本集 S 按照合并谱系算法聚类

```
function [ClusterID,l] = HierarchicalClustering(S,T,DistMetric)

n = size(S,1);

% 初始距离矩阵
DV = pdist( S, 'euclidean' );
DM = squareform( DV, 'tomatrix' );

l = n;
ClusterID = [1:n]';
nc = ones(n,1);

while true
    % 寻找最小距离
    [mindist,k] = min(DV);
    if mindist > T
        break;
    end

    % 确定行列位置
    for j = 1:l
```

```
    i = k + j - (j - 1) * (l - j/2);
    if i <= l
        break;
    end
end

% 计算距离矩阵相关行列
switch DistMetric
    case 'MaxDist'
        DL = max(DM(:,i),DM(:,j));
    case 'MinDist'
        DL = min(DM(:,i),DM(:,j));
    case 'AveDist'
        DL = ( nc(i) * DM(:,i) + nc(j) * DM(:,j) ) / ( nc(i) + nc(j) );
    case 'AveSample'
        tnc = nc(i) + nc(j);
        tDM = nc(i) * DM(:,i). * DM(:,i) + nc(j) * DM(:,j). * DM(:,j);
        tcDM = nc(i) * nc(j)  *  DM(i,j) * DM(i,j);
        DL = sqrt( tDM/tnc - tcDM/(tnc * tnc) );
end

% 合并聚类,删除距离矩阵对应行列
DM22 = [0 DL(j+1:i-1)'; DL(j+1:i-1) DM(j+1:i-1,j+1:i-1)];
if j > 1 & i < l
    DM11 = DM(1:j-1,1:j-1);
    DM12 = [DL(1:j-1) DM(1:j-1,j+1:i-1)];
    DM13 = DM(1:j-1,i+1:l);
    DM21 = [DL(1:j-1)';DM(j+1:i-1,1:j-1)];
    DM23 = [DL(i+1:l)';DM(j+1:i-1,i+1:l)];
    DM31 = DM(i+1:l,1:j-1);
    DM32 = [DL(i+1:l) DM(i+1:l,j+1:i-1)];
    DM33 = DM(i+1:l,i+1:l);
end

if j == 1 & i < l
    DM11 = []; DM12 = []; DM13 = [];
    DM21 = [];
    DM23 = [DL(i+1:l)';DM(j+1:i-1,i+1:l)];
    DM31 = [];
```

```
        DM32 = [DL(i+1:l) DM(i+1:l,j+1:i-1)];
        DM33 = DM(i+1:l,i+1:l);
    end

    if j > 1 & i == l
        DM11 = DM(1:j-1,1:j-1);
        DM12 = [DL(1:j-1) DM(1:j-1,j+1:i-1)];
        DM13 = [];
        DM21 = [DL(1:j-1)';DM(j+1:i-1,1:j-1)];
        DM23 = [];
        DM31 = []; DM32 = []; DM33 = [];
    end

    if j == 1 & i == l
        DM11 = []; DM12 = []; DM13 = [];
        DM21 = []; DM23 = [];
        DM31 = []; DM32 = []; DM33 = [];
    end

    DM = [DM11 DM12 DM13;
          DM21 DM22 DM23;
          DM31 DM32 DM33];

    DV = squareform( DM, 'tovector' );

    id = find(ClusterID == i);
    ClusterID(id) = j;
    nc(j) = nc(j) + nc(i);

    % 调整样本的聚类标签
    for k = i+1:l
        id = find(ClusterID == k);
        ClusterID(id) = k-1;
        nc(k-1) = nc(k);
    end

    l = l-1;
end
```

Matlab 也提供了一组完整的谱系生成和聚类函数:linkage,dendrogram 和 cluster。

函数名称:linkage
功能:生成谱系

函数形式:

```
Z = linkage(X)
Z = linkage(X,METHOD)
Z = linkage(X,METHOD,METRIC)
```

参数:

X —— 样本矩阵,n × d 矩阵
METRIC —— 样本距离度量,缺省为 euclidean
METHOD —— 类别距离度量
- single:最小距离(缺省)
- complete:最大距离
- average:平均距离
- weighted:加权平均距离
- centroid:平均样本
- median:加权平均样本
- ward:Ward 距离

返回:

Z —— 生成谱系的矩阵表示,$(n-1)\times 3$ 维矩阵,前两列为每一轮合并的聚类编号,生成的聚类从 $n+1$ 开始产生新的编号,第 3 列为合并的两个聚类之间的距离。

函数名称:dendrogram
功能:显示谱系树

函数形式:

```
dendrogram(Z)
```

参数:

Z —— linkage 生成的谱系矩阵

函数名称:cluster
功能:根据谱系矩阵聚类

函数形式:

```
T = cluster( Z, 'Cutoff', C, 'Criterion', 'distance' )
T = cluster( Z, 'MaxClust', N )
```

参数:

Z —— linkage 生成的谱系矩阵

C —— 合并聚类之间的最大距离

N —— 生成的聚类数

返回：

T —— n 维矢量，每个样本的聚类编号

加权平均距离和加权平均样本都是假设合并的两个类别样本数相同（虽然实际可能不同），然后分别采用平均距离和平均样本度量类别之间的相似程度，合并前后类别之间距离的计算公式分别为

$$\text{加权平均距离：} D_{kq} = D_{qk} = \frac{1}{2}D_{ik} + \frac{1}{2}D_{jk} \tag{3.19}$$

$$\text{加权平均样本：} D_{kq} = D_{qk} = \sqrt{\frac{1}{2}D_{ki}^2 + \frac{1}{2}D_{kj}^2 - \frac{1}{4}D_{ij}^2} \tag{3.20}$$

Ward 距离是对平均样本方法的修正，类别之间距离度量公式和合并修正公式分别为

$$d(C_i, C_j) = \sqrt{\frac{n_i n_j}{n_i + n_j}} d(\boldsymbol{m}_i, \boldsymbol{m}_j)$$

$$D_{kq} = D_{qk} = \sqrt{\frac{n_k + n_i}{n_k + n_i + n_j} D_{ki}^2 + \frac{n_k + n_j}{n_k + n_i + n_j} D_{kj}^2 - \frac{n_k}{n_k + n_i + n_j} D_{ij}^2} \tag{3.21}$$

可以证明，按照 Ward 距离选择两个聚类进行合并，可以使得合并之后的样本集总方差增长最小，所以也被称为最小方差算法。

【例 3.3】 使用谱系聚类算法将例 3.1 的样本集聚成两个类别，样本之间的距离采用街市距离度量，聚类之间的距离采用最小距离法。

解 (1) 每个样本作为一个聚类，计算样本集中任意两个样本之间的距离，构成样本矩阵，如图 3.4(a) 所示：

$$C_1 = \{\boldsymbol{x}_1\}, C_2 = \{\boldsymbol{x}_2\}, C_3 = \{\boldsymbol{x}_3\}, C_4 = \{\boldsymbol{x}_4\}, C_5 = \{\boldsymbol{x}_5\}, C_6 = \{\boldsymbol{x}_6\}, C_7 = \{\boldsymbol{x}_7\}$$

(2) 寻找到矩阵中的最小值 d_{23}，将 C_2 和 C_3 合并为一个新的聚类。合并相应的行和列（图 3.4(a) 中的灰色部分），生成新的距离矩阵，如图 3.4(b) 所示，其中第 2 行和第 2 列对应合并后的新聚类：

$$C_1 = \{\boldsymbol{x}_1\}, C_2 = \{\boldsymbol{x}_2, \boldsymbol{x}_3\}, C_3 = \{\boldsymbol{x}_4\}, C_4 = \{\boldsymbol{x}_5\}, C_5 = \{\boldsymbol{x}_6\}, C_6 = \{\boldsymbol{x}_7\}$$

(3) 寻找到最小值 d_{23}，合并 C_2 和 C_3 为一个新的聚类，生成新的距离矩阵，如图 3.4(c) 所示：

$$C_1 = \{\boldsymbol{x}_1\}, C_2 = \{\boldsymbol{x}_2, \boldsymbol{x}_3, \boldsymbol{x}_4\}, C_3 = \{\boldsymbol{x}_5\}, C_4 = \{\boldsymbol{x}_6\}, C_5 = \{\boldsymbol{x}_7\}$$

(4) 寻找到最小值 d_{24}，合并 C_2 和 C_4，生成新的距离矩阵，如图 3.4(d) 所示：

$$C_1 = \{\boldsymbol{x}_1\}, C_2 = \{\boldsymbol{x}_2, \boldsymbol{x}_3, \boldsymbol{x}_4, \boldsymbol{x}_6\}, C_3 = \{\boldsymbol{x}_5\}, C_4 = \{\boldsymbol{x}_7\}$$

(5) 寻找到最小值 d_{13}，合并 C_1 和 C_3，生成新的距离矩阵，如图 3.4(e) 所示：

$$C_1 = \{\boldsymbol{x}_1, \boldsymbol{x}_5\}, C_2 = \{\boldsymbol{x}_2, \boldsymbol{x}_3, \boldsymbol{x}_4, \boldsymbol{x}_6\}, C_3 = \{\boldsymbol{x}_7\}$$

(6) 寻找到最小值 d_{13}，合并 C_1 和 C_3，生成新的距离矩阵，如图 3.4(f) 所示：

$$C_1 = \{\boldsymbol{x}_1, \boldsymbol{x}_5, \boldsymbol{x}_7\}, C_2 = \{\boldsymbol{x}_2, \boldsymbol{x}_3, \boldsymbol{x}_4, \boldsymbol{x}_6\}$$

0	7	6	6	2	5	2
7	0	1	1	5	2	9
6	1	0	2	4	1	8
6	1	2	0	4	1	8
2	5	4	4	0	3	4
5	2	1	1	3	0	7
2	9	8	8	4	7	0

(a) 第1轮

0	6	6	2	5	2
6	0	1	4	1	8
6	1	0	4	1	8
2	4	4	0	3	4
5	1	1	3	0	7
2	8	8	4	7	0

(b) 第2轮

0	6	2	5	2
6	0	4	1	8
2	4	0	3	4
5	1	3	0	7
2	8	4	7	0

(c) 第3轮

0	5	2	2
5	0	3	7
2	3	0	4
2	7	4	0

(d) 第4轮

0	3	2
3	0	7
2	7	0

(e) 第5轮

0	3
3	0

(f) 第6轮

图 3.4　谱系聚类过程中的距离矩阵

聚类过程的谱系如图 3.5 所示。

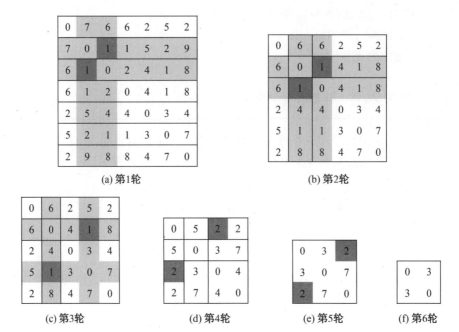

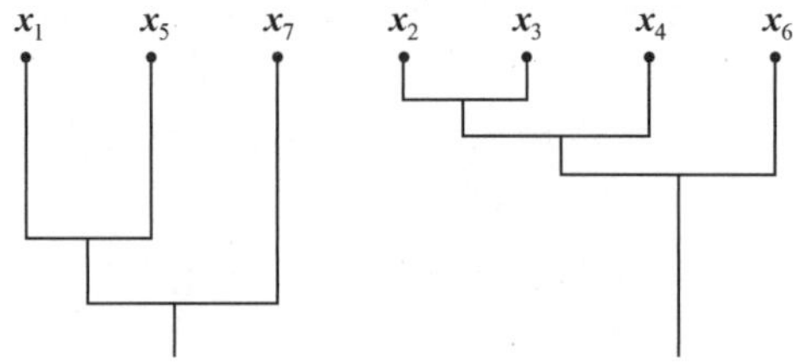

图 3.5　例 3.3 聚类谱系

3.3.3　谱系聚类分裂算法

分裂算法初始的时候将所有样本作为一个聚类，然后按照某种准则（如类内、类间距离准则）选择一种最优方式，将一个聚类分裂为两个聚类；在每一轮计算中，都按照这种方式选择将当前每个聚类分裂为两个聚类的最优方式，再从所有聚类的分裂中选择出最优者，将这个聚类按照最优方式分裂为两个聚类。每一轮分裂增加一个聚类，经过 n 轮分裂得到 n 个聚类，每个聚类包含一个样本，完成样本集合谱系的计算；算法用于聚类，则在满足某种终止条件时停止分裂，得到聚类结果。一般的谱系分裂算法可以表示如下：

一般的谱系分裂算法

■ 初始化：所有样本作为一个聚类，$C_1 = \{\boldsymbol{x}_1, \cdots, \boldsymbol{x}_n\}$；

■ 循环，直到每个聚类只包含一个样本为止：

　□ 针对每个聚类计算按照某种准则的最优分裂方式；

□ 在所有聚类的分裂方式中选择最优的聚类 C_q；

□ 按照最优分裂方式将 C_q 分裂为 C_i 和 C_j，删除 C_q，增加新的聚类 C_i，C_j。

■ 输出：按照分裂过程形成层次化的谱系。

分裂算法存在的最大问题是计算量大，仅在第一步将 n 个样本分成两个聚类的可能方式就有 $(2^{n-1}-1)$ 种，一个中等规模的样本集合按照聚类优化准则从这些可能分裂方式中选择一种最优方式的计算量就几乎是不可接受的，因此在谱系聚类中大多采用的是合并算法。

谱系分裂算法实现的一种可行方法是对每个聚类不是采用聚类准则寻找最优的二分方式，而是利用其他聚类算法（如最大最小距离算法或者 3.4 节介绍的 K- 均值算法）寻找次优的方式分裂为两个聚类，然后在所有聚类中寻找最优者将其分裂为两个聚类。

3.4　K- 均值聚类

K- 均值算法的最早想法由 Hugo Steinhaus 于 1957 年提出[2]，而“K-Means”名称的出现则是在 1967 年[3]，Stuart Lloyd 于 1957 年在 Bell 实验室给出了标准 K- 均值聚类算法，并于 1982 年正式发表于 IEEE Transactions on Information Theory。

由于算法实现简单，计算复杂度和存储复杂度低，对很多简单的聚类问题可以得到令人满意的结果，K- 均值算法已经成为最著名和最常用的样本聚类算法之一。

3.4.1　K- 均值算法

K- 均值算法的目标是将 n 个样本依据最小化类内距离的准则分到 K 个聚类中：

$$\min_{C_1,\cdots,C_K} J_W(C_1,\cdots,C_K)=\frac{1}{n}\sum_{j=1}^{K}\sum_{\boldsymbol{x}\in C_j}\|\boldsymbol{x}-\boldsymbol{m}_j\|^2,\boldsymbol{m}_j=\frac{1}{n_j}\sum_{\boldsymbol{x}\in C_j}\boldsymbol{x} \tag{3.22}$$

如 3.1 节中分析的一样，直接对上述类内距离准则优化存在一定的困难。现在换一个思路来讨论这个优化问题，首先假设每个聚类的均值 $\boldsymbol{m}_1,\cdots,\boldsymbol{m}_K$ 是固定已知的，那么这个优化问题就很容易求解了，因为现在问题变为每一个样本 $\boldsymbol{x}$ 选择加入一个聚类 C_j，使得类内距离准则最小，很显然如果 $j=\arg\min\limits_{1\leqslant i\leqslant K}\|\boldsymbol{x}-\boldsymbol{m}_i\|^2$，应该将 $\boldsymbol{x}$ 放入聚类 C_j，这样可以使得 J_W 最小；然而已知每个聚类的均值 $\boldsymbol{m}_1,\cdots,\boldsymbol{m}_K$ 的假设是不成立的，因为在知道每个聚类包含哪些样本之前是无法求得样本均值的，聚类的均值只能根据这个聚类中所有的样本求得。

由上面的讨论看到优化类内距离准则的困难在于聚类的均值 $\boldsymbol{m}_1,\cdots,\boldsymbol{m}_K$ 和每个聚类包含的样本之间，如果知道其中的一个，就可以很容易地计算另外一个，然而实际情况是两者都不知道。K- 均值算法的思想是首先对其中之一做出假设，例如给出每类均值的一个猜想值 $\hat{\boldsymbol{m}}_1,\cdots,\hat{\boldsymbol{m}}_K$，然后根据均值的猜想值确定每个样本的类别属性，得到对聚类结果的猜想 $\hat{C}_1,\cdots,\hat{C}_K$；由于样本的分类结果依据的是猜想的均值，因此并不是一个准确的结果，但可以作为猜想值用于更新对均值的猜想。这样就得到了一个交替的迭代过程：

$$\hat{\boldsymbol{m}}_1,\cdots,\hat{\boldsymbol{m}}_K\rightarrow\hat{C}_1,\cdots,\hat{C}_K\rightarrow\hat{\boldsymbol{m}}_1,\cdots,\hat{\boldsymbol{m}}_K\rightarrow\cdots$$

迭代过程可以一直持续下去，直到均值或样本的分类结果不再变化为止，此时可以认为算法收敛到了一个对 J_W 的优化聚类结果。

K- 均值聚类算法

■ 初始化：随机选择 K 个聚类均值$\boldsymbol{m}_j, j=1,\cdots,K$；

■ 循环，直到 K 个均值都不再变化为止：

　□$C_j=\varnothing, j=1,\cdots,K$

　□for i = 1 to n

$$k=\underset{1\leqslant j\leqslant K}{\arg\min}\|\boldsymbol{x}_i-\boldsymbol{m}_j\|, C_k=C_k\cup\{\boldsymbol{x}_i\}$$

　□end for

　□ 更新 K 个聚类的均值：

$$\boldsymbol{m}_j=\frac{1}{n_j}\sum_{\boldsymbol{x}\in C_j}\boldsymbol{x}, j=1,\cdots,K$$

■ 输出：聚类$\{C_1,\cdots,C_K\}$

【例 3.4】 使用 *K*- 均值聚类算法将例 3.1 的样本集聚成两个类别，样本之间的距离采用欧氏距离度量。

解　选择$\boldsymbol{x}_6$ 和$\boldsymbol{x}_7$ 作为初始的聚类均值：$\boldsymbol{m}_1=\boldsymbol{x}_6=(3,4)^{\mathrm{T}}, \boldsymbol{m}_2=\boldsymbol{x}_7=(0,0)^{\mathrm{T}}$。

第一轮：

计算每个样本同$\boldsymbol{m}_1$ 和$\boldsymbol{m}_2$ 的距离，按照最近原则分到两个聚类中：

$$C_1=\{\boldsymbol{x}_2,\boldsymbol{x}_3,\boldsymbol{x}_4,\boldsymbol{x}_5,\boldsymbol{x}_6\}, C_2=\{\boldsymbol{x}_1,\boldsymbol{x}_7\}$$

重新计算每个聚类的均值：

$$\boldsymbol{m}_1=\frac{\boldsymbol{x}_2+\boldsymbol{x}_3+\boldsymbol{x}_4+\boldsymbol{x}_5+\boldsymbol{x}_6}{5}=(3.25,4.25)^{\mathrm{T}}, \boldsymbol{m}_2=\frac{\boldsymbol{x}_1+\boldsymbol{x}_7}{2}=(0.5,0.5)^{\mathrm{T}}$$

第二轮：

计算每个样本同$\boldsymbol{m}_1$ 和$\boldsymbol{m}_2$ 的距离，按照最近原则分到两个聚类中：

$$C_1=\{\boldsymbol{x}_2,\boldsymbol{x}_3,\boldsymbol{x}_4,\boldsymbol{x}_6\}, C_2=\{\boldsymbol{x}_1,\boldsymbol{x}_7,\boldsymbol{x}_5\}$$

重新计算每个聚类的均值：

$$\boldsymbol{m}_1=\frac{\boldsymbol{x}_2+\boldsymbol{x}_3+\boldsymbol{x}_4+\boldsymbol{x}_6}{4}=(3.5,4.5)^{\mathrm{T}}, \boldsymbol{m}_2=\frac{\boldsymbol{x}_1+\boldsymbol{x}_5+\boldsymbol{x}_7}{3}=(1,1)^{\mathrm{T}}$$

第三轮：

计算每个样本同$\boldsymbol{m}_1$ 和$\boldsymbol{m}_2$ 的距离，按照最近原则分到两个聚类中：

$$C_1=\{\boldsymbol{x}_2,\boldsymbol{x}_3,\boldsymbol{x}_4,\boldsymbol{x}_6\}, C_2=\{\boldsymbol{x}_1,\boldsymbol{x}_7,\boldsymbol{x}_5\}$$

聚类结果没有变化，算法收敛。

K- 均值算法最大的优点是实现简单，计算复杂度和存储复杂度低，假设算法经过 m 轮迭代收敛，需要 $m\times K\times n$ 次样本与均值之间的距离计算，一般来说 m 和 K 远远小于样本数 n，因此计算复杂度为 $O(n)$，需要存储的也只是 n 个样本所属的聚类，相比于谱系聚类所需的 $O(n^2)$ 的时间复杂度和存储复杂度要小得多。

使用 *K*- 均值算法可能存在的一个主要疑问是算法能不能够收敛？现在已经证明 *K*- 均

值算法能够经过有限步迭代收敛，得到聚类输出，但不能保证收敛的解是准则 J_W 的最小值，依据初始聚类均值的选择不同会收敛于不同的局部极小解。K- 均值算法存在的另一个问题是必须预先设定聚类数 K，如果 K 的设定与实际问题有偏差时，往往很难得到好的聚类结果。

对于 K- 均值算法的另一个疑问是如果聚类数量设置正确，算法收敛于最优解，一定能够得到一个好的聚类结果吗？由于 K- 均值算法是以类内距离准则 J_W 为优化目标的，因此其最优解也只是相对 J_W 而言的“最优”，而不能保证是聚类的最优。一般来说对于样本类内聚集性较好，每类样本大致成团形分布，各类的方差相差不大的情况会取得不错的聚类结果，而对其他类型的分布效果往往并不理想。

【例 3.5】 以坐标原点为圆心，分别在半径为 0.5，1，1.5 和 2 的圆周上产生均匀分布的 5，10，15，20 个样本；以 $(3.5, 3.5)^T$ 为圆心，0.5 为半径的圆周上产生均匀分布的 5 个样本，采用 K- 均值聚类将所有样本聚为两个类别。

解　采用 KMeansClustering 函数编程实现。

```
S1 = [];
for r = 0.5:0.5:2
     k = r * 10;
     dangle = 2 * pi/k;
     beta = 0:dangle:2 * pi - 0.01;
     S1 = [S1;r * cos(beta') r * sin(beta')];
end

dangle = 2 * pi/5;
beta = 0:dangle:2 * pi - 0.1;
S2 = [0.5 * cos(beta') 0.5 * sin(beta')] + 3.5;
S = [S1;S2];

[id,m] = KMeansClustering(S,2);

i = find(id == 1);
plot( S(i,1),S(i,2),'ko','MarkerFaceColor','k');
hold on;
i = find(id == 2);
plot(  S(i,1),S(i,2),'kx','LineWidth',2,  'MarkerFaceColor','k',  'MarkerSize',
10);
```

由于 KMeansClustering 函数随机选择初始的聚类均值，所以程序每一次运行的结果会有所不同，在很多情况下会输出图 3.6 的结果。可以看出由于两类样本的数量和分布的方差相差较大，聚类结果与人直观感觉的合理结果有一定差距。

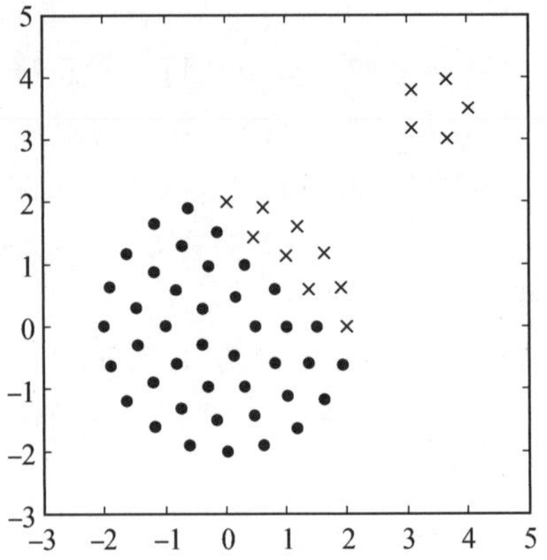

图 3.6　例 3.5 的输出结果，· 为一个聚类，× 为另一个聚类

函数名称：KMeansClustering
参数：S—— 样本矩阵（n × d 矩阵），K—— 聚类数
返回值：ClusterID—— 样本的聚类标签，Means—— 每个聚类的均值
函数功能：将样本集 S 按照 *K*- 均值算法聚类

```
function [ClusterID,Means] = KMeansClustering( S, K )

n = size(S,1);

% 随机初始化聚类均值
rk = randperm(n);
k = rk(1:K);
Means = S(k,:);
ClusterID = zeros(n,1);
while true
    OldClusterID = ClusterID;

    % 分类样本
    Dist = pdist2(S,Means);
    [y,ClusterID] = min(Dist,[],2);

    % 更新聚类均值
```

```
    for i = 1:K
        id = find(ClusterID == i);
        Means(i,:) = mean(S(id,:));
    end

    if ClusterID == OldClusterID
        break;
    end
end
```

Matlab 提供了 *K*- 均值算法的实现函数:kmeans

函数名称:kmeans
功能:*K*- 均值聚类
函数形式:

```
IDX = kmeans(X, K)
[IDX, C, SUMD, D] = kmeans(X, K)
[IDX, C, SUMD, D] = kmeans(X, K, 'PARAM1',val1, 'PARAM2',val2, ...)
```

参数:

X —— 样本矩阵,按行排列
K —— 聚类数
PARAM1,PARAM2,…—— 算法参数名称
val1,val2,…—— 算法参数
- 'Distance':样本之间的距离度量
  - 'sqEuclidean':欧氏距离的平方(缺省)
  - 'cityblock':街市距离
  - 'cosine':1 减夹角的余弦
  - 'correlation':1 减相关系数
  - 'Hamming':Hamming 距离
- 'Start':初始聚类均值的选择方式
  - 'sample':样本集 X 中随机选取 K 个样本(缺省)
  - 'uniform':在 X 分布的范围内按照均匀分布产生 K 个矢量
  - 'cluster':X 中随机抽取 10% 样本聚类,产生 K 个聚类的均值
  - matrix:输入 K 个初始聚类均值矩阵
- 'Replicates':重复聚类次数,输出其中最优者,缺省值为 1
- 'EmptyAction':空聚类的处理
  - 'error':产生出错信息(缺省)
  - 'drop':放弃空聚类
  - 'singleton':选择一个距离其所属聚类均值最远的样本作为空聚类的均值

返回：

IDX —— 每个样本的聚类编号

C—— K 个聚类的均值

SUMD —— 每个样本到其所属聚类均值的距离

D—— 每个样本到所有聚类均值之间的距离

3.4.2　算法的改进

K- 均值是一种简单实用的聚类分析算法，针对基本算法存在的问题，可以从如下几个方面进行改进。

1. 初始值的选择

算法能否收敛于最优解取决于初始值的设置，随机选择 K 个训练样本作为初始均值并不能保证算法的收敛性能。

(1) 如果对聚类样本的结构有一定的先验知识，知道各个聚类所处的大致位置，那么可以利用先验知识设定初始的聚类均值。

(2)K- 均值算法中样本的分类和均值的估计这两个过程是迭代完成的，因此初始的时候既可以随机设定聚类的均值，也可以随机地将样本集划分为 K 个聚类。

(3) 在样本集中选择相互之间距离最远的 K 个样本，这些样本处于不同聚类的可能性很大，如果以这 K 个样本作为初始的聚类均值，有助于算法收敛到一个较好的聚类结果。样本集中相距最远的 K 个样本可以采用类似最大最小距离算法的方式得到。

2. 聚类数的选择

聚类数的选择同样是一个影响聚类结果的重要因素，只有设定了正确的聚类数才有可能得到好的聚类结果，然而遗憾的是到目前为止还没有一个简单的方法能够确定出训练样本集合中包含的聚类数量。一种可行的方法是采用试探的方式确定聚类数，从少到多设定不同的聚类数，由 K- 均值算法得到相应的聚类结果，然后进行聚类有效性的检验(3.5 节)，从中选择出适合的聚类数和聚类结果。

3. 距离函数的选择

K- 均值算法优化的类内距离准则是以欧氏距离度量样本之间的相似程度，这就要求每个聚类的样本大致成团型分布。如果每个聚类的样本分布不满足此要求时，需要考虑采用其他的距离度量方式，如图 3.7 中的样本呈现椭球形分布，适合采用马氏距离作为样本与聚类之间相似性的度量：

$$d(\boldsymbol{x}_i, C_j) = (\boldsymbol{x}_i - \boldsymbol{m}_j)^{\mathrm{T}} \Sigma_j^{-1} (\boldsymbol{x}_i - \boldsymbol{m}_j)$$

使用不同距离度量时需要注意的是描述每个聚类的参数是有差异的。欧氏距离度量，可以用每个聚类的均值$\boldsymbol{m}_j$ 作为参数描述；而马氏距离则需要每个聚类的均值$\boldsymbol{m}_j$ 和协方差矩阵Σ_j。算法可以初始于样本的随机聚类划分，然后计算每个聚类的均值和协方差矩阵，每一轮迭代时根据样本的重新划分结果更新均值和协方差矩阵。如果采用的是街市距离，描述聚类的参数是中值矢量，每一轮迭代更新时需要分别计算每一维特征的中值，然后将所有中值组合成中值矢量，此算法也被称为 K-Median 算法。

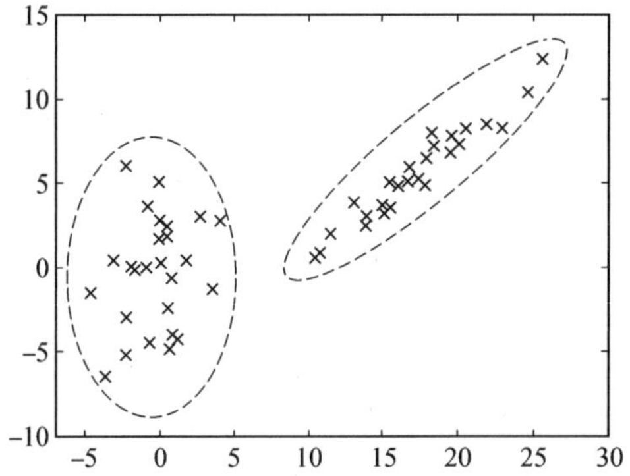

图 3.7　适合采用马氏距离度量的聚类样本集

4. K-Medoids **算法**

在一些应用中，需要聚类的对象不是以特征矢量方式描述的，而是采用序列、图等其他方式描述的。如果能够计算出两个模式之间的相似程度，也可以使用 K- 均值算法实现聚类。初始时随机选择 K 个模式代表每个聚类，计算样本与 K 个代表模式的相似度，完成对样本的分类，然后在每个聚类的样本中寻找一个与其他样本相似度之和最大的样本更新代表模式。此算法一般被称为 K-Medoids 算法。

5. **模糊** K- **均值**

需要聚类的样本集在各个聚类之间并不一定是能够严格分开的，很多情况下聚类之间是存在交叠的。K- 均值算法的每一轮迭代中严格地将每个样本分类为某个聚类，这种方法一般称为是"硬分类"。然而处于交叠区域的样本实际上很难判断它属于哪个聚类，一个合理的想法是在迭代过程中采用"软分类"或"模糊分类"来代替"硬分类"，这就发展出了模糊 K- 均值算法。

在"硬分类"中，样本$\boldsymbol{x}_i$ 与聚类 C_j 之间的关系可以用集合的示性函数来描述：

$$u_j(\boldsymbol{x}_i)=\begin{cases}1, & \boldsymbol{x}_i\in C_j\\0, & \boldsymbol{x}_i\notin C_j\end{cases}$$

而在"模糊分类"中，认为$\boldsymbol{x}_i$ 属于 $C_1,\cdots,C_K$ 中的任何一个聚类，只不过属于的程度不同，一般可以用隶属度 u_{ij} 表示$\boldsymbol{x}_i$ 属于聚类C_j 的程度。模糊 K- 均值算法优化的聚类准则函数是

$$J_{WF}(\boldsymbol{m}_1,\cdots,\boldsymbol{m}_K,u_{11},\cdots,u_{nK})=\frac{1}{n}\sum_{j=1}^{K}\sum_{i=1}^{n}u_{ij}^{b}\ \|\ \boldsymbol{x}_i-\boldsymbol{m}_j\ \|^2 \tag{3.23}$$

同时约束：$\sum_{j=1}^{K}u_{ij}=1, 0\leqslant u_{ij}\leqslant 1$，其中 $b>1$ 为控制不同聚类混合程度的可调参数。

使用最优化方法可以推导出如下结论，当聚类的均值$\boldsymbol{m}_1,\cdots,\boldsymbol{m}_K$ 固定时，隶属度的最优解为

$$u_{ij}=\frac{(1/\ \|\ \boldsymbol{x}_i-\boldsymbol{m}_j\ \|^2)^{1/(b-1)}}{\sum_{k=1}^{K}(1/\ \|\ \boldsymbol{x}_i-\boldsymbol{m}_k\ \|^2)^{1/(b-1)}}, i=1,\cdots,n; j=1,\cdots,K \tag{3.24}$$

当隶属度 $u_{11},\cdots,u_{nK}$ 固定时，均值的最优解为

$$m_j = \frac{\sum_{i=1}^{n} u_{ij}^b \boldsymbol{x}_i}{\sum_{i=1}^{n} u_{ij}^b}, j = 1, \cdots, K \tag{3.25}$$

模糊 K- 均值聚类算法：

■ 初始化：随机选择 K 个聚类均值 $\boldsymbol{m}_j, j=1,\cdots,K$；

■ 循环，直到两次迭代的隶属度变化很小为止：

□ 使用式(3.24) 计算每个样本对于每个聚类的隶属度 $u_{ij}, i=1,\cdots,n, j=1,\cdots,K$；

□ 使用式(3.25) 更新每个聚类的均值 $\boldsymbol{m}_j, j=1,\cdots,K$；

■ 输出：样本集的隶属度 $\{u_{ij}\}_{i=1,\cdots,n,j=1,\cdots,K}$

在算法实现中，可以设定一个容忍误差阈值 ε，当 $\sum_{i=1}^{n}\sum_{j=1}^{K}[u_{ij}(t)-u_{ij}(t-1)]^2<\varepsilon$ 时，认为第 t 轮迭代的隶属度 $u_{ij}(t)$ 相对于 $t-1$ 轮迭代的隶属度 $u_{ij}(t-1)$ 变化已经很小，终止迭代；如果希望算法输出如同 K- 均值算法一样的“硬聚类”结果，可以将每个样本划分到其隶属度最大的聚类。

3.5 聚类检验

通过前面的介绍可以看出，设置不同的初始条件、不同的参数，聚类算法可以得到不同的聚类结果，甚至是不同的聚类数量。那么在这些结果中哪一个是“最好的”“最有效”的呢？本节将介绍几种聚类结果有效性的检验方法。

在 2 维特征空间中通过直观感觉很容易判断聚类结果的好与坏，然而在高维空间中检验聚类结果会是一件很困难的事情。下面仅就聚类算法的初始条件和聚类参数的选择问题给出几种易于实现的检验方法。如何确定聚类的数量是聚类算法面临的一个重要问题，有些算法需要人为设定，如 K- 均值；有些算法是由其他参数间接确定的，如谱系聚类中设置的被合并聚类之间的最大距离；有些算法得到的聚类数不仅与参数设置有关，也与迭代的初始条件有关，如最大最小距离算法。即使聚类数量相同，算法开始于不同的初始条件也有可能得到不同的聚类结果，在这些结果中如何选择有效的结果也是一个需要解决的问题。

3.5.1 聚类结果的检验

首先来讨论聚类数相同的条件下，由于算法迭代的初始条件不同得到不同的样本划分结果，在这些结果中如何检验有效性的问题。此类情况包括：K- 均值算法设置了固定的聚类数，初始于不同的聚类均值所得到的不同聚类结果；顺序聚类算法不同的样本顺序，最大最小距离算法第一个样本的不同选择都可能得到不同的聚类结果，当得到的聚类数量相同时也属于此类情况。

聚类数量相同时，聚类结果的检验相对来说比较简单，可以定义某种聚类有效性准则，然后利用准则函数检验不同聚类结果的有效性。3.1.4 节中介绍的类内距离准则、类间距离准则和类内类间距离准则都可以用于检验聚类结果，需要注意的是不同准则关注的侧重点不同，对聚类结果的评价也可能不同。还有一些其他的准则函数也可以用于检验此类结果。

1. Dunn **指数**

用两个聚类之间最近的一对样本的距离度量聚类之间的距离：

$$d(C_i, C_j) = \min_{\boldsymbol{x} \in C_i, \boldsymbol{y} \in C_j} d(\boldsymbol{x}, \boldsymbol{y})$$

聚类样本集的直径定义为距离最远的两个样本之间的距离：

$$diam(C_i) = \max_{\boldsymbol{x}, \boldsymbol{y} \in C_i} d(\boldsymbol{x}, \boldsymbol{y})$$

Dunn 指数为所有聚类中最近两个聚类之间的距离与所有聚类的最大直径之比：

$$J_{\text{Dunn}}(C_1, \cdots, C_K) = \frac{\min\limits_{i,j=1,\cdots,K, j \neq i} d(C_i, C_j)}{\max\limits_{k=1,\cdots,K} diam(C_k)}$$

Dunn 指数越大表示聚类结果越好。

2. Davies-Bouldin **指数**

Dunn 指数以两个聚类样本的最近距离度量相似程度，而 Davies-Bouldin 指数则同时考虑了两类之间的离散度和两类自身样本的离散度。两个聚类 C_i 和 C_j 之间的离散度可以用聚类均值之间的距离度量，聚类 C_i 的离散度 s_i 可以用样本到聚类均值之间的均方距离度量：

$$d_{ij} = \| \boldsymbol{m}_i - \boldsymbol{m}_j \|$$

$$s_i = \sqrt{\frac{1}{n_i} \sum_{\boldsymbol{x} \in C_i} \| \boldsymbol{x} - \boldsymbol{m}_i \|^2}$$

聚类 C_i 和 C_j 之间的相似度 R_{ij} 为两个聚类自身的离散度之和与两类之间的离散度之比，而 Davies-Bouldin 指数则为每个聚类与其他聚类之间最大相似度的平均值：

$$R_{ij} = \frac{s_i + s_j}{d_{ij}}$$

$$J_{\text{DB}}(C_1, \cdots, C_K) = \frac{1}{K} \sum_{i=1}^{K} \left(\max_{j=1,\cdots,K, j \neq i} R_{ij} \right)$$

考虑到 K- 均值算法，顺序聚类和最大最小距离算法的聚类结果受到初始条件或样本顺序影响的问题，可以设置不同的初始条件分别进行聚类，得到多个聚类结果，然后选择一个准则函数计算每个聚类结果的评价值，以最优者作为聚类结果，这样可以在一定程度上缓解不同初始条件对聚类结果的影响。

【例 3.6】 针对例 3.5 的样本集，初始化不同的聚类中心，K- 均值算法会得到不同的聚类结果，采用 Dunn 指数评价不同的聚类结果，从中选择最优者输出。

解 Matlab 函数编程实现。

```
S1 = [];
for r = 0.5:0.5:2
    k = r * 10;
    dangle = 2 * pi/k;
    beta = 0:dangle:2 * pi - 0.01;
```

```
    S1 = [S1;r * cos(beta') r * sin(beta')];
end

dangle = 2 * pi/5;
beta = 0:dangle:2 * pi - 0.1;
S2 = [0.5 * cos(beta') 0.5 * sin(beta')] + 3.5;

S = [S1;S2];
nTry = 20;
Dunn = zeros(nTry,1);
maxDunn = -1;

for i = 1:nTry
    diam = zeros(1,2);
    [id,m] = KMeansClustering(S,2);

    j1 = find(id==1); j2 = find(id==2);
    dist = pdist2(S(j1,:),S(j2,:), 'euclidean','Smallest',1);
    d = min(dist);
    for k = 1:2
        j = find(id==k);
        dist = pdist(S(j,:));
        diam(k) = max(dist);
    end

    Dunn(i) = d / max(diam);
    if Dunn(i) > maxDunn
        saveid = id;
        maxDunn = Dunn(i);
    end
end

bar(Dunn); colormap([0.3 0.3 0.3]);
figure;

i = find(saveid==1);
plot( S(i,1),S(i,2),'ko','MarkerFaceColor','k');
hold on;
i = find(saveid==2);
```

plot(S(i,1),S(i,2),'kx','LineWidth',2,'MarkerFaceColor','k', 'MarkerSize',10);

程序在20次不同初始值的聚类尝试中选择Dunn指数最大者输出,如图3.8所示。

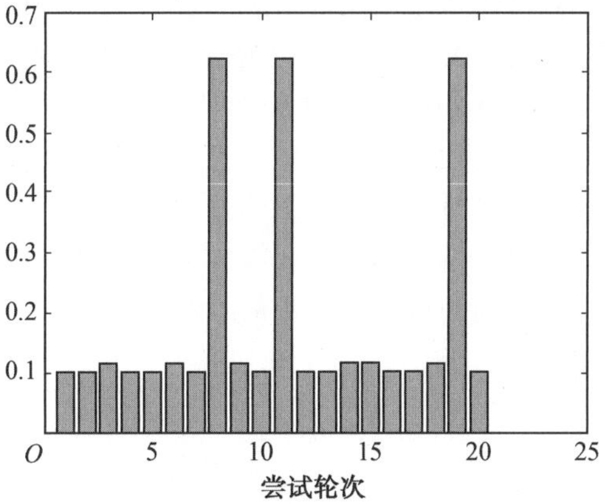

(a) 20次不同聚类结果的Dunn指数

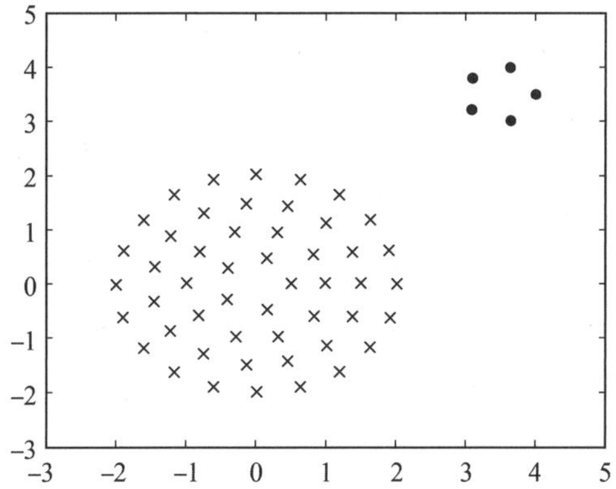

(b) Dunn指数最大的聚类结果

图3.8 例3.6程序的输出

3.5.2 聚类数的间接选择

聚类数的选择是聚类分析的一个重要问题,只有选择合适的聚类数才有可能得到理想的聚类结果。首先讨论通过算法参数间接设置聚类数的情况,此类问题适用于谱系聚类、顺序聚类和最大最小距离聚类。

谱系聚类可以设定被合并两个聚类之间的距离阈值作为终止条件,阈值越大得到的聚类数量越少;顺序聚类中需要设定的将样本合并到最近聚类的距离阈值 θ 也会影响最终的聚类数,θ 越小则聚类数量越多;最大最小距离算法确定聚类中心时比较当前的最大最小距离和 $\theta\|\boldsymbol{m}_1-\boldsymbol{m}_2\|$,决定是否产生一个新的聚类,因此参数 θ 越小产生的聚类越多。

对于这类问题,实际上是要选择一个合适的算法参数,参数的选择间接影响到聚类的数量。参数的选择能否也用准则函数评价的方式完成呢? 在多数情况下这个方案是不可行的,因为各种准则函数往往是聚类数量的单调函数,例如如果采用的是类内距离准则,则倾向于选择较多的聚类数,每一类的样本数越少类内距离越小,每个样本作为一个聚类时类内距离为0;类间距离准则倾向于选择较少的聚类,当所有样本作为一个聚类时类间距离为0;

Dunn 指数和 Davies-Bouldin 指数也都是倾向于将每个样本作为一个聚类。

注意到算法参数与聚类数量之间也存在着一种单调的对应关系，随着参数的增大，聚类数量单调地增加或减少；同时算法采用不同的参数可能得到相同的聚类数，在相同聚类数的条件下对样本的划分也是相同的(要求算法的初始条件相同)。通过算法参数的选择间接确定聚类数量的一种可行方法是：首先在可能的取值范围内设置不同的参数，由算法得到相应的聚类结果，然后建立参数与聚类数之间的对应关系，选择聚类数相同的最大参数区域，以这个区域的中点作为最优参数，以对应的聚类数为最优聚类数。

【例 3.7】 例 3.5 的样本集进行谱系聚类，采用被合并两个聚类之间的最大距离作为终止条件，尝试设置不同阈值得到的聚类数，选择出现最多者作为最终的聚类数。

解 Matlab 编程实现：

```
S1 = [];
for r = 0.5:0.5:2
    k = r * 10;
    dangle = 2 * pi/k;
    beta = 0:dangle:2 * pi - 0.01;
    S1 = [S1;r * cos(beta') r * sin(beta')];
end

dangle = 2 * pi/5;
beta = 0:dangle:2 * pi - 0.1;
S2 = [0.5 * cos(beta') 0.5 * sin(beta')] + 3.5;

S = [S1;S2];
Z = linkage(S);

iC = 0.1:0.1:4;
nCluster = zeros(length(iC),1);
for i = 1:length(iC)
    T = cluster(Z,'Cutoff', iC(i), 'Criterion', 'distance' );
    b = unique(T);
    nCluster(i) = length(b);
end
plot(iC,nCluster,'k - x', 'LineWidth',1.5, 'MarkerFaceColor','k', 'MarkerSize',
10);
```

图 3.9 显示了程序的运行结果，从图中可以看出，聚类数量随着阈值的增加而减少，出现次数最多的是在 0.7 ～ 2.4 之间和 2.5 ～ 4 之间，分别对应的聚类数为 2 和 1，如果不希望将所有的样本聚成一个类别应该选择聚类数为 2 的结果。

采用此方法可能遇到的一个问题是某些算法需要同时选择初始条件和算法参数，而两者都会对最后得到的聚类数量产生影响，例如顺序聚类和最大最小距离聚类。对于此类问

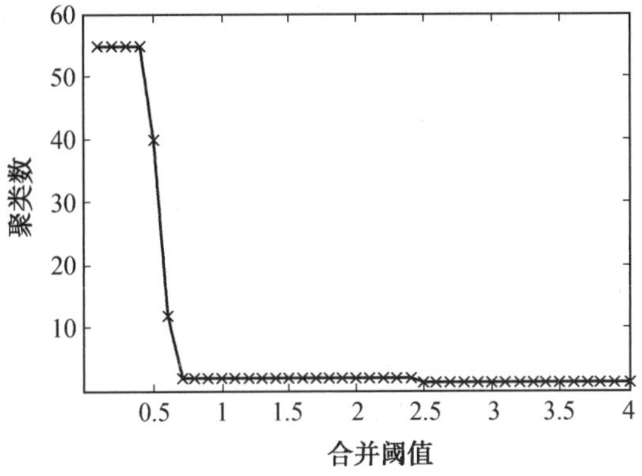

图 3.9　谱系聚类算法不同阈值得到的不同聚类数

题，确定参数与聚类数之间对应关系时可以在每一个参数下尝试不同的初始条件，选择出现次数最多的聚类数，当然这种情况下参数与聚类数之间的单调对应关系不能得到保证，但总体的趋势不会变；确定了最优参数和聚类数，可以固定参数检验不同初始条件得到的聚类结果的有效性，如 3.5.1 中的方法。

3.5.3　聚类数的直接选择

K- 均值算法需要设定聚类数，谱系聚类、顺序聚类和最大最小聚类也可以采用聚类数作为迭代的终止条件，当算法达到设定的聚类数时就不再产生新的聚类或不再合并已有聚类。如何设定一个合适的聚类数是这些算法需要解决的问题。到目前为止，还没有一种方法能够很容易地判断出聚类样本集合中包含的聚类数量，只能通过尝试的方法确定一个合适的聚类数。

在尝试不同聚类数之前，需要选择一个适合的聚类检验准则，然后在可能的范围之内逐一尝试不同的聚类数，由聚类算法产生出不同的聚类结果，应用准则函数计算每个聚类结果的评价值。如果准则函数能够检验不同聚类数结果的有效性，则只需寻找到准则函数最大值(或最小值)，由此可以确定聚类数。然而如前所述，多数的准则函数都有随聚类数单调增大或减小的趋势，直接由最大值或最小值无法准确确定聚类数量。对于这类情况，可以画出准则函数随聚类数变化的曲线，如果样本集中存在明显聚类，曲线往往会在对应聚类数的位置出现一个“拐点”，可以通过“拐点”判断出聚类的数量；如果样本集中不存在明显的聚类，则曲线一般比较平滑，没有明确的“拐点”出现。

图 3.10(a) 是存在明显 3 个聚类的样本集合，设置聚类数 1 ～ 10，分别采用 *K*- 均值算法聚类，然后按照公式(3.1) 计算对应每个聚类结果的类内距离准则。由图 3.10(b) 可以看出，曲线在聚类数为 3 的位置存在一个明显的“拐点”，之前类内距离下降很快，之后下降很慢，由此可以判断聚类样本集合的合适聚类数为 3；图 3.10(c) 的样本集只存在 1 个聚类，相应的聚类数与类内距离准则函数下降比较平缓，不存在明显的“拐点”。

在 *K*- 均值算法中，聚类结果不仅决定于设定的聚类数，也要受到初始聚类均值的影响。对于此类算法，可以在每一个设定的聚类数上尝试不同的初始条件，从中选择准则函数最优的结果绘制曲线，这样可以在一定程度上保证聚类数选择的准确性。

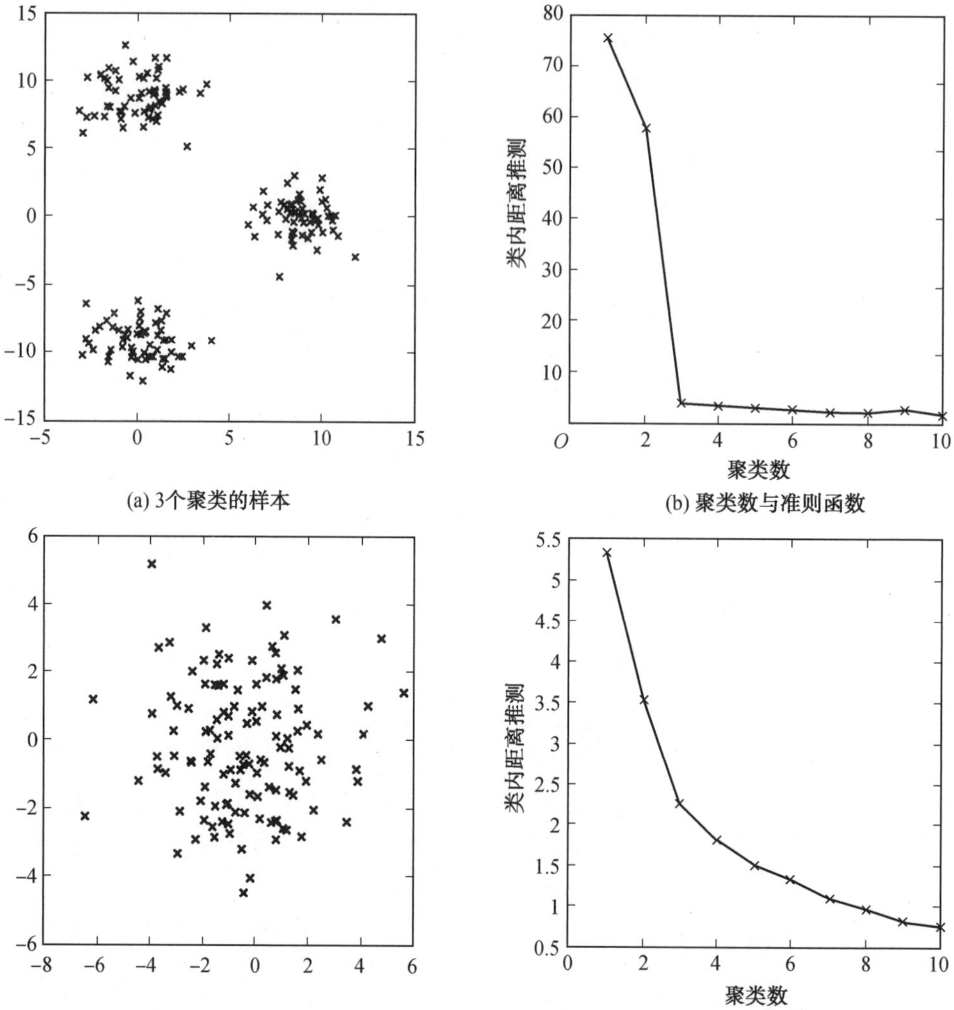

(a) 3个聚类的样本　(b) 聚类数与准则函数

(c) 1个聚类的样本　(d) 聚类数与准则函数

图 3.10　聚类数与类内距离准则

本章小结

聚类分析是一种重要的无监督学习模式识别方法，在不同的领域有着广泛的应用。聚类分析的本质是对数据集内在结构的一种挖掘，解决一个实际的聚类问题往往很困难的，因为其内部的结构可能非常复杂，而对此又缺乏必要的先验知识。例如聚类的数量可能是未知的，每个聚类内部样本的分布情况也是未知的。

本章只是介绍了三种比较简单的聚类方法，到目前为止，对聚类算法的研究仍然是模式识别的一个热点问题，近年来也提出了很多新的解决聚类问题的思路和方法，然而现有的各种算法大多是与数据相关的，不同的算法在不同的数据集上表现差异很大，有些适用于这一类数据，有些适用于另一类数据，不存在一种适用于所有数据集合的通用算法。

大多数的聚类算法都对不同的参数设置表现出敏感性，例如 K- 均值聚类中的聚类数量，谱系聚类中的聚类合并阈值等，设置合理的算法参数可以得到好的聚类结果，否则结果很难令人满意。算法的参数实际上描述了对所要解决的聚类问题的某种先验知识，先验知识正确才有可能得到所希望的聚类结果。

习　题

1. m 阶矩阵 $\boldsymbol{A}=(a_{ij})_{m\times m}$ 的迹定义为主对角线元素之和：

$$\operatorname{tr}(\boldsymbol{A})=\sum_{i=1}^{m}a_{ii}$$

根据公式(3.1)至(3.5)证明类内距离准则、类间距离准则与散布矩阵的迹之间存在式(3.6)和式(3.7)的关系。

2. K-均值算法的每一轮迭代中需要根据每个聚类的样本更新聚类中心，这个过程实际上是在给定聚类样本集 $C_1,\cdots,C_K$ 的条件下，优化矢量 $\boldsymbol{m}_1,\cdots,\boldsymbol{m}_K$，使得类内距离准则最小：

$$\min_{\boldsymbol{m}_1,\cdots,\boldsymbol{m}_K} J_W=\frac{1}{n}\sum_{j=1}^{K}\sum_{\boldsymbol{x}\in C_j}\|\boldsymbol{x}-\boldsymbol{m}_j\|^2$$

证明上述优化问题的解为：$\boldsymbol{m}_j=\frac{1}{n_j}\sum_{\boldsymbol{x}\in C_j}\boldsymbol{x}$，$j=1,\cdots,K$。

3. 证明如果将上题的类内距离准则中欧氏距离的平方变为街市距离，优化矢量 $\boldsymbol{m}_1,\cdots,\boldsymbol{m}_K$ 为每个聚类样本的中值。

4. 证明模糊 K-均值聚类算法的迭代公式：

(1) 在给定聚类均值矢量 $\boldsymbol{m}_1,\cdots,\boldsymbol{m}_K$ 的条件下，隶属度 u_{ij} 关于式(3.23)聚类准则函数的最小值优化解为式(3.24)。

(2) 在给定隶属度 u_{ij} 的条件下，均值矢量 $\boldsymbol{m}_j$ 关于式(3.23)聚类准则函数的最小值优化解为式(3.25)。

5. 修改例3.6的程序，分别采用类内距离准则、类间距离准则、类内类间距离准则，以及 Davies-Bouldin 指数实现对聚类结果的评价和选择。

6. 分别采用顺序聚类，最大最小距离聚类、谱系聚类和 K-均值聚类算法将下列8个样本聚成两个类别：

$$\boldsymbol{x}_1=(5,2)^{\mathrm{T}},\boldsymbol{x}_2=(1,2)^{\mathrm{T}},\boldsymbol{x}_3=(2,1)^{\mathrm{T}},\boldsymbol{x}_4=(6,2)^{\mathrm{T}}$$

$$\boldsymbol{x}_5=(1,1)^{\mathrm{T}},\boldsymbol{x}_6=(3,1)^{\mathrm{T}},\boldsymbol{x}_7=(7,-1)^{\mathrm{T}},\boldsymbol{x}_8=(5,-1)^{\mathrm{T}}$$

7. 根据下列3组高斯分布参数分别生成200个2维随机样本，使用 K-均值算法将所有样本聚成3个类别，画出样本和聚类结果：

$$\boldsymbol{\mu}_1=(-1,-1)^{\mathrm{T}},\boldsymbol{\mu}_2=(6,2)^{\mathrm{T}},\boldsymbol{\mu}_3=(0.5,7)^{\mathrm{T}}$$

$$\boldsymbol{\Sigma}_1=\begin{bmatrix}1 & 0.5\\0.5 & 1\end{bmatrix},\boldsymbol{\Sigma}_2=\begin{bmatrix}1 & 0\\0 & 1\end{bmatrix},\boldsymbol{\Sigma}_3=\begin{bmatrix}1 & -0.5\\-0.5 & 1\end{bmatrix}$$

8. 假设聚类数未知，采用 K-均值算法和类内距离准则确定习题7数据集的合理聚类数。

9. 编程实现 K-Median 算法，聚类习题7的数据。

10. 编程实现模糊 K-均值算法，聚类习题7的数据。

第4章 线性判别函数分类器

当要分类如图4.1所示的两类样本时，一个很自然的想法是用一条直线将平面分成两个区域，每个区域代表一个类别，分类时只需要判断待识别样本处于哪个区域就可以达到识别的目的。同样，在3维或更高维空间中可以采用类似的方法，由一个平面或超平面将空间分成两个区域。

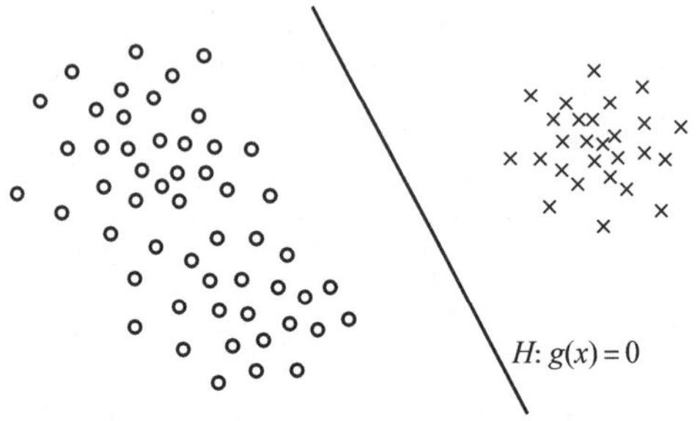

图4.1 线性分类界面

直线、平面和超平面都可以称为是线性的分类界面，采用线性分类界面区分两类样本的方法称为线性分类器。本章中将首先讨论两个类别样本线性可分的情况下（存在一个线性分类界面可以将两个类别的样本完全分开），线性分类器的识别与学习；然后将线性分类器扩展到样本线性不可分的情况，以及多个类别线性分类器的识别与学习。

4.1 线性判别函数和线性分类界面

4.1.1 线性判别函数

根据解析几何的知识可知，d 维空间中超平面 H 的方程为

$$w_1x_1 + w_2x_2 + \cdots + w_dx_d + w_0 = 0 \tag{4.1}$$

满足上述方程的点处于超平面上。将方程的左半部分定义为一个判别函数：

$$g(\boldsymbol{x}) = w_1x_1 + w_2x_2 + \cdots + w_dx_d + w_0 = \sum_{i=1}^{d} w_ix_i + w_0 \tag{4.2}$$

判别函数 $g(\boldsymbol{x})$ 中只包含特征的1次项，因此称为线性判别函数。$g(\boldsymbol{x})$ 中的求和式可以写成两个矢量的内积形式：

$$g(\boldsymbol{x}) = \boldsymbol{w}^{\mathrm{T}}\boldsymbol{x} + w_0 \tag{4.3}$$

式中 $\boldsymbol{w}$—— 权值矢量；

w_0—— 偏置。

很明显，根据判别函数 $g(\boldsymbol{x})$ 是否等于0，可以判断特征空间中的点 $\boldsymbol{x}$ 是否处于线性分类

界面之上；实际上根据 $g(\boldsymbol{x})$ 的值同样可以判断出 $\boldsymbol{x}$ 处于线性分类界面所划分出的哪一个空间区域。关于线性判别函数和线性分类界面做出如下断言：

Ⅰ. 线性分类界面 H 将特征空间划分为两个区域：一个区域中 $g(\boldsymbol{x})>0$，另一个区域中 $g(\boldsymbol{x})<0$。

Ⅱ. 权值矢量 $\boldsymbol{w}$ 垂直（正交）于分类界面 H，并且指向 $g(\boldsymbol{x})>0$ 的区域。

Ⅲ. 偏置 w_0 与坐标原点到分类界面 H 的距离 r_0 有关：

$$r_0=\frac{|w_0|}{\|\boldsymbol{w}\|}$$

两个类别线性判别函数分类器的识别过程相对比较简单，根据断言Ⅰ，可以依据 $g(\boldsymbol{x})$ 的符号来判别待识别样本 $\boldsymbol{x}$ 的类别属性：

$$g(\boldsymbol{x})=\boldsymbol{w}^{\mathrm{T}}\boldsymbol{x}+w_0\begin{cases}>0, & \boldsymbol{x}\in\omega_1\\<0, & \boldsymbol{x}\in\omega_2\\=0, & \text{拒识}\end{cases}\tag{4.4}$$

也就是说 $\boldsymbol{x}$ 出现在 $g(\boldsymbol{x})>0$ 的区域被判别为 ω_1 类，出现在 $g(\boldsymbol{x})<0$ 的区域被判别为 ω_2 类；当 $g(\boldsymbol{x})=0$ 时，$\boldsymbol{x}$ 处于线性分类界面 H 之上，可以认为 $\boldsymbol{x}$ 既不属于 ω_1 类，也不属于 ω_2 类，拒绝识别。如果不希望分类器输出拒识的结果，可以判别 $\boldsymbol{x}$ 属于 ω_1 类。

4.1.2　三个断言的证明

首先来看一下两个矢量内积的含义：

$$\boldsymbol{x}^{\mathrm{T}}\boldsymbol{y}=\|\boldsymbol{x}\|\ \|\boldsymbol{y}\|\cos\theta\tag{4.5}$$

θ 是矢量 $\boldsymbol{x}$ 和 $\boldsymbol{y}$ 之间的夹角，根据 $\boldsymbol{x}$ 和 $\boldsymbol{y}$ 之间的内积是否等于0，可以判断出两个矢量之间是否相互垂直（正交）。如果要证明一个矢量 $\boldsymbol{w}$ 与超平面 H 正交，只需证明 $\boldsymbol{w}$ 正交于 H 上的任意一个矢量。

任取超平面 H 上的两个点 $\boldsymbol{x}_1$ 和 $\boldsymbol{x}_2$，差矢量 $\boldsymbol{x}_1-\boldsymbol{x}_2$ 也处于 H 之上，计算 $\boldsymbol{w}$ 与差矢量之间的内积：

$$\begin{aligned}\boldsymbol{w}^{\mathrm{T}}(\boldsymbol{x}_1-\boldsymbol{x}_2)&=\boldsymbol{w}^{\mathrm{T}}\boldsymbol{x}_1-\boldsymbol{w}^{\mathrm{T}}\boldsymbol{x}_2\\&=(\boldsymbol{w}^{\mathrm{T}}\boldsymbol{x}_1+w_0)-(\boldsymbol{w}^{\mathrm{T}}\boldsymbol{x}_2+w_0)\\&=g(\boldsymbol{x}_1)-g(\boldsymbol{x}_2)\\&=0\end{aligned}$$

最后一步是由于 $\boldsymbol{x}_1$ 和 $\boldsymbol{x}_2$ 处于 H 之上，因此 $g(\boldsymbol{x}_1)=g(\boldsymbol{x}_2)=0$。这样证明了 $\boldsymbol{w}$ 同矢量 $\boldsymbol{x}_1-\boldsymbol{x}_2$ 正交，由 $\boldsymbol{x}_1$ 和 $\boldsymbol{x}_2$ 的任意性，也就证明了 $\boldsymbol{w}$ 正交于超平面 H，断言Ⅱ得证。

如图4.2，由矢量 $\boldsymbol{w}$ 所指向的区域（R_1）中的任意一点 $\boldsymbol{x}$ 向超平面 H 引一条垂线，交 H 于点 $\boldsymbol{x}_p$。矢量 $\overrightarrow{\boldsymbol{x}_p\boldsymbol{x}}$ 的长度为 r，由于 $\overrightarrow{\boldsymbol{x}_p\boldsymbol{x}}$ 和 $\boldsymbol{w}$ 均垂直于 H，且方向相同，因此有如下关系：

$$\overrightarrow{\boldsymbol{x}_p\boldsymbol{x}}=r\frac{\boldsymbol{w}}{\|\boldsymbol{w}\|}\tag{4.6}$$

式中　$\boldsymbol{w}/\|\boldsymbol{w}\|$——$\boldsymbol{w}$ 方向上的单位（长度）矢量。

同时关于矢量 $\overrightarrow{\boldsymbol{x}_p\boldsymbol{x}}$，还有如下关系成立：

$$\overrightarrow{\boldsymbol{x}_p\boldsymbol{x}}=\boldsymbol{x}-\boldsymbol{x}_p\tag{4.7}$$

(4.6)(4.7) 两式的右侧分别同矢量 $\boldsymbol{w}$ 计算内积：

$$\begin{aligned}\boldsymbol{w}^{\mathrm{T}}(\boldsymbol{x}-\boldsymbol{x}_p)&=\boldsymbol{w}^{\mathrm{T}}\boldsymbol{x}-\boldsymbol{w}^{\mathrm{T}}\boldsymbol{x}_p\\&=(\boldsymbol{w}^{\mathrm{T}}\boldsymbol{x}+w_0)-(\boldsymbol{w}^{\mathrm{T}}\boldsymbol{x}_p+w_0)\\&=g(\boldsymbol{x})-g(\boldsymbol{x}_p)\\&=g(\boldsymbol{x})\end{aligned}$$

同时

$$\boldsymbol{w}^{\mathrm{T}}\cdot r\frac{\boldsymbol{w}}{\|\boldsymbol{w}\|}=r\frac{\boldsymbol{w}^{\mathrm{T}}\boldsymbol{w}}{\|\boldsymbol{w}\|}=r\|\boldsymbol{w}\|$$

其中应用到了关系 $\|\boldsymbol{w}\|^2=\boldsymbol{w}^{\mathrm{T}}\boldsymbol{w}$，以及 $\boldsymbol{x}_p$ 处于分类界面之上，$g(\boldsymbol{x}_p)=0$。因此有

$$g(\boldsymbol{x})=r\|\boldsymbol{w}\| \tag{4.8}$$

同样道理，当 $\boldsymbol{x}$ 为 R_2 区域中的任意一点时，矢量 $\overrightarrow{\boldsymbol{x}_p\boldsymbol{x}}$ 与 $\boldsymbol{w}$ 方向相反，式(4.6) 变为

$$\overrightarrow{\boldsymbol{x}_p\boldsymbol{x}}=-r\frac{\boldsymbol{w}}{\|\boldsymbol{w}\|}$$

因此对于 R_2 区域中的任意一点 $\boldsymbol{x}$ 来说：

$$g(\boldsymbol{x})=-r\|\boldsymbol{w}\| \tag{4.9}$$

由于 $\|\boldsymbol{w}\|>0$，这样就证明了断言 Ⅰ，$\boldsymbol{w}$ 指向区域中的点相应的判别函数值 $g(\boldsymbol{x})>0$，而另一个区域的点 $g(\boldsymbol{x})<0$。

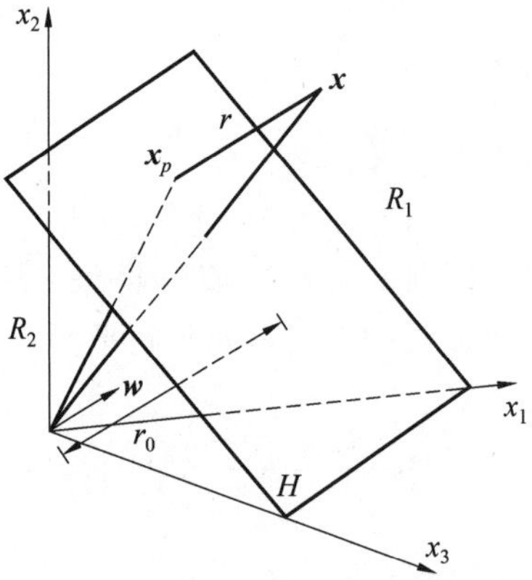

图 4.2　线性判别函数的几何解释

由式(4.8) 和式(4.9)，可以得到特征空间中任意一点 $\boldsymbol{x}$ 到分类超平面 H 的距离计算公式：

$$r=\frac{|g(\boldsymbol{x})|}{\|\boldsymbol{w}\|} \tag{4.10}$$

因此坐标原点到 H 的距离：

$$r_0=\frac{|g(\boldsymbol{0})|}{\|\boldsymbol{w}\|}=\frac{|\boldsymbol{w}^{\mathrm{T}}\boldsymbol{0}+w_0|}{\|\boldsymbol{w}\|}=\frac{|w_0|}{\|\boldsymbol{w}\|}$$

断言 III 得证。

4.2　感知器算法

现有属于两个类别的训练样本集 $D=\{\boldsymbol{x}_1,\cdots,\boldsymbol{x}_n\}$，线性判别函数分类器的学习是要寻

找到一组“适合于”训练样本集合的权值矢量 $\boldsymbol{w}$ 和偏置 w_0。什么样的权值矢量和偏置适合于样本集？对于线性可分的情况，一个自然的想法就是线性分类器能够将训练集合中的所有样本正确分类，即下列不等式组成立：

$$\begin{cases}\boldsymbol{w}^{\mathrm{T}}\boldsymbol{x}+w_0>0, & \forall\,\boldsymbol{x}\in\omega_1\\ \boldsymbol{w}^{\mathrm{T}}\boldsymbol{x}+w_0<0, & \forall\,\boldsymbol{x}\in\omega_2\end{cases} \tag{4.11}$$

为了表示方便，可以将 $\boldsymbol{w}$ 和 w_0 定义为一个新的矢量：$\boldsymbol{a}=[\boldsymbol{w}^{\mathrm{T}},w_0]^{\mathrm{T}}$，称为增广的权值矢量；训练样本集中的每个训练样本也在最后增加一维常数1，同时 ω_2 类的样本乘以 -1，称为增广和规范化的训练样本：

$$\begin{cases}\boldsymbol{y}=[\boldsymbol{x}^{\mathrm{T}},1]^{\mathrm{T}}, & \forall\,\boldsymbol{x}\in\omega_1\\ \boldsymbol{y}=[-\boldsymbol{x}^{\mathrm{T}},-1]^{\mathrm{T}}, & \forall\,\boldsymbol{x}\in\omega_2\end{cases}$$

权值和训练样本经过增广和规范化之后，式(4.11)的不等式组可以表示为统一的形式：

$$\boldsymbol{a}^{\mathrm{T}}\boldsymbol{y}_i>0,\quad i=1,\cdots,n \tag{4.12}$$

如果训练样本集 D 是线性可分的，式(4.12)不等式组的解存在，但并不唯一。从对训练样本集正确分类的角度来看，不等式组的所有解都是等价的，只需要找出其中的一个即可。然而直接求解式(4.12)的线性不等式组是比较困难的，下面定义一些准则函数，然后采用优化的方法来解决线性判别函数分类器的学习问题。

4.2.1　感知器准则

线性判别函数分类器学习最直观的优化准则函数是样本集合 D 中被错误分类的样本数量：

$$J_N(\boldsymbol{a})=\sum_{\boldsymbol{y}\in Y}1 \tag{4.13}$$

其中 $Y=\{\boldsymbol{y}\mid\boldsymbol{y}\in D,\boldsymbol{a}^{\mathrm{T}}\boldsymbol{y}<0\}$ 是被错误分类的样本集合。然而准则函数 J_N 并不适合于使用附录 B.2 中介绍的梯度法进行优化，因为它是一个阶梯函数(图 4.3)，存在很多的不连续点，在不连续点处 J_N 的梯度不存在，而在连续点梯度为 $\mathbf{0}$ 矢量，同样无法进行迭代优化。

线性判别函数分类器学习中一个著名的准则函数是感知器准则，以被错误分类样本到分类界面的“距离”之和为准则进行优化：

$$J_P(\boldsymbol{a})=\sum_{\boldsymbol{y}\in Y}(-\boldsymbol{a}^{\mathrm{T}}\boldsymbol{y}) \tag{4.14}$$

由于 $\boldsymbol{y}$ 是规范化之后的样本，当其被错误识别时 $\boldsymbol{a}^{\mathrm{T}}\boldsymbol{y}<0$，因此 $J_P\geqslant0$，只有当所有的训练样本都被正确识别时，$Y=\Phi$，J_P 取得最小值 0。这里所说的“距离”并不是点 $\boldsymbol{x}$ 到分类界面的真实距离，参考上一节断言 Ⅰ 的证明过程可以看到，它们之间相差了一个 $\|\boldsymbol{w}\|$ 的比例因子(式(4.8))，但这并不影响在 J_P 的最小值处全部样本能够被正确识别的事实。这样就可以将线性判别函数分类器的学习转化为对感知器准则函数的优化求解问题：

$$\boldsymbol{a}^*=\arg\min_{\boldsymbol{a}}J_P(\boldsymbol{a}) \tag{4.15}$$

利用附录 A.4 的知识，计算感知器准则函数 J_P 关于 $\boldsymbol{a}$ 的梯度矢量：

$$\nabla J_P(\boldsymbol{a})=-\sum_{\boldsymbol{y}\in Y}\boldsymbol{y} \tag{4.16}$$

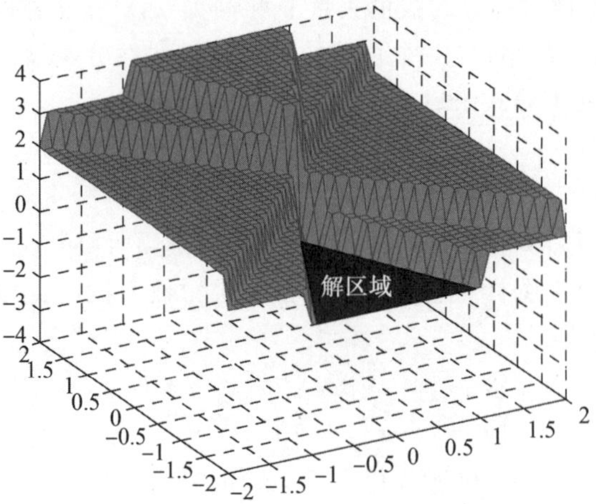

图 4.3 错分样本数准则函数的曲面

采用梯度下降算法可以得到增广权值矢量 $\boldsymbol{a}$ 的迭代学习公式：

$$\boldsymbol{a}(k+1)=\boldsymbol{a}(k)+\eta\sum_{\boldsymbol{y}\in Y}\boldsymbol{y} \tag{4.17}$$

其中 $\eta>0$ 称为学习率。

4.2.2 感知器算法

感知器算法存在多个不同的版本，这里给出最常用的两种：批量调整版本和单样本调整版本。所谓批量调整版本是指每一轮迭代输入所有的训练样本，由当前的权值矢量 $\boldsymbol{a}(k)$ 判断哪些样本被错误识别，所有错误样本求和，采用式(4.17) 调整权值矢量。

感知器算法(批量调整版本)

■ 初始化：$\boldsymbol{a}(0)$，学习率 $\eta(\cdot)$，收敛精度 θ，$k=0$；

■ do $k=k+1$

$$\boldsymbol{a}(k+1)=\boldsymbol{a}(k)+\eta(k)\sum_{\boldsymbol{y}\in Y}\boldsymbol{y}$$

until $\left\|\eta(k)\sum_{\boldsymbol{y}\in Y}\boldsymbol{y}\right\|<\theta$

■ 输出：$\boldsymbol{a}$

单样本调整版本中每一轮迭代输入一个训练样本(可以顺序输入，也可以随机输入)，如果识别正确则直接输入下一个样本；如果识别错误则将权值矢量 $\boldsymbol{a}(k)$ 与被错误识别的样本 $\boldsymbol{y}$ 求和得到新的权值 $\boldsymbol{a}(k+1)$。这实际上相当于式(4.17) 中的学习率 $\eta=1$，而且只有一个被错误识别的样本。

感知器算法(单样本调整版本)

■ 初始化：$\boldsymbol{a}$，$k=0$；

■do $k=(k+1) \mod n$

　如果 $\boldsymbol{y}(k)$ 被 $\boldsymbol{a}$ 错误识别，则：$\boldsymbol{a}=\boldsymbol{a}+\boldsymbol{y}(k)$

until 全部样本被正确识别

■ 输出：$\boldsymbol{a}$

【例 4.1】　现有两类训练样本，采用单样本调整感知器算法学习线性分类器。

$$\omega_1: \boldsymbol{x}_1=(0,0)^{\mathrm{T}}, \boldsymbol{x}_2=(0,1)^{\mathrm{T}}$$

$$\omega_2: \boldsymbol{x}_3=(1,0)^{\mathrm{T}}, \boldsymbol{x}_4=(1,1)^{\mathrm{T}}$$

解　初始化权值矢量 $\boldsymbol{a}=(-2,0,-1)^{\mathrm{T}}$，训练样本增广和规范化：

$$\boldsymbol{y}_1=(0,0,1)^{\mathrm{T}}, \boldsymbol{y}_2=(0,1,1)^{\mathrm{T}}, \boldsymbol{y}_3=(-1,0,-1)^{\mathrm{T}}, \boldsymbol{y}_4=(-1,-1,-1)^{\mathrm{T}}$$

第一轮：

$\boldsymbol{a}^{\mathrm{T}}\boldsymbol{y}_1=-1<0$，调整权值矢量：$\boldsymbol{a}=\boldsymbol{a}+\boldsymbol{y}_1=(-2,0,0)^{\mathrm{T}}$；

$\boldsymbol{a}^{\mathrm{T}}\boldsymbol{y}_2=0$，调整权值矢量：$\boldsymbol{a}=\boldsymbol{a}+\boldsymbol{y}_2=(-2,1,1)^{\mathrm{T}}$；

$\boldsymbol{a}^{\mathrm{T}}\boldsymbol{y}_3=1>0$，正确识别；

$\boldsymbol{a}^{\mathrm{T}}\boldsymbol{y}_4=0$，调整权值矢量：$\boldsymbol{a}=\boldsymbol{a}+\boldsymbol{y}_4=(-3,0,0)^{\mathrm{T}}$；

第二轮：

$\boldsymbol{a}^{\mathrm{T}}\boldsymbol{y}_1=0$，调整权值矢量：$\boldsymbol{a}=\boldsymbol{a}+\boldsymbol{y}_1=(-3,0,1)^{\mathrm{T}}$；

$\boldsymbol{a}^{\mathrm{T}}\boldsymbol{y}_2=1>0$，正确识别；

$\boldsymbol{a}^{\mathrm{T}}\boldsymbol{y}_3=2>0$，正确识别；

$\boldsymbol{a}^{\mathrm{T}}\boldsymbol{y}_4=2>0$，正确识别；

第三轮：

$\boldsymbol{a}^{\mathrm{T}}\boldsymbol{y}_1=1>0$，正确识别；

分类器已经能够正确识别全部训练样本，迭代终止，学习得到权值矢量：$\boldsymbol{a}=(-3,0,1)^{\mathrm{T}}$，线性判别函数：

$$g(\boldsymbol{y})=\boldsymbol{a}^{\mathrm{T}}\boldsymbol{y}=-3x_1+1$$

训练样本及分类界面如图 4.4 所示。

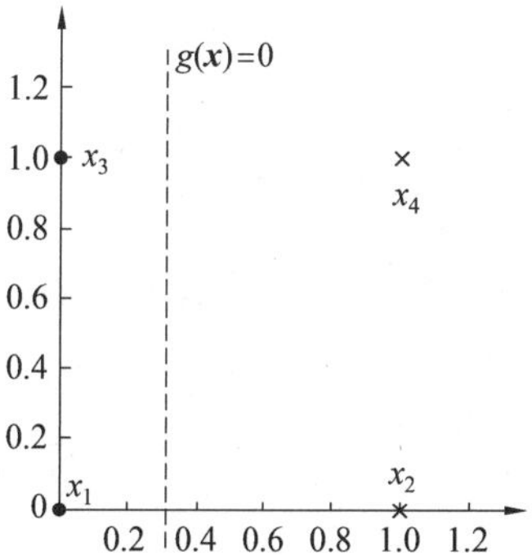

图 4.4　例 4.1 的训练样本和分类界面

感知器算法简单易行，每一轮迭代只需要找出被错误识别的训练样本，然后与当前的权值矢量相加即可完成权值的调整。感知器算法的学习过程可以用图 4.5 进行一个粗略的几何解释：假定当前的增广权值矢量为$\boldsymbol{a}_k$，只有 1 个训练样本 $\boldsymbol{y}$ 被错误分类，1 次迭代之后的权值矢量为$\boldsymbol{a}_{k+1}=\boldsymbol{a}_k+\boldsymbol{y}$。注意增广的权值矢量和训练样本表示的线性判别函数为：$g(\boldsymbol{y})=\boldsymbol{a}^{\mathrm{T}}\boldsymbol{y}$，对应判别界面的方程为齐次线性方程（没有常数项），因此都是经过坐标原点的。当 $\boldsymbol{y}$ 被错误分类时，$\boldsymbol{a}_k^{\mathrm{T}}\boldsymbol{y}<0$，说明 $\boldsymbol{y}$ 与$\boldsymbol{a}_k$ 之间的夹角大于 $\pi/2$，而经过 1 步迭代之后 $\boldsymbol{y}$ 与$\boldsymbol{a}_{k+1}$ 之间的夹角已经小于 $\pi/2$，所以能够被正确分类了。

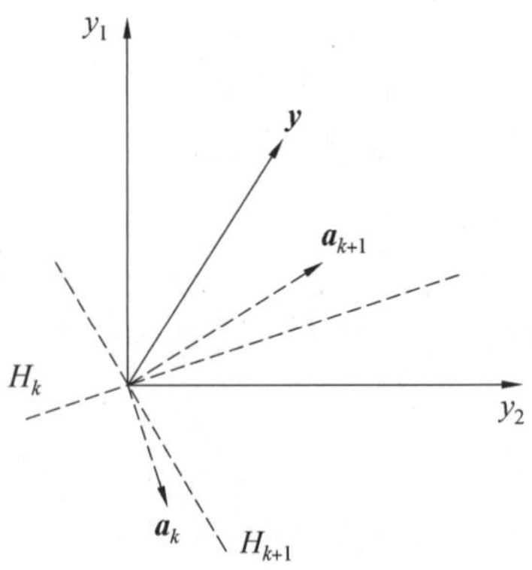

图 4.5　感知器算法的几何解释

更加具体来看：

$$g_{k+1}(\boldsymbol{y})=\boldsymbol{a}_{k+1}^{\mathrm{T}}\boldsymbol{y}=(\boldsymbol{a}_k+\boldsymbol{y})^{\mathrm{T}}\boldsymbol{y}=\boldsymbol{a}_k^{\mathrm{T}}\boldsymbol{y}+\|\boldsymbol{y}\|^2>\boldsymbol{a}_k^{\mathrm{T}}\boldsymbol{y}=g_k(\boldsymbol{y})$$

经过 1 轮迭代之后关于 $\boldsymbol{y}$ 的判别函数值在增大，虽然不能保证一次调整就能够达到 $g_{k+1}(\boldsymbol{y})>0$，只要迭代次数足够多，这个不等式将能够成立。

严格来说，感知器算法的优化准则函数并不满足梯度法的要求。从图 4.6 可以看出，感知准则函数是分段线性的，虽然是连续的但在分段处的导数是不存在的，因此感知器算法的收敛性需要进一步的证明。

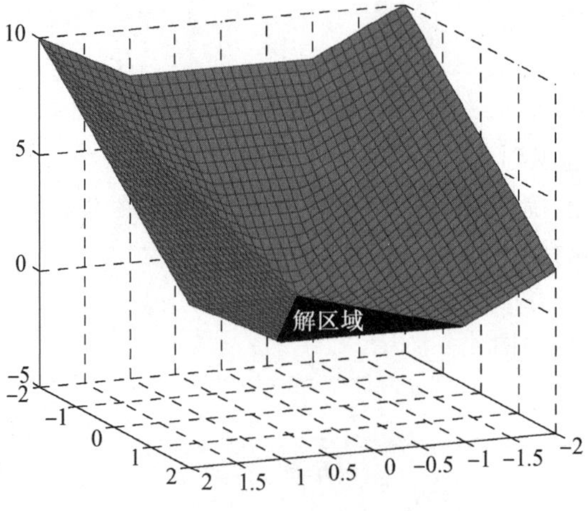

图 4.6　感知准则函数的曲面

单样本调整版本算法的收敛性证明：

对于线性可分的样本集，不等式组(4.12) 或优化问题(4.15) 的解存在但并不唯一，如果$\boldsymbol{a}^*$ 是其中的一个解矢量，对于任意的 $\alpha>0$，$\alpha\boldsymbol{a}^*$ 同样是一个解矢量。令 $\boldsymbol{y}$ 是被当前的权值矢量$\boldsymbol{a}_k$ 错误分类的训练样本，计算经过一次迭代学习之后的权值矢量$\boldsymbol{a}_{k+1}$ 与解矢量 $\alpha\boldsymbol{a}^*$ 之差：

$$\boldsymbol{a}_{k+1}-\alpha\boldsymbol{a}^*=\boldsymbol{a}_k+\boldsymbol{y}-\alpha\boldsymbol{a}^*=(\boldsymbol{a}_k-\alpha\boldsymbol{a}^*)+\boldsymbol{y}$$

等式两边的矢量计算长度的平方：

$$\begin{aligned}\|\boldsymbol{a}_{k+1}-\alpha\boldsymbol{a}^*\|^2&=\|(\boldsymbol{a}_k-\alpha\boldsymbol{a}^*)+\boldsymbol{y}\|^2\\&=[(\boldsymbol{a}_k-\alpha\boldsymbol{a}^*)+\boldsymbol{y}]^{\mathrm{T}}[(\boldsymbol{a}_k-\alpha\boldsymbol{a}^*)+\boldsymbol{y}]\\&=\|\boldsymbol{a}_k-\alpha\boldsymbol{a}^*\|^2+2(\boldsymbol{a}_k-\alpha\boldsymbol{a}^*)^{\mathrm{T}}\boldsymbol{y}+\|\boldsymbol{y}\|^2\end{aligned}$$

由于 $\boldsymbol{y}$ 被$\boldsymbol{a}_k$ 错误分类，$\boldsymbol{a}_k^{\mathrm{T}}\boldsymbol{y}\leqslant 0$，因此有

$$\|\boldsymbol{a}_{k+1}-\alpha\boldsymbol{a}^*\|^2\leqslant\|\boldsymbol{a}_k-\alpha\boldsymbol{a}^*\|^2-2\alpha\boldsymbol{a}^{*\mathrm{T}}\boldsymbol{y}+\|\boldsymbol{y}\|^2 \tag{4.18}$$

令样本集合 D 中最长样本长度的平方为$\beta^2=\max\limits_{y\in D}\|\boldsymbol{y}\|^2$，距离解矢量对应分类界面最近样本的判别函数值为 $\gamma=\min\limits_{y\in D}(\boldsymbol{a}^{*\mathrm{T}}\boldsymbol{y})$，则有

$$\|\boldsymbol{a}_{k+1}-\alpha\boldsymbol{a}^*\|^2\leqslant\|\boldsymbol{a}_k-\alpha\boldsymbol{a}^*\|^2-2\alpha\gamma+\beta^2 \tag{4.19}$$

注意到β 和 γ 只与训练样本集 D 以及解矢量$\boldsymbol{a}^*$ 有关，而 α 是任意的正数，不妨取 $\alpha=\beta^2/\gamma$，则式(4.19) 变为

$$\|\boldsymbol{a}_{k+1}-\alpha\boldsymbol{a}^*\|^2\leqslant\|\boldsymbol{a}_k-\alpha\boldsymbol{a}^*\|^2-\beta^2 \tag{4.20}$$

也就是说经过任意一轮的迭代，优化的权值矢量与解矢量 $\alpha\boldsymbol{a}^*$ 之间的距离都会减小至少 β^2，可见相对于权值矢量的初始值$\boldsymbol{a}_1$：

$$\|\boldsymbol{a}_{k+1}-\alpha\boldsymbol{a}^*\|^2\leqslant\|\boldsymbol{a}_1-\alpha\boldsymbol{a}^*\|^2-k\beta^2 \tag{4.21}$$

注意到式(4.21) 的左边是距离的平方，不可能是负的，因此算法的迭代次数是有上界的：

$$k\leqslant k_0=\frac{\|\boldsymbol{a}_1-\alpha\boldsymbol{a}^*\|^2}{\beta^2} \tag{4.22}$$

因此单样本调整版本的感知器算法会在有限次迭代之后终止。采用类似的方法也可以证明批量调整版本感知器算法的收敛性，但要求学习率满足如下条件：

$$\begin{aligned}&\lim_{m\to\infty}\sum_{k=1}^{m}\eta(k)=\infty\\&\lim_{m\to\infty}\sum_{k=1}^{m}\eta^2(k)<\infty\end{aligned} \tag{4.23}$$

显然 $\eta(k)=\eta(0)/k$ 的序列满足上述要求。

下面给出批量调整和单样本调整版本的感知器算法实现代码：

函数名称：PerceptronBatch

参数：X—— 样本矩阵(n×d 矩阵)，T—— 样本的类别标号(n×1 矩阵)，0 或 1，eta0—— 初始学习率，thet—— 迭代精度

返回值：权值矢量 w 和偏置 w0

函数功能：批量权值调整感知器算法

```
function [w,w0] = PerceptronBatch( X, T, eta0, thet )

[n,d] = size(X);

% 增广和规范化训练样本
```

```
X = [X ones(n,1)];

id = find(T == 1);

X(id,:) = X(id,:) * -1;

a = rand(d + 1,1);                          % 随机初始化权值矢量
grad = 1000000000;
k = 0;
eta = eta0;

while (eta * grad * grad') > thet           % 学习权值矢量
    k = k + 1;
    eta = eta0 / k;

    gx = X * a;
    id = find(gx <= 0 );
    grad = sum(X(id,:));
    a = a + eta * grad';
end

w = a(1:d,1);
w0 = a(d + 1);
```

函数名称:PerceptronOnline
参数:X—— 样本矩阵(n×d 矩阵),T—— 样本的类别标号(n×1 矩阵),0 或 1
返回值:权值矢量 w 和偏置 w0
函数功能:单样本权值调整感知器算法

```
function [w,w0] = PerceptronOnline( X, T )

[n,d] = size(X);

X = [X ones(n,1)];
id = find(T == 1);
X(id,:) = X(id,:) * -1;

a = rand(d + 1,1);
```

```
nc = 0;
k = 0;
while nc ~= n
    id = mod(k,n) + 1;
    k = k + 1;
    gx = X(id,:) * a;
    if gx <= 0
        a = a + X(id,:)';
        nc = 0;
    else
        nc = nc + 1;
    end
end
w = a(1:d,1);
w0 = a(d + 1);
```

4.2.3　感知器算法存在的问题

感知器算法实现简单，但在实际使用过程中需要注意以下问题：

1. 学习率的选择

感知器算法的收敛性只有在学习率 η 满足一定条件下才能够得到保证，对于单样本版本已经证明了当 $\eta=1$ 时算法能够收敛；而批量版本学习率需要满足式(4.23)的要求。

2. 收敛速度

在实际应用中感知器算法可能需要经过很多轮的迭代才能够收敛，具体的收敛速度同初始权值的选择以及样本集合有关。

式(4.22)中的 k_0 给出了收敛迭代次数的上界，对于实际问题来说很难得到关于分类界面的先验知识，因此初始权值矢量a_1 的选择一般是随机的，现在假设$\boldsymbol{a}_1=\mathbf{0}$ 来看一下 k_0 与训练样本的关系：

$$k_0=\frac{\|\boldsymbol{a}_1-\alpha\boldsymbol{a}^*\|^2}{\beta^2}=\frac{\alpha^2\|\boldsymbol{a}^*\|^2}{\beta^2}=\frac{\beta^2\|\boldsymbol{a}^*\|^2}{\gamma^2}=\frac{\max\limits_{y\in D}\|\boldsymbol{y}\|^2\times\|\boldsymbol{a}^*\|^2}{\min\limits_{y\in D}(\boldsymbol{a}^{*\mathrm{T}}\boldsymbol{y})^2}\tag{4.24}$$

显然当训练样本集 D 中存在非常接近于分类超平面的样本 $\boldsymbol{y}$ 时，$\boldsymbol{y}$ 与解矢量$\boldsymbol{a}^*$ 接近于正交($\boldsymbol{a}^*$ 正交于分类超平面，而分类超平面通过坐标原点)，其内积的绝对值很小，因此使得 k_0 很大，此时收敛速度有可能很慢。

3. 线性不可分的训练样本集

前面所讨论的感知器算法的收敛性都是建立在训练样本集线性可分基础之上的，而对于一个线性不可分的训练样本集，感知器算法(特别是单样本调整版本)是不收敛的。在实际应用中，是很难预先判断一个样本集合是否是线性可分的，直接使用感知器算法很有可能导致无法满足终止条件。

对于线性不可分的训练样本集，希望学习算法能够找到一个使得被错误分类训练样本数最少的分类超平面，采用“口袋算法”改进感知器算法是一个可行的方案。

口袋算法

■ 初始化：$\boldsymbol{a}_0$，保留权值$\boldsymbol{a}_s$，$\boldsymbol{a}_s$ 正确识别样本数 n_s，$k=0$；

■do $k=k+1$

　　使用感知器算法更新权值$\boldsymbol{a}_k$；

　　计算训练样本集中被$\boldsymbol{a}_k$ 正确识别的样本数 n_k；

　　如果 $n_k > n_s$，则 $\boldsymbol{a}_s=\boldsymbol{a}_k$，$n_s=n_k$；

　until 全部样本被正确识别 或 达到一定的迭代次数

■ 输出：$\boldsymbol{a}_s$

口袋算法是在“口袋”中保留一个当前正确识别样本数最多的权值矢量，每一轮学习之后如果更新权值能够正确识别更多的训练样本，则将其放入“口袋”。可以证明口袋算法依据概率 1 收敛于错误分类训练样本数最少的超平面。

4.3 最小平方误差算法

感知器算法一般来说只适合于线性可分样本集的学习，对于线性不可分的问题往往无法取得令人满意的结果，而最小平方误差算法则针对各种样本集都可以得到一个比较好的学习结果。

4.3.1 平方误差准则

线性判别函数分类器的学习可以归结为(4.11)(4.12) 不等式组的解。线性不等式组的求解存在困难，但是如果对于每个训练样本给定一个正数 $b_i>0$，那么如下线性方程组的解同样满足式(4.12) 的线性不等式组：

$$\begin{pmatrix} y_{11} & y_{12} & \cdots & y_{1d+1} \\ y_{21} & y_{22} & \cdots & y_{2d+1} \\ \vdots & \vdots & & \vdots \\ y_{n1} & y_{n2} & \cdots & y_{nd+1} \end{pmatrix} \begin{pmatrix} a_1 \\ a_2 \\ \vdots \\ a_{d+1} \end{pmatrix} = \begin{pmatrix} b_1 \\ b_2 \\ \vdots \\ b_n \end{pmatrix} \tag{4.25}$$

其中矩阵的每一行对应一个训练样本的规范化增广矢量$\boldsymbol{y}_i=(y_{i1} \quad y_{i2} \quad \cdots \quad y_{id+1})^{\mathrm{T}}$，$\boldsymbol{a}=(a_1 \quad a_2 \quad \cdots \quad a_{d+1})^{\mathrm{T}}$为增广的权值矢量，$\boldsymbol{b}=(b_1 \quad \cdots \quad b_n)^{\mathrm{T}}$为常数矢量。这样式(4.25)可以写成矩阵方程的形式：

$$\boldsymbol{Ya}=\boldsymbol{b} \tag{4.26}$$

根据线性代数的知识，如果$\boldsymbol{Y}$为方阵并且逆矩阵存在，可以很容易地得到方程组的解：$\boldsymbol{a}=\boldsymbol{Y}^{-1}\boldsymbol{b}$。但是很遗憾，对于实际问题$\boldsymbol{Y}$一般来说不是方阵，行数为样本数 n 而列数为特征的维数 d 加 1，其逆矩阵不存在。实际上方程组(4.25) 往往是一个超定方程组($n>d+1$)，不存在精确解，只能转而求其近似解。首先定义一个误差矢量：$\boldsymbol{e}=\boldsymbol{Ya}-\boldsymbol{b}$，显然当误差矢量

为 **0** 矢量时方程组得到精确解，而 e“越小”则近似的精度越高，所以可以以误差矢量长度的平方作为学习的优化准则函数：

$$J_s(\boldsymbol{a}) = \|\boldsymbol{e}\|^2 = \|\boldsymbol{Ya} - \boldsymbol{b}\|^2 \tag{4.27}$$

线性判别函数的学习则变为了对上述平方误差准则的优化问题：

$$\boldsymbol{a}^* = \arg\max_{\boldsymbol{a}} J_s(\boldsymbol{a})$$

由于

$$\begin{aligned} J_s(\boldsymbol{a}) &= \|\boldsymbol{Ya} - \boldsymbol{b}\|^2 \\ &= (\boldsymbol{Ya} - \boldsymbol{b})^{\mathrm{T}}(\boldsymbol{Ya} - \boldsymbol{b}) \\ &= \boldsymbol{a}^{\mathrm{T}}\boldsymbol{Y}^{\mathrm{T}}\boldsymbol{Ya} - 2\boldsymbol{a}^{\mathrm{T}}\boldsymbol{Y}^{\mathrm{T}}\boldsymbol{b} + \boldsymbol{b}^{\mathrm{T}}\boldsymbol{b} \end{aligned}$$

注意到$\boldsymbol{Y}^{\mathrm{T}}\boldsymbol{Y}$ 为对称矩阵，因此有

$$\nabla J_s(\boldsymbol{a}) = \frac{dJ_s(\boldsymbol{a})}{d\boldsymbol{a}} = 2\boldsymbol{Y}^{\mathrm{T}}\boldsymbol{Ya} - 2\boldsymbol{Y}^{\mathrm{T}}\boldsymbol{b} = 0$$

由此可以解得

$$\boldsymbol{a} = (\boldsymbol{Y}^{\mathrm{T}}\boldsymbol{Y})^{-1}\boldsymbol{Y}^{\mathrm{T}}\boldsymbol{b} = \boldsymbol{Y}^{+}\boldsymbol{b} \tag{4.28}$$

其中$\boldsymbol{Y}^{+} = (\boldsymbol{Y}^{\mathrm{T}}\boldsymbol{Y})^{-1}\boldsymbol{Y}^{\mathrm{T}}$ 称为 $\boldsymbol{Y}$ 的伪逆矩阵，而 $\boldsymbol{a} = \boldsymbol{Y}^{+}\boldsymbol{b}$ 称为方程(4.26)的伪逆解。

【例 4.2】　两类训练样本，采用最小平方误差算法学习线性分类器。

$$\omega_1: \boldsymbol{x}_1 = (0,0)^{\mathrm{T}}, \boldsymbol{x}_2 = (0,1)^{\mathrm{T}}$$

$$\omega_2: \boldsymbol{x}_3 = (1,0)^{\mathrm{T}}, \boldsymbol{x}_4 = (1,1)^{\mathrm{T}}$$

解　增广和规范化训练样本，组成样本矩阵 $\boldsymbol{Y}$：

$$\boldsymbol{Y} = \begin{bmatrix} 0 & 0 & 1 \\ 0 & 1 & 1 \\ -1 & 0 & -1 \\ -1 & -1 & -1 \end{bmatrix}$$

设置常数矢量 $\boldsymbol{b} = (1,1,1,1)^{\mathrm{T}}$，计算 $\boldsymbol{Y}$ 的伪逆矩阵：

$$\boldsymbol{Y}^{+} = (\boldsymbol{Y}^{\mathrm{T}}\boldsymbol{Y})^{-1}\boldsymbol{Y}^{\mathrm{T}} = \begin{bmatrix} -\frac{1}{2} & -\frac{1}{2} & -\frac{1}{2} & -\frac{1}{2} \\ -\frac{1}{2} & \frac{1}{2} & \frac{1}{2} & -\frac{1}{2} \\ \frac{3}{4} & \frac{1}{4} & -\frac{1}{4} & \frac{1}{4} \end{bmatrix}$$

计算权值矢量：$\boldsymbol{a} = \boldsymbol{Y}^{+}\boldsymbol{b} = (-2\quad 0\quad 1)^{\mathrm{T}}$，对应的判别函数为：$g(\boldsymbol{y}) = \boldsymbol{a}^{\mathrm{T}}\boldsymbol{y} = -2x_1 + 1$，相应的分类界面如图 4.7 所示。

4.3.2　最小平方误差算法

最小平方误差算法可以通过式(4.28)直接计算线性判别函数分类器的权值，但在具体实现过程中需要解决如下两个问题：

1. 常数矢量 $\boldsymbol{b}$ 的设置

从式(4.28)可以看出，设置不同的 $\boldsymbol{b}$ 会得到不同的权值矢量，实际上如果训练样本集合是线性可分的，设置合适的 $\boldsymbol{b}$ 可以使得方程(4.26)存在精确解，但合适的 $\boldsymbol{b}$ 很难预先得到，

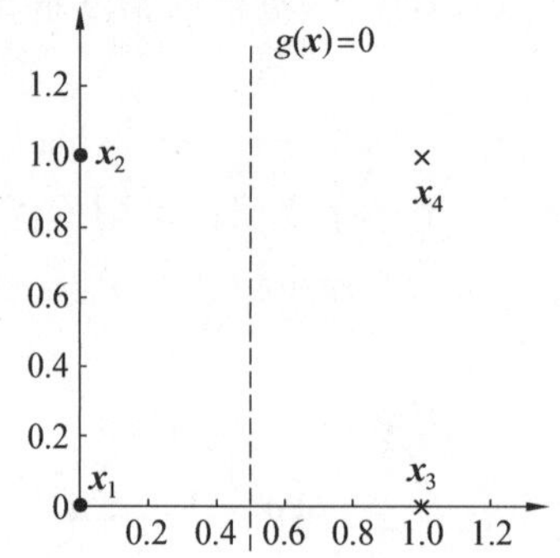

图 4.7　例 4.2 的训练样本和分类界面

一种解决方法是将 $\boldsymbol{b}$ 同样作为未知参数一起学习(Ho-Kashyap 算法),但实现起来比较复杂;而当样本集是线性不可分时,对于任意的 $\boldsymbol{b}>0$,方程组(4.26) 都不存在精确解,只能计算近似解。在实际的算法实现过程中通常是设置 $\boldsymbol{b}=1$,每个元素都相等,可以证明当训练样本数 n 趋近于无穷时,这样的设置可以逼近理论上的最优分类器(第 7 章中的贝叶斯分类器)。

2. 伪逆矩阵的存在性

伪逆矩阵中需要计算$(\boldsymbol{Y}^{\mathrm{T}}\boldsymbol{Y})^{-1}$,$\boldsymbol{Y}^{\mathrm{T}}\boldsymbol{Y}$ 是一个方阵但并不一定可逆,一般来说当样本数 n 很大时(相对于特征维数 d 来说) 其逆矩阵是存在的,如果$\boldsymbol{Y}^{\mathrm{T}}\boldsymbol{Y}$ 为奇异矩阵时(不可逆) 可以通过引入一定正则项的方式计算伪逆矩阵:

$$\boldsymbol{Y}^{+}=(\boldsymbol{Y}^{\mathrm{T}}\boldsymbol{Y}+\varepsilon\boldsymbol{I})^{-1}\boldsymbol{Y}^{\mathrm{T}} \tag{4.29}$$

其中 $\boldsymbol{I}$ 为单位矩阵,$\varepsilon>0$ 且充分小。

函数名称:LMSPseudoInverse
参数:X—— 样本矩阵(n×d 矩阵),T—— 样本的类别标号,0 或 1,b—— 常数矢量,缺省为 1
返回值:权值矢量 w 和偏置 w0
函数功能:最小平方误差算法(伪逆解)

```
function [w,w0] = LMSPseudoInverse( X, T, b )

s = size(X);
n = s(1); d = s(2);

if nargin == 2                          % 设置 b 的缺省值为 1
    b = ones(n,1);
end

X = [X ones(n,1)];                      % 增广、规范化样本,构造样本矩阵
```

```
id = find(T == 1);
X(id,:) = X(id,:) * -1;

XX = X' * X;
if det(XX) < 0.001                    % 接近奇异矩阵时引入正则项
    XX = XX + 0.001 * eye(d + 1,d + 1);
end
a = inv(XX) * X' * b;

w = a(1:d,1);
w0 = a(d + 1);
```

最小平方误差准则函数也可以采用梯度法进行迭代优化，式(4.27)的准则函数可以等价地写成：

$$J_s(\boldsymbol{a}) = \|\boldsymbol{Ya} - \boldsymbol{b}\|^2 = \sum_{i=1}^{n} (\boldsymbol{a}^{\mathrm{T}} \boldsymbol{y}_i - b_i)^2$$

$$\nabla J_s(\boldsymbol{a}) = 2\boldsymbol{Y}^{\mathrm{T}} (\boldsymbol{Ya} - \boldsymbol{b}) = 2\sum_{i=1}^{n} (\boldsymbol{a}^{\mathrm{T}} \boldsymbol{y}_i - b_i) \boldsymbol{y}_i$$

这样就可以得到最小平方误差算法的迭代优化公式：

$$\boldsymbol{a}(k+1) = \boldsymbol{a}(k) - \eta(k) \boldsymbol{Y}^{\mathrm{T}} [\boldsymbol{Ya}(k) - \boldsymbol{b}] \tag{4.30}$$

当特征维数 d 很大时，伪逆法需要对一个大矩阵进行求逆运算，采用迭代算法进行优化可以避免这个问题。同样类似于感知器算法，迭代法也可以每次输入一个样本，然后调整权值：

$$\boldsymbol{a}(k+1) = \boldsymbol{a}(k) - \eta(k) [\boldsymbol{a}(k)^{\mathrm{T}} \boldsymbol{y}(k) - b(k)] \boldsymbol{y}(k) \tag{4.31}$$

这个算法一般被称为 Widrow-Hoff 算法。

LMS 算法(Widrow-Hoff)

■ 初始化：$\boldsymbol{a}$，$\boldsymbol{b}$，收敛精度 θ，学习率 $\eta(\cdot)$，$k=0$；

■ do $k = (k+1) \bmod n$

$$\boldsymbol{a} = \boldsymbol{a} - \eta(k) (\boldsymbol{a}^{\mathrm{T}} \boldsymbol{y}(k) - b(k)) \boldsymbol{y}(k)$$

until $|\eta(k) (\boldsymbol{a}^{\mathrm{T}} \boldsymbol{y}(k) - b(k)) \boldsymbol{y}(k)| < \theta$

■ 输出：$\boldsymbol{a}$

单样本调整的算法更适合于训练样本按照一定序列方式输入的在线学习过程。迭代方式最小平方误差算法的收敛性依赖于适当的学习率 η，可以证明当算法的学习率满足式(4.23)时可以收敛。

4.4 线性判别函数分类器用于多类别问题

前面几节介绍了解决两类别问题的线性判别函数分类器，当训练样本属于多个类别时，需要将其转换为两类别问题解决，下面介绍几种主要的转换方式。

4.4.1 一对多方式

如果训练样本集中的样本属于 c 个类别，可以学习 c 个线性判别函数分类器，其中第 i 个分类器将第 i 类的样本同其他类别的样本区分开，如图 4.8 所示。

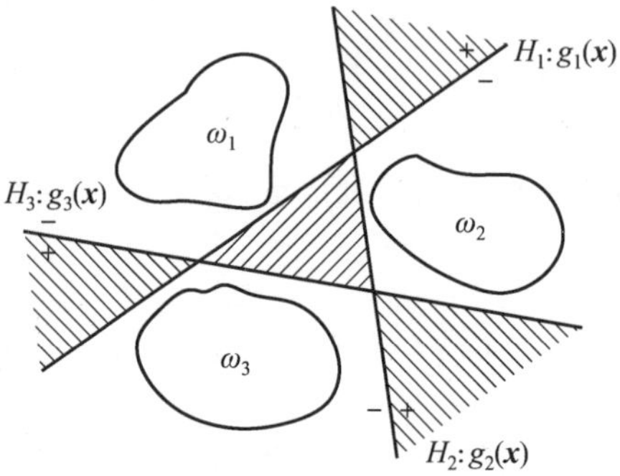

图 4.8 一对多方式示意图

一对多方式的判别规则为

$$\begin{cases} \boldsymbol{x} \in \omega_i, & g_i(\boldsymbol{x}) > 0, g_j(\boldsymbol{x}) < 0, \forall j \neq i \\ \text{拒识}, & \text{其他} \end{cases} \tag{4.32}$$

当 c 个判别函数中只有一个大于 0，其他都小于 0 时，判别待识别样本属于这个类别，其他情况则无法识别。

一对多的判别中存在着多个区域无法确定其类别属性，如图 4.8 中的 4 个阴影区域。中间的区域中三个判别函数的值均小于 0，而其他三个区域中则有超过两个判别函数值大于 0。

在学习第 i 个判别函数的过程中，需要将属于第 i 类的训练样本作为一个类别，不属于第 i 类的训练样本作为另一个类别，然后采用两类问题的学习算法得到关于第 i 类的判别函数 $g_i(\boldsymbol{x})$。

4.4.2 一对一方式

当不同类别的样本之间距离较近时，对于某些类别来说可能无法采用一个超平面将其与其他类别的样本分开，但是可能在任意的两个类别之间存在一个超平面将其区分，此时可以采用一对一的方式解决多类别问题。

对于 c 个类别的问题来说，可以由第 i 类的样本和第 j 类的样本学习得到区分这两个类别的判别函数 $g_{ij}(\boldsymbol{x})$，这样需要 $c(c-1)/2$ 个分类界面可以将任意两个类别的训练样本分开。

一对一方式的判别规则是：

$$\begin{cases} \boldsymbol{x} \in \omega_i, & g_{ij}(\boldsymbol{x}) > 0, \forall j \neq i \\ \text{拒识}, & \text{其他} \end{cases} \tag{4.33}$$

在一对一方式中,如果与第 i 个类别相关的 $c-1$ 个判别函数都大于 0 时,判别待识别样本属于此类别,否则无法判别。这里需要注意的是区分第 i 类和第 j 类的判别函数 $g_{ij}(\boldsymbol{x})$ 和 $g_{ji}(\boldsymbol{x})$ 之间存在如下关系:

$$g_{ji}(\boldsymbol{x}) = -g_{ij}(\boldsymbol{x})$$

两者对应的是同一个分类界面,只不过正负方向相反(权值矢量 $\boldsymbol{w}$ 的方向相反)。

采用一对一的方式判别仍然存在着无法判别的区域,如图 4.9 的阴影区域对于每个类别来说都是一个判别函数大于 0,另一个判别函数小于 0,因此无法判别类别属性。

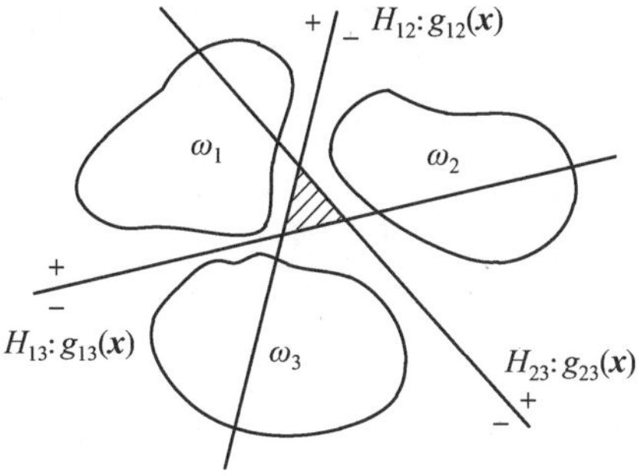

图 4.9　一对一方式示意图

4.4.3　扩展的感知器算法

仔细观察图 4.9 可以发现,如果适当调整 3 个分类界面的位置可以做到消除类别不确定区域的(当然不包括分类界面上的点),如图 4.10 所示。

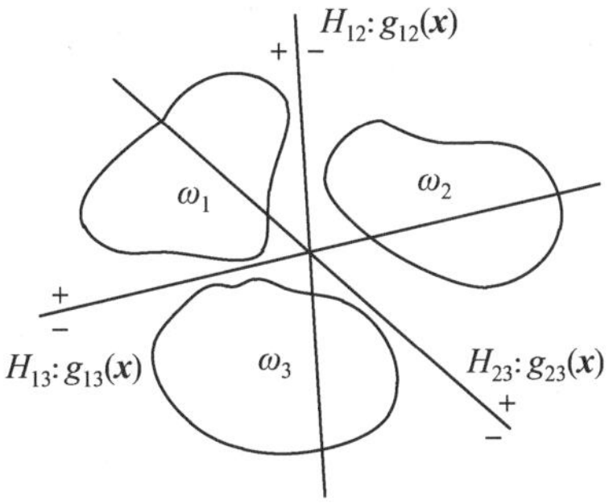

图 4.10　无不确定区域示意图

在此方式中,需要建立 c 个判别函数分别与每个类别相对应,而判别规则是将样本 $\boldsymbol{x}$ 分类为对应判别函数值最大的类别:

$$\text{如果 } i = \arg\max_{1 \leqslant j \leqslant c} g_j(\boldsymbol{x}), \text{则判别 } \boldsymbol{x} \in \omega_i \tag{4.34}$$

或者是另外一种等价的表示形式:

$$\text{如果 } g_i(\boldsymbol{x}) > g_j(\boldsymbol{x}), \forall j \neq i, \text{则判别 } \boldsymbol{x} \in \omega_i \tag{4.35}$$

实际上这样的判别方式是一对一方式的特例,定义 $g_{ij}(\boldsymbol{x}) = g_i(\boldsymbol{x}) - g_j(\boldsymbol{x})$,如果 i 满足

式(4.34)或式(4.35)，显然有 $g_{ij}(\boldsymbol{x}) > 0, \forall j \neq i$，因此按照式(4.33)同样可以判别 $\boldsymbol{x} \in \omega_i$。

此种方式判别函数的学习需要采用一种特殊的学习算法——扩展的感知器算法。同感知器算法一样，首先初始化 c 个增广的权值矢量，将所有的训练样本变为增广的特征矢量，但不需要规范化(所有样本增加一维常数1，但不乘 -1)；每一轮迭代输入一个训练样本，如果根据式(4.35)规则判别错误，则利用与感知器算法相同的方式调整相应的权值矢量，直到所有训练样本被正确识别为止。

扩展的感知器算法

■ 初始化：$\boldsymbol{a}_1, \cdots, \boldsymbol{a}_c, k = 0$；

■ do $k = (k+1) \bmod n$

　计算 c 个判别函数的输出：$g_i[\boldsymbol{y}(k)] = \boldsymbol{a}_i^{\mathrm{T}} \boldsymbol{y}(k), i = 1, \cdots, c$

　如果 $\boldsymbol{y}(k) \in \omega_i$，并且存在 $g_j \geqslant g_i$，则调整权值：

　　$\boldsymbol{a}_i = \boldsymbol{a}_i + \boldsymbol{y}(k)$

　　$\boldsymbol{a}_j = \boldsymbol{a}_j - \boldsymbol{y}(k)$

　until 全部样本被正确识别

■ 输出：$\boldsymbol{a}_1, \cdots, \boldsymbol{a}_c$

【例 4.3】 如下三个训练样本分别属于三个类别，用扩展的感知器算法学习一个多类别线性分类器：

$$\boldsymbol{x}_1 = (1,1)^{\mathrm{T}}, \boldsymbol{x}_2 = (2,2)^{\mathrm{T}}, \boldsymbol{x}_3 = (2,0)^{\mathrm{T}}$$

解 将训练样本变成增广的特征矢量：

$$\boldsymbol{y}_1 = (1,1,1)^{\mathrm{T}}, \boldsymbol{y}_2 = (2,2,1)^{\mathrm{T}}, \boldsymbol{y}_3 = (2,0,1)^{\mathrm{T}}$$

初始化判别函数的权值矢量：

$$\boldsymbol{a}_1 = (-4,1,3)^{\mathrm{T}}, \boldsymbol{a}_2 = (-2,4,-2)^{\mathrm{T}}, \boldsymbol{a}_3 = (1,-5,0)^{\mathrm{T}}$$

第一轮：

输入 $\boldsymbol{y}_1$，计算判别函数值：

$$g_1(\boldsymbol{y}_1) = \boldsymbol{a}_1^{\mathrm{T}} \boldsymbol{y}_1 = 0, g_2(\boldsymbol{y}_1) = \boldsymbol{a}_2^{\mathrm{T}} \boldsymbol{y}_1 = 0, g_3(\boldsymbol{y}_1) = \boldsymbol{a}_3^{\mathrm{T}} \boldsymbol{y}_1 = -4$$

$g_3 < g_1 \leqslant g_2$，修正权值矢量：

$$\boldsymbol{a}_1 = \boldsymbol{a}_1 + \boldsymbol{y}_1 = (-3,2,4)^{\mathrm{T}}$$

$$\boldsymbol{a}_2 = \boldsymbol{a}_2 - \boldsymbol{y}_1 = (-3,3,-3)^{\mathrm{T}}$$

$$\boldsymbol{a}_3 = \boldsymbol{a}_3 = (1,-5,0)^{\mathrm{T}}$$

输入 $\boldsymbol{y}_2$，计算判别函数值：

$$g_1(\boldsymbol{y}_2) = \boldsymbol{a}_1^{\mathrm{T}} \boldsymbol{y}_2 = 2, g_2(\boldsymbol{y}_2) = \boldsymbol{a}_2^{\mathrm{T}} \boldsymbol{y}_2 = -3, g_3(\boldsymbol{y}_2) = \boldsymbol{a}_3^{\mathrm{T}} \boldsymbol{y}_2 = -8$$

$g_3 < g_2 < g_1$，修正权值矢量：

$$\boldsymbol{a}_1 = \boldsymbol{a}_1 - \boldsymbol{y}_2 = (-5,0,3)^{\mathrm{T}}$$

$$\boldsymbol{a}_2 = \boldsymbol{a}_2 + \boldsymbol{y}_2 = (-1,5,-2)^{\mathrm{T}}$$

$$\boldsymbol{a}_3 = \boldsymbol{a}_3 = (1,-5,0)^{\mathrm{T}}$$

输入$\boldsymbol{y}_3$,计算判别函数值:

$$g_1(\boldsymbol{y}_3)=\boldsymbol{a}_1^{\mathrm{T}}\boldsymbol{y}_3=-7,g_2(\boldsymbol{y}_3)=\boldsymbol{a}_2^{\mathrm{T}}\boldsymbol{y}_3=-4,g_3(\boldsymbol{y}_3)=\boldsymbol{a}_3^{\mathrm{T}}\boldsymbol{y}_3=2$$

$g_3>g_2>g_1$,无须修正权值矢量;

第二轮:

输入$\boldsymbol{y}_1$,计算判别函数值:

$$g_1(\boldsymbol{y}_1)=\boldsymbol{a}_1^{\mathrm{T}}\boldsymbol{y}_1=-2,g_2(\boldsymbol{y}_1)=\boldsymbol{a}_2^{\mathrm{T}}\boldsymbol{y}_1=2,g_3(\boldsymbol{y}_1)=\boldsymbol{a}_3^{\mathrm{T}}\boldsymbol{y}_1=-4$$

$g_3<g_1\leqslant g_2$,修正权值矢量:

$$\boldsymbol{a}_1=\boldsymbol{a}_1+\boldsymbol{y}_1=(-4,1,4)^{\mathrm{T}}$$

$$\boldsymbol{a}_2=\boldsymbol{a}_2-\boldsymbol{y}_1=(-2,4,-3)^{\mathrm{T}}$$

$$\boldsymbol{a}_3=\boldsymbol{a}_3=(1,-5,0)^{\mathrm{T}}$$

输入$\boldsymbol{y}_2$,计算判别函数值:

$$g_1(\boldsymbol{y}_2)=\boldsymbol{a}_1^{\mathrm{T}}\boldsymbol{y}_2=-2,g_2(\boldsymbol{y}_2)=\boldsymbol{a}_2^{\mathrm{T}}\boldsymbol{y}_2=1,g_3(\boldsymbol{y}_2)=\boldsymbol{a}_3^{\mathrm{T}}\boldsymbol{y}_2=-8$$

$g_2>g_1>g_3$,无须修正权值矢量;

输入$\boldsymbol{y}_3$,计算判别函数值:

$$g_1(\boldsymbol{y}_3)=\boldsymbol{a}_1^{\mathrm{T}}\boldsymbol{y}_3=-4,g_2(\boldsymbol{y}_3)=\boldsymbol{a}_2^{\mathrm{T}}\boldsymbol{y}_3=-1,g_3(\boldsymbol{y}_3)=\boldsymbol{a}_3^{\mathrm{T}}\boldsymbol{y}_3=2$$

$g_3>g_2>g_1$,无须修正权值矢量;

第三轮:

输入$\boldsymbol{y}_1$,计算判别函数值:

$$g_1(\boldsymbol{y}_1)=\boldsymbol{a}_1^{\mathrm{T}}\boldsymbol{y}_1=1,g_2(\boldsymbol{y}_1)=\boldsymbol{a}_2^{\mathrm{T}}\boldsymbol{y}_1=-1,g_3(\boldsymbol{y}_1)=\boldsymbol{a}_3^{\mathrm{T}}\boldsymbol{y}_1=-4$$

$g_1>g_2>g_3$,无须修正权值矢量;

分类器能够正确识别全部训练样本,输出权值矢量:

$$\boldsymbol{a}_1=(-4,1,4)^{\mathrm{T}},\boldsymbol{a}_2=(-2,4,-3)^{\mathrm{T}},\boldsymbol{a}_3=(1,-5,0)^{\mathrm{T}}$$

对应三个类别的判别函数为

$$g_1(\boldsymbol{x})=-4x_1+x_2+4,\ g_2(\boldsymbol{x})=-2x_1+4x_2-3,\ g_3(\boldsymbol{x})=x_1-5x_2$$

转换成一对一方式的判别函数:

$$g_{12}(\boldsymbol{x})=g_1(\boldsymbol{x})-g_2(\boldsymbol{x})=-2x_1-3x_2+7$$

$$g_{13}(\boldsymbol{x})=g_1(\boldsymbol{x})-g_3(\boldsymbol{x})=-5x_1+6x_2+4$$

$$g_{23}(\boldsymbol{x})=g_2(\boldsymbol{x})-g_3(\boldsymbol{x})=-3x_1+9x_2-3$$

训练样本和判别界面如图 4.11 所示。

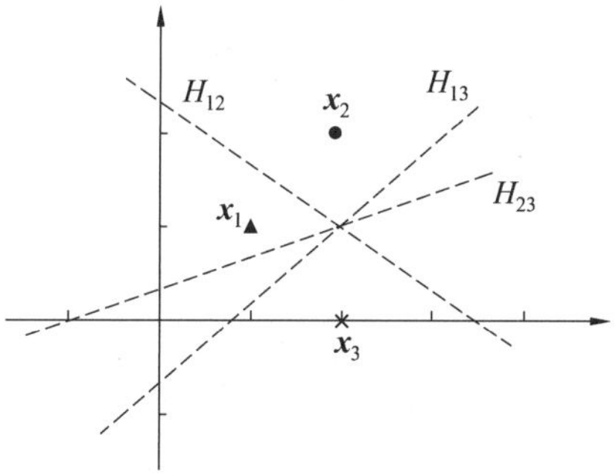

图 4.11　例 4.3 的训练样本和判别界面

扩展的感知器算法同两个类别的感知器算法一样，任意两个类别的训练样本之间是线性可分的情况下，算法具有收敛性；但当存在两个类别的样本非线性可分时，算法不收敛。

函数名称：MultiPerceptron
参数：X—— 样本矩阵（n×d 矩阵），T—— 样本的类别标号，1，…，c
返回值：权值矢量 w 和偏置 w0
函数功能：扩展的感知器算法

```
function [w,w0] = MultiPerceptron( X, T )

s = size(X);
n = s(1); d = s(2);
c = length(unique(T));

a = rands(d + 1,c);                     % 随机初始化权值矢量
X = [X ones(n,1)];                      % 增广训练样本

nc = 0;
k = 0;

while nc ~= n
    id = mod(k,n) + 1;
    k = k + 1;

    gx = X(id,:) * a;
    eid = find(gx >= gx(T(id)));
    ne = length(eid) - 1;
    if ne ~= 0                          % 修正权值矢量
        a(:,T(id)) = a(:,T(id)) + 2 * X(id,:)';
        a(:,eid) = a(:,eid) - repmat(X(id,:)',1,ne + 1);
        nc = 0;
    else
        nc = nc + 1;
    end
end

w = a(1:d,:);
w0 = a(d + 1,:);
```

4.4.4　感知器网络

1943 年 McCulloch 和 Pitt 模仿生物的神经系统提出了人工神经元模型[5]，本章所介绍的线性判别函数分类器同人工神经元有着密切的联系。人工神经元模型如图 4.12 所示。

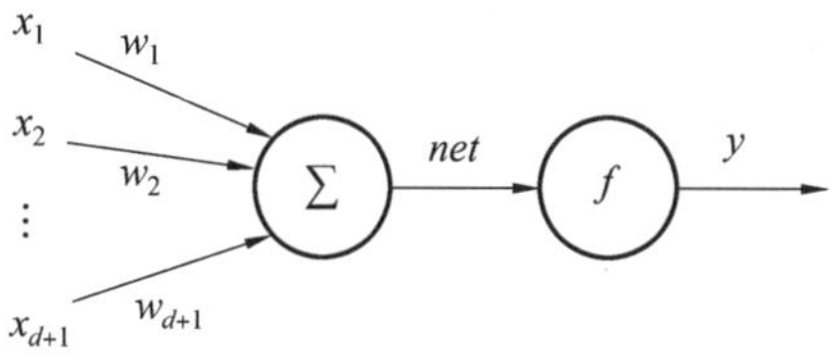

图 4.12　人工神经元模型

每个神经元有多个输入 $x_1,\cdots,x_{d+1}$ 和一个输出 y，输入首先由神经元的权值 $w_1,\cdots,w_{d+1}$ 进行加权求和产生净输入 net，然后再由激活函数 f 映射产生输出 y：

$$net=\sum_{i=1}^{d+1}x_iw_i=\boldsymbol{w}^{\mathrm{T}}\boldsymbol{x},\ y=f(net)=f(\boldsymbol{w}^{\mathrm{T}}\boldsymbol{x}) \tag{4.36}$$

很明显，当激活函数 f 为符号函数时，神经元模型等价于一个线性判别函数分类器：

$$f(net)=\begin{cases}-1, & net<0\\ +1, & net\geqslant 0\end{cases}$$

其中输入 $\boldsymbol{x}$ 为增广的特征矢量($x_{d+1}=1$)，$\boldsymbol{w}$ 为判别函数的权值矢量和偏置，根据神经元的输出为 $+1$ 还是 -1 就可以判别输入样本的类别属性。

神经元的“经典”学习算法就是由 Rosen blatt 于 1958 年提出的感知器算法[6]。当然也可以采用最小平方误差法学习神经元的权值，对于每个训练样本当它属于第 1 类时“期望”神经元能够输出 $+1$，当它属于第 2 类时“期望”能够输出 -1。

单独一个神经元可以实现对两个类别的模式进行分类，如果需要解决的是多个类别分类问题，可以由多个神经元构成一个神经网络 —— 两层感知器网络(也被称为线性网络)。如图 4.13 所示，两层感知器网络由输入层和输出层构成，输入层包含 $d+1$ 个神经元，激活函数采用线性函数 $f(x)=x$，只是起到将输入的增广特征矢量传递到输出层的作用；输出层的激活函数根据设计的不同可以采用符号函数或线性函数。

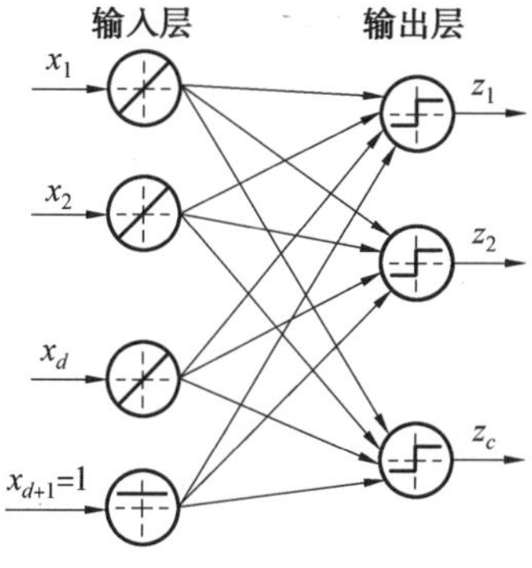

图 4.13　两层感知器网络

当输入一个增广的特征矢量 $\mathbf{y}=(x_1,\cdots,x_d,1)^{\mathrm{T}}$ 时，可以根据网络的输出采用不同的方式确定其类别属性：

1. **直接编码方式**

输出层的 c 个神经元对应 c 个类别，采用符号函数作为激活函数。当其中某个神经元的输出为 $+1$ 而其他输出为 -1 时，判别 $\mathbf{y}$ 属于输出 $+1$ 神经元对应的类别，例如 4 个类别：

第 1 类：$(+1,-1,-1,-1)$；第 2 类：$(-1,+1,-1,-1)$

第 3 类：$(-1,-1,+1,-1)$；第 4 类：$(-1,-1,-1,+1)$

2. **2 进制编码方式**

以输出层的输出作为相应位的编码值来确定输入的类别属性，还以 4 个类别为例：

第 1 类：$(-1,-1)$；第 2 类：$(-1,+1)$

第 3 类：$(+1,-1)$；第 4 类：$(+1,+1)$

3. **最大值方式**

输出层的 c 个神经元对应 c 个类别，但是采用线性函数作为激活函数，以输出值最大的神经元判定输入 $\mathbf{y}$ 所属的类别：

$$\mathbf{y}\in\omega_i,\ i=\underset{1\leqslant j\leqslant c}{\arg\max}\, z_j$$

直接编码方式只有当一个神经元的输出为 $+1$，其他神经元的输出为 -1 时才能够判定输入的类别属性，如果有多个神经元输出 $+1$ 或所有神经元都输出 -1，则无法判别；2 进制编码方式对任意的输入都可以判别其类别属性，但一般要求类别数 c 是 2 的幂次；根据输出的最大值判别输入矢量的类别是一种比较常用的方式，一方面它可以对任意的样本判定其类别，不会出现无法识别的情况，另一方面对类别的数量没有特殊的要求。

两层感知器网络的学习一般采用最小平方误差法，其目的是要调整输出层神经元的权值，使得网络能够正确识别训练样本。首先将所有的训练样本写成样本矩阵 $\mathbf{Y}$ 的形式，并且根据每个训练样本的类别属性写出“期望”输出矩阵 $\mathbf{T}$：

$$\mathbf{Y}=\begin{pmatrix} x_{11} & \cdots & x_{1d} & 1 \\ x_{12} & \cdots & x_{2d} & 1 \\ \vdots & & \vdots & \vdots \\ x_{n1} & \cdots & x_{nd} & 1 \end{pmatrix},\ \mathbf{T}=\begin{pmatrix} t_{11} & \cdots & t_{1c} \\ \vdots & & \vdots \\ t_{n1} & \cdots & t_{nc} \end{pmatrix}$$

式中　x_{ij}—— 第 i 个训练样本的第 j 维特征；

t_{ij}—— 当输入第 i 个样本时期望网络第 j 个神经元的输出，具体的取值与类别判定方式有关。

例如采用直接编码方式或最大值方式，如果第 i 个训练样本属于第 k 个类别，则

$$t_{ij}=\begin{cases} +1, & j=k \\ -1, & j\neq k \end{cases}$$

如果采用的是 2 进制编码形式则根据相应类别的编码确定样本的每个期望输出值。

同时输出层神经元的权值也可以写成矩阵形式，每一列对应一个神经元的权值矢量：

$$\mathbf{W}=\begin{pmatrix} w_{11} & \cdots & w_{c1} \\ \vdots & & \vdots \\ w_{1d+1} & \cdots & w_{cd+1} \end{pmatrix}$$

这样，如果输入所有的训练样本，而网络刚好能够在每个输出神经元上产生出期望的输出值，则权值矩阵应该满足如下矩阵方程：

$$\boldsymbol{YW}=\boldsymbol{T} \tag{4.37}$$

与4.3节所述内容相同，方程(4.37)一般来说很难得到精确解，需要采用最小平方误差的方法求得近似解，即求解如下优化问题：

$$\min_{\boldsymbol{W}} J(\boldsymbol{W})=\|\boldsymbol{YW}-\boldsymbol{T}\|_F^2 \tag{4.38}$$

式中　$\|\cdot\|_F$——矩阵的Frobenius范数，例如$\|\boldsymbol{A}\|_F=\sqrt{\sum_{i,j}a_{ij}^2}$。

可以证明优化函数的梯度为

$$\nabla J(\boldsymbol{W})=\boldsymbol{Y}^{\mathrm{T}}(\boldsymbol{YW}-\boldsymbol{T}) \tag{4.39}$$

令$\nabla J(\boldsymbol{W})=0$，可以得到

$$\boldsymbol{W}=(\boldsymbol{Y}^{\mathrm{T}}\boldsymbol{Y})^{-1}\boldsymbol{Y}^{\mathrm{T}}\boldsymbol{T}=\boldsymbol{Y}^{+}\boldsymbol{T} \tag{4.40}$$

其中$\boldsymbol{Y}^{+}=(\boldsymbol{Y}^{\mathrm{T}}\boldsymbol{Y})^{-1}\boldsymbol{Y}^{\mathrm{T}}$同样是$\boldsymbol{Y}$的伪逆矩阵。式(4.40)称为优化问题(4.38)的伪逆解。

优化问题(4.38)也可以采用梯度法迭代求解，相应的迭代公式为

$$\boldsymbol{W}(k+1)=\boldsymbol{W}(k)-\eta(k)\boldsymbol{Y}^{\mathrm{T}}[\boldsymbol{YW}(k)-\boldsymbol{T}] \tag{4.41}$$

本章小结

线性分类器是一种最简单的判别函数分类器，当分类问题具有线性可分性时能够取得比较好的效果。但是大多数的实际问题往往是线性不可分的，如果采用线性分类器进行分类很难取得好的识别效果，对于这类问题就需要采用第6章中将要介绍的非线性判别函数分类器进行识别。线性判别函数分类器是非线性判别函数分类器的基础，而非线性判别函数分类器在某种意义上都可以看作是线性分类器的扩展或推广。

在本章中主要介绍了两种线性分类器的学习算法——感知器算法和最小平方误差算法。感知器算法是最早提出的线性分类器算法，在模式识别的发展历史上占有重要的地位，但它的缺点也是明显的，只有当训练样本集是线性可分的条件下才能够保证算法的收敛性；相对而言，最小平方误差算法的适应性更强，即使样本是线性不可分的一般也能够取得比较令人满意的结果。

除了上述两个算法之外，人们还提出了很多在此基础之上的改进算法和衍生算法，以及其他一些线性分类器的学习算法。总体来说这些算法都是以寻找到一个能够将训练样本集合分开的线性分类界面为目的建立优化函数，然后采用某种优化方法得到问题的解作为线性分类器参数。知道如果训练样本集是线性可分的，那么存在无穷多个可以将其分开的线性分类界面，从上述各种学习方法的观点来看，这些分类超平面都是等价的，学习的目标就是在这些分类界面中找出一个即可。

自然会问这样一个问题，这些能够将训练样本集分开的超平面是等价的吗？它们之间是否存在着优劣之分？是否存在一个“最优的”分类超平面？支持向量机(Support Vector Machine，SVM)的方法就是从分类超平面对于训练集之外其他样本分类性能的角度重新定义了“最优性”，并且给出了从这些无穷多个超平面中求解“最优超平面”的方法。到目前为止，如果希望采用线性分类器来解决一个实际问题，支持向量机是一个比较好的学习方

法，但是由于它大多数时候都是作为非线性判别函数分类器来使用，因此将在第 6 章中具体介绍。

习　题

1. 证明批量调整版本的感知器算法，如果训练样本集线性可分，当学习率 η 满足式(4.23)的条件下可以经过有限次迭代之后收敛。

2. 编程实现“口袋算法”改进的感知器算法。

3. 在例 4.2 中，设置不同的常数矢量 $\boldsymbol{b}$，计算权值矢量 $\boldsymbol{a}$，写出相应的判别函数并画出判别界面。

$$\boldsymbol{b}_1=(1,1,2,2)^{\mathrm{T}},\boldsymbol{b}_2=(2,2,1,1)^{\mathrm{T}},\boldsymbol{b}_3=(2,1,1,2)^{\mathrm{T}},\boldsymbol{b}_4=(1,2,2,1)^{\mathrm{T}}$$

4. 编程实现迭代方式的最小平方误差算法(Widrow-Hoff 算法)。

5. 证明线性网络的平方误差准则式(4.38)的梯度为式(4.39)。

6. 编程实现线性网络学习的迭代算法。

7. 现有 2 维特征空间中 3 类问题的判别函数：

$$g_1(\boldsymbol{x})=3x_1+2,g_2(\boldsymbol{x})=x_1+2x_2-2,g_3(\boldsymbol{x})=-2x_1+x_2+2$$

(1) 假设它们是一对多方式的判别函数，请画出 3 个类别的判别区域。

(2) 假设它们是一对一方式的判别函数，$g_{12}(\boldsymbol{x})=g_1(\boldsymbol{x})$，$g_{13}(\boldsymbol{x})=g_2(\boldsymbol{x})$，$g_{23}(\boldsymbol{x})=g_3(\boldsymbol{x})$，画出 3 个类别的判别区域。

8. 4 个类别的训练样本，使用扩展的感知器算法学习多类别线性分类器，画出训练样本及分类界面：

$$\omega_1:\boldsymbol{x}_1=(0,0)^{\mathrm{T}},\boldsymbol{x}_2=(0,1)^{\mathrm{T}},\boldsymbol{x}_3=(1,0)^{\mathrm{T}},\boldsymbol{x}_4=(1,1)^{\mathrm{T}}$$

$$\omega_2:\boldsymbol{x}_5=(0,10)^{\mathrm{T}},\boldsymbol{x}_6=(0,11)^{\mathrm{T}},\boldsymbol{x}_7=(1,10)^{\mathrm{T}},\boldsymbol{x}_8=(1,11)^{\mathrm{T}}$$

$$\omega_3:\boldsymbol{x}_9=(10,0)^{\mathrm{T}},\boldsymbol{x}_{10}=(11,0)^{\mathrm{T}},\boldsymbol{x}_{11}=(10,1)^{\mathrm{T}},\boldsymbol{x}_{12}=(11,1)^{\mathrm{T}}$$

$$\omega_4:\boldsymbol{x}_{13}=(10,10)^{\mathrm{T}},\boldsymbol{x}_{14}=(10,11)^{\mathrm{T}},\boldsymbol{x}_{15}=(11,10)^{\mathrm{T}},\boldsymbol{x}_{16}=(11,11)^{\mathrm{T}}$$

9. 编程实现一对多和一对一方式的多类别线性分类器学习算法，学习习题中第 8 题的训练样本，画出分类界面，指出无法判别区域。

第 5 章　特征选择与特征提取

在介绍非线性判别函数分类器和统计分类器识别方法之前，先来讨论一些与模式描述特征有关的问题。

通过前面的学习可以看出，无论是分类器设计还是聚类，依据的都是描述模式的识别特征。使用什么样的特征进行识别是与具体应用相关的，在绪论中用水果识别的例子说明了特征生成的过程，提取了颜色和形状两维特征；对于大多数实际问题来说，仅仅生成两维特征往往是不够的，识别需要的特征维数可能很高。例如，在手写数字识别中，如果每个字符的图像是大小为 28×28 的灰度图像，最直接的特征生成方法是将每个点的灰度值作为一维特征，这样就会得到 784 维的识别特征；在文本分类的应用中，一种常用的特征生成方法是以每个词语在文本中出现的频率作为识别特征，汉语、英语这些主要语言中常用词语的数量大多会超过 3 万个；在生物信息学的研究中，一项重要的工作是根据对生物基因组数据的分析寻找出导致某种疾病的遗传基因，像昆虫这样的低等生物一般会有数千个基因，而人类的基因数量则要超过 20 000 个，如果以每个基因作为一维特征，就将面临着对一组高维特征矢量进行分类的问题。

识别特征维数的增高会给分类器的设计和学习带来很大的困难。一方面，高维特征增大了分类学习过程和识别过程计算和存储的复杂程度，降低了分类器的效率；另一方面，识别特征维数过大使得分类器过于复杂，这常常是一个更加严重的问题。

从本质上来讲本书所介绍的各种分类器学习过程都是利用统计学的方法，从训练样本中总结出能够区分不同类别的规律，提取出相关的信息。类别的区分信息大多是以分类器参数的形式进行描述的，例如在线性分类器中需要学习的参数是权值矢量。识别特征维数增加造成的分类器复杂主要体现在需要学习的分类器参数的增多，线性分类器权值矢量的维数随着特征维数 d 线性增长（特征维数加 1），后两章中将要学习的较为复杂的分类器，其参数随 d 增长的速度会更快。

分类器的学习过程实际上是一个利用训练样本估计参数的过程，根据统计学的知识可知，样本数量越多对统计量的估计就越准确；在样本数量一定的条件下，估计参数的数量越少准确度越高，而用少量样本估计过多的参数则是一个不可靠的过程。例如，已知某类样本来自于高斯分布，如果特征只有 1 维，那么使用 10 个训练样本所估计出的均值 μ 和方差 σ^2 具有一定的可信度；而当特征维数增大到 100 时，只用 10 个样本来估计 100 维的均值矢量 $\boldsymbol{\mu}$ 和 100×100 维的协方差矩阵 $\boldsymbol{\Sigma}$（共计 5 150 个参数）则是完全无法接受的。实际分类问题的训练样本数量总是有限的，模式识别研究中将使用少量样本学习复杂分类器的问题形象地称为“维数的诅咒（Curse of Dimensionality）”。

本章将介绍一些在生成特征之后降低特征维数的方法，这些方法可以分为两大类：特征选择和特征提取。

1. **特征选择**(Feature Selection)

所谓特征选择是指从原始生成的 d 维特征 $\boldsymbol{x}=(x_1,x_2,\cdots,x_d)^{\mathrm{T}}$ 中挑选出 d' 个特征构成新的特征矢量 $\boldsymbol{x}'=(x_{i_1},x_{i_2},\cdots,x_{i_{d'}})^{\mathrm{T}}$ 的过程，$d'<d, i_1,\cdots,i_{d'}\in\{1,\cdots,d\}$。特征选择的目的是要从原始的特征中挑选出对分类最有价值的一组特征，而抛弃掉与分类无关或对区分不同类别贡献很小的特征。

2. **特征提取**(Feature Extraction)

特征提取也是由原始的 d 维特征 $\boldsymbol{x}=(x_1,x_2,\cdots,x_d)^{\mathrm{T}}$ 得到 d' 维特征的过程。但是与特征选择不同，这些特征不是从原始特征中直接挑选出来的，而是依据某种变换得到的。将经过提取降维之后的特征表示为 $\boldsymbol{y}=(y_1,y_2,\cdots,y_{d'})^{\mathrm{T}}$，其中 $y_i=f_i(\boldsymbol{x})$，每一维新的特征都是由一个定义在原始特征 $\boldsymbol{x}$ 上的函数 f_i 映射得到的。

绪论中为了解决桃子和橘子的分类问题，分别提取了 RGB 三个分量的颜色特征 (x_1,x_2,x_3)，以及高度和宽度两个形状特征 (x_4,x_5)，这样就生成了一个原始的 5 维特征 $\boldsymbol{x}=(x_1,x_2,x_3,x_4,x_5)^{\mathrm{T}}$。考虑到蓝色分量 x_3 在桃子和橘子图像中都比较少，对分类的作用很小，可以直接将其剔除，这实际上就是一个特征的选择过程；由于红色分量与绿色分量以及高度与宽度之间具有相关性，最终的 2 维识别特征 $\boldsymbol{y}=(y_1,y_2)^{\mathrm{T}}$ 是分别由原始特征经过计算得到的，其中 $y_1=f_1(\boldsymbol{x})=x_2/x_1$，$y_2=f_2(\boldsymbol{x})=x_4/x_5$，这实际上是一个特征提取的过程。

在水果识别的例子中，是通过人的观察完成的特征选择和提取，但对于复杂的分类问题来说就很难根据直观感觉实现特征的选择和提取了。例如，生物信息学对基因进行分析时，很难直观判断出哪些基因是与某种疾病直接相关的，在文本分类中也很难确定哪些词语能够区分不同类别的文本。在模式识别的研究中，希望能够依据一定的训练样本集，采用某些算法自动选择或提取出对分类有价值的特征从而降低特征的维数。

为了实现特征的选择和提取，首先需要有一个能够评价特征“价值”的准则，有了这样的准则才能够判断所选择或提取出来的特征是否对解决分类问题是有效的。对于特征选择来说，从 d 个原始特征中挑出 d' 个特征有很多种组合，计算每一种组合的有效性，然后找出其中对分类价值最大的一组往往是不可行的，这里需要研究的是如何能够利用有限的计算资源快速地找出一组“好的”特征；对于特征提取来说，需要研究的是如何找到一组“合理”的映射方式 $f_1(\boldsymbol{x}),\cdots,f_{d'}(\boldsymbol{x})$，能够将特征矢量由原始的 d 维空间映射到较低维数的 d' 维空间。

5.1 类别可分性判据

对于模式识别问题来说，一组特征的“价值”体现在使用这组特征构建的分类器是否能够很好地区分不同类别的样本，度量识别特征这种价值的指标一般称为类别可分性判据。

评价一组识别特征对类别是否具有可分性最直接的办法是使用这组特征设计和学习分类器，然后以分类的性能来衡量这组特征的优劣。然而很多分类器的学习算法都比较复杂，计算量较大，而且分类器的性能不仅决定于所使用的特征，也会受到很多其他因素的影响，例如不同的学习算法、分类器参数以及算法迭代初始值等。因此人们总是希望在学习分类器之前就能够依据训练样本集来度量特征对类别可分性的贡献，从而完成对特征的选择和提取。

在模式识别的研究过程中提出了很多以训练样本为基础度量特征可分性的方法，本节介绍两类简单和易于实现的类别可分性判据：基于距离的判据和基于散布矩阵的判据。

5.1.1　基于距离的可分性判据

从类别的可分性来看，自然是同一类别的样本相似性越大，不同类别的样本相似性越小对分类越有利，因此可以用样本之间的距离作为度量特征可分性的判据。

为了描述方便，将 c 个类别的样本集分别表示为 $D_1,\cdots,D_c$，其中 $D_i=\{\boldsymbol{x}_1^{(i)},\cdots,\boldsymbol{x}_{n_i}^{(i)}\}$，样本的上标表示所属类别，$n_i$ 为第 i 个类别的样本数；特征以集合的形式表示：$X=\{x_1,\cdots,x_d\}$。

1. 类内距离

类内距离度量的是在特定特征集合 X 上同类别样本之间的相似程度。第 i 类样本集合中任意两个样本之间的均方距离为

$$d_i^2=\frac{1}{2n_i^2}\sum_{k=1}^{n_i}\sum_{l=1}^{n_i}d^2(\boldsymbol{x}_k^{(i)},\boldsymbol{x}_l^{(i)}) \tag{5.1}$$

所有类别样本总的均方距离为

$$J_{\text{msd}}(X)=\sum_{i=1}^{c}P_i d_i^2 \tag{5.2}$$

式中　P_i——第 i 个类别的先验概率，可以用第 i 类样本在全部样本中所占的比例来估计：

$$P_i\approx\frac{n_i}{n},\ n=\sum_{j=1}^{c}n_j$$

当采用欧氏距离度量时，式(5.2)可以写成

$$J_{\text{msd}}(X)=\sum_{i=1}^{c}\frac{P_i}{2n_i^2}\sum_{k=1}^{n_i}\sum_{l=1}^{n_i}(\boldsymbol{x}_k^{(i)}-\boldsymbol{x}_l^{(i)})^{\mathrm{T}}(\boldsymbol{x}_k^{(i)}-\boldsymbol{x}_l^{(i)}) \tag{5.3}$$

可以证明，类内距离判据的简化计算方式为

$$J_{\text{msd}}(X)=\frac{1}{n}\sum_{i=1}^{c}\sum_{k=1}^{n_i}(\boldsymbol{x}_k^{(i)}-\boldsymbol{\mu}^{(i)})^{\mathrm{T}}(\boldsymbol{x}_k^{(i)}-\boldsymbol{\mu}^{(i)}) \tag{5.4}$$

其中 $\boldsymbol{\mu}^{(i)}$ 是第 i 类样本的均值：

$$\boldsymbol{\mu}^{(i)}=\frac{1}{n_i}\sum_{k=1}^{n_i}\boldsymbol{x}_k^{(i)}$$

类内距离判据 J_{msd} 度量的是在特征集合 X 上类内样本的聚集程度。

2. 类间距离

类间距离度量的是不同类别样本之间的差异程度。第 i 个类别和第 j 个类别之间任意两个样本的均方距离：

$$d_{ij}^2=\frac{1}{n_i n_j}\sum_{k=1}^{n_i}\sum_{l=1}^{n_j}d^2(\boldsymbol{x}_k^{(i)},\boldsymbol{x}_l^{(j)}) \tag{5.5}$$

所有不同类别样本之间的均方距离：

$$J_{\mathrm{bsd}}(X)=\frac{1}{2}\sum_{i=1}^{c}P_i\sum_{j=1,j\neq i}^{c}P_j\frac{1}{n_in_j}\sum_{k=1}^{n_i}\sum_{l=1}^{n_j}d^2(\boldsymbol{x}_k^{(i)},\boldsymbol{x}_l^{(j)}) \tag{5.6}$$

当采用欧氏距离度量时，可以证明，总的类间均方距离有如下两种简化计算方式：

$$J_{\mathrm{bsd}}(X)=\frac{1}{2}\sum_{i=1}^{c}P_i\sum_{j=1}^{c}P_j(\boldsymbol{\mu}^{(i)}-\boldsymbol{\mu}^{(j)})^{\mathrm{T}}(\boldsymbol{\mu}^{(i)}-\boldsymbol{\mu}^{(j)}) \tag{5.7a}$$

$$J_{\mathrm{bsd}}(X)=\sum_{i=1}^{c}P_i(\boldsymbol{\mu}^{(i)}-\boldsymbol{\mu})^{\mathrm{T}}(\boldsymbol{\mu}^{(i)}-\boldsymbol{\mu}) \tag{5.7b}$$

其中 $\boldsymbol{\mu}$ 是所有类别样本的均值：

$$\boldsymbol{\mu}=\frac{1}{n}\sum_{i=1}^{c}\sum_{k=1}^{n_i}\boldsymbol{x}_k^{(i)}$$

5.1.2 基于散布矩阵的可分性判据

另一类可分性判据是定义在样本散布矩阵上的，类内散布矩阵$\boldsymbol{S}_b$ 描述的是同类样本在特征空间中的分布情况：

$$\boldsymbol{S}_w=\sum_{i=1}^{c}P_i\boldsymbol{S}_i \tag{5.8}$$

其中

$$\boldsymbol{S}_i=\frac{1}{n_i}\sum_{k=1}^{n_i}(\boldsymbol{x}_k^{(i)}-\boldsymbol{\mu}^{(i)})(\boldsymbol{x}_k^{(i)}-\boldsymbol{\mu}^{(i)})^{\mathrm{T}}$$

式中 $\boldsymbol{S}_i$—— 第 i 个类别的类内散布矩阵；

$\boldsymbol{S}_w$—— 所有类别的类内散布矩阵。

类间散布矩阵$\boldsymbol{S}_b$ 描述的是不同类别样本在特征空间中的分布情况：

$$\boldsymbol{S}_b=\sum_{i=1}^{c}P_i(\boldsymbol{\mu}^{(i)}-\boldsymbol{\mu})(\boldsymbol{\mu}^{(i)}-\boldsymbol{\mu})^{\mathrm{T}} \tag{5.9}$$

从式(5.8)和式(5.9)可以看出$\boldsymbol{S}_w$ 和$\boldsymbol{S}_b$ 均为 $d\times d$ 的对称矩阵，对比式(5.4)和式(5.7b)还可以得到这样的结论：矩阵$\boldsymbol{S}_w$ 的主对角线元素之和为欧氏距离度量下的类内均方距离，而矩阵$\boldsymbol{S}_b$ 的主对角线元素之和是欧氏距离度量下的类间均方距离。矩阵$\boldsymbol{S}_w$ 和$\boldsymbol{S}_b$ 的非主对角线元素分别描述了同类样本和不同类样本对应特征对之间的相关程度。

除了类内和类间散布矩阵之外还可以定义所有样本的总体散布矩阵$\boldsymbol{S}_t$：

$$\boldsymbol{S}_t=\frac{1}{n}\sum_{i=1}^{c}\sum_{k=1}^{n_i}(\boldsymbol{x}_k^{(i)}-\boldsymbol{\mu})(\boldsymbol{x}_k^{(i)}-\boldsymbol{\mu})^{\mathrm{T}} \tag{5.10}$$

实际上总体散布矩阵$\boldsymbol{S}_t$ 就是训练样本集 $D=D_1\cup\cdots\cup D_c$ 的协方差矩阵，可以证明：

$$\boldsymbol{S}_t=\boldsymbol{S}_w+\boldsymbol{S}_b \tag{5.11}$$

由三个散布矩阵可以定义出很多可分性判据，常用的有：

$$J_1(X)=\mathrm{tr}(\boldsymbol{S}_w^{-1}\boldsymbol{S}_b) \tag{5.12}$$

$$J_2(X)=\frac{\mathrm{tr}(\boldsymbol{S}_b)}{\mathrm{tr}(\boldsymbol{S}_w)} \tag{5.13}$$

$$J_3(X)=\frac{|\boldsymbol{S}_b|}{|\boldsymbol{S}_w|}=|\boldsymbol{S}_w^{-1}\boldsymbol{S}_b| \tag{5.14}$$

$$J_4(X)=\frac{|\boldsymbol{S}_t|}{|\boldsymbol{S}_w|} \tag{5.15}$$

式中　$|\boldsymbol{A}|$—— 矩阵 $\boldsymbol{A}$ 的行列式值。

本节所介绍的类别可分性判据同第 3 章“聚类分析”中的聚类准则非常相似，两者都是评价样本集在一组特征上的区分程度。差别只是在于聚类分析中的样本集是无监督的，每个样本没有所属类别的信息，建立聚类准则的目的是要评价将样本集划分成不同的子集时，不同子集之间的区分程度；而在特征选择和提取中的样本集是有监督的，可分性判据评价的是这个样本集在不同特征子集上的区分程度。

【例 5.1】　已知两类样本，计算 3 维特征中任意 2 维的类别可分性判据 J_1。

$$\omega_1: \boldsymbol{x}_1=(0,0,0)^{\mathrm{T}}, \boldsymbol{x}_2=(1,0,0)^{\mathrm{T}}, \boldsymbol{x}_3=(2,2,1)^{\mathrm{T}}, \boldsymbol{x}_4=(1,1,0)^{\mathrm{T}}$$

$$\omega_2: \boldsymbol{x}_5=(0,0,1)^{\mathrm{T}}, \boldsymbol{x}_6=(0,2,0)^{\mathrm{T}}, \boldsymbol{x}_7=(0,2,1)^{\mathrm{T}}, \boldsymbol{x}_8=(1,1,1)^{\mathrm{T}}$$

解　首先计算第 1、2 维特征上每个类别的均值和样本的总体均值：

$$\boldsymbol{\mu}_1=\frac{1}{4}\sum_{i=1}^{4}\boldsymbol{x}_i=(1.00,0.75)^{\mathrm{T}}, \boldsymbol{\mu}_2=\frac{1}{4}\sum_{i=5}^{8}\boldsymbol{x}_i=(0.25,1.25)^{\mathrm{T}}$$

$$\boldsymbol{\mu}=\frac{1}{8}\sum_{i=1}^{8}\boldsymbol{x}_i=(0.625,1.000)^{\mathrm{T}}$$

计算类内散布矩阵：

$$\boldsymbol{S}_w=\frac{1}{2}\left[\frac{1}{4}\sum_{i=1}^{4}(\boldsymbol{x}_i-\boldsymbol{\mu}_1)(\boldsymbol{x}_i-\boldsymbol{\mu}_1)^{\mathrm{T}}+\frac{1}{4}\sum_{i=5}^{8}(\boldsymbol{x}_i-\boldsymbol{\mu}_2)(\boldsymbol{x}_i-\boldsymbol{\mu}_2)^{\mathrm{T}}\right]$$
$$=\begin{pmatrix}0.3438 & 0.2188\\ 0.2188 & 0.6875\end{pmatrix}$$

计算类间散布矩阵：

$$\boldsymbol{S}_b=\frac{1}{2}(\boldsymbol{\mu}_1-\boldsymbol{\mu})(\boldsymbol{\mu}_1-\boldsymbol{\mu})^{\mathrm{T}}+\frac{1}{2}(\boldsymbol{\mu}_2-\boldsymbol{\mu})(\boldsymbol{\mu}_2-\boldsymbol{\mu})^{\mathrm{T}}=\begin{pmatrix}0.1406 & -0.0938\\ -0.0938 & 0.0625\end{pmatrix}$$

因此

$$\boldsymbol{S}_w^{-1}\boldsymbol{S}_b=\begin{pmatrix}0.6218 & -0.4145\\ -0.3342 & 0.2228\end{pmatrix}$$

第 1、2 维特征的类别可分性判据：

$$J_1(x_1,x_2)=\mathrm{tr}(\boldsymbol{S}_w^{-1}\boldsymbol{S}_b)=0.8446$$

同样的过程可以计算出第 1、3 维特征和第 2、3 维特征的可分性判据：

$$J_1(x_1,x_3)=1.9268, J_1(x_2,x_3)=0.3750$$

显然如果要从 3 个原始特征中选择 2 维，第 1、3 维特征是最佳的选择。从图 5.1 也可以看出，两类样本在 x_1-x_3 平面上的投影混叠最小。

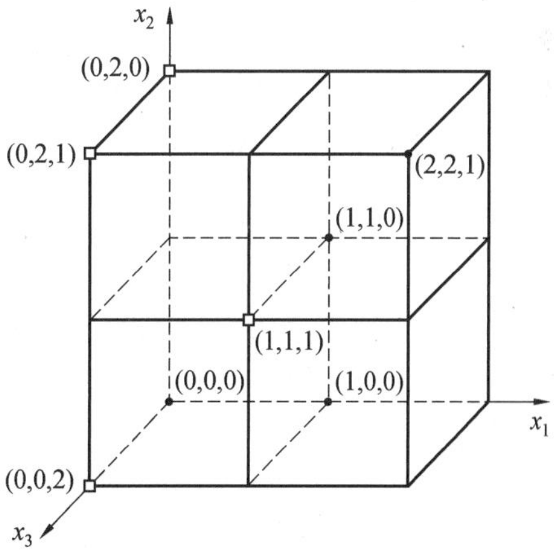

图 5.1　例 5.1 的样本分布

5.2 特征选择

特征选择的目的是要从原始的特征集合 X 中挑选出一组最有利于分类的特征 X'，由于类别可分性判据可以评价挑选出的一组特征对于分类问题的有效性，因此特征选择实际上就是一个对某种选定的可分性判据 J 的优化：

$$X' = \underset{\widetilde{X} \subset X}{\arg\max} J(\widetilde{X}) \tag{5.16}$$

其中原始特征集合 X 中包含 d 个特征，X' 中包含 $d' < d$ 个特征，$\widetilde{X}$ 是任意包含 d' 个元素的 X 的子集。

求解式(5.16)优化问题的一个简单思路是用可分性判据 J 分别评价每一个特征，然后根据判据值的大小对特征重新排序，使得

$$J(x_1) \geqslant J(x_2) \geqslant \cdots \geqslant J(x_d) \tag{5.17}$$

选择判据值最大的前 d' 个特征作为特征选择的结果：$X' = \{x_1, x_2, \cdots, x_{d'}\}$。然而，遗憾的是这种方法选择出的特征集合 X' 并不能保证是式(5.16)的最优解，因为在这个过程中并没有考虑各个特征之间的相关性。只有当特征之间相互独立时才能够保证解的最优性，而当特征之间存在着相关性时，判据值最大的 d' 个特征组合在一起不能保证可分性是最优的。

另一个求解式(5.16)优化问题的简单思路是对所有 $\widetilde{X} \subset X$ 的特征组合进行穷举，计算每一种组合的判据值，选择出最优组合。穷举法可以保证选出最优的特征组合，然而需要以巨大的计算复杂度为代价，因此只具有理论上的可行性。从 d 个特征中选择 d' 个特征共有 $C_d^{d'}$ 种组合，例 5.1 中由 3 个特征选择出 2 个特征只需要考虑 3 种组合情况，而当需要从 100 个特征中选择 10 个时，组合数则变为 $C_{100}^{10} = 17\ 310\ 309\ 456\ 440$。

5.2.1 分支定界法

分支定界法是一种能够减小穷举法计算复杂度的最优特征组合搜索算法，但是它依赖于类别可分性判据的一个重要性质——单调性，即对于两个特征子集 X_1 和 X_2 来说：

$$X_1 \subset X_2 \Rightarrow J(X_1) \leqslant J(X_2) \tag{5.18}$$

也就是说如果从某个特征集合中去除一个特征将会减小判据值，如果增加一个特征则会增大判据值。单调性并不是所有的类别可分性判据都具有的性质，可以验证，类内、类间均方距离 J_{msd}、J_{bsd} 以及 J_1 和 J_3 满足单调性，而 J_2 和 J_4 则不满足。只有当可分性判据满足单调性时，分支定界法才能够保证搜索到最优的特征组合。

下面先通过一个例子来说明分支定界法的过程。假设要从原始的 $d=6$ 维特征 $X = \{x_1, x_2, \cdots, x_6\}$ 中选择出 $d'=2$ 的特征组合，使得某个满足单调性的可分性判据 J 最大。

分支定界法首先需要自顶向下构建一个如图 5.2 所示的搜索树，树的每个节点是一个特征组合，根节点对应全部的 6 维原始特征；每个节点的子节点对应的是从父节点特征集中删除一个特征的子集，节点旁的数字表示被删除的特征，例如根节点的左子节点 C 代表的就是删除特征 x_1 后的子集；每向下一级删除一个特征，由 6 维特征选择 2 维特征共需删除 4 个

特征，因此树的深度是 4，叶节点对应着所有可能的 $C_6^2=15$ 种特征组合。

图 5.2 的搜索树是非对称的，这样可以保证生成的叶节点不会出现重复的特征组合。这一点可以由如下事实看出，从 6 个特征中选择出 2 个，需要删除 4 个特征，将这 4 个特征的下标编号记为 (f_1,f_2,f_3,f_4)。实际上真正要关注的是删除的是哪 4 个特征，而不关注删除的先后次序，因此不妨规定 $f_1<f_2<f_3<f_4$，这样就可以列出对应的 15 种特征删除方式：(1234)，(1235)，(1236)，(1245)，(1246)，(1256)，(1345)，(1346)，(1356)，(1456)，(2345)，(2346)，(2356)，(2456)，(3456)。观察一下图 5.2 中由根节点到每一个叶节点路径上节点旁的数字就会发现，每一条路径刚好就是这 15 种特征删除方式中的一种。例如根节点到最右边的叶节点 A 的路径对应的是(3456)，相应的叶节点则是被选择出来的 2 维特征组合 (x_1,x_2)。

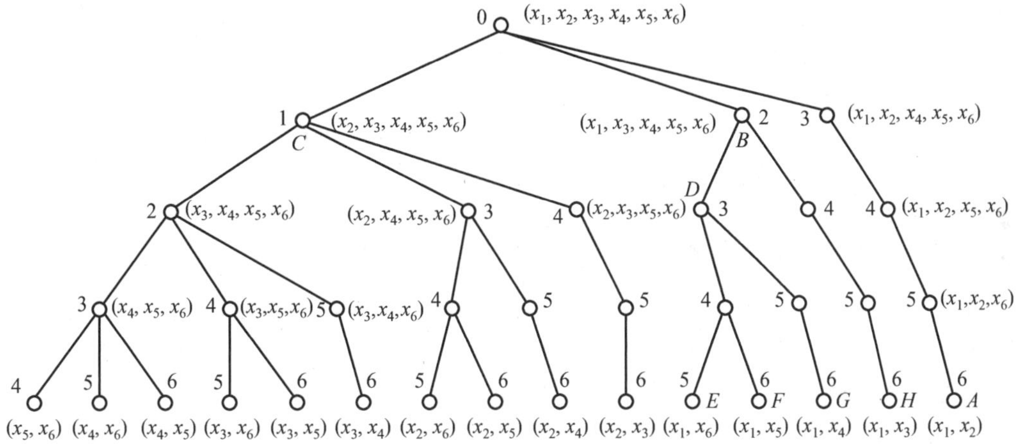

图 5.2　分支定界搜索树

有了搜索树，下面来看如何实现快速搜索最优的特征组合。分支定界法按照由右至左深度优先的方式进行搜索，首先计算节点 A 对应特征组合的判据值 $J(A)$ 作为当前的最优结果；回溯搜索至节点 B，计算判据值 $J(B)$；如果 $J(B)<J(A)$，由于 E,F,G,H 均为 B 的后继节点，对应的特征组合均为 B 的子集，根据判据 J 的单调性，有

$$J(E),J(F),J(G),J(H)\leqslant J(B)<J(A)$$

因此在 B 的后继节点中不可能存在最优节点，无需继续搜索；回溯搜索节点 C，如果 $J(C)<J(A)$，那么节点 C 的后继节点中也不会存在最优节点，由此可以判断节点 A 为最优节点，最优的特征组合为 $\{x_1,x_2\}$。在这个过程中只是计算了 A,B,C 三个节点的判据值，明显要少于计算全部 15 个叶节点的判据值。

当然，这是一种理想的情况，如果 $J(B)>J(A)$，那么需要继续向下搜索节点 H 和节点 D。下面给出分支定界法的完整过程：

分支定界法

■ 初始化：根据原始特征维数 d 和选择特征维数 d' 构建搜索树，设置界值 $B=0$；

■ 从右向左分支定界搜索：

□ 如果当前节点没有分支，则向下搜索，直到叶节点为止。计算叶节点代表的特征集合的可分性判据，如果大于界值 B，则将 B 替换为这个判据值，并记录这个特征集合，作为当前的最优选择；向上回溯，直到有节点存在未搜索过的分支为止，按照从右向左的顺序搜索其子节点；

□ 如果当前节点有分支，则计算当前节点代表特征集合的可分性判据，小于界值 B，则中止该节点向下的搜索；否则按照从右向左的顺序搜索其子节点

■ 输出：最优特征集合

分支定界算法存在两个主要问题，首先，算法是否能够搜索到最优的特征组合依赖于所采用的类别可分性判据是否具有单调性，不具有单调性的可分性判据分支定界算法不能保证得到最优的特征选择结果；其次，分支定界算法的计算复杂度是不确定的，与最优解分支所在位置有关，如果最优解分支在最右端并且根节点的子节点判据值均小于最优解，则搜索效率最高；如果每个分支的可分性判据都大于其左端分支的可分性判据，那么需要计算搜索树上所有节点的判据值，实际的计算复杂度会超过穷举法。在图 5.2 的例子中有可能需要计算 24 次可分性判据，多于穷举法的 15 次计算。

5.2.2 次优搜索算法

由于分支定界法对可分性判据有着严格的单调性要求，而且当原始的特征维数 d 很大时，搜索到最优解需要的计算量仍然是可观的，往往无法满足需要。因此更多的实际问题不再追求寻找到最优的特征组合，转而采用某种次优搜索算法，选择出一组比较好的特征。

最简单的次优搜索算法是使用可分性判据单独评价每一个特征的优劣，按照式(5.17)排序选择出 d' 个单独最优的特征，这种方法计算简单，只需要计算 d 次可分性判据。正如前面分析的一样，这种方法完全忽略了特征之间的相关性，得到的结果往往不能令人满意。

1. **顺序前进法**(Sequential Forward Selection, SFS)

顺序前进法也称作自下而上的搜索方法。从一个空集开始每次向选择的特征集合中加入一个特征，直到特征集合中包含 d' 个特征为止，每次选择加入特征的原则是将其加入特征集后能够使得可分性判据最大。顺序前进法的过程可以用如下算法表示：

顺序前进法

■ 初始化：原始特征集合 X，设置选择特征集合 $X'=\Phi$；

■ 循环直到 X' 中包含 d' 个特征为止：

□ 计算将任意未被选择的特征加入 X' 后的可分性判据值：$J(X'\cup\{x_i\})$，$\forall x_i\in X-X'$；

□ 寻找最优特征：$x'=\arg\max\limits_{x_i\in X-X'} J(X'\cup\{x_i\})$；

□ 将最优特征加入选择特征集合：$X'=X'\cup\{x'\}$

■ 输出：特征集合 X'

顺序前进法每一轮迭代只需计算将每一个未被选择的特征加入 X' 之后的判据值，因此选择出 d' 个特征需要计算判据值的次数为

$$\sum_{i=0}^{d'-1}(d-i)=\frac{d'(2d-d'+1)}{2} \tag{5.19}$$

2. **顺序后退法** (Sequential Backward Selection, SBS)

顺序后退法也称作自上而下的搜索方法。同顺序前进法的过程相反，首先开始于整个特征集 X，每一轮从特征集中选择一个最差的特征删除，选择特征的原则是将其删除之后使得特征集合的判据值下降得最少。顺序后退法的过程为：

顺序后退法

■ 初始化：原始特征集合 X，设置选择特征集合 $X'=X$；

■ 循环直到 X' 中包含 d' 个特征为止：

　□ 计算将任意一个 X' 中元素删除之后的可分性判据值：$J(X'-\{x_i\})$，$\forall x_i\in X'$；

　□ 寻找最优的删除特征：$x'=\underset{x_i\in X'}{\arg\max}\, J(X'-\{x_i\})$；

　□ 将选择的特征移出集合：$X'=X'-\{x'\}$。

■ 输出：特征集合 X'

顺序后退法每一轮迭代需要计算将 X' 中的每个元素删除之后的判据值，直到 X' 中剩余 d' 个元素为止，需要迭代 $d-d'$ 次，因此判据值的计算次数为

$$\sum_{i=0}^{d-d'-1}(d-i)=\frac{(d-d')(d+d'+1)}{2} \tag{5.20}$$

3. **广义顺序前进(后退)法**(Generalized Sequential Forward(Backward) Selection, GSFS, GSBS)

顺序前进和顺序后退法每次向特征集合中增加或删除 1 个特征，而广义的顺序前进和后退法则是每次增加或删除 r 个特征。

广义顺序前进法每一轮迭代需要从未被选择的特征集合 $X-X'$ 中寻找最优的 r 个特征的组合加入 X'，而广义顺序后退法则是每一轮迭代需要从 X' 的元素中寻找删除 r 个特征的最优组合，如果共进行了 k 轮迭代，判据值的计算次数为

$$\sum_{i=0}^{k-1}\mathrm{C}_{d-i\times r}^{r}=\frac{1}{r!}\times\sum_{i=0}^{k-1}\frac{(d-i\times r)!}{(d-i\times r-r)!} \tag{5.21}$$

一般来说广义顺序前进、后退法的计算量都要大于顺序前进和顺序后退法。但是由于每次选择特征时都是寻找 r 个特征的最优组合，因此在一定程度上考虑了特征之间的统计相关性，所以优化的结果一般要好于每次选择一个特征的顺序前进或后退法。

4. **增 l - 减 r 法**(l-r 法)

在顺序前进法中，一旦某个特征被加入到选择的特征集合 X'，就不会被删除了；而在顺序后退法中，某个特征被从 X' 中删除，则不会再被加入了。这实际上对搜索最优的特征组合是不利的，因为在选择这些特征时只考虑了它与当前在 X' 中的特征之间的相关性，以及

增加或删除之后的判据值大小，而没有考虑之后加入或删除 X' 中某些特征时的情况。增 l - 减 r 法允许对特征选择的过程进行回溯，先采用顺序前进法向选择特征集合 X' 加入 l 个特征，然后采用顺序后退法从 X' 中删除 r 个特征($l>r$)，循环这个过程直到 X' 中包含 d' 个特征为止。

增 l - 减 r 法

■ 初始化：设置选择特征集合 $X'=\Phi$；

■ 循环直到 X' 中包含 d' 个特征为止：

　□ 调用顺序前进法 l 次，向 X' 中添加 l 个特征；

　□ 调用顺序后退法 r 次，从 X' 中删除 r 个特征；

■ 输出：特征集合 X'

回溯的过程也可以按照相反的顺序进行，从全部的特征集合开始 $X'=X$，先采用顺序后退法从 X' 中删除 r 个特征，然后采用顺序前进法将 $l(l<r)$ 个特征加入 X'，直到 X' 中包含 d' 个特征为止。

5.3　特征提取

特征提取和特征选择的目的都是要降低特征的维数，不同的是特征选择是在原始特征 $\boldsymbol{x}=(x_1,\cdots,x_d)^{\mathrm{T}}$ 中挑选出 d' 个特征使得某种类别可分性判据最优，而特征提取则是要构造一组定义在矢量 $\boldsymbol{x}$ 上的函数 $f_1(\boldsymbol{x}),\cdots,f_{d'}(\boldsymbol{x})$。一般来说 $f_i(\boldsymbol{x})$ 可以是任意形式的函数，在这里讨论其中一类最简单的形式 —— 线性函数，介绍两种最常用的线性特征提取方法。

5.3.1　主成分分析

对于一个样本集合来说，原始特征描述每个样本使用了 d 个特征，降低维数之后只使用了 d' 个特征。一般来说随着数据量(特征数量)的减少，样本中的信息会有所丢失，新的特征对样本的描述也会存在一定的误差，主成分分析(Principle Component Analysis, PCA)方法就是从尽量减少信息损失的角度来实现特征降维的。

1. 主成分分析算法和推导

样本集合中的每一个样本都对应着特征空间中的一个点，同样的一个样本点在不同坐标系下对应着不同的矢量，例如图 5.3 中某个样本对应着特征空间中的点 A，在以 O 为坐标原点 $\{\boldsymbol{v}_1,\boldsymbol{v}_2\}$ 为基矢量的原坐标系下点 A 对应的矢量是 $\boldsymbol{x}$，而在 O' 为原点 $\{\boldsymbol{e}_1,\boldsymbol{e}_2\}$ 为基矢量的新坐标系下对应的矢量是 $\boldsymbol{x}'$，如果新坐标系的原点 O' 在原坐标系下对应的矢量是 $\boldsymbol{\mu}$，显然有如下关系：

$$\boldsymbol{x}=\boldsymbol{\mu}+\boldsymbol{x}' \tag{5.22}$$

这个关系虽然是从 2 维空间中得到的，在高维空间中同样成立。

分别将矢量 $\boldsymbol{x}$ 和 $\boldsymbol{x}'$ 写成两个坐标系下的坐标形式：$\boldsymbol{x}=(x_1,\cdots,x_d)^{\mathrm{T}}$，$\boldsymbol{x}'=(a_1,\cdots,a_d)^{\mathrm{T}}$，参考附录 A.3，式(5.22)可以表示为

$$\boldsymbol{x}=\boldsymbol{\mu}+\sum_{i=1}^{d}a_i\boldsymbol{e}_i \tag{5.23}$$

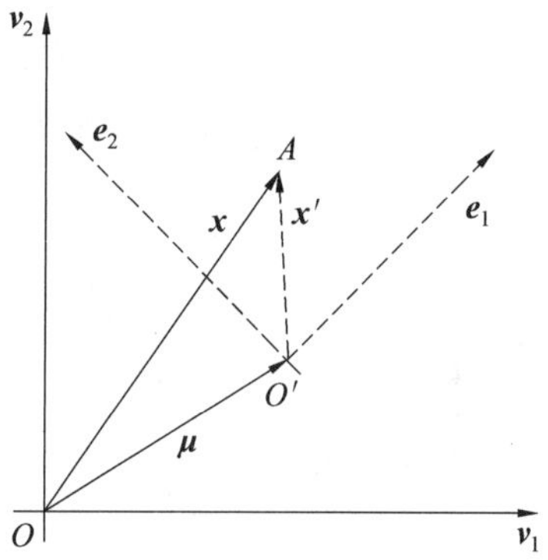

图 5.3　同一个样本在不同坐标系下的表示

在新坐标系下，矢量 $\boldsymbol{x}'$ 的元素可以由原坐标系下的矢量 $\boldsymbol{x}$ 以及 $\boldsymbol{\mu}$ 和基矢量 $\{\boldsymbol{e}_1,\cdots,\boldsymbol{e}_d\}$ 计算得到：

$$a_i=\boldsymbol{e}_i^{\mathrm{T}}(\boldsymbol{x}-\boldsymbol{\mu}),i=1,\cdots,d \tag{5.24}$$

同样也可以根据式(5.23)由新坐标下的矢量 $\boldsymbol{x}'$ 来恢复原矢量 $\boldsymbol{x}$，不会存在任何误差。然而如果只保留新坐标系下 $d'<d$ 个元素，然后用保留的 d' 个元素来恢复原坐标系下的 d 维矢量：

$$\hat{\boldsymbol{x}}=\boldsymbol{\mu}+\sum_{i=1}^{d'}a_i\boldsymbol{e}_i \tag{5.25}$$

显然 $\hat{\boldsymbol{x}}$ 只是对 $\boldsymbol{x}$ 的近似，用 $\hat{\boldsymbol{x}}$ 来代替 $\boldsymbol{x}$ 就会出现一定的误差，误差的大小同新坐标系的位置、基矢量的方向以及保留哪些特征有关。

在主成分分析方法中，新坐标系的原点选择在训练样本集 $D=\{\boldsymbol{x}_1,\cdots,\boldsymbol{x}_n\}$ 的均值矢量 $\boldsymbol{\mu}$ 上，然后寻找一组最优的基矢量 $\{\boldsymbol{e}_1,\cdots,\boldsymbol{e}_d\}$，使得在只保留前 d' 个元素的条件下，由新的坐标根据式(5.25)恢复样本集 D 的均方误差最小，即求解如下的优化问题：

$$\min_{\boldsymbol{e}_1,\cdots,\boldsymbol{e}_d}J(\boldsymbol{e}_1,\cdots,\boldsymbol{e}_d)=\frac{1}{n}\sum_{k=1}^{n}\|\boldsymbol{x}_k-\hat{\boldsymbol{x}}_k\|^2 \tag{5.26}$$

其中 $\hat{\boldsymbol{x}}_k$ 是根据式(5.24)将 $\boldsymbol{x}_k$ 由原坐标系变换到新坐标系下，然后再根据式(5.25)只使用前 d' 个特征恢复的近似矢量。如果用 a_{ki} 表示第 k 个样本在新坐标系下的第 i 维特征，由式(5.23)和式(5.25)可以得到

$$\boldsymbol{x}_k-\hat{\boldsymbol{x}}_k=\sum_{i=d'+1}^{d}a_{ki}\boldsymbol{e}_i \tag{5.27}$$

代入到式(5.26)：

$$\begin{aligned}J(\boldsymbol{e}_1,\cdots,\boldsymbol{e}_d)&=\frac{1}{n}\sum_{k=1}^{n}\|\boldsymbol{x}_k-\hat{\boldsymbol{x}}_k\|^2=\frac{1}{n}\sum_{k=1}^{n}\left\|\sum_{i=d'+1}^{d}a_{ki}\boldsymbol{e}_i\right\|^2\\&=\frac{1}{n}\sum_{k=1}^{n}\left(\sum_{i=d'+1}^{d}a_{ki}\boldsymbol{e}_i\right)^{\mathrm{T}}\left(\sum_{i=d'+1}^{d}a_{ki}\boldsymbol{e}_i\right)\\&=\frac{1}{n}\sum_{k=1}^{n}\sum_{i=d'+1}^{d}a_{ki}^2\end{aligned}$$

$$=\frac{1}{n}\sum_{k=1}^{n}\sum_{i=d'+1}^{d}[\boldsymbol{e}_i^{\mathrm{T}}(\boldsymbol{x}_k-\mu)][\boldsymbol{e}_i^{\mathrm{T}}(\boldsymbol{x}_k-\boldsymbol{\mu})]^{\mathrm{T}}$$

$$=\sum_{i=d'+1}^{d}\boldsymbol{e}_i^{\mathrm{T}}\left[\frac{1}{n}\sum_{k=1}^{n}(\boldsymbol{x}_k-\boldsymbol{\mu})(\boldsymbol{x}_k-\boldsymbol{\mu})^{\mathrm{T}}\right]\boldsymbol{e}_i$$

其中第2行到第3行利用了$\{\boldsymbol{e}_1,\cdots,\boldsymbol{e}_d\}$是新坐标系的基矢量,因此构成了一个标准正交系：

$$\boldsymbol{e}_i^{\mathrm{T}}\boldsymbol{e}_j=\begin{cases}1, & i=j\\0, & i\neq j\end{cases},i,j=1,\cdots,d$$

而第3行到第4行则是基于如下事实：a_{ki}是一个标量,它的转置与其自身相等,并且有式(5.24)成立,因此$a_{ki}=\boldsymbol{e}_i^{\mathrm{T}}(\boldsymbol{x}_k-\boldsymbol{\mu})=[\boldsymbol{e}_i^{\mathrm{T}}(\boldsymbol{x}_k-\boldsymbol{\mu})]^{\mathrm{T}}$。如果定义矩阵：

$$\boldsymbol{\Sigma}=\frac{1}{n}\sum_{k=1}^{n}(\boldsymbol{x}_k-\boldsymbol{\mu})(\boldsymbol{x}_k-\boldsymbol{\mu})^{\mathrm{T}}$$

恰好是样本集D的协方差矩阵,则式(5.26)的优化问题变为

$$\min_{\boldsymbol{e}_1,\cdots,\boldsymbol{e}_d}J(\boldsymbol{e}_1,\cdots,\boldsymbol{e}_d)=\sum_{i=d'+1}^{d}\boldsymbol{e}_i^{\mathrm{T}}\boldsymbol{\Sigma}\boldsymbol{e}_i \tag{5.28}$$

仔细观察式(5.28)会发现,直接求解这个优化问题是没有意义的。由于$\boldsymbol{\Sigma}$是半正定矩阵,因此当$\boldsymbol{e}_1,\cdots,\boldsymbol{e}_d=0$时取得最小值0,显然零矢量并不能作为基矢量,导致这样结果的原因在于优化式(5.28)时没有约束$\boldsymbol{e}_1,\cdots,\boldsymbol{e}_d$的长度。主成分分析在求解新坐标系的基矢量时优化的是如下的约束问题：

$$\min_{\boldsymbol{e}_1,\cdots,\boldsymbol{e}_d}J(\boldsymbol{e}_1,\cdots,\boldsymbol{e}_d)=\sum_{i=d'+1}^{d}\boldsymbol{e}_i^{\mathrm{T}}\boldsymbol{\Sigma}\boldsymbol{e}_i \tag{5.29}$$

约束：

$$\|\boldsymbol{e}_i\|^2=1,i=1,\cdots,d$$

有约束优化问题可以通过构造Lagrange函数转化为无约束问题(参见附录B.6)：

$$L(\boldsymbol{e}_1,\cdots,\boldsymbol{e}_d,\lambda_1,\cdots,\lambda_d)=\sum_{i=d'+1}^{d}\boldsymbol{e}_i^{\mathrm{T}}\boldsymbol{\Sigma}\boldsymbol{e}_i-\sum_{i=d'+1}^{d}\lambda_i(\boldsymbol{e}_i^{\mathrm{T}}\boldsymbol{e}_i-1) \tag{5.30}$$

对每一个基矢量$\boldsymbol{e}_j$求导数：

$$\frac{\partial L(\boldsymbol{e}_1,\cdots,\boldsymbol{e}_d,\lambda_1,\cdots,\lambda_d)}{\partial \boldsymbol{e}_j}=2\boldsymbol{\Sigma}\boldsymbol{e}_j-2\lambda_j\boldsymbol{e}_j=0 \tag{5.31}$$

其中利用到了$\boldsymbol{\Sigma}$为对称矩阵的事实。由此得到优化问题(5.29)的解应满足：

$$\boldsymbol{\Sigma}\boldsymbol{e}_j=\lambda_j\boldsymbol{e}_j \tag{5.32}$$

显然,使得上式成立的λ_j和$\boldsymbol{e}_j$分别为矩阵$\boldsymbol{\Sigma}$的特征值和对应的特征矢量。由此可以得到这样的结论：如果希望将一个样本集合D中的d维特征矢量在一个新的坐标系下只用d'个特征进行表示,那么应该将新坐标系的坐标原点放在D的均值$\boldsymbol{\mu}$的位置,而以集合D的协方差矩阵的特征矢量$\boldsymbol{e}_1,\cdots,\boldsymbol{e}_d$作为基矢量,这样可以保证只用保留的$d'$维特征恢复原矢量时均方误差最小。

通过这样的方式可以得到一个最优的新坐标系,注意到$\boldsymbol{\Sigma}$是一个$d\times d$的矩阵,存在d个特征值和特征矢量,现在的问题是只希望保留新坐标系中的d'个坐标,应该保留哪些坐标才能够保证恢复出的d维特征矢量的均方误差最小？回到优化问题(5.29),将式(5.32)代入优化函数：

$$J(\boldsymbol{e}_1,\cdots,\boldsymbol{e}_d)=\sum_{i=d'+1}^{d}\boldsymbol{e}_i^{\mathrm{T}}\boldsymbol{\Sigma}\boldsymbol{e}_i=\sum_{i=d'+1}^{d}\lambda_i\boldsymbol{e}_i^{\mathrm{T}}\boldsymbol{e}_i=\sum_{i=d'+1}^{d}\lambda_i \tag{5.33}$$

要使得 $J(\boldsymbol{e}_1,\cdots,\boldsymbol{e}_d)$ 最小，只需要选择 $\lambda_{d'+1},\cdots,\lambda_d$ 是 $\boldsymbol{\Sigma}$ 最小的 $d-d'$ 个特征值。这里需要注意一点，在整个推导过程中约定的是要保留新坐标系下前 d' 个特征，而放弃掉后面的 $d-d'$ 个特征，因此在新的坐标系下应该选择保留的是 $\boldsymbol{\Sigma}$ 最大的 d' 个特征值对应的特征矢量作为新坐标系的基矢量。

主成分分析算法可以用如下的过程描述：

主成分分析

- 输入样本集合 D，计算均值矢量 $\boldsymbol{\mu}$ 和协方差矩阵 $\boldsymbol{\Sigma}$；
- 计算矩阵 $\boldsymbol{\Sigma}$ 的特征值和特征矢量，按照特征值由大到小排序；
- 选择前 d' 个特征矢量作为列矢量构成矩阵 $\boldsymbol{E}=(\boldsymbol{e}_1\quad\boldsymbol{e}_2\quad\cdots\quad\boldsymbol{e}_{d'})$；
- d 维特征矢量 $\boldsymbol{x}$ 可以转换为 d' 维矢量 $\boldsymbol{x}'$：$\boldsymbol{x}'=\boldsymbol{E}^{\mathrm{T}}(\boldsymbol{x}-\boldsymbol{\mu})$。

在模式识别中，主成分分析方法通常被用于降低特征的维数，采用上述过程就可以将所有的训练样本，以及需要识别的样本由 d 维特征矢量转换为 d' 维特征矢量；在某些应用中可能还希望由降维之后的矢量 $\boldsymbol{x}'$ 来恢复原矢量 $\boldsymbol{x}$，通过下面公式的计算可以达到这个目的：

$$\hat{\boldsymbol{x}}=\boldsymbol{E}\boldsymbol{x}'+\boldsymbol{\mu} \tag{5.34}$$

【例 5.2】 样本集 D 中包含 8 个样本，采用主成分分析的方法将 2 维特征降为 1 维：

$\boldsymbol{x}_1=(10,1)^{\mathrm{T}},\boldsymbol{x}_2=(9,0)^{\mathrm{T}},\boldsymbol{x}_3=(10,-1)^{\mathrm{T}},\boldsymbol{x}_4=(11,0)^{\mathrm{T}}$

$\boldsymbol{x}_5=(0,9)^{\mathrm{T}},\boldsymbol{x}_6=(1,10)^{\mathrm{T}},\boldsymbol{x}_7=(0,11)^{\mathrm{T}},\boldsymbol{x}_8=(-1,10)^{\mathrm{T}}$

解　计算样本的均值矢量

$$\boldsymbol{\mu}=\frac{1}{8}\sum_{i=1}^{8}\boldsymbol{x}_i=\frac{1}{8}\left[\begin{pmatrix}10\\1\end{pmatrix}+\begin{pmatrix}9\\0\end{pmatrix}+\begin{pmatrix}10\\-1\end{pmatrix}+\begin{pmatrix}11\\0\end{pmatrix}+\begin{pmatrix}0\\9\end{pmatrix}+\begin{pmatrix}1\\10\end{pmatrix}+\begin{pmatrix}0\\11\end{pmatrix}+\begin{pmatrix}-1\\10\end{pmatrix}\right]=\begin{pmatrix}5\\5\end{pmatrix}$$

计算协方差矩阵

$$\begin{aligned}\boldsymbol{\Sigma}&=\frac{1}{8}\sum_{i=1}^{8}(\boldsymbol{x}_i-\boldsymbol{\mu})(\boldsymbol{x}_i-\boldsymbol{\mu})^{\mathrm{T}}\\&=\frac{1}{8}\left\{\left[\begin{pmatrix}5\\-4\end{pmatrix}(5\quad -4)+\begin{pmatrix}4\\-5\end{pmatrix}(4\quad -5)+\begin{pmatrix}5\\-6\end{pmatrix}(5\quad -6)+\begin{pmatrix}6\\-5\end{pmatrix}(6\quad -5)\right]\right.\\&\quad\left.+\begin{pmatrix}-5\\4\end{pmatrix}(-5\quad 4)+\begin{pmatrix}-4\\5\end{pmatrix}(-4\quad 5)+\begin{pmatrix}-5\\6\end{pmatrix}(-5\quad 6)+\begin{pmatrix}-6\\5\end{pmatrix}(-6\quad 5)\right\}\\&=\begin{pmatrix}25.5&-25\\-25&25.5\end{pmatrix}\end{aligned}$$

求协方差矩阵 $\boldsymbol{\Sigma}$ 特征值和特征矢量，式(5.32)可以写成关于特征矢量 $\boldsymbol{e}$ 的方程组形式：

$$(\boldsymbol{\Sigma}-\lambda\boldsymbol{I})\boldsymbol{e}=0 \tag{5.35}$$

这是一个齐次线性方程组，其中 $\boldsymbol{I}$ 是 $d\times d$ 维的单位矩阵。方程组有解的条件是系数矩阵 $\boldsymbol{\Sigma}-\lambda\boldsymbol{I}$ 的行列式值等于 0：

$$|\boldsymbol{\Sigma}-\lambda \boldsymbol{I}|=\begin{vmatrix}25.5-\lambda & -25\\ -25 & 25.5-\lambda\end{vmatrix}=(25.5-\lambda)^2-25^2=0$$

这样可以解得两个特征值：

$$\lambda_1=50.5,\lambda_2=0.5$$

将 λ_1 代入式(5.35)方程组：

$$\begin{pmatrix}-25 & -25\\ -25 & -25\end{pmatrix}\begin{pmatrix}e_1\\ e_2\end{pmatrix}=\begin{pmatrix}0\\ 0\end{pmatrix}$$

因此有 $e_1=-e_2$。不妨设 $e_1=1$，就得到了对应 λ_1 的特征矢量：$\boldsymbol{e}_1=(1,-1)^{\mathrm{T}}$。$\boldsymbol{e}_1$ 不是单位矢量，作为基矢量需要标准化：

$$\boldsymbol{e}_1=\frac{\boldsymbol{e}_1}{\|\boldsymbol{e}_1\|}=\begin{pmatrix}\sqrt{2}/2\\ -\sqrt{2}/2\end{pmatrix}$$

同样可以得到对应于 λ_2 的特征矢量：

$$\boldsymbol{e}_2=\begin{pmatrix}\sqrt{2}/2\\ \sqrt{2}/2\end{pmatrix}$$

由于 $\lambda_1>\lambda_2$，因此应该选择 $\boldsymbol{e}_1$ 作为主分量，D 中样本在新坐标系下降维之后的结果为

$$x'_1=\boldsymbol{e}_1^{\mathrm{T}}(\boldsymbol{x}_1-\boldsymbol{\mu})=(\sqrt{2}/2,-\sqrt{2}/2)\begin{pmatrix}5\\ -4\end{pmatrix}=9\sqrt{2}/2$$

$$x'_2=9\sqrt{2}/2,\quad x'_3=11\sqrt{2}/2,\quad x'_4=11\sqrt{2}/2$$

$$x'_5=-9\sqrt{2}/2,\quad x'_6=-9\sqrt{2}/2,\quad x'_7=-11\sqrt{2}/2,\quad x'_8=-11\sqrt{2}/2$$

样本及变换前后的坐标系如图 5.4 所示。

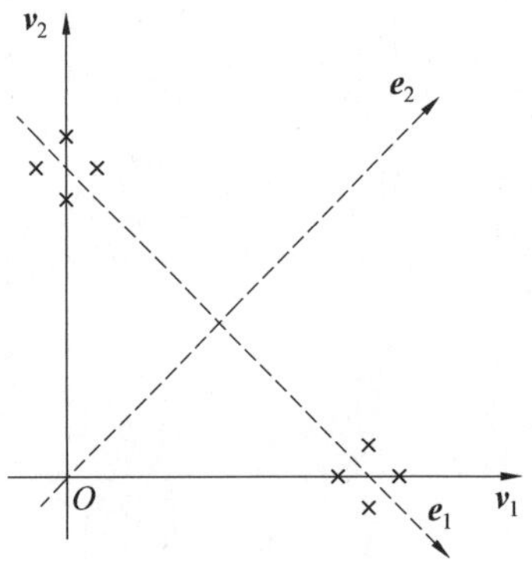

图 5.4 例 5.2 示意图

2. 主成分分析的相关问题

主成分分析的过程非常简单，只要计算训练样本集协方差矩阵 $\boldsymbol{\Sigma}$ 的特征值和特征矢量，就可以得到一组基矢量从而构成新的坐标系，然后将特征矢量向这些基矢量上投影即可以达到降维的目的。在这个过程中可能会产生这样一些疑问，对于任意一个方阵来说都存在特征值和特征矢量，但是特征值和特征矢量的元素有可能是复数，那么复数的特征值如何按照大小排序？复矢量如何成为新的坐标系的基矢量？在求解基矢量的优化问题中只约束解矢量是单位矢量，并没有对它们之间是否正交进行约束，那么主成分分析得到的新坐标系是

否还是直角坐标系？

对于样本集的协方差矩阵 $\boldsymbol{\Sigma}$ 这样一个实对称矩阵来说，存在一些特殊的性质（参见附录A.2），可以证明协方差矩阵的特征值都是实数，并且由于 $\boldsymbol{\Sigma}$ 是半正定矩阵，因此这些特征值都是大于等于 0 的实数，特征矢量的每个元素也都是实数，不会出现复矢量的情况。

同样，$d \times d$ 维的实对称矩阵 $\boldsymbol{\Sigma}$ 存在 d 个特征矢量，而且这些特征矢量之间是相互正交的（相同特征值对应的特征矢量可以进行正交化处理），因此主成分分析得到的新坐标系是一个直角坐标系。

还可以从另一个方面来理解主成分分析的结果：这样的特征变换消除了样本集 D 在各个特征之间的相关性，新的坐标系下不同特征之间是不相关的。由于协方差矩阵的主对角线元素是特征的方差，而非主对角线元素就是不同特征之间的相关系数，因此只需证明经过特征变换之后样本集 D 的协方差矩阵是对角阵即可证明主成分分析消除了特征之间的相关性。

首先计算新坐标系下样本的均值：

$$\boldsymbol{\mu}' = \frac{1}{n}\sum_{i=1}^{n} \boldsymbol{x}'_i = \frac{1}{n}\sum_{i=1}^{n} \boldsymbol{E}^{\mathrm{T}}(\boldsymbol{x}_i - \boldsymbol{\mu}) = \boldsymbol{E}^{\mathrm{T}}\left(\frac{1}{n}\sum_{i=1}^{n} \boldsymbol{x}_i - \boldsymbol{\mu}\right) = 0 \tag{5.36}$$

得到这样的结果并不奇怪，因为主成分分析是将新坐标系的原点移到了 $\boldsymbol{\mu}$ 的位置。再计算新的坐标系下样本集 D 的协方差矩阵：

$$\begin{aligned}
\boldsymbol{\Sigma}' &= \frac{1}{n}\sum_{i=1}^{n} (\boldsymbol{x}'_i - \boldsymbol{\mu}')(\boldsymbol{x}'_i - \boldsymbol{\mu}')^{\mathrm{T}} \\
&= \frac{1}{n}\sum_{i=1}^{n} [\boldsymbol{E}^{\mathrm{T}}(\boldsymbol{x}_i - \boldsymbol{\mu})][\boldsymbol{E}^{\mathrm{T}}(\boldsymbol{x}_i - \boldsymbol{\mu})]^{\mathrm{T}} \\
&= \boldsymbol{E}^{\mathrm{T}}\left[\frac{1}{n}\sum_{i=1}^{n} (\boldsymbol{x}_i - \boldsymbol{\mu})(\boldsymbol{x}_i - \boldsymbol{\mu})^{\mathrm{T}}\right]\boldsymbol{E} \\
&= \boldsymbol{E}^{\mathrm{T}}\boldsymbol{\Sigma}\boldsymbol{E} \\
&= \begin{pmatrix} \boldsymbol{e}_1^{\mathrm{T}} \\ \vdots \\ \boldsymbol{e}_{d'}^{\mathrm{T}} \end{pmatrix} \boldsymbol{\Sigma}(\boldsymbol{e}_1, \quad \boldsymbol{e}_2, \quad \cdots, \quad \boldsymbol{e}_{d'}) \\
&= \begin{pmatrix} \boldsymbol{e}_1^{\mathrm{T}}\boldsymbol{\Sigma}\boldsymbol{e}_1 & \boldsymbol{e}_1^{\mathrm{T}}\boldsymbol{\Sigma}\boldsymbol{e}_2 & \cdots & \boldsymbol{e}_1^{\mathrm{T}}\boldsymbol{\Sigma}\boldsymbol{e}_{d'} \\ \boldsymbol{e}_2^{\mathrm{T}}\boldsymbol{\Sigma}\boldsymbol{e}_1 & \boldsymbol{e}_2^{\mathrm{T}}\boldsymbol{\Sigma}\boldsymbol{e}_2 & \cdots & \boldsymbol{e}_2^{\mathrm{T}}\boldsymbol{\Sigma}\boldsymbol{e}_{d'} \\ \vdots & \vdots & & \vdots \\ \boldsymbol{e}_{d'}^{\mathrm{T}}\boldsymbol{\Sigma}\boldsymbol{e}_1 & \boldsymbol{e}_{d'}^{\mathrm{T}}\boldsymbol{\Sigma}\boldsymbol{e}_2 & \cdots & \boldsymbol{e}_{d'}^{\mathrm{T}}\boldsymbol{\Sigma}\boldsymbol{e}_{d'} \end{pmatrix}
\end{aligned}$$

其中最后一步使用了分块矩阵的乘法。由于基矢量 $\boldsymbol{e}_i$ 和 $\boldsymbol{e}_j$ 是单位正交的，因此

$$\boldsymbol{e}_i^{\mathrm{T}}\boldsymbol{\Sigma}\boldsymbol{e}_j = \lambda_j \boldsymbol{e}_i^{\mathrm{T}}\boldsymbol{e}_j = \begin{cases} \lambda_i, & i = j \\ 0, & i \neq j \end{cases} \tag{5.37}$$

这样就得到

$$\boldsymbol{\Sigma}' = \begin{pmatrix} \lambda_1 & 0 & \cdots & 0 \\ 0 & \lambda_2 & \cdots & 0 \\ \vdots & \vdots & & \vdots \\ 0 & 0 & \cdots & \lambda_{d'} \end{pmatrix} \tag{5.38}$$

主成分分析的结果还可以从几何的角度来理解，以 2 维特征为例，如果样本集 D 中的 n 个样本大致分布在一个椭圆形的区域内，例如图 5.5 的情形。主成分分析将新坐标系的坐标原点建立在椭圆的中心 $\boldsymbol{\mu}$ 处，最大特征值对应的基矢量 $\boldsymbol{e}_1$ 是在椭圆的长轴方向（一般也称为主分量），而另一个基矢量 $\boldsymbol{e}_2$ 则是椭圆的短轴方向。如果在新的坐标下选择 1 维特征表示样本显然应该选择 $\boldsymbol{e}_1$ 轴，因为在这个轴上的样本分布更接近于原始特征。d 维空间中的情形也是一样的，如果样本分布在一个 d 维的椭球之内，那么新坐标系的基矢量刚好对应着 d 个主轴的方向，对应特征值的大小表示的是相应椭球主轴的长短。

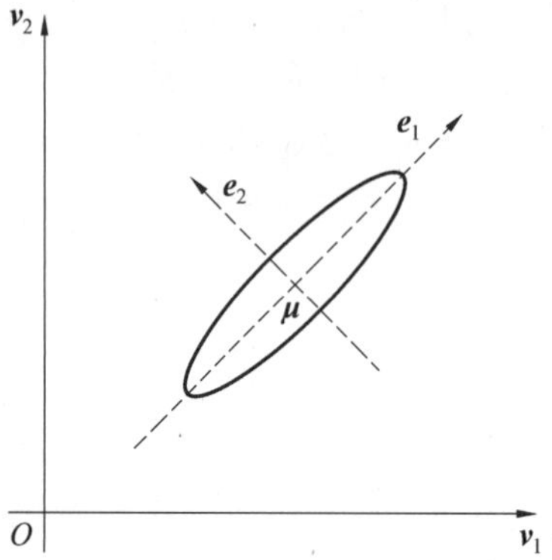

图 5.5　主成分分析的几何解释

使用主成分分析的方法降维还需要考虑的一个问题是对于训练样本集 D 来说，在新的坐标系下应该保留多少特征合适，即如何选择参数 d'？回答这个问题需要回到式(5.33)来看，主成分分析只用 d' 个新特征来表示原始的 d 维特征，这样必然会带来误差。均方误差的大小是被舍弃的 $d-d'$ 维新特征对应的特征值之和，如果被舍弃的特征值均为 0，那么就不会引起误差，舍弃的特征值越小则带来的误差越小。常用的一种 d' 参数的选择方法是将所有特征值按照由大到小排序之后计算累加值，以累加值与所有特征值的总和之比超过 95% 为原则选择 d'，这种做法可以理解为希望降维之后能够保留样本集 D 的信息超过 95%，或者降维所带来的误差不超过 5%：

$$d'=\underset{1\leqslant k\leqslant d}{\arg\min}\left[\frac{\sum_{i=1}^{k}\lambda_i}{\sum_{i=1}^{d}\lambda_i}\geqslant 95\%\right] \tag{5.39}$$

下面 2 段 Matlab 代码分别实现的是主成分分析中的主分量提取和特征降维过程：

函数名称：PCA

参数：X—— 样本矩阵（n × d 矩阵），ratio—— 特征值累加和占总和的比例

返回值：E—— 基矢量矩阵（d × d′ 矩阵，每列一个矢量），mu—— 均值矢量（行矢量）

函数功能：主成分分析提取主分量

```
function [E, mu] = PCA( X, ratio )

d = size(X,2);                              % 计算均值和协方差矩阵
```

```
mu = mean(X);
Sigma =cov(X);

[V,L] =eigs( Sigma, d );                    % 求特征值和特征矢量
Lamda = diag(L);
AccLamda = cumsum(Lamda);                   % 计算累加特征值
t =AccLamda(d) * ratio;
dd = find( (AccLamda(2:d) >=t) & (AccLamda(1:d-1) < t) ) + 1;
E = V(:,1:dd);
```

函数名称:PCADR

参数:X—— 样本矩阵(n×d矩阵),E—— 基矢量矩阵(d×d′矩阵,每列一个矢量),mu—— 均值矢量(行矢量)

返回值:Y—— 降维之后的样本矩阵(n×d′矩阵)

函数功能:主成分分析降维

```
function Y = PCADR(X, E, mu )

n = size(X,1);
Y = (X - repmat(mu,n,1)) * E;
```

5.3.2　基于 Fisher 准则的可分性分析

主成分分析的目标是要消除特征之间的相关性,而没有考虑样本集中样本的类别属性,因此是一种无监督学习方法。而模式识别的目标是要利用降维之后的样本设计和学习分类器,更关心的是降维之后是否能够保留不同类别样本之间的可分性信息,两者的目的是有差异的。先来回顾一下例 5.2,如果训练样本集 D 中的 8 个样本分别属于两个类别:

$$\omega_1:\{\boldsymbol{x}_1=(10,1)^{\mathrm{T}},\boldsymbol{x}_4=(11,0)^{\mathrm{T}},\boldsymbol{x}_6=(1,10)^{\mathrm{T}},\boldsymbol{x}_7=(0,11)^{\mathrm{T}}\}$$

$$\omega_2:\{\boldsymbol{x}_2=(9,0)^{\mathrm{T}},\boldsymbol{x}_3=(10,-1)^{\mathrm{T}},\boldsymbol{x}_5=(0,9)^{\mathrm{T}},\boldsymbol{x}_8=(-1,10)^{\mathrm{T}}\}$$

使用主成分分析的方法降为1维特征,那么所有样本都需要向$\boldsymbol{e}_1$轴投影。从图5.6可以看出,两个类别的 8 个样本在原 2 维空间中是线性可分的,而当投影到$\boldsymbol{e}_1$轴之后则是完全不可分的,如果在主成分分析方法中选择对应特征值较小的$\boldsymbol{e}_2$轴进行投影反倒能够保留类别的可分性信息。这个例子说明在主成分分析方法中认为不重要的特征维度可能恰恰包含着对于分类来说重要的信息。

基于 Fisher 准则的可分性分析(Fisher Discriminant Analysis, FDA)也是一种线性特征降维方法,有时被称为线性可分性分析(Linear Discriminant Analysis, LDA),它的出发点是要使得经过降维之后的特征能够尽量多地保留类别之间的可分性信息,换句话说就是要使得经过降维之后的样本集合具有最大的类别可分性。

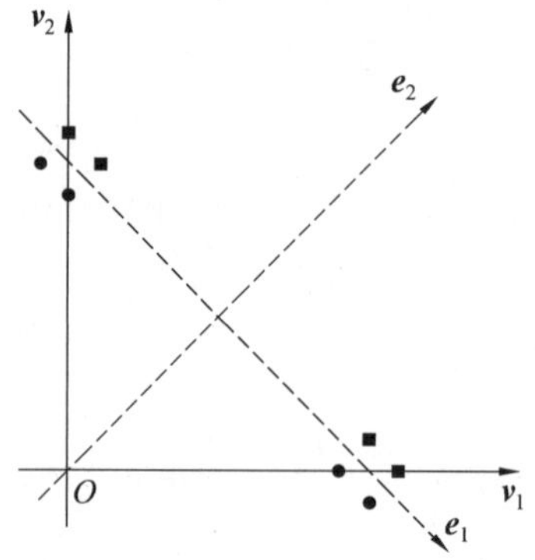

图 5.6　主成分分析方法中类别可分性信息的丢失

1. 基于 Fisher 准则的可分性分析算法与推导

下面先从一种简单的情况入手来研究这个问题，将两个类别的样本向一条通过坐标原点的直线上投影，也就是用 1 维特征来表示 d 维矢量，希望在 1 维空间中两类样本的可分性最大。从图 5.7 可以看出在不同方向的直线上，两类样本的可分性是不同的，如果想要找到一个最优的投影直线方向，首先需要对 1 维空间中样本的可分性进行度量。

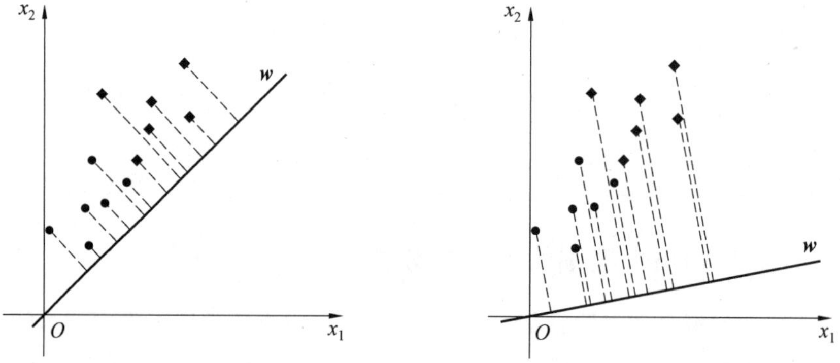

图 5.7　二维模式在一维空间的投影

假设两类问题的样本集为：$D_1=\{\boldsymbol{x}_1^{(1)},\cdots,\boldsymbol{x}_{n_1}^{(1)}\}$，$D_2=\{\boldsymbol{x}_1^{(2)},\cdots,\boldsymbol{x}_{n_2}^{(2)}\}$，投影直线的单位矢量为 $\boldsymbol{w}$，d 维空间的矢量 $\boldsymbol{x}$ 在这条直线上的投影为一个标量：

$$y=\boldsymbol{w}^{\mathrm{T}}\boldsymbol{x} \tag{5.40}$$

两类样本集经过投影之后成为标量集：$D_1 \to Y_1=\{y_1^{(1)},\cdots,y_{n_1}^{(1)}\}$，$D_2 \to Y_2=\{y_1^{(2)},\cdots,y_{n_2}^{(2)}\}$。参照本章 5.1 节的可分性判据，不同类样本的分散程度越大，同类样本的聚集程度越高则类别之间的可分性越强。在 1 维空间中可以用两个类别样本均值之差的平方 $(\tilde{\mu}_1-\tilde{\mu}_2)^2$ 来度量两类样本的分散程度；而样本类内的离散程度可以用样本的方差之和来度量 $\tilde{s}_1^2+\tilde{s}_2^2$。综合考虑类内的聚集程度和类间的分散程度，可以建立如下的 Fisher 准则：

$$J(\boldsymbol{w})=\frac{(\tilde{\mu}_1-\tilde{\mu}_2)^2}{\tilde{s}_1^2+\tilde{s}_2^2} \tag{5.41}$$

Fisher 准则函数的值越大，类别的可分性则越强。下面写出准则函数 $J(\boldsymbol{w})$ 关于投影直线方向矢量 $\boldsymbol{w}$ 的显式表达式，首先计算投影之后类别的均值 $\tilde{\mu}$：

$$\tilde{\mu}_i=\frac{1}{n_i}\sum_{y\in Y_i}y=\frac{1}{n_i}\sum_{x\in D_i}\boldsymbol{w}^{\mathrm{T}}\boldsymbol{x}=\boldsymbol{w}^{\mathrm{T}}\boldsymbol{\mu}_i,i=1,2 \tag{5.42}$$

投影之后两类均值之差的平方可以表示为

$$(\tilde{\mu}_1-\tilde{\mu}_2)^2=(\boldsymbol{w}^{\mathrm{T}}\boldsymbol{\mu}_1-\boldsymbol{w}^{\mathrm{T}}\boldsymbol{\mu}_2)^2=\boldsymbol{w}^{\mathrm{T}}(\boldsymbol{\mu}_1-\boldsymbol{\mu}_2)(\boldsymbol{\mu}_1-\boldsymbol{\mu}_2)^{\mathrm{T}}\boldsymbol{w}=\boldsymbol{w}^{\mathrm{T}}\boldsymbol{S}_b\boldsymbol{w} \tag{5.43}$$

其中$\boldsymbol{S}_b=(\boldsymbol{\mu}_1-\boldsymbol{\mu}_2)(\boldsymbol{\mu}_1-\boldsymbol{\mu}_2)^{\mathrm{T}}$是 5.1 节公式(5.9) 所定义的类间散布矩阵(假设两类的先验概率相等)。类似的:

$$\begin{aligned}\tilde{s}_i^2&=\sum_{y\in Y_i}(y-\tilde{\mu}_i)^2=\sum_{x\in D_i}(\boldsymbol{w}^{\mathrm{T}}\boldsymbol{x}-\boldsymbol{w}^{\mathrm{T}}\boldsymbol{\mu}_i)^2\\&=\sum_{x\in D_i}\boldsymbol{w}^{\mathrm{T}}(\boldsymbol{x}-\boldsymbol{\mu}_i)(\boldsymbol{x}-\boldsymbol{\mu}_i)^{\mathrm{T}}\boldsymbol{w}\\&=\boldsymbol{w}^{\mathrm{T}}\boldsymbol{S}_i\boldsymbol{w}\end{aligned}$$

其中$\boldsymbol{S}_i=\sum_{x\in D_i}(\boldsymbol{x}-\boldsymbol{\mu}_i)(\boldsymbol{x}-\boldsymbol{\mu}_i)^{\mathrm{T}}$类似于公式(5.8) 所定义的类内散布矩阵(只相差一个比例系数)。总的方差为

$$\tilde{s}_1^2+\tilde{s}_2^2=\boldsymbol{w}^{\mathrm{T}}\boldsymbol{S}_1\boldsymbol{w}+\boldsymbol{w}^{\mathrm{T}}\boldsymbol{S}_2\boldsymbol{w}=\boldsymbol{w}^{\mathrm{T}}(\boldsymbol{S}_1+\boldsymbol{S}_2)\boldsymbol{w}=\boldsymbol{w}^{\mathrm{T}}\boldsymbol{S}_w\boldsymbol{w} \tag{5.44}$$

式(5.43)、(5.44) 代入 Fisher 准则,可以得到如下优化问题:

$$\max_{\boldsymbol{w}} J(\boldsymbol{w})=\frac{(\tilde{\mu}_1-\tilde{\mu}_2)^2}{\tilde{s}_1^2+\tilde{s}_2^2}=\frac{\boldsymbol{w}^{\mathrm{T}}\boldsymbol{S}_b\boldsymbol{w}}{\boldsymbol{w}^{\mathrm{T}}\boldsymbol{S}_w\boldsymbol{w}} \tag{5.45}$$

上式也被称为是 Rayleigh 商的优化问题。实际上这个问题存在着无穷多个解,因为如果$\boldsymbol{w}^*$是一个最优解的话,对于任意的$a\neq 0$,$a\boldsymbol{w}^*$同样是最优解。真正关心的是投影矢量$\boldsymbol{w}$的方向,而不关心它的长度(可以规格化为单位矢量),因此可以通过适当调整 $\|\boldsymbol{w}\|$ 使得 Fisher 准则的分母$\boldsymbol{w}^{\mathrm{T}}\boldsymbol{S}_w\boldsymbol{w}$ 等于一个常数C。这样就得到了一个有约束的优化问题:

$$\max_{\boldsymbol{w}} J(\boldsymbol{w})=\boldsymbol{w}^{\mathrm{T}}\boldsymbol{S}_b\boldsymbol{w} \tag{5.46}$$

约束:

$$\boldsymbol{w}^{\mathrm{T}}\boldsymbol{S}_w\boldsymbol{w}=C$$

构造 Lagrange 函数转化为无约束优化:

$$L(\boldsymbol{w})=\boldsymbol{w}^{\mathrm{T}}\boldsymbol{S}_b\boldsymbol{w}-\lambda(\boldsymbol{w}^{\mathrm{T}}\boldsymbol{S}_w\boldsymbol{w}-C) \tag{5.47}$$

对$\boldsymbol{w}$求导:

$$\frac{\partial L(\boldsymbol{w})}{\partial \boldsymbol{w}}=2\boldsymbol{S}_b\boldsymbol{w}-2\lambda\boldsymbol{S}_w\boldsymbol{w}=0$$

因此有

$$\boldsymbol{S}_b\boldsymbol{w}=\lambda\boldsymbol{S}_w\boldsymbol{w} \tag{5.48}$$

满足上式的λ和$\boldsymbol{w}$称为关于$\boldsymbol{S}_b$和$\boldsymbol{S}_w$的广义特征值和特征矢量,如果$\boldsymbol{S}_w$的逆矩阵存在,有

$$\boldsymbol{S}_w^{-1}\boldsymbol{S}_b\boldsymbol{w}=\lambda\boldsymbol{w} \tag{5.49}$$

λ和$\boldsymbol{w}$分别是矩阵$\boldsymbol{S}_w^{-1}\boldsymbol{S}_b$的特征值和对应的特征矢量。与主成分分析一样,$\boldsymbol{S}_w^{-1}\boldsymbol{S}_b$是一个$d\times d$的方阵,存在$d$个特征值和$d$个特征矢量,哪一个特征矢量使得 Fisher 准则取得最大值?将满足式(5.48) 的一个特征矢量$\boldsymbol{w}_i$代入式(5.45):

$$J(\boldsymbol{w})=\frac{\boldsymbol{w}_i^{\mathrm{T}}\boldsymbol{S}_b\boldsymbol{w}_i}{\boldsymbol{w}_i^{\mathrm{T}}\boldsymbol{S}_w\boldsymbol{w}_i}=\frac{\lambda_i\boldsymbol{w}^{\mathrm{T}}\boldsymbol{S}_w\boldsymbol{w}_i}{\boldsymbol{w}_i^{\mathrm{T}}\boldsymbol{S}_w\boldsymbol{w}_i}=\lambda_i \tag{5.50}$$

由此可见最大特征值对应的特征矢量是使得Fisher准则取得最大值的方向矢量。通过这样一个推导过程可以得出如下结论：两个类别的样本向一条直线上投影，当直线的方向矢量 $\boldsymbol{w}$ 为矩阵 $\boldsymbol{S}_w^{-1}\boldsymbol{S}_b$ 最大特征值对应的特征矢量时，可以使得投影之后样本在1维空间中具有最大的可分性。

下面将这个问题推广到 c 个类别的样本向 d' 个方向上的投影，即将 d 维特征降维为 d' 个特征，使得降维之后的样本具有最大的可分性。首先定义矩阵：

$$\boldsymbol{S}_w=\sum_{i=1}^{c}\boldsymbol{S}_i,\boldsymbol{S}_b=\sum_{i=1}^{c}n_i(\boldsymbol{\mu}_i-\boldsymbol{\mu})(\boldsymbol{\mu}_i-\boldsymbol{\mu})^{\mathrm{T}} \tag{5.51}$$

式中　$\boldsymbol{\mu}$——所有样本的均值矢量。

可以证明使得Fisher准则最大的 d' 个投影矢量是对应于矩阵 $\boldsymbol{S}_w^{-1}\boldsymbol{S}_b$ 最大 d' 个特征值的特征矢量。

基于Fisher准则的可分性分析可以用如下过程描述：

基于Fisher准则的可分性分析

■ 根据式(5.51)计算矩阵 $\boldsymbol{S}_b$ 和 $\boldsymbol{S}_w$；
■ 计算矩阵 $\boldsymbol{S}_w^{-1}\boldsymbol{S}_b$ 的特征值和特征矢量，特征值由大到小排序；
■ 选择前 d' 个特征矢量作为列矢量构成矩阵 $\boldsymbol{E}=(\boldsymbol{e}_1,\boldsymbol{e}_2,\cdots,\boldsymbol{e}_{d'})$；
■ d 维特征矢量 $\boldsymbol{x}$ 可以转换为 d' 维矢量 $\boldsymbol{x}'$：$\boldsymbol{x}'=\boldsymbol{E}^{\mathrm{T}}\boldsymbol{x}$。

【例5.3】　现有3个类别的样本，采用基于Fisher准则的可分性分析方法将2维特征降为1维。

$$\omega_1:\boldsymbol{x}_1=(1,3)^{\mathrm{T}},\boldsymbol{x}_2=(1,4)^{\mathrm{T}},\boldsymbol{x}_3=(3,0)^{\mathrm{T}},\boldsymbol{x}_4=(3,1)^{\mathrm{T}}$$
$$\omega_2:\boldsymbol{x}_5=(3,6)^{\mathrm{T}},\boldsymbol{x}_6=(3,7)^{\mathrm{T}},\boldsymbol{x}_7=(5,5)^{\mathrm{T}},\boldsymbol{x}_8=(5,4)^{\mathrm{T}}$$
$$\omega_3:\boldsymbol{x}_9=(8,5)^{\mathrm{T}},\boldsymbol{x}_{10}=(9,9)^{\mathrm{T}},\boldsymbol{x}_{11}=(9,5)^{\mathrm{T}},\boldsymbol{x}_{12}=(10,9)^{\mathrm{T}}$$

解　首先计算各类样本的均值和总体均值：

$$\boldsymbol{\mu}=\frac{1}{12}\sum_{i=1}^{12}\boldsymbol{x}_i=(5,4.83)^{\mathrm{T}},\boldsymbol{\mu}_1=\frac{1}{4}\sum_{i=1}^{4}\boldsymbol{x}_i=(2,2)^{\mathrm{T}}$$
$$\boldsymbol{\mu}_2=\frac{1}{4}\sum_{i=5}^{8}\boldsymbol{x}_i=(4,4.5)^{\mathrm{T}},\boldsymbol{\mu}_3=\frac{1}{4}\sum_{i=9}^{12}\boldsymbol{x}_i=(9,7)^{\mathrm{T}}$$

计算矩阵 $\boldsymbol{S}_b$ 和 $\boldsymbol{S}_w$：

$$\boldsymbol{S}_b=\sum_{i=1}^{3}4(\boldsymbol{\mu}_i-\boldsymbol{\mu})(\boldsymbol{\mu}_i-\boldsymbol{\mu})^{\mathrm{T}}=\begin{pmatrix}104 & 66\\66 & 52.7\end{pmatrix}$$

$$\boldsymbol{S}_w=\sum_{i=1}^{4}(\boldsymbol{x}_i-\boldsymbol{\mu}_1)(\boldsymbol{x}_i-\boldsymbol{\mu}_1)^{\mathrm{T}}+\sum_{i=5}^{8}(\boldsymbol{x}_i-\boldsymbol{\mu}_2)(\boldsymbol{x}_i-\boldsymbol{\mu}_2)^{\mathrm{T}}+\sum_{i=9}^{12}(\boldsymbol{x}_i-\boldsymbol{\mu}_3)(\boldsymbol{x}_i-\boldsymbol{\mu}_3)^{\mathrm{T}}=\begin{pmatrix}10 & -6\\-6 & 31\end{pmatrix}$$

因此

$$\boldsymbol{S}_w^{-1}\boldsymbol{S}_b=\begin{pmatrix}13.2 & 8.62\\4.69 & 3.37\end{pmatrix}$$

计算矩阵$S_w^{-1}S_b$的特征值和特征矢量：

$$\lambda_1=16.33, \boldsymbol{e}_1=(0.94,0.33)^{\mathrm{T}}$$

$$\lambda_2=0.25, \boldsymbol{e}_2=(-0.55,0.83)^{\mathrm{T}}$$

表 5.1　例 5.3 样本在 FDA 两个方向上的投影值

	$\boldsymbol{x}_1$	$\boldsymbol{x}_2$	$\boldsymbol{x}_3$	$\boldsymbol{x}_4$	$\boldsymbol{x}_5$	$\boldsymbol{x}_6$	$\boldsymbol{x}_7$	$\boldsymbol{x}_8$	$\boldsymbol{x}_9$	$\boldsymbol{x}_{10}$	$\boldsymbol{x}_{11}$	$\boldsymbol{x}_{12}$
$\boldsymbol{e}_1$	1.96	2.30	2.82	3.16	4.86	5.20	6.40	6.06	9.22	11.5	10.2	12.5
$\boldsymbol{e}_2$	1.94	2.78	−1.66	−0.83	3.33	4.17	1.39	0.56	−0.27	2.51	−0.82	1.96

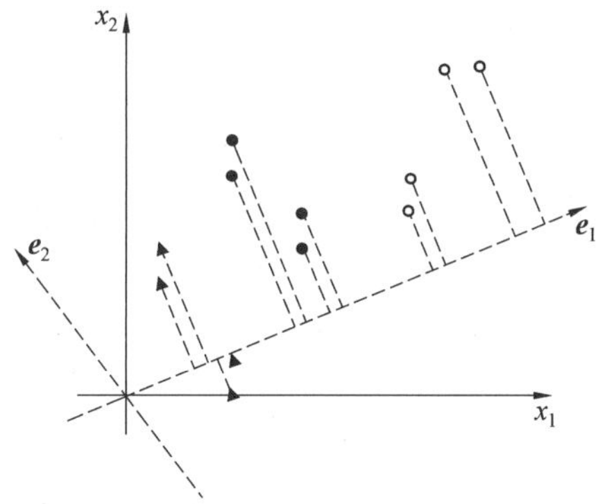

图 5.8　例 5.3 的样本与投影方向

选择最大特征值对应的特征矢量$\boldsymbol{e}_1$作为投影方向可以将所有样本降为 1 维特征。从图 5.8 可以看出样本在$\boldsymbol{e}_1$方向上的投影具有最大的可分性，对于 3 类问题只需要选择两个阈值即可对其分类。

2. **基于 Fisher 准则可分性分析的相关问题**

与主成分分析不同，基于 Fisher 准则的可分性分析是通过计算矩阵$S_w^{-1}S_b$的特征值和特征矢量得到最优降维坐标投影方向的。但是$S_w^{-1}S_b$一般来说不是对称矩阵，虽然可以证明它的特征值和特征矢量都会是实数，但特征矢量之间并不具有正交性，因此降维之后新的坐标系不再是直角坐标系。非直角坐标系下仍然可以表示每一个特征矢量，只是特征之间具有一定的相关性，对于后续的分类器设计和学习并不会带来不利的影响。

在此之前总是假定矩阵S_w是一个可逆矩阵，然后计算$S_w^{-1}S_b$的特征值分解。在实际问题中S_w存在奇异矩阵的可能性，逆矩阵可能不存在，一般来说当训练样本数足够多时($n>d$)，可以保证S_w是非奇异的，而当样本数n小于原始特征维数d时，S_w为奇异矩阵。

基于 Fisher 准则的可分性分析算法中需要确定一个参数d'，即降维之后的特征矢量维数。从前面的分析可以看出，矩阵$S_w^{-1}S_b$特征值的大小描述了向相应特征矢量方向投影的可分性。可以证明，对于c个类别的样本集来说，矩阵$S_w^{-1}S_b$至多只存在$c-1$个特征值大于等于 0，其他的$d-c+1$个特征值均为 0。由此可以看出对于d'的选择是有一定限制的，当类别数较大时可以根据情况选择$d'<c-1$，但当类别数较少时只能选择d'为$S_w^{-1}S_b$非 0 特征值的个数。

基于 Fisher 准则的可分性分析有时也被用来作为一种线性分类器的学习方法。因为一旦找到了可以使得两个类别样本可分性最强的投影方向矢量 $\boldsymbol{w}$，那么就可以将所有的训练样本和待识别样本变换为 1 维特征。在一维空间中区分两类样本最简单的方法是设定一个合适的阈值 $-w_0$，如果样本 $\boldsymbol{x}$ 在 $\boldsymbol{w}$ 方向上的投影大于阈值则判别为 ω_1 类，否则为 ω_2 类，即

$$\boldsymbol{w}^{\mathrm{T}}\boldsymbol{x}\begin{cases}\geqslant -w_0, & \boldsymbol{x}\in\omega_1\\ < -w_0, & \boldsymbol{x}\in\omega_2\end{cases}$$

定义 $g(\boldsymbol{x})=\boldsymbol{w}^{\mathrm{T}}\boldsymbol{x}+w_0$，则有

$$g(\boldsymbol{x})=\boldsymbol{w}^{\mathrm{T}}\boldsymbol{x}+w_0\begin{cases}\geqslant 0, & \boldsymbol{x}\in\omega_1\\ < 0, & \boldsymbol{x}\in\omega_2\end{cases} \tag{5.52}$$

显然，这种判别方法同第 4 章公式(4.4)是一致的，$g(\boldsymbol{x})$ 即为线性判别函数。至于合适的阈值 $-w_0$ 可以采用第 7 章中将要介绍的贝叶斯决策理论来确定。

函数名称：FDA
参数：X—— 样本矩阵(n×d 矩阵)，T—— 样本所属类别(n×1 矩阵)(1,2,…)
返回值：E—— 基矢量矩阵(d×d′ 矩阵，每列一个矢量)
函数功能：基于 Fisher 准则的可分性分析

```
function E = FDA( X, T )

d = size(X,2);
c = length(unique(T));

cmu = mean(X);
mu = zeros(c,d);
Sb = zeros(d,d);
Sw = zeros(d,d);
for i = 1:c                                          % 计算类内、类间散布矩阵
    id = find( T == i );
    mu(i,:) = mean(X(id,:));
    ni = length(id);

    Sb = Sb + ni * ( mu(i,:) - cmu )' * ( mu(i,:) - cmu );
    Sw = Sw + ( X(id,:) - repmat(mu(i,:),ni,1) )' * ( X(id,:) -
repmat(mu(i,:),ni,1) );
end
[V,L] = eigs( Sb, Sw, c-1 );                         % 计算 c-1 个投影矢量
E = V(:,1:c-1);
```

函数名称：FDADR
参数：X—— 样本矩阵(n×d 矩阵)，E—— 基矢量矩阵(d×d′ 矩阵)

返回值：Y—— 降维之后的样本矩阵（$n \times d'$ 矩阵）
函数功能：基于 Fisher 准则的可分性分析降维

```
function Y = FDADR(X,E)

Y = X * E;
```

本章小结

人们在面对复杂的模式识别问题时，往往无法通过主观观察确定哪些特征对分类来说是必须的，哪些特征中不包含类别之间的可分性信息。大多数的识别系统设计者会生成尽量多的原始特征，然后使用特征选择与提取的方法来找出其中蕴含的类别可分性信息，降低识别特征的维数。近年来在实际应用需求的推动下，对于特征降维方法的研究受到了广泛的重视，本章只是介绍了这方面最基本的一些知识和方法。

特征选择希望从原始特征中挑选出一组包含最多类别可分性信息的特征，从当前的研究情况来看这实际上是非常困难的。问题的难度首先体现在到目前为止，还没有一种能够准确评价一组特征对某个分类问题有效程度的方法。使用这组特征设计和学习一个分类器，以分类器的识别准确率来评价特征的有效性可能是一种最有效的手段，采用这种方法仍然要受到分类器设计过程中选择的不同识别方法、模型参数和学习算法的影响。特征选择另一个难题是如何找到这组"最优"的特征。由于特征之间并不独立，存在着相关性，因此无法单独评价每一个特征，需要对不同的特征组合进行评价，目前还没有一个有效的算法能够在多项式时间内完成这项工作。分支定界法是到目前为止唯一能够在一定程度上减少计算量的最优搜索算法，但它的最优性需要可分性准则的单调性来保证，在模式识别系统设计过程中转而寻找次优的特征组合是一种更加实际可行的方案。

主成分分析的方法产生于 20 世纪初，它的目的是要由原始变量的线性组合产生出一组互不相关的新的变量，类似的方法在信号处理领域称为 Karhunen-Loève 变换。由于计算简单、适用性强，主成分分析已经被成功地用于解决各种不同的分类问题。例如，在人脸识别中一种常用的方法是将人脸图像经过预处理后，以每个像素点的灰度值为特征构成识别特征矢量，对于一个 128×128 的人脸图像来说特征维数就会达到 16 384 维，以大量不同的人脸图像作为训练样本，采用主成分分析的方法寻找这些特征中若干主要分量实现特征的降维，这些主要的分量也被称为"特征人脸"（Eigenface）；在自然语言处理领域的文本分类中也会面临同样的问题，如果以文本中不同词出现的频度为特征，就会得到一个上万维的特征矢量，将所有文本的特征矢量排成一个文本矩阵，计算文本矩阵的奇异值分解（Singular Value Decomposition，SVD），保留最大的若干个奇异值对应的左奇异矢量，由这些奇异矢量可以将原始的文本词频特征矢量降维，这种方法一般被称作潜在语义分析（Latent Semantic Analysis，LSA），可以证明矩阵的奇异值是相应特征值的非负平方根，而左奇异矢量则是相应协方差矩阵的特征矢量。

主成分分析去除了特征之间的相关性，以此实现了特征维度的降低。在使用过程中需要注意的是，主成分分析是一种无监督学习方法，小的特征值只是说明相应维度上样本分布的方差较小，并不代表它对分类的作用小。基于 Fisher 准则的可分性分析以保留最多的类别可分性信息为目标来降低特征维度，计算过程中需要使用训练样本的类别属性信息，是一种有监督的学习方法。这里需要注意的是基于 Fisher 准则的可分性分析只能够得到不超过 $c-1$ 维的降维识别特征，当类别数量较少时，过少的特征可能并不足以区分各个类别。这时需要考虑采用一些改进的方法，例如可以首先使用主成分分析的方法寻找到样本分布的主分量，然后不以相应特征值的大小来决定保留哪些分量，而是使用 Fisher 准则来评估各个分量上的类别可分性。由于主成分分析去除了特征之间的相关性，因此可分性判据最大的一组分量可以认为是最优的特征组合。

除了上述两种方法之外，近年来很多统计学中发展起来的成分分析方法也被用于识别特征的降维。主成分分析可以使得降维之后的特征之间是不相关的，但并不能保证是相互独立的，独立成分分析(Independent Component Analysis, ICA) 就是以追求变换之后特征之间具有独立性为目的实现的特征降维；其他常用的方法还包括：多维尺度变换(Multidimensional Scaling, MDS)、典型相关分析(Canonical Correlation Analysis, CCA)、偏最小二乘(Partial Least Square, PLS) 等。

特征提取并不局限于上述这些线性变换的方法，近年来也提出了很多非线性的特征降维方法，这些方法一般被称作“流形学习”(Manifold Learning)。非线性特征提取方法中有一类是以线性方法为基础，结合第 6 章中将要介绍的“核方法”实现的，如核主成分分析、核线性判别分析等，一般来说所有的线性特征提取方法都可以通过引入核函数变成非线性方法；另一类方法是利用非线性流形在局部可以用线性流形近似的特点实现的非线性特征提取，如 Isomap 和 Locally Linear Embedding(LLE)。

习　　题

1. 证明公式(5.3) 和(5.4) 的等价性。

2. 证明当采用欧氏距离度量时，公式(5.6) 和公式(5.7a)、(5.7b) 是等价的。

3. 证明总体散布矩阵为类内散布矩阵和类间散布矩阵之和，即公式(5.11) 成立。

4. 验证类内、类间均方距离 J_{msd}、J_{bsd} 以及类别可分性准则 J_1 和 J_3 满足式(5.18) 所定义的单调性。

5. 分别给出两种方式增 l-减 r 算法的计算复杂度，一种方式是由空集 Φ 开始增加($l>r$)，另一种方式是由全集 X 开始减少($l<r$)。

6. 使用主成分分析的方法将下列 2 维样本降维为 1 维特征，并求出降维之后每个样本的特征值，在二维空间中画出样本和投影坐标轴：

$$\boldsymbol{x}_1=(23,22)^{\mathrm{T}},\boldsymbol{x}_2=(22,23)^{\mathrm{T}},\boldsymbol{x}_3=(0,0)^{\mathrm{T}},\boldsymbol{x}_4=(10,11)^{\mathrm{T}},\boldsymbol{x}_5=(11,10)^{\mathrm{T}}$$

7. 证明样本集协方差矩阵 $\boldsymbol{\Sigma}$ 的特征值均为不小于 0 的实数，并且特征矢量均为实矢量。

8. 证明样本集协方差矩阵 $\boldsymbol{\Sigma}$ 的任意两个不同特征值对应的特征矢量之间是正交的。

9. 当原始特征维数 d 比较大时，求取协方差矩阵 $\boldsymbol{\Sigma}$ 全部的特征值和特征矢量的计算量比较大，改进 PCA 的 Matlab 代码，逐个计算最大的特征值和特征矢量，直到累加和达到设定的比例 ratio 为止。

10. 推导 c 个类别情况下基于 Fisher 准则的可分性分析过程。

11. 有两类样本集：

$$\omega_1 = \{(0,0,0)^{\mathrm{T}},(1,0,0)^{\mathrm{T}},(1,0,1)^{\mathrm{T}},(1,1,0)^{\mathrm{T}}\}$$

$$\omega_2 = \{(0,0,1)^{\mathrm{T}},(0,1,0)^{\mathrm{T}},(0,1,1)^{\mathrm{T}},(1,1,1)^{\mathrm{T}}\}$$

请使用Fisher线性判别方法将3维特征降为1维，并在1维空间中构建分类器区分两个类别。

12. 证明在基于 Fisher 准则的可分性分析中，矩阵$\boldsymbol{S}_w^{-1}\boldsymbol{S}_b$ 的特征值均为大于等于 0 的实数，所有的特征矢量均为实矢量。

13. 证明由 c 个类别的样本计算的矩阵$\boldsymbol{S}_w^{-1}\boldsymbol{S}_b$ 最多只有 $c-1$ 个特征值大于 0。

14. 证明当样本数 n 小于原始特征维数 d 时，$\boldsymbol{S}_w$ 为奇异矩阵。

第 6 章　非线性判别函数分类器

第 4 章介绍了线性判别函数分类器的学习与识别方法，对于一个复杂实际应用问题来说，线性分类器往往是无法满足要求的，不同类别的样本之间并不总是线性可分的。例如著名的异或(XOR)问题就是一个典型的线性不可分识别问题，如图 6.1 所示。

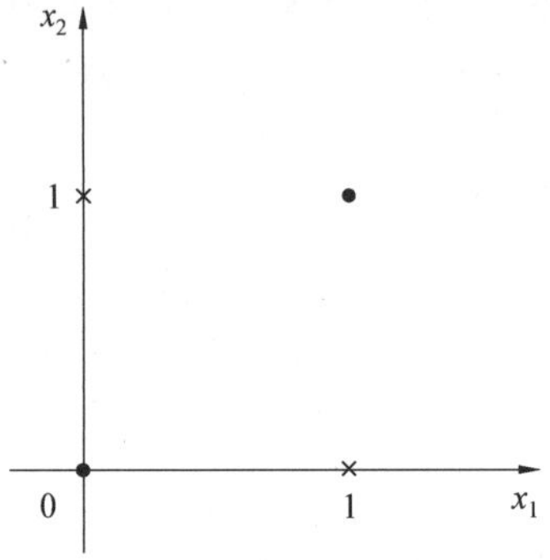

图 6.1　异或问题

异或问题：

$$\omega_1 \text{ 类样本}:\{(0,0)^{\mathrm{T}},(1,1)^{\mathrm{T}}\}$$

$$\omega_2 \text{ 类样本}:\{(1,0)^{\mathrm{T}},(0,1)^{\mathrm{T}}\}$$

很明显无法用任何一个线性判别函数将异或问题的两类训练样本完全区分开。使用线性分类器处理一个线性不可分的问题一般来说无法取得令人满意的识别结果，这就需要去寻找能够实现非线性分类的判别函数分类器。

本章将首先从线性分类器的直接非线性推广入手介绍广义线性判别函数分类器，然后介绍两种常用的非线性判别函数分类器 —— 多层感知器网络和支持向量机。

6.1　广义线性判别函数分类器

6.1.1　异或问题的非线性判别函数

当需要建立一个非线性判别函数时，可以按照一定的方式将其转化为线性判别函数。首先从一个简单的例子入手，将异或问题中 2 维矢量 $\boldsymbol{x}$ 扩展为 3 维矢量 $\boldsymbol{y}$，方法是引入一个新的特征 x_1x_2，使得 $\boldsymbol{y}=(y_1,y_2,y_3)^{\mathrm{T}}=(x_1,x_2,x_1x_2)^{\mathrm{T}}$。

异或问题的 3 维表示：

$$\omega_1 \text{ 类样本}:\{(0,0,0)^{\mathrm{T}},(1,1,1)^{\mathrm{T}}\}$$

$$\omega_2 \text{ 类样本}:\{(1,0,0)^{\mathrm{T}},(0,1,0)^{\mathrm{T}}\}$$

很明显，如图 6.2 所示，将样本转化为 3 维特征表示之后，原来 2 维空间中线性不可分的样本在三维空间中是线性可分的，例如在图中可以构造 3 维的线性判别函数区分两类样本：

$$g(\boldsymbol{y}) = -2y_1 - 2y_2 + 6y_3 + 1$$

如果将 y_1，y_2 和 y_3 分别用 x_1，x_2 和 x_1x_2 替换，则可以得到原 2 维空间的判别函数：

$$g(\boldsymbol{x}) = -2x_1 - 2x_2 + 6x_1x_2 + 1$$

由图 6.3 可以看出，根据 3 维空间中的线性判别函数，可以等价地得到 2 维空间中的二次判别函数。

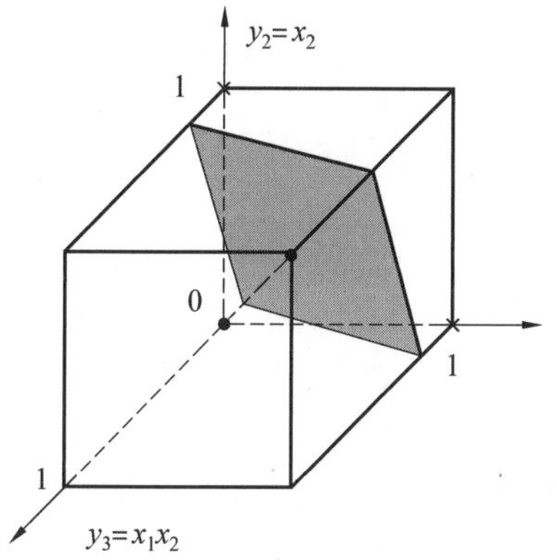

图 6.2　异或问题的 3 维空间扩展

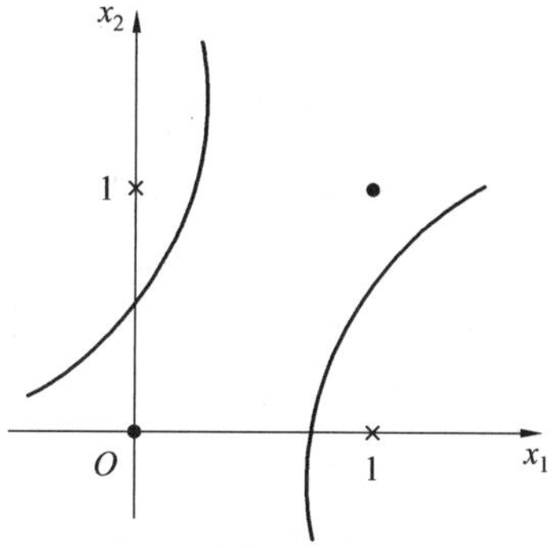

图 6.3　异或问题的二次判别函数分类界面

这个简单例子表明，如果将训练样本由原特征空间按照某种方式映射到一个高维空间，低维特征空间中非线性可分问题有可能变成高维空间中的线性可分问题，这样就可以采用第 4 章中介绍的各种线性分类器的学习方法得到高维空间的线性判别函数，然后再根据每一维特征的逆映射关系得到原空间中的非线性判别函数。

广义线性判别函数分类器就是通过增加定义于原空间上的非线性函数作为特征，实现了低维空间向高维空间的映射，从而提升了线性可分能力，在高维空间中得到的线性判别函数对应着低维空间中的非线性判别函数。

6.1.2　多项式判别函数

在异或问题的例子中，通过引入一个二次项的方式实现了广义的线性判别函数分类器。d 维特征矢量二次判别函数的一般形式可以表示为

$$g(\boldsymbol{x}) = \sum_{i=1}^{d} w_{ii}x_i^2 + \sum_{i=1}^{d-1}\sum_{j=i+1}^{d} w_{ij}x_ix_j + \sum_{i=1}^{d} w_ix_i + w_0 \tag{6.1}$$

判别函数中平方项和一次项的个数均为 d，第二项交叉项的个数为 $d(d-1)/2$，所以除常数项 w_0 之外共有 $2d + d(d-1)/2 = d(d+3)/2$ 项。

可以通过构造映射 F，将 d 维特征映射为 $d(d+3)/2$ 维特征：

$$\boldsymbol{y} = F(\boldsymbol{x}) = (x_1^2, \cdots, x_d^2, x_1x_2, \cdots, x_{d-1}x_d, x_1, \cdots, x_d)^{\mathrm{T}}$$

然后在 $d(d+3)/2$ 维空间中学习线性判别函数，对应着原空间中的二次判别函数。更一般的情况下，d 维特征矢量的 r 次判别函数可以表示为

$$g(\boldsymbol{x}) = g^r(\boldsymbol{x}) + g^{r-1}(\boldsymbol{x}) + \cdots + g^1(\boldsymbol{x}) + w_0 \tag{6.2}$$

其中

$$g^k(\boldsymbol{x})=\sum_{i_1=1}^{n}\sum_{i_2=i_1}^{n}\cdots\sum_{i_k=i_{k-1}}^{n}w_{i_1 i_2\cdots i_k}x_{i_1}x_{i_2}\cdots x_{i_k} \tag{6.3}$$

包含了多项式中的所有 k 次项，共有 C_{d+k-1}^k 项，因此 $g(\boldsymbol{x})$ 中除 w_0 之外的项数为

$$\sum_{k=1}^{r}C_{d+k-1}^k=\frac{(d+r)!}{d!\ r!}-1 \tag{6.4}$$

采用类似于二次判别函数的方法构造一个 d 维空间到 $\frac{(d+r)!}{d!\ r!}-1$ 维空间的映射，可以将高维空间中学习得到的线性判别函数转化为原空间中的 r 次判别函数。

6.1.3 存在的问题

广义线性判别函数分类器并不限于多项式判别函数，更一般的可以表示为

$$g(\boldsymbol{x})=f_1(\boldsymbol{x})+f_2(\boldsymbol{x})+\cdots+f_r(\boldsymbol{x})+w_0 \tag{6.5}$$

通过定义：

$$\boldsymbol{y}=F(\boldsymbol{x})=(f_1(\boldsymbol{x}),f_2(\boldsymbol{x}),\cdots,f_r(\boldsymbol{x}))^{\mathrm{T}}$$

将每个训练样本由 $\mathbf{R}^d$ 空间映射到 $\mathbf{R}^r$ 空间，一般来说 $r>d$；然后在 $\mathbf{R}^r$ 空间中学习一个线性判别函数，直接对应于 $\mathbf{R}^d$ 空间的非线性判别函数。

多项式判别函数中的 $f_i(\boldsymbol{x})$ 是由特征高次项的乘积构成的，更一般的 $f_i(\boldsymbol{x})$ 可以是任意的函数，如指数函数、对数函数等。

应用广义线性判别函数分类器需要解决如下问题：

1. 非线性映射的选择

将特征空间由 $\mathbf{R}^d$ 映射为 $\mathbf{R}^r$ 的目的是要使得样本在新的空间中是线性可分的，而非线性映射的方式又是多种多样的，即使是采用多项式判别函数，不同的阶数 r 所得到的结果也是完全不同的。到目前为止还没有一种方法能够告诉我们，什么样的非线性映射能够保证映射之后的样本是线性可分的。

2. 特征维数灾难

在多项式判别函数中，映射之后的特征维数随着原特征维数 d 和多项式的阶数 r 的增长速度非常快，例如，5 维特征的 2 阶多项式包含 21 项，而 10 维特征的 5 阶多项式包含 3 003 项，20 维特征的 5 阶多项式则包含 53 130 项。特征维数的增加有助于提高线性可分能力，在一般情况下，$r\geqslant n+1$ 维空间中的 n 个两类训练样本都是线性可分的；但是特征的维数并不是越高越好，在高维空间中学习线性分类器需要更多的训练样本，而在一定训练样本数的条件下，过高的映射特征维数可能造成分类器对测试样本的识别率下降，这种现象一般被称为“过学习”。

6.2 多层感知器网络

第 4 章中曾经介绍过由神经元可以构成两层的感知器网络，但两层感知器网络能够实现的仍然是一个线性分类器。在本节中将会看到随着感知器网络层数的增加，所实现的分

类器将具有非线性的判别能力。

6.2.1　解决 XOR 问题的多层感知器

XOR 问题是一个典型的线性不可分问题,两层感知器网络无法解决异或问题。但是如果在两层感知器网络的输入层和输出层之间增加一个隐含层,就可以使得 XOR 问题得到解决。

如图 6.4,输入层节点采用线性激活函数,而隐含层和输出层节点采用 0－1 阶跃激活函数:

$$输入层:f(u)=u \tag{6.6}$$

$$隐含层和输出层:f(u)=\begin{cases}1, & u>0\\0, & u\leqslant 0\end{cases}$$

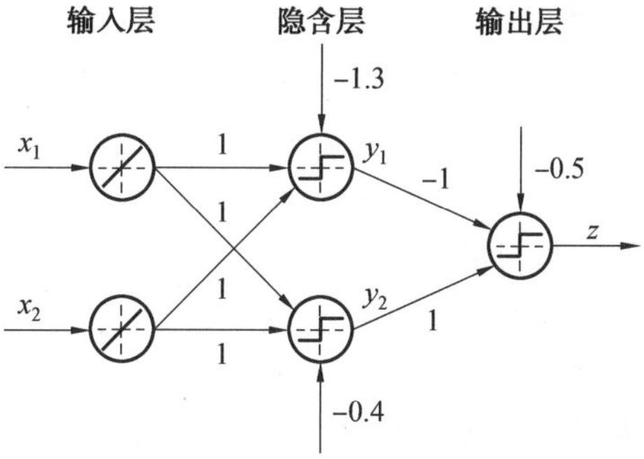

图 6.4　解决 XOR 问题的三层感知器网络

表 6.1 中列出了对应 XOR 问题的 4 个输入样本,隐含层和输出层神经元的输出值 y_1,y_2 和 z,从输出 z 可以看出三层感知器网络是能够区分 XOR 问题两类样本的。

表 6.1　XOR 问题三层感知器网络各节点的输出

输入层		隐含层		输出层
x_1	x_2	y_1	y_2	z
0	0	0	0	0
1	1	1	1	0
0	1	0	1	1
1	0	0	1	1

三层感知网络中加入的隐含层起到了对输入样本进行非线性映射的作用,图 6.5 画出了 4 个样本从输入空间 x_1-x_2 到隐含层的输出空间 y_1-y_2 的映射过程,可以看出,经过映射之后异或问题在隐含层的输出上是线性可分的;输出层所起的作用是对隐含层的输出进行线性判别。

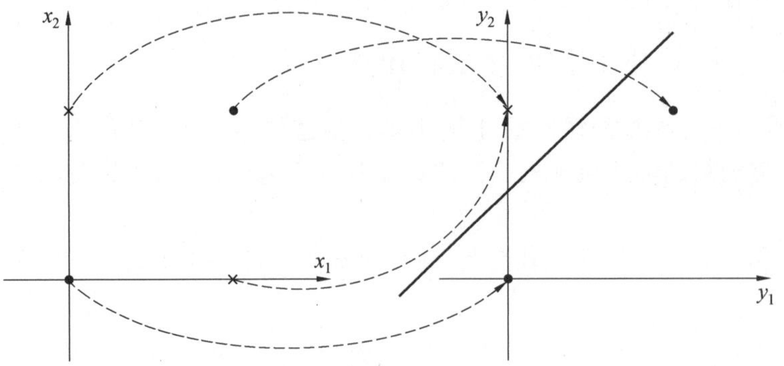

图 6.5　隐含层的非线性映射以及输出层的线性判别

6.2.2　多层感知器的结构

通过 XOR 问题这个简单例子可以看到，增加隐含层可以实现样本由原特征空间向隐含层输出空间的非线性映射。原空间中不可分的样本在新的空间中有可能是线性可分的，输出层在新的空间中构造线性分类器可以实现对原空间样本的非线性判别。这个过程实际上同广义线性判别函数分类器是类似的，只不过非线性映射是由隐含层神经元来完成的。更进一步将会看到这种非线性映射是可以在训练过程中利用训练样本集合学习的，而不是像广义线性判别函数是人为设定的。

如图 6.6，多层感知器网络的神经元节点是分层排列的，一般分为输入层、隐含层和输出层，同一层神经元之间没有连接，相邻层神经元的输入与输出相连，因此也被称为前馈神经网络。

输入层的神经元个数决定于样本的特征维数。神经元的输出连接到第一隐含层每个神经元的输入，神经元的激活函数一般为公式(6.6) 所示的线性函数。输入层的作用主要是将识别或训练样本的特征信号输入到多层感知器网络中。

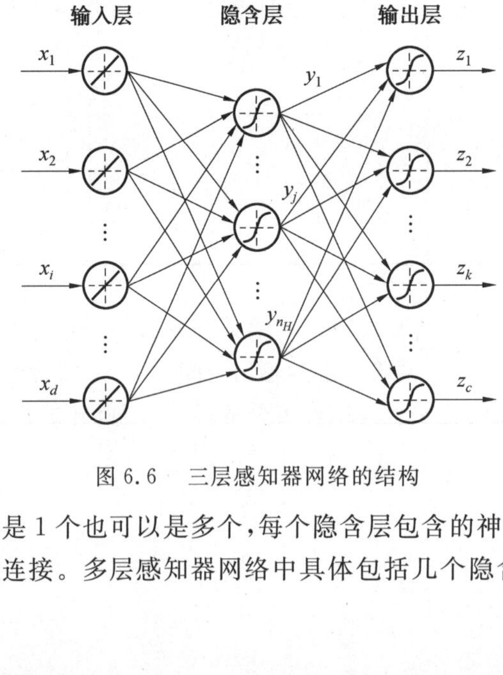

图 6.6　三层感知器网络的结构

隐含层的数量可以是 1 个也可以是多个，每个隐含层包含的神经元数量不需要相同，相邻两层神经元之间都有连接。多层感知器网络中具体包括几个隐含层，每个隐含层包含多少神经元,需要根据实际的识别问题来确定。一般来说隐含层数的增加和隐含神经元数量的增加可以提高网络非线性分类的能力,因此复杂的识别问题需要更多的层数和更多的神经元。第一个隐含层的输入来自于输入层的输出,而其他隐含层的输入来自于前一个隐含层的输出,最后一个隐含层的输出与输出层的神经元相连。隐含层神经元的激活函数需要采用 Sigmoid 型函数,常用的有对数型 Sigmoid 函数和双曲正切型 Sigmoid 函数。需要注意的是对数型函数的值域是(0,1),而双曲正切型的是(−1,+1):

$$\text{对数型}: f(u)=\frac{1}{1+e^{-u}} \tag{6.7}$$

$$\text{双曲正切型}: f(u)=\frac{e^{u}-e^{-u}}{e^{u}+e^{-u}} \tag{6.8}$$

输出层神经元的个数决定于识别问题的类别数。与线性的两层感知器网络一样,常用的方式有两种:一种是输出神经元的数量等于类别数 c,另外一种是采用编码输出,输出神经元的个数等于$\log_2 c$。输出层神经元的激活函数可以根据需要采用线性函数、Sigmoid 函数或者阶跃函数。

多层感知器的识别过程比较简单,就是以待识别样本的特征矢量作为输入的网络信号传递过程,根据输出可以判断输入样本的类别属性。

三层感知器识别算法

- ■ 输入待识别样本 $\boldsymbol{x}$,隐含层和输出层分别有 n_H 和 L 个神经元,隐含层第 j 个节点的权值矢量、偏置和激活函数分别为$\boldsymbol{w}_{h,j}$ 和 $b_{h,j}$,$f_h(u)$;输出层的第 k 个节点权值矢量、偏置和激活函数分别为$\boldsymbol{w}_{o,k}$ 和 $b_{o,k}$,$f_o(u)$。
- ■ 计算隐含层神经元的输出:
  - □ 计算每个神经元的净输入:$net_{h,j}=\boldsymbol{w}_{h,j}^{\mathrm{T}}\boldsymbol{x}+b_{h,j}$;
  - □ 计算每个神经元的实际输出:$y_j=f_h(net_{h,j})$,$j=1,\cdots,n_H$;
- ■ 计算输出层的输出,隐含层的输出矢量表示为 $\boldsymbol{y}=(y_1,\cdots,y_{n_H})^{\mathrm{T}}$:
  - □ 计算每个神经元的净输入:$net_{o,k}=\boldsymbol{w}_{o,k}^{\mathrm{T}}\boldsymbol{y}+b_{o,k}$;
  - □ 计算每个神经元的实际输出:$z_k=f_o(net_{o,k})$,$k=1,\cdots,L$;
- ■ 根据网络的输出矢量 $\boldsymbol{z}=(z_1,\cdots,z_L)^{\mathrm{T}}$ 确定样本 $\boldsymbol{x}$ 的类别属性;

根据网络输出判别样本 $\boldsymbol{x}$ 的类别属性有多种方式:

(1) 输出节点数等于类别数 c,输出层激活函数为(对数)Sigmoid型函数:网络的每个输出值 $z_i\in(0,1)$,可以视为样本 $\boldsymbol{x}$ 属于 ω_i 的概率,判别方式为

$$j=\arg\max_{1\leqslant i\leqslant c} z_i,\text{判别 } \boldsymbol{x}\in\omega_j$$

(2) 输出节点数等于类别数 c,输出层激活函数为阶跃函数:网络的每个输出值 $z_i\in\{0,1\}$,判别方式为

$$\begin{cases}\exists j,(z_j=1)\wedge(z_i=0),\forall i=1,\cdots c,i\neq j, & \boldsymbol{x}\in\omega_j\\ \text{其他}, & \text{拒识}\end{cases}$$

也就是说,当所有的 c 个输出中有且只有一个是 1,其他都是 0 的时候,$\boldsymbol{x}$ 判别为输出 1

的节点对应的类别，其他情况都拒识 $\boldsymbol{x}$。

(3) 输出节点等于$\log_2 c$(编码输出)，输出层激活函数为阶跃函数：根据网络输出的编码矢量 $\boldsymbol{z}$ 判别 $\boldsymbol{x}$。例如，用 3 个输出层神经元编码 8 个类别时，可以根据表 6.2 决定 $\boldsymbol{x}$ 的类别属性：

表 6.2 类别编码输出对应表

输出 z	x 的类别	输出 z	x 的类别
(0,0,0)	第 1 类	(1,0,0)	第 5 类
(0,0,1)	第 2 类	(1,0,1)	第 6 类
(0,1,0)	第 3 类	(1,1,0)	第 7 类
(0,1,1)	第 4 类	(1,1,1)	第 8 类

6.2.3 多层感知器的学习

多层感知器学习的目的是要调整网络中每个神经元的权值矢量和偏置，使得对于训练样本集合 D 的识别误差最小。同线性的两层感知网络一样，多层感知器的权值学习也要转化为对误差平方和的优化问题求解。

令训练样本集包含 n 个样本 $D=\{\boldsymbol{x}_1,\cdots,\boldsymbol{x}_n\}$，根据每个样本的类别属性设定相应的期望输出矢量$\{\boldsymbol{t}_1,\cdots,\boldsymbol{t}_n\}$。每类样本的期望输出是与网络输出层神经元的设计相关的，如果输出层的激活函数采用的是对数型 Sigmoid 函数，则每个神经元的期望输出设置为 0 或 1；如果采用的是双曲正切型的 Sigmoid 函数，则设置为 -1 或 $+1$。当输出层神经元的数量等于类别数 c 时，则第 i 类样本的期望输出矢量 $\boldsymbol{t}$ 的第 i 个元素为 $+1$，其他元素为 0 或 -1；如果采用编码输出时，需要按照类别编码对应表设置期望输出。

如果将网络所有神经元的权值和偏置表示为一个统一的参数矢量 $\boldsymbol{w}$，对应所有训练样本的网络实际输出为$\{\boldsymbol{z}_1,\cdots,\boldsymbol{z}_n\}$，需要优化的平方误差函数为

$$\min_{\boldsymbol{w}} J(\boldsymbol{w})=\sum_{i=1}^{n} E_i(\boldsymbol{w})=\frac{1}{2}\sum_{i=1}^{n}\|\boldsymbol{t}_i-\boldsymbol{z}_i\|^2 \tag{6.9}$$

在线性网络的学习中，优化的是同样的平方误差函数。由于线性网络的实际输出$\boldsymbol{z}_i$ 可以很容易地表示为网络参数 $\boldsymbol{w}$ 的简洁表达式，通过微分运算就能够得到优化函数的极值点；而在多层感知器网络中，由于隐含层神经元的存在，实际输出$\boldsymbol{z}_i$ 与参数矢量 $\boldsymbol{w}$ 之间的关系比较复杂，很难由简单的微分求解式(6.9)优化问题的最小值点，需要采用附录 B.2 介绍的梯度法进行优化，由初始的参数矢量 $\boldsymbol{w}(0)$ 开始，迭代优化直到收敛：

$$\boldsymbol{w}(m)=\boldsymbol{w}(m-1)-\eta\left.\frac{\partial J(\boldsymbol{w})}{\partial \boldsymbol{w}}\right|_{\boldsymbol{w}=\boldsymbol{w}(m-1)} \tag{6.10}$$

考虑式(6.9)，由于

$$\frac{\partial J(\boldsymbol{w})}{\partial \boldsymbol{w}}=\sum_{i=1}^{n}\frac{\partial E_i(\boldsymbol{w})}{\partial \boldsymbol{w}}$$

因此算法的关键是要计算输入训练样本$\boldsymbol{x}_i$ 时的平方误差 $E_i(\boldsymbol{w})=\frac{1}{2}\|\boldsymbol{t}_i-\boldsymbol{z}_i\|^2$ 关于每个网络参数的偏导数。下面以包含一个隐含层的三层感知器网络为例，推导各个网络参

数的迭代公式，包含多个隐含层的情况可以依此类推。

1. 输出层

首先，考虑包含 n_H 个神经元的隐含层第 j 个神经元与包含 L 个神经元的输出层第 k 个神经元之间的连接权值 w_{kj} 以及偏置 b_k（图 6.7）。令隐含层神经元的输出为 $\{y_1,\cdots,y_{n_H}\}$，输出层神经元的净输入为 $\{net_1,\cdots,net_L\}$，输出层和隐含层神经元的激活函数分别为 $f_o(u)$ 和 $f_h(u)$，应用隐函数求导法则有（E 为输入 $\boldsymbol{x}_i$ 的平方误差，为直观简洁，以下符号均省略下标 i）：

$$\frac{\partial E}{\partial w_{kj}}=\frac{\partial E}{\partial z_k}\frac{\partial z_k}{\partial net_k}\frac{\partial net_k}{\partial w_{kj}}$$

$$\frac{\partial E}{\partial b_k}=\frac{\partial E}{\partial z_k}\frac{\partial z_k}{\partial net_k}\frac{\partial net_k}{\partial b_k} \tag{6.11}$$

由于

$$E=\frac{1}{2}\ \|\boldsymbol{t}-\boldsymbol{z}\|^2=\frac{1}{2}\sum_{l=1}^{L}(t_l-z_l)^2,\qquad \frac{\partial E}{\partial z_k}=-(t_k-z_k)$$

$$z_k=f_o(net_k),\qquad \frac{\partial z_k}{\partial net_k}=f'_o(net_k)$$

$$net_k=\sum_{l=1}^{n_H}w_{kl}y_l+b_k,\qquad \frac{\partial net_k}{\partial w_{kj}}=y_j,\frac{\partial net_k}{\partial b_k}=1$$

代入式(6.11)，有

$$\frac{\partial E}{\partial w_{kj}}=-(t_k-z_k)f'_o(net_k)y_j$$

$$\frac{\partial E}{\partial b_k}=-(t_k-z_k)f'_o(net_k) \tag{6.12}$$

定义 $\delta_k=(t_k-z_k)f'_o(net_k)$，则可以得到平方误差关于输出层神经元参数 w_{kj} 和 b_k 的梯度：

$$\frac{\partial E}{\partial w_{kj}}=-\delta_k y_j,\frac{\partial E}{\partial b_k}=-\delta_k \tag{6.13}$$

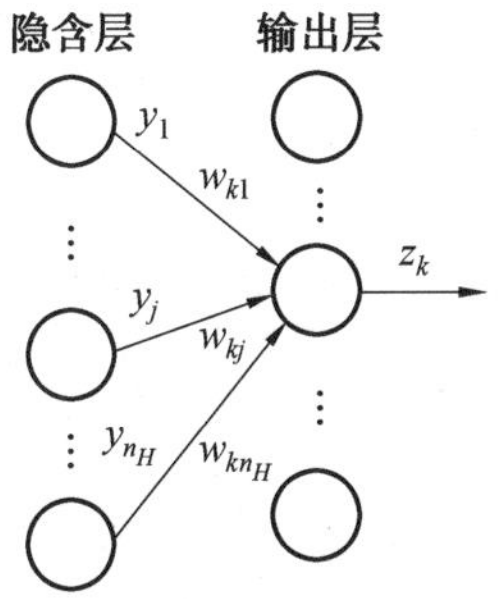

图 6.7　输出层神经元权值的学习

2. 隐含层

现在考虑隐含层第 j 个节点与输入层第 m 个节点之间的连接权值 w_{jm} 以及偏置 b_j。与输出层类似，应用隐函数求导规则：

$$\frac{\partial E}{\partial w_{jm}}=\frac{\partial E}{\partial y_j}\frac{\partial y_j}{\partial net_j}\frac{\partial net_j}{\partial w_{jm}}$$

$$\frac{\partial E}{\partial b_j}=\frac{\partial E}{\partial y_j}\frac{\partial y_j}{\partial net_j}\frac{\partial net_j}{\partial b_j}\tag{6.14}$$

其中

$$y_j=f_h(net_j)\quad,\quad \frac{\partial y_j}{\partial net_j}=f'_h(net_j)$$

$$net_j=\sum_{k=1}^{d}w_{jk}x_k+b_j\quad,\quad \frac{\partial net_j}{\partial w_{jm}}=x_m,\frac{\partial net_j}{\partial b_j}=1\tag{6.15}$$

E 不能直接表示成 y_j 的函数，但可以表示成输出层 $\{z_1,\cdots,z_L\}$ 的函数，而每一个输出 z_k 都是 y_j 的函数(图 6.8)，$\partial E/\partial y_j$ 的计算相对于输出层要复杂一些：

$$E=\frac{1}{2}\sum_{k=1}^{L}(t_k-z_k)^2,z_k=f_o(net_k),net_k=\sum_{l=1}^{n_H}w_{kl}y_l+b_k$$

$$\begin{aligned}\frac{\partial E}{\partial y_j}&=-\sum_{k=1}^{L}(t_k-z_k)\frac{\partial z_k}{\partial y_j}\\&=-\sum_{k=1}^{L}(t_k-z_k)\frac{\partial z_k}{\partial net_k}\frac{\partial net_k}{\partial y_j}\\&=-\sum_{k=1}^{L}(t_k-z_k)f'_o(net_k)w_{kj}=-\sum_{k=1}^{L}\delta_k w_{kj}\end{aligned}\tag{6.16}$$

将式(6.15)和式(6.16)代入式(6.14)：

$$\frac{\partial E}{\partial w_{jm}}=-\left[\sum_{k=1}^{L}\delta_k w_{kj}\right]f'_h(net_j)x_m$$

$$\frac{\partial E}{\partial b_j}=-\left[\sum_{k=1}^{L}\delta_k w_{kj}\right]f'_h(net_j)$$

定义 $\delta_j=f'_h(net_j)\sum_{k=1}^{L}\delta_k w_{kj}$，则可以得到平方误差关于隐含层神经元参数 w_{jm} 和 b_j 的梯度：

$$\frac{\partial E}{\partial w_{jm}}=-\delta_j x_m$$

$$\frac{\partial E}{\partial b_j}=-\delta_j\tag{6.17}$$

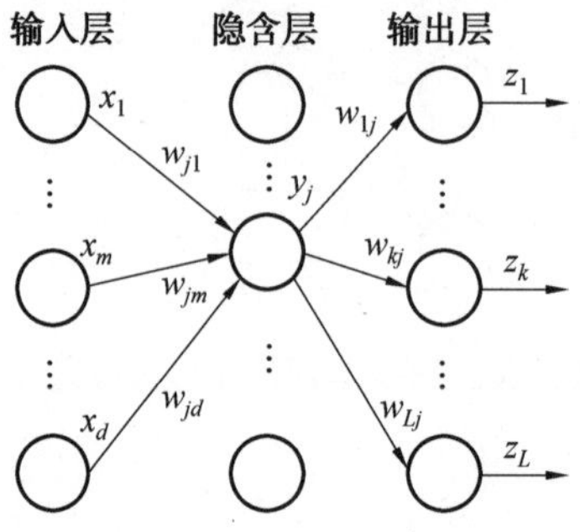

图 6.8　隐含层神经元权值的学习

由公式(6.13)和(6.17)，得到了平方误差函数 E 关于输出层和隐含层参数的梯度。注意到输出层需要计算的主要是每个节点的 $\delta_k=(t_k-z_k)f'_o(net_k)$，某种程度上这可以看作是输出节点 k 上的误差；而隐含层每个节点计算 $\delta_j=f'_h(net_j)\sum_{k=1}^{L}\delta_k w_{kj}$ 时需要用到所有输出层节点的误差 δ_k，这也可以看作是隐含层节点 j 的误差。由于隐含层节点的误差需要由输出层节点的误差反向计算得到，因此多层感知器网络参数的学习算法也被称为误差反向传播算法(Backpropagation Alogrithm，BP 算法)。

3. BP 算法的实现

前面推导出了输入一个训练样本的平方误差 E 关于各个网络参数的梯度计算公式，算法的实现需要包括输入信号的前馈传递和误差信号的反向传递两个过程。前馈过程类似于识别过程，主要目的是依次计算隐含层和输出层每个神经元的净输入 net_j 和 net_k，以及实际输出 y_j 和 z_k；而反馈过程则是首先计算输出层的误差 δ_k，然后反向计算隐含层的误差 δ_j。

BP 算法的实现方式有两种：一种是输入所有训练样本之后，计算所有样本的平方误差关于每个参数的梯度，统一迭代调整一次参数，这种方式一般称为批量学习方式；另一种是每输入一个训练样本就计算出该样本的平方误差关于每个参数的梯度，并且使用这个梯度值直接调整所有参数，这种方式一般称为在线学习方式。

三层感知器网络的 BP 学习算法(批量)：

- 输入训练样本和期望输出集 $D=\{(\boldsymbol{x}_1,\boldsymbol{t}_1),\cdots,(\boldsymbol{x}_n,\boldsymbol{t}_n)\}$，隐含层和输出层分别有 n_H 和 L 个神经元，隐含层和输出层的激活函数分别为 $f_h(u)$ 和 $f_o(u)$，迭代学习率 η，收敛精度阈值 θ；
- 随机初始化隐含层和输出层的权值矢量 $\boldsymbol{w}_{h,j}$，$\boldsymbol{w}_{o,k}$，偏置 $b_{h,j}$ 和 $b_{o,k}$，$j=1,\cdots,n_H$，$k=1,\cdots,L$；
- do

　　$\Delta w_{h,jm}=0,\Delta b_{h,j}=0,j=1,\cdots,n_H,m=1,\cdots,d$；

　　$\Delta w_{o,kj}=0,\Delta b_{o,k}=0,k=1,\cdots,L$

　　for $i=1$ to n

　　　前馈计算：

　　　　依次计算隐含层和输出层神经元的净输入和输出：

　　　　$net_{h,j}=\boldsymbol{w}_{h,j}^{\mathrm{T}}\boldsymbol{x}_i+b_{h,j},y_j=f_h(net_{h,j})$；

　　　　$net_{o,k}=\boldsymbol{w}_{o,k}^{\mathrm{T}}\boldsymbol{y}+b_{o,k},z_k=f_o(net_{o,k})$；

　　　反馈计算：

　　　　计算输出层每个神经元的误差：$\delta_{o,k}=(t_k-z_k)f'_o(net_{o,k})$

　　　　计算隐含层每个神经元的误差：$\delta_{h,j}=f'_h(net_{h,j})\sum_{k=1}^{L}\delta_{o,k}w_{o,kj}$

　　　　累加权值增量：

　　　　　$\Delta w_{h,jm}\leftarrow\Delta w_{h,jm}+\delta_{h,j}x_{im},\Delta b_{h,j}\leftarrow\Delta b_{h,j}+\delta_{h,j}$；

　　　　　$\Delta w_{o,kj}\leftarrow\Delta w_{o,kj}+\delta_{o,k}y_j,\Delta b_{o,k}\leftarrow\Delta b_{o,k}+\delta_{o,k}$；

end for

调整权值：

$$w_{h,jm} \leftarrow w_{h,jm} + \eta \Delta w_{h,jm}, b_{h,j} \leftarrow b_{h,j} + \eta \Delta b_{h,j}$$

$$w_{o,kj} \leftarrow w_{o,kj} + \eta \Delta w_{o,kj}, b_{o,k} \leftarrow b_{o,k} + \eta \Delta b_{o,k}$$

while $\| \nabla J(\boldsymbol{w}) \| > \theta$

■ 输出：所有权值矢量$\boldsymbol{w}_{h,j}, \boldsymbol{w}_{o,k}$ 和偏置 $b_{h,j}, b_{o,k}$

BP 算法的终止条件是优化函数 J 梯度的长度小于阈值 θ，实际上所有参数的增量就是 J 梯度的对应元素，因此

$$\| \nabla J(\boldsymbol{w}) \| = \sqrt{\sum_{j=1}^{n_H} \sum_{m=1}^{d} \Delta w_{h,jm}^2 + \sum_{j=1}^{n_H} \Delta b_{h,j}^2 + \sum_{k=1}^{L} \sum_{j=1}^{n_H} \Delta w_{o,kj}^2 + \sum_{k=1}^{L} \Delta b_{h,k}^2}$$

算法中计算输出层和隐含层神经元的误差时，需要相应激活函数的导数，而导数的计算需要考虑具体的函数形式。从例 6.1 以及本章习题中第 3 题能够看到具体的导数值可以由相应神经元的输出很方便地计算得到。

【例 6.1】 推导对数型 Sigmoid 激活函数用 $f(u)$ 表示 $f'(u)$ 的计算公式。

解 对数型 Sigmoid 函数

$$f(u) = \frac{1}{1 + \mathrm{e}^{-u}}$$

计算导数：

$$\begin{aligned} f'(u) &= \frac{\mathrm{e}^{-u}}{(1 + \mathrm{e}^{-u})^2} = \frac{\mathrm{e}^{-u} + 1 - 1}{(1 + \mathrm{e}^{-u})^2} \\ &= \frac{1}{1 + \mathrm{e}^{-u}} - \frac{1}{(1 + \mathrm{e}^{-u})^2} \\ &= f(u) - f^2(u) \\ &= f(u)[1 - f(u)] \end{aligned}$$

可以看出，激活函数的导数 $f'(u)$ 可以由 $f(u)$ 直接计算得到，具体到 BP 算法中，隐含层：

$$f'_h(net_{h,j}) = f_h(net_{h,j})[1 - f_h(net_{h,j})] = y_j(1 - y_j)$$

输出层

$$f'_o(net_{o,k}) = z_k(1 - z_k)$$

三层感知器网络的 BP 学习算法(在线)

■ 输入训练样本和期望输出集 $D = \{(\boldsymbol{x}_1, \boldsymbol{t}_1), \cdots, (\boldsymbol{x}_n, \boldsymbol{t}_n)\}$，隐含层和输出层分别有 n_H 和 L 个神经元，隐含层和输出层的激活函数分别为 $f_h(u)$ 和 $f_o(u)$，迭代学习率 η，收敛阈值 θ；

■ 随机初始化隐含层和输出层的权值矢量$\boldsymbol{w}_{h,j}, \boldsymbol{w}_{o,k}$，偏置 $b_{h,j}$ 和 $b_{o,k}$，$j = 1, \cdots, n_H$，$k = 1, \cdots, L$；

■ do

for i = 1 to n

前馈计算：

依次计算隐含层和输出层神经元的净输入和输出：

$net_{h,j} = \boldsymbol{w}_{h,j}^{T} \boldsymbol{x}_i + b_{h,j}, y_j = f_h(net_{h,j})$；

$net_{o,k} = \boldsymbol{w}_{o,k}^{T} \boldsymbol{y} + b_{o,k}, z_k = f_o(net_{o,k})$；

反馈计算：

计算输出层每个神经元的误差：$\delta_{o,k} = (t_k - z_k) f'_o(net_{o,k})$

计算隐含层每个神经元的误差：$\delta_{h,j} = f'_h(net_{h,j}) \sum_{k=1}^{L} \delta_{o,k} w_{o,kj}$

调整权值：

$w_{h,jm} \leftarrow w_{h,jm} + \eta \delta_{h,j} x_{im}, b_{h,j} \leftarrow b_{h,j} + \eta \delta_{h,j}$

$w_{o,kj} \leftarrow w_{o,kj} + \eta \delta_{o,k} y_j, b_{o,k} \leftarrow b_{o,k} + \eta \delta_{o,k}$

end for

while $\| \nabla J(\boldsymbol{w}) \| > \theta$

■ 输出：所有权值矢量 $\boldsymbol{w}_{h,j}, \boldsymbol{w}_{o,k}$ 和偏置 $b_{h,j}, b_{o,k}$。

可以看出，批量版本 BP 算法是在所有样本输入之后统一调整所有的网络参数，在线版本则是输入每个样本之后立即调整所有参数，而算法的收敛条件都是在所有样本输入之后判断的。

下面给出三层感知器学习和识别算法的 Matlab 代码，其中隐含层和输出层的激活函数均使用的是对数型 Sigmoid 函数。

函数名称：MLPTrain

参数：X—— 样本矩阵(n×d 矩阵)，T—— 期望输出矩阵，nh—— 隐含层节点数，Theta—— 收敛阈值，eta—— 学习速率

返回值：net 包含三层 MLP 权值矩阵的结构

函数功能：学习三层感知器网络

```
function net = MLPTrain( X, T, nh, Theta, eta )

n = size(X,1);
d = size(X,2);
c = size(T,2);

net.Wh = rand( nh, d+1 );                    % 随机初始化权值
net.Wo = rand( c, nh+1 );

X = [X ones(n,1)];
gradJ = 100000;
r = 0;
```

```
while gradJ > Theta
    deltaWh = zeros( nh, d+1 );
    deltaWo = zeros( c, nh+1 );
    J = 0;

    for i = 1:n
        neth = net.Wh * X(i,:)';                    % 前馈计算
        y = 1./(1 + exp(-1 * neth));

        neto = net.Wo * [y;1];
        z = 1./(1 + exp(-1 * neto));

        J = J + (T(i,:) - z') * (T(i,:) - z')';

        deltao = (T(i,:) - z').* z'.* (1 - z');     % 反馈计算
        deltah = y'.* (1 - y').* (deltao * net.Wo(:,1:nh));

        deltaWh = deltaWh + repmat(deltah',1,d+1).* repmat(X(i,:),nh,1);
        deltaWo = deltaWo + repmat(deltao',1,nh+1).* repmat([y;1]',c,1);
    end

    net.Wh = net.Wh + eta * deltaWh/n;          % 调整权值
    net.Wo = net.Wo + eta * deltaWo/n;

    gradJ = sqrt(sum(sum(deltaWh.* deltaWh)) + sum(sum(deltaWo.* deltaWo))
)/n;

    r = r + 1;
    fprintf('round %d: J = %f\n', r, J );
end
```

函数名称:MLPPredict
参数:X—— 样本矩阵(n×d 矩阵),net——MLP 权值矩阵的结构
返回值:三层感知器网络的预测输出
函数功能:三层感知器网络识别

```
function output = MLPPredict( X, net )
```

```
n = size(X,1);

X = [X ones(n,1)];
neth = net.Wh * X';
y = [1./(1 + exp(-1 * neth')) ones(n,1)];

neto = net.Wo * y';
output = 1./(1 + exp(-1 * neto));
```

【例 6.2】　设计和学习一个能够同时求解“异或问题”和“或问题”的 3 层感知器网络。

解　设计如图 6.9 所示的 3 层感知器，包含 2 个隐含层神经元和 2 个输出层神经元，输出层神经元分别代表异或和或运算的结果。使用 Matlab 编码实现网络的学习。

```
X = [0 0;1 1;1 0;0 1]
T = [0 0;0 1;1 1;1 1]
net = MLPTrain( X, T, 2, 0.000 01, 30 )
o = MLPPredict(X,net)
```

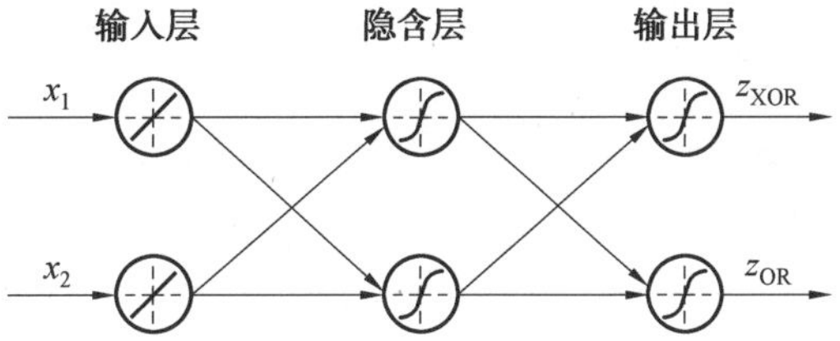

图 6.9　例 6.2 感知网络结构

6.2.4　多层感知器学习算法的改进

运行例 6.2 的程序，会发现 BP 算法需要经过多轮迭代才能够收敛，特别是当收敛精度高时，需要的迭代次数更多。提高 BP 算法的学习效率一直是多层感知器网络在应用中需要解决的一个重要问题，特别是当训练样本数很多时，基于梯度下降的 BP 算法往往需要花费很长时间才能够完成网络参数的学习。在例 6.2 的程序中，如果保持收敛精度 θ(Theta) 不变，网络参数的初始值相同，当尝试不同的学习率 η(eta) 时会发现 BP 算法的迭代次数和学习率之间大致有如下关系：小的学习率需要的迭代次数很多，随着学习率的增加迭代次数逐渐减小，但超过一定的值之后会再次增大，而大于某个值之后则无法保证算法的收敛。

图 6.10 显示的就是采用不同学习率 η(eta) 算法收敛需要的迭代次数。当学习率小于 10 时，算法需要的迭代次数很多，收敛很慢；随着学习率的增大，迭代次数逐渐减少；当学习率大于 60 之后，迭代次数再次增多；学习率超过 80 之后，算法不再收敛。

下面以二次优化函数为例来看一下为什么会出现这种现象。图 6.11 中二次函数存在唯一的极小值点，对于任意一个初始点来说存在一个最优的学习率 η_{opt}，当学习率 η 由小逐渐接近 η_{opt} 时，迭代次数会逐渐减少；当 $\eta = \eta_{opt}$ 时最优，迭代一次就可以找到极值点；而当

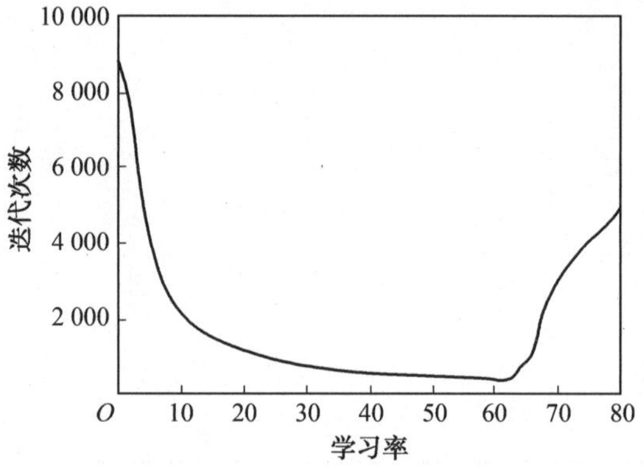

图 6.10　迭代次数与学习率的关系曲线

$2\eta_{opt} > \eta > \eta_{opt}$ 时会发生"过冲"现象,迭代次数反而增加;当 $\eta > 2\eta_{opt}$ 时,算法不再收敛。实际的多层感知器网络优化函数一般来说不是二次函数,因此收敛的情况会更加复杂一些。

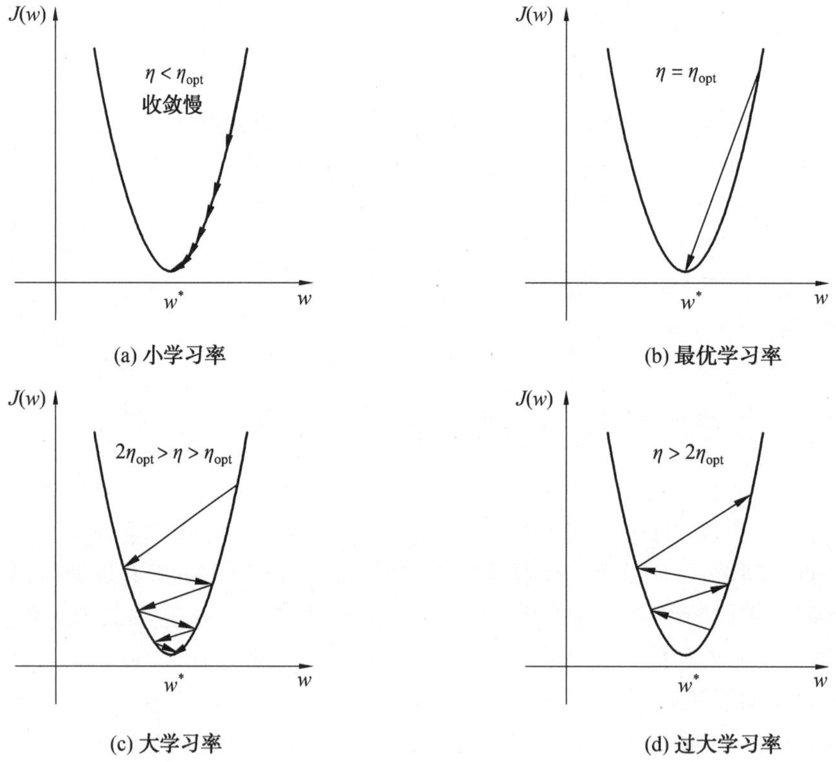

图 6.11　二次函数优化的学习率

由以上观察可以看出,适当增大学习率可以有效地减少算法的迭代次数,但过大的学习率则可能导致算法不能收敛。采用不同的样本集和不同的初始权值时,学习率的选择是不同的,是与问题相关的,并不是一成不变的。

下面结合 Matlab 神经网络工具箱介绍几种常用的提高 BP 算法学习效率的方法。在

Matlab 中可以使用一种非常简单的方式设计和学习一个多层感知器网络。

函数名称:feedforwardnet
功能:设置多层感知器网络结构

函数形式:
net = feedforwardnet(hiddenSizes, trainFcn)
参数:
hiddenSizes —— n×1 矩阵,隐含层神经元的个数,n 为隐含层的数量
trainFcn —— 使用的学习算法
返回:
net —— 多层感知器网络结构

函数名称:train
功能:学习多层感知器网络神经元的权值

函数形式:
net = train(net, X, T)
参数:
net —— 多层感知器网络结构
X—— n×d 矩阵,训练样本矩阵,n 为样本数,d 为特征数
T —— n×L 矩阵,目标矢量矩阵,L 为输出层神经元数
返回:
net—— 经过权值学习的多层感知器网络结构

函数名称:sim
功能:计算多层感知网络输出

函数形式:
y = sim(net, X)
参数:
net—— 多层感知器网络结构
X—— n×d 矩阵,测试样本矩阵,n 为样本数,d 为特征数
返回:
y —— n×L 矩阵,多层感知器网络对每个测试样本的输出矩阵

【例 6.3】 使用 Matlab 神经网络工具箱设计和学习例 6.2 的 3 层感知器网络。

```
X = [0 0;1 1;1 0;0 1];
T = [0 0;0 1;1 1;1 1];
```

```
net = feedforwardnet(2,'traingd');
net = train(net,X,T);
o = sim(net,X)
```

对于多层感知器网络，train 函数实现的就是 BP 学习算法，各种提高算法效率的改进主要是通过选择不同 trainFcn 实现的。'traingd' 对应的是最基本的梯度下降算法，其他不同的选项则对应不同的改进学习算法。

1. 冲量项

使用冲量项算法的思路是第 m 轮迭代的权值增量 $\Delta \boldsymbol{w}(m)$ 不只决定于当前的梯度（用 $\Delta \boldsymbol{w}_{BP}(m)$ 表示），还与上一轮迭代的权值增量 $\Delta \boldsymbol{w}(m-1)$ 有关，具体说就是：

$$\Delta \boldsymbol{w}(m)=\alpha \Delta \boldsymbol{w}(m-1)+\eta(1-\alpha)\Delta \boldsymbol{w}_{BP}(m) \tag{6.18}$$
$$\boldsymbol{w}(m)=\boldsymbol{w}(m-1)+\Delta \boldsymbol{w}(m)$$

其中 $0<\alpha<1$（一般取 0.9），η 是学习率。很明显，当 $\alpha=0$ 时回到了标准的 BP 算法；而当 $\alpha>0$ 时可以将 $\eta(1-\alpha)$ 视为学习率。由图 6.12 可以看出，如果当前的梯度与上一轮的权值增量方向相同或相近，就会增大增量，反之则会减小增量。也就是说当相邻两次的权值优化方向不变时，说明当前的学习率偏小，算法会自动地增大权值调整步幅；而当两次的优化方向相反时，说明发生了"过冲"，学习率过大，算法会自动地减小步幅。

换一个角度来说，公式(6.18) 可以看作是权值增量的递归公式，将其写成非递归形式：

$$\begin{aligned}\Delta \boldsymbol{w}(m)&=\alpha \Delta \boldsymbol{w}(m-1)+\eta(1-\alpha)\Delta \boldsymbol{w}_{\mathrm{BP}}(m)\\&=\alpha^2\Delta \boldsymbol{w}(m-2)+\alpha\eta(1-\alpha)\Delta \boldsymbol{w}_{\mathrm{BP}}(m-1)+\eta(1-\alpha)\Delta \boldsymbol{w}_{\mathrm{BP}}(m)\cdots\\&=\alpha^m\Delta \boldsymbol{w}(0)+\eta(1-\alpha)\sum_{k=0}^{m-1}\alpha^k\Delta \boldsymbol{w}_{\mathrm{BP}}(m-k)\end{aligned}$$

当 m 很大时 $\alpha^m\Delta \boldsymbol{w}(0)\to 0$，权值的增量 $\Delta \boldsymbol{w}(m)$ 可以看作是由之前每一步的梯度经过 α^k 加权之后的平均值决定的，实际上是对 BP 算法中权值增量的一种平滑。在 Matlab 函数中，'traingdm' 实现的就是公式(6.18) 的冲量梯度下降算法。

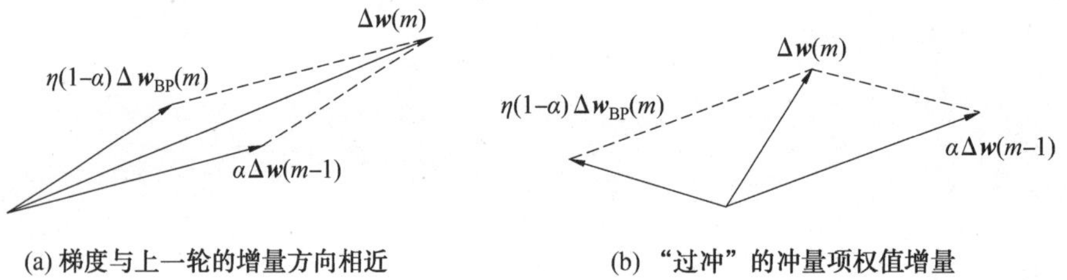

图 6.12 冲量项权值增量

2. 自适应学习率

自适应学习率的方法通过比较每一轮权值调整前和调整后的优化函数值来决定学习率的增大或减小。如果权值调整能够使得优化函数值下降，则下一轮迭代中应该尝试更大的学习率；反之则说明上一轮的学习有些"冒进"，应该减小学习率。具体来说，首先计算权值调整前和调整后优化函数值的比值 κ，然后根据 κ 的大小决定学习率 η 的增大和减小：

$$\kappa=\frac{J(m)}{J(m-1)},\begin{cases}\eta\leftarrow\eta\times\gamma_i, & \kappa<1\\ \eta\leftarrow\eta\times\gamma_d, & \kappa>c\\ \eta\leftarrow\eta, & 1<\kappa<c\end{cases}$$

其中：$\gamma_i>1,\gamma_d<1,c>1$。

当$\kappa>c$时，优化函数经过权值调整之后增加过大，需要放弃本轮的权值修正，保持权值不变，降低学习率，重新优化；而当$1<\kappa<c$时，保留调整后的权值，允许优化函数有一定的增加。Matlab 函数中'traingda'采用的是自适应学习率，而'traingdx'则是将自适应学习率与冲量项相结合。

3. **二阶优化技术**

BP 算法采用的是梯度法优化平方误差函数 J，而梯度法则是来源于函数的一阶泰勒级数展开式(参见附录 B. 2)，实际上是在局部用线性函数来近似优化函数。一般来说多层感知器网络的误差函数都是非线性函数，线性函数只是在一个很小的范围内才能够近似 J，而在较大的范围内则近似误差会很大。二阶优化技术的牛顿法是用二次函数来近似优化函数，降低了近似误差，从而达到提高优化效率的目的(参见附录 B. 3)。

在牛顿法中权值矢量的增量由下式计算：

$$\Delta\boldsymbol{w}=-\boldsymbol{H}^{-1}\left(\frac{\partial J}{\partial\boldsymbol{w}}\right)\tag{6.19}$$

式中　$\boldsymbol{H}$—— 二阶导数 Hessian 矩阵。

牛顿法在形式上很简单，然而在实际问题中往往无法直接应用。首先，复杂网络的权值数量 N 会很大，而 Hessian 矩阵是一个 $N\times N$ 的矩阵，其存储和求逆计算的复杂度都很高；更严重的问题是误差函数 J 并不是一个二次函数，而牛顿法是建立在二阶近似基础之上的，这就导致了直接使用牛顿法并不能保证算法的收敛。牛顿法虽然无法直接使用，但受此启发人们提出了多种近似的二阶优化技术。

(1) **拟牛顿法**(Quasi-Newton)：拟牛顿法的想法是不直接计算 Hessian 矩阵 $\boldsymbol{H}$，而使用另外一个矩阵 $\boldsymbol{B}$ 来近似。每一轮迭代中的 $\boldsymbol{B}(m)$ 是由上一轮的 $\boldsymbol{B}(m-1)$、权值增量 $\Delta\boldsymbol{w}(m-1)$ 和两轮的梯度之差迭代计算的，初始矩阵 $\boldsymbol{B}(0)$ 一般设为单位矩阵 $\boldsymbol{I}$。不同的拟牛顿法采用不同的方式迭代计算 $\boldsymbol{B}(m)$ 或$\boldsymbol{B}^{-1}(m)$。Matlab 函数中'trainbfg'采用的是 BFGS 拟牛顿法，而'trainoss'则采用的是另外一种近似计算方式(参见附录 B. 4)。

拟牛顿法解决了$\boldsymbol{H}^{-1}$ 计算的复杂度问题，但仍然无法保证算法的收敛性，同样需要使用一个小的学习率 η 进行尝试。

(2) **共轭梯度法**(Conjugate Gradient)：如果两个方向(单位矢量)$\boldsymbol{u}$ 和 $\boldsymbol{v}$ 满足：$\boldsymbol{u}^{\mathrm{T}}\boldsymbol{H}\boldsymbol{v}=0$，则称 $\boldsymbol{u}$ 和 $\boldsymbol{v}$ 关于矩阵 $\boldsymbol{H}$ 互为共轭方向。可以证明，对于任意以 $\boldsymbol{H}$ 为 Hessian 矩阵的二次优化函数 $J(\boldsymbol{w})$，$\boldsymbol{w}$ 的维数为 N，如果$\boldsymbol{u}_0,\cdots,\boldsymbol{u}_{N-1}$ 是一组关于 $\boldsymbol{H}$ 互为共轭的方向，每一轮迭代在一个方向上寻找到极小值点，则只需要 N 轮迭代就可以找到 $J(\boldsymbol{w})$ 的极值点(附录 B. 5)。

当然，对于多层感知器来说平方误差函数 J 并不是二次函数，因此不能保证在 N 轮迭代之后得到优化的极值点。但如果每一次优化都是沿着上一轮的共轭方向进行，可以有效地提高优化算法的效率，这种方法一般被称为共轭梯度法。

共轭梯度算法可以用如下过程表示：

① 确定初始的搜索方向；

② 在搜索方向上进行 1 维优化，寻找到此方向上的极值点；

③ 判断算法是否收敛，如未收敛，则计算上一搜索方向的共轭方向，转 ② 继续优化。

第一个搜索方向一般采用的是初始权值 $\boldsymbol{w}(0)$ 处的梯度方向；在一个方向上的优化是一个 1 维优化问题，相对比较简单；算法最重要的部分是每一轮迭代中如何计算下一次搜索的共轭方向。一般来说共轭方向是由当前的梯度 $\nabla J(\boldsymbol{w})$ 和上一轮权值的增量 $\Delta\boldsymbol{w}$ 线性组合得到的，不同的组合方式构成了不同的共轭梯度算法。Matlab 训练函数中的'traincgb''traincgf'和'traincgp'分别实现的是 3 种不同的共轭梯度算法。

(3) **Levenberg-Marquardt 算法(LM 算法)**：前面介绍的几种方法可以适用于一般的优化函数，而 LM 算法则是一种专门适合于平方误差优化函数的方法。首先，需要将全部 n 个训练样本在 L 个网络输出神经元上的期望输出和实际输出写成矢量形式：

$$\boldsymbol{t}=(t_{11},\cdots,t_{1L},t_{21},\cdots,t_{nL})^{\mathrm{T}},\boldsymbol{z}=(z_{11},\cdots,z_{1L},z_{21},\cdots,z_{nL})^{\mathrm{T}}$$

式中　t_{ij}, z_{ij}—— 第 i 个训练样本在第 j 个输出神经元上的期望输出和实际输出。

定义 nL 维矢量：$\boldsymbol{v}(\boldsymbol{w})=\boldsymbol{t}-\boldsymbol{z}$，对比公式(6.9)可以看出，平方误差优化函数的优化问题可以表示为

$$\min_{\boldsymbol{w}} \boldsymbol{J}(\boldsymbol{w})=\frac{1}{2}\boldsymbol{v}^{\mathrm{T}}(\boldsymbol{w})\boldsymbol{v}(\boldsymbol{w})$$

优化函数的梯度：

$$\nabla \boldsymbol{J}(\boldsymbol{w})=\frac{\partial \boldsymbol{J}(\boldsymbol{w})}{\partial \boldsymbol{w}}=\left(\frac{\partial \boldsymbol{v}(\boldsymbol{w})}{\partial \boldsymbol{w}}\right)^{\mathrm{T}}\boldsymbol{v}(\boldsymbol{w})=\tilde{\boldsymbol{J}}^{\mathrm{T}}(\boldsymbol{w})\boldsymbol{v}(\boldsymbol{w}) \tag{6.20}$$

式中　$\tilde{\boldsymbol{J}}(\boldsymbol{w})$—— 矢量 $\boldsymbol{v}$ 关于 $\boldsymbol{w}$ 的 Jacobian 矩阵；

N—— 网络权值数。

$$\tilde{\boldsymbol{J}}(\boldsymbol{w})=\frac{\partial \boldsymbol{v}(\boldsymbol{w})}{\partial \boldsymbol{w}}=\begin{bmatrix}\dfrac{\partial v_1(\boldsymbol{w})}{\partial \boldsymbol{w}_1} & \dfrac{\partial v_1(\boldsymbol{w})}{\partial \boldsymbol{w}_2} & \cdots & \dfrac{\partial v_1(\boldsymbol{w})}{\partial \boldsymbol{w}_N}\\ \dfrac{\partial v_2(\boldsymbol{w})}{\partial \boldsymbol{w}_1} & \dfrac{\partial v_2(\boldsymbol{w})}{\partial \boldsymbol{w}_2} & \cdots & \dfrac{\partial v_2(\boldsymbol{w})}{\partial \boldsymbol{w}_N}\\ \vdots & \vdots & & \vdots\\ \dfrac{\partial v_{nL}(\boldsymbol{w})}{\partial \boldsymbol{w}_1} & \dfrac{\partial v_{nL}(\boldsymbol{w})}{\partial \boldsymbol{w}_2} & \cdots & \dfrac{\partial v_{nL}(\boldsymbol{w})}{\partial \boldsymbol{w}_N}\end{bmatrix}$$

进一步计算优化函数 $\boldsymbol{J}(\boldsymbol{w})$ 的 Hessian 矩阵：

$$\boldsymbol{H}=\frac{\partial(\nabla \boldsymbol{J}(\boldsymbol{w}))}{\partial \boldsymbol{w}}=\tilde{\boldsymbol{J}}^{\mathrm{T}}(\boldsymbol{w})\frac{\partial \boldsymbol{v}(\boldsymbol{w})}{\partial \boldsymbol{w}}+\boldsymbol{S}(\boldsymbol{w})=\tilde{\boldsymbol{J}}^{\mathrm{T}}(\boldsymbol{w})\tilde{\boldsymbol{J}}(\boldsymbol{w})+\boldsymbol{S}(\boldsymbol{w})$$

其中 $\boldsymbol{S}(\boldsymbol{w})$ 由 Jacobian 矩阵关于 $\boldsymbol{w}$ 的微分和 $\boldsymbol{v}(\boldsymbol{w})$ 计算，如果假设 $\boldsymbol{S}(\boldsymbol{w})$ 很小，则可以得到 Hessian 矩阵的近似：

$$\boldsymbol{H}\approx\tilde{\boldsymbol{J}}^{\mathrm{T}}(\boldsymbol{w})\tilde{\boldsymbol{J}}(\boldsymbol{w}) \tag{6.21}$$

由此可以看出，Hessian 矩阵可以由 Jacobian 矩阵近似计算。将式(6.20)和(6.21)带入(6.19)：

$$\Delta\boldsymbol{w}=-(\tilde{\boldsymbol{J}}^{\mathrm{T}}(\boldsymbol{w})\tilde{\boldsymbol{J}}(\boldsymbol{w}))^{-1}\tilde{\boldsymbol{J}}^{\mathrm{T}}(\boldsymbol{w})\boldsymbol{v}(\boldsymbol{w}) \tag{6.22}$$

按照这种方式计算的优点是无需计算二阶导数矩阵 $\boldsymbol{H}$，但可以近似得到二阶优化的效果，这种方法一般称为高斯－牛顿法。

在实际应用中矩阵$\tilde{\boldsymbol{J}}^{\mathrm{T}}(\boldsymbol{w})\tilde{\boldsymbol{J}}(\boldsymbol{w})$可能是不可逆的，所以一般采用如下方式计算权值矢量的增量：

$$\Delta\boldsymbol{w} = -(\tilde{\boldsymbol{J}}^{\mathrm{T}}(\boldsymbol{w})\tilde{\boldsymbol{J}}(\boldsymbol{w}) + \mu\boldsymbol{I})^{-1}\tilde{\boldsymbol{J}}^{\mathrm{T}}(\boldsymbol{w})\boldsymbol{v}(\boldsymbol{w})$$

其中$\boldsymbol{I}$是单位矩阵，$\mu > 0$。算法的每一轮迭代中尝试不同μ，在保证矩阵可逆的条件下使得μ尽量小，这种方法一般称为 Levenberg-Marquardt 算法。

Jacobian 矩阵$\tilde{\boldsymbol{J}}(\boldsymbol{w})$的维数为$nL \times N$，当样本很多时维数会很大。但在算法实现时可以直接计算$N \times N$维矩阵$\tilde{\boldsymbol{J}}^{\mathrm{T}}(\boldsymbol{w})\tilde{\boldsymbol{J}}(\boldsymbol{w})$和$N$维矢量$\tilde{\boldsymbol{J}}^{\mathrm{T}}(\boldsymbol{w})\boldsymbol{v}(\boldsymbol{w})$，因此存储复杂度只是$O(N^2)$。

Jacobian 矩阵中每个元素的计算类似于 BP 算法对$\boldsymbol{w}$中每个元素导数的计算，也需要一个由输出层到各个隐含层的反馈过程，由于只是一次项，因此还要简单一些。

LM 算法避免了直接计算 Hessian 矩阵，但仍然需要计算$N \times N$维矩阵的逆阵，每一轮迭代的计算复杂度比 BP 算法要高得多。但由于近似实现了二阶优化技术，迭代次数会远远少于 BP 算法，所以学习过程的收敛速度一般明显快于梯度下降的 BP 算法。LM 算法的存储复杂度和计算复杂度都与N相关，因此一般适用于网络规模不大，参数数量适中的问题。Matlab 函数中‘trainlm’实现的就是 LM 算法，同时这也是缺省默认的多层感知器网络学习算法。

【例 6.4】　使用不同学习算法训练例 6.1 的多层感知器网络，比较达到10^{-5}收敛精度所需要的迭代次数。

解　Matlab 编程实现：

```
X = [0 0;1 1;1 0;0 1];
T = [0 0;0 1;1 1;1 1];
net = cell(10,1);

net{1} = feedforwardnet(2,'traingd');
net{2} = net{1}; net{2}.trainFcn = 'traingdm';
net{3} = net{1}; net{3}.trainFcn = 'traingda';
net{4} = net{1}; net{4}.trainFcn = 'traingdx';
net{5} = net{1}; net{5}.trainFcn = 'trainbfg';
net{6} = net{1}; net{6}.trainFcn = 'trainoss';
net{7} = net{1}; net{7}.trainFcn = 'traincgb';
net{8} = net{1}; net{8}.trainFcn = 'traincgf';
net{9} = net{1}; net{9}.trainFcn = 'traincgp';
net{10} = net{1}; net{10}.trainFcn = 'trainlm';

epchs = zeros(10,1);
for i = 1:10
    net{i}.trainParam.epochs = 100000;
```

```
    net{i}.trainParam.goal = 0.00001;

    [net{i},tr] = train(net{i},X,T);
    epchs(i) = tr.num_epochs;
end

bar(epchs);
set(gca,'xtick',1:10,'xticklabel', {'gd','gdm','gda','gdx','bfg','oss','cgb','cgf',
'cgp','lm'});
```

图 6.13 显示了程序一次执行的输出，根据训练随机初始化权值的不同，每次执行的结果会有所不同。

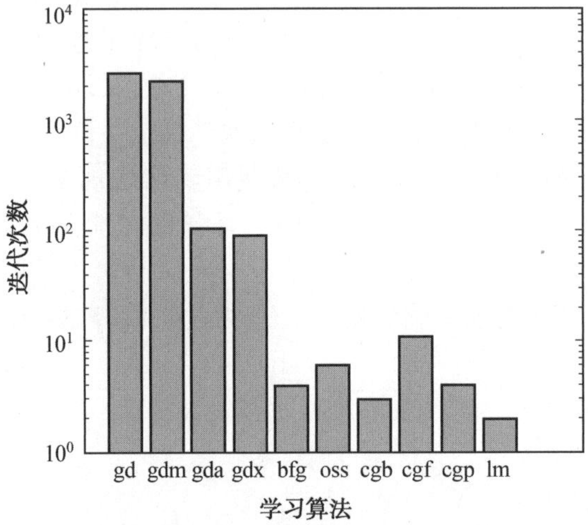

图 6.13　例 6.4 程序运行的输出

6.3　支持向量机

支持向量机(Support Vector Machine,SVM) 从本质上说是一种线性判别函数分类方法，但由于通过"核函数"的引入可以很容易地实现非线性的 SVM，因此一般都是将支持向量机作为一种非线性判别函数分类器来使用。

6.3.1　最优线性判别函数分类器

在第 4 章中曾经介绍过，学习线性分类器的感知器算法和最小平方误差算法，在样本集线性可分的条件下都可以学习到一个能够将两类别训练样本分隔开的线性判别界面。

从训练样本集的角度来看，所有能够将两类训练样本分开的线性判别函数是等价的，都可以正确识别所有的训练样本。然而，学习分类器的目的往往不是用于识别训练样本，而是要用于识别未见过的其他样本(一般称为测试样本)。对测试样本的识别准确率是评价一个分类器好坏的最主要指标，如何提高分类器对测试样本的分类能力(也称为"泛化能力")是近年来机器学习研究的一个重要内容。

什么样的线性分类界面是在泛化能力最强意义上的“最优分类器”？图 6.14 中 H_1 和 H_2 两个判别界面都可以完美地区分所有的训练样本，在此意义下它们是等价的。但当考察一个采样自“×”类别的测试样本时（图中的粗黑色叉点），它可能同某个训练样本是同一个对象，只是在采样过程中产生了某种误差，引起一定的偏移。由于 H_2 距离“×”类别的距离很近，因此对这个测试样本产生了误识，而 H_1 距离训练样本较远，仍然能够正确识别测试样本。从这样一个简单的例子可以得到这样的“猜想”：距离训练样本较远的线性分类界面，错误分类测试样本的可能性比较小。实际上可以证明：能够正确分类线性可分样本集的超平面中，距离训练样本最远的泛化能力最强，是在此意义下的“最优线性分类器”。

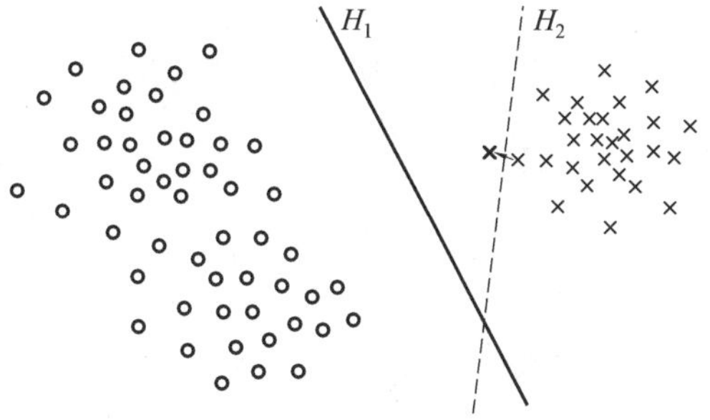

图 6.14　线性分类器的泛化能力

下面来讨论最优线性分类器的数学描述，并导出分类器学习的优化准则函数。令分类界面对应的线性判别函数为 $g(\boldsymbol{x})=\boldsymbol{w}^{\mathrm{T}}\boldsymbol{x}+w_0$，首先定义样本点 $\boldsymbol{x}_i$ 到线性分类界面的两种“间隔”：

函数间隔：$b_i=|g(\boldsymbol{x}_i)|=|\boldsymbol{w}^{\mathrm{T}}\boldsymbol{x}_i+w_0|$；

几何间隔：$\gamma_i=\dfrac{b_i}{\|\boldsymbol{w}\|}$。

根据第 4 章 4.1.2 节关于线性判别函数三个断言的证明可以知道，$\boldsymbol{x}_i$ 和分类界面之间的实际距离是几何间隔 γ_i。如果在权值矢量 $\boldsymbol{w}$ 和偏置 w_0 上同时乘一个正数 $a>0$，函数间隔 b_i 会被放大 a 倍，而线性分类界面和几何间隔 γ_i 则不会发生变化。

分类界面与样本集之间的间隔 γ 定义为所有样本与分类界面之间几何间隔的最小值，也就是说 γ 决定于两个类别所有的训练样本中距离分类界面最近的样本。对于给定的线性可分样本集来说，最优分类界面是能够将样本分开的最大间隔超平面，如图 6.15 所示，最优超平面是所有能够正确区分全部训练样本的超平面中距离训练样本最远的。

如果在最优分类界面两侧分别画出一个包含距离分类界面最近的样本并与之平行的超平面（称为支持面），会发现两个支持面距离分类界面的距离是相等的。因为，如果不相等则分类界面可以向距离较远的支持面一侧移动，使得与样本集之间的间隔 γ 增大。处于支持面之上的训练样本一般称为“支持向量”。

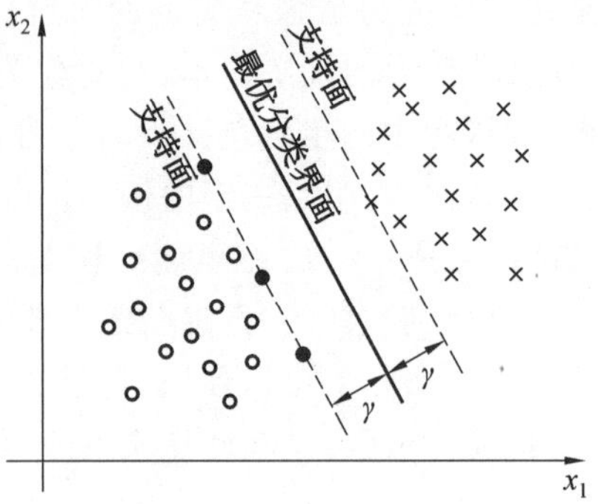

图 6.15　最优分类超平面和支持面

6.3.2　支持向量机的学习

给定两个类别的训练样本集 $D=\{(\boldsymbol{x}_1,z_1),\cdots,(\boldsymbol{x}_n,z_n)\}$，$\boldsymbol{x}_i$ 为训练样本的特征矢量，z_i 是样本的类别标识：

$$z_i=\begin{cases}+1, & \boldsymbol{x}_i\in\omega_1\\ -1, & \boldsymbol{x}_i\in\omega_2\end{cases}$$

1. 线性可分的情况

先来讨论样本集 D 是线性可分的情况。作为最优分类超平面来说，首先需要能够对样本集 D 正确分类，亦即需要满足：

$$z_i(\boldsymbol{w}^{\mathrm{T}}\boldsymbol{x}_i+w_0)>0,\forall i=1,\cdots,n \tag{6.23}$$

由于

$$z_i(\boldsymbol{w}^{\mathrm{T}}\boldsymbol{x}_i+w_0)\geqslant\min_{1\leqslant j\leqslant n}[z_j(\boldsymbol{w}^{\mathrm{T}}\boldsymbol{x}_j+w_0)]=b_{\min}>0$$

$b_{\min}$ 是训练样本集中距离分类超平面最近样本的函数间隔。当权值矢量 $\boldsymbol{w}$ 和偏置 w_0 同时乘上一个正数 $1/b_{\min}$ 时，对应超平面的位置是不会发生变化的，因此式(6.23)的条件可以重写为

$$z_i(\boldsymbol{w}^{\mathrm{T}}\boldsymbol{x}_i+w_0)\geqslant 1,\forall i=1,\cdots,n \tag{6.24}$$

这样做的好处是通过适当调整权值矢量和偏置，使得最优超平面到样本集的函数间隔 b 变为了 1，亦即支持面与分类界面之间的函数间隔为 1。

最优分类超平面的第 2 个条件是要使得与样本集之间的几何间隔 γ 最大，在函数间隔为 1 的条件下有

$$\gamma=\frac{1}{\|\boldsymbol{w}\|}$$

这样就得到了训练样本集线性可分条件下学习最优分类超平面的优化准则和约束条件。

原始优化问题：

$$\min_{\boldsymbol{w},w_0}J_{\mathrm{SVM}}(\boldsymbol{w},w_0)=\frac{1}{2}\|\boldsymbol{w}\|^2 \tag{6.25}$$

约束：

$$z_i(\boldsymbol{w}^{\mathrm{T}}\boldsymbol{x}_i+w_0)\geqslant 1,i=1,\cdots,n$$

这是一个典型的线性不等式约束条件下的二次优化问题。在支持向量机的学习算法中，一般并不是直接求解这个原始问题，而是转而求解与其等价的对偶问题。附录 B.6 介绍了求解约束优化问题的 Lagrange 乘数法，下面从另外一个角度来分析一下约束优化的对偶问题。

在说明对偶问题之前，先来看定义在矢量 $\boldsymbol{u}$ 和 $\boldsymbol{v}$ 上的函数 $f(\boldsymbol{u},\boldsymbol{v})$ 的 min-max 和 max-min 问题。

$$\text{min-max 问题}:\begin{cases} f^*(\boldsymbol{u}) = \max\limits_{\boldsymbol{v}} f(\boldsymbol{u},\boldsymbol{v}) \\ \min\limits_{\boldsymbol{u}} f^*(\boldsymbol{u}) = \min\limits_{\boldsymbol{u}} \max\limits_{\boldsymbol{v}} f(\boldsymbol{u},\boldsymbol{v}) \end{cases}$$

$$\text{max-min 问题}:\begin{cases} f^*(\boldsymbol{v}) = \min\limits_{\boldsymbol{u}} f(\boldsymbol{u},\boldsymbol{v}) \\ \max\limits_{\boldsymbol{v}} f^*(\boldsymbol{v}) = \max\limits_{\boldsymbol{v}} \min\limits_{\boldsymbol{u}} f(\boldsymbol{u},\boldsymbol{v}) \end{cases}$$

可以证明上述两个问题如果有解存在，必在同一点取得最优解，亦即

$$\min_{\boldsymbol{u}} \max_{\boldsymbol{v}} f(\boldsymbol{u},\boldsymbol{v}) = \max_{\boldsymbol{v}} \min_{\boldsymbol{u}} f(\boldsymbol{u},\boldsymbol{v}) = f(\boldsymbol{u}^*,\boldsymbol{v}^*) \tag{6.26}$$

也就是说函数 $f(\boldsymbol{u},\boldsymbol{v})$ 先对 $\boldsymbol{u}$ 取最小值再对 $\boldsymbol{v}$ 取最大值，还是先对 $\boldsymbol{v}$ 取最大值再对 $\boldsymbol{u}$ 取最小值的结果是一样的，两个优化问题的求解顺序可以颠倒。

下面根据式(6.25)的原始优化问题构造 Lagrange 函数：

$$L(\boldsymbol{w},w_0,\boldsymbol{\alpha}) = \frac{1}{2}\|\boldsymbol{w}\|^2 - \sum_{i=1}^{n}\alpha_i[z_i(\boldsymbol{w}^{\mathrm{T}}\boldsymbol{x}_i + w_0) - 1] \tag{6.27}$$

其中 $\boldsymbol{\alpha} = (\alpha_1,\cdots,\alpha_n)^{\mathrm{T}}$，$\alpha_i \geqslant 0$ 是针对式(6.25)优化问题中每个约束不等式引入的 Lagrange 系数。

考虑 Lagrange 函数关于矢量 $\boldsymbol{\alpha}$ 的最大化问题：$\max\limits_{\boldsymbol{\alpha}\geqslant 0} L(\boldsymbol{w},w_0,\boldsymbol{\alpha})$，当 $z_i(\boldsymbol{w}^{\mathrm{T}}\boldsymbol{x}_i + w_0) > 1$ 时，Lagrange 函数在 $\alpha_i = 0$ 处取得最大值；而当 $z_i(\boldsymbol{w}^{\mathrm{T}}\boldsymbol{x}_i + w_0) = 1$ 时，α_i 可以大于 0。总之当 Lagrange 函数取得最大值时，式(6.27)求和式中的两个乘积项 α_i 和 $z_i(\boldsymbol{w}^{\mathrm{T}}\boldsymbol{x}_i + w_0) - 1$ 必有一项为 0，因此

$$\max_{\boldsymbol{\alpha}} L(\boldsymbol{w},w_0,\boldsymbol{\alpha}) = J_{\mathrm{SVM}}(\boldsymbol{w},w_0) = \frac{1}{2}\|\boldsymbol{w}\|^2$$

这样(6.25)的原始优化问题就等价于一个 min-max 问题。考虑到式(6.26)，这个问题也等价于一个 max-min 问题：

$$\min_{\boldsymbol{w},w_0} J_{\mathrm{SVM}}(\boldsymbol{w},w_0) = \min_{\boldsymbol{w},w_0} \max_{\boldsymbol{\alpha}} L(\boldsymbol{w},w_0,\boldsymbol{\alpha}) = \max_{\boldsymbol{\alpha}} \min_{\boldsymbol{w},w_0} L(\boldsymbol{w},w_0,\boldsymbol{\alpha})$$

首先计算 Lagrange 函数针对 $\boldsymbol{w}$ 和 w_0 的最小化问题：

$$\frac{\partial L(\boldsymbol{w},w_0,\boldsymbol{\alpha})}{\partial \boldsymbol{w}} = \boldsymbol{w} - \sum_{i=1}^{n}\alpha_i z_i \boldsymbol{x}_i = 0 \quad \rightarrow \quad \boldsymbol{w} = \sum_{i=1}^{n}\alpha_i z_i \boldsymbol{x}_i \tag{6.28}$$

$$\frac{\partial L(\boldsymbol{w},w_0,\boldsymbol{\alpha})}{\partial w_0} = -\sum_{i=1}^{n}\alpha_i z_i = 0 \quad \rightarrow \quad \sum_{i=1}^{n}\alpha_i z_i = 0 \tag{6.29}$$

将式(6.28)和式(6.29)重新代入 Lagrange 函数：

$$L(\boldsymbol{w},w_0,\boldsymbol{\alpha}) = \frac{1}{2}\|\boldsymbol{w}\|^2 - \sum_{i=1}^{n}\alpha_i[z_i(\boldsymbol{w}^{\mathrm{T}}\boldsymbol{x}_i + w_0) - 1]$$

$$= \frac{1}{2}\left(\sum_{i=1}^{n}\alpha_i z_i \boldsymbol{x}_i\right)^{\mathrm{T}}\left(\sum_{i=1}^{n}\alpha_i z_i \boldsymbol{x}_i\right)$$

$$- \sum_{i=1}^{n}\left[\alpha_i z_i \left(\sum_{j=1}^{n}\alpha_j z_j \boldsymbol{x}_j\right)^{\mathrm{T}}\boldsymbol{x}_i + \alpha_i z_i w_0 - \alpha_i\right]$$

$$= \frac{1}{2}\sum_{i=1}^{n}\sum_{j=1}^{n}\alpha_i\alpha_j z_i z_j \boldsymbol{x}_i^{\mathrm{T}}\boldsymbol{x}_j - \sum_{i=1}^{n}\sum_{j=1}^{n}\alpha_i\alpha_j z_i z_j \boldsymbol{x}_i^{\mathrm{T}}\boldsymbol{x}_j - w_0\sum_{i=1}^{n}\alpha_i z_i + \sum_{i=1}^{n}\alpha_i$$

$$= \sum_{i=1}^{n}\alpha_i - \frac{1}{2}\sum_{i=1}^{n}\sum_{j=1}^{n}\alpha_i\alpha_j z_i z_j \boldsymbol{x}_i^{\mathrm{T}}\boldsymbol{x}_j$$

此时，Lagrange 函数只与优化矢量 $\boldsymbol{\alpha}$ 有关，而与 $\boldsymbol{w}, w_0$ 无关。因此，可以由 Lagrange 函数针对 $\boldsymbol{\alpha}$ 的最大化，同时考虑式(6.29) 的约束，得到原始问题的对偶优化问题。

对偶优化问题：

$$\max_{\boldsymbol{\alpha}} L(\boldsymbol{\alpha}) = \sum_{i=1}^{n}\alpha_i - \frac{1}{2}\sum_{i=1}^{n}\sum_{j=1}^{n}\alpha_i\alpha_j z_i z_j \boldsymbol{x}_i^{\mathrm{T}}\boldsymbol{x}_j \tag{6.30}$$

约束：

$$\alpha_i \geqslant 0, i = 1, \cdots, n$$

$$\sum_{i=1}^{n}\alpha_i z_i = 0$$

原始优化问题和对偶优化问题都是典型的线性不等式约束条件下的二次优化问题，求解两者中的任何一个都是等价的。但 SVM 算法一般求解的是对偶问题，因为它有如下两个特点：

(1) 对偶问题不直接优化权值矢量 $\boldsymbol{w}$，因此与样本的特征维数 d 无关，只与样本的数量 n 有关。当样本的特征维数很高时，对偶问题更容易求解。

(2) 对偶优化问题中，训练样本只以任意两个矢量内积的形式出现，因此只要能够计算矢量之间的内积，而不需要知道样本的每一维特征就可以进行优化求解。

以上两个特点可以很容易地将“核函数”引入到算法中，实现非线性的 SVM 分类。

2. 线性不可分的情况

下面来看一下样本集 D 是线性不可分的情况。重新考察式(6.25) 的优化问题，当样本集线性不可分时，不存在任何一个权值矢量 $\boldsymbol{w}$ 和偏置 w_0 能够使得作为约束的 n 个不等式都得到满足。通过在每个不等式上引入一个非负的“松弛变量”ξ_i，使得不等式变为

$$z_i(\boldsymbol{w}^{\mathrm{T}}\boldsymbol{x}_i + w_0) \geqslant 1 - \xi_i, \xi_i \geqslant 0$$

只要选择一系列适合的松弛变量 ξ，不等式约束条件总是可以得到满足的。然而，即使训练样本集是线性不可分的，也希望学习得到的分类器能够正确识别尽量多的训练样本，换句话说就是希望尽量多的松弛变量 $\xi_i = 0$。因此目标函数就需要同时考虑两方面因素的优化：与分类界面和样本集之间的几何间隔相关的 $\|\boldsymbol{w}\|^2$，以及不为 0 的松弛变量的数量。

直接优化松弛变量的数量存在一定的难度，一般是转而优化一个相关的目标：$\sum_{i=1}^{n}\xi_i$。在一个优化问题中无法同时优化两个目标，需要引入一个大于 0 的常数 C 来协调对两个优化目标的关注程度。C 值越大表示希望更少的训练样本被错误识别，C 值越小表示希望分类界面与训练样本集的间隔更大。这样，就得到了在样本集线性不可分情况下的原始优化

问题：

原始优化问题：

$$\min_{w,w_0} J_{\mathrm{SVM}}(\boldsymbol{w},w_0)=\frac{1}{2}\|\boldsymbol{w}\|^2+C\sum_{i=1}^{n}\xi_i \tag{6.31}$$

约束：

$$z_i(\boldsymbol{w}^{\mathrm{T}}\boldsymbol{x}_i+w_0)\geqslant 1-\xi_i,i=1,\cdots,n$$
$$\xi_i\geqslant 0,i=1,\cdots,n$$

类似于线性可分情况，针对两组不等式约束分别引入 Lagrange 系数 $\boldsymbol{\alpha}$ 和 $\boldsymbol{\beta}$，建立 Lagrange 函数：

$$L(\boldsymbol{w},w_0,\xi,\boldsymbol{\alpha},\boldsymbol{\beta})=\frac{1}{2}\|\boldsymbol{w}\|^2+C\sum_{i=1}^{n}\xi_i-\sum_{i=1}^{n}\alpha_i[z_i(\boldsymbol{w}^{\mathrm{T}}\boldsymbol{x}_i+w_0)-1+\xi_i]-\sum_{i=1}^{n}\beta_i\xi_i$$

同样道理，原始问题的优化等价于 Lagrange 函数首先对 $\boldsymbol{w}$，w_0 和 ξ 进行最小值优化，然后对 $\boldsymbol{\alpha}$，$\boldsymbol{\beta}$ 在非负的约束下进行最大值优化：

$$\frac{\partial L(\boldsymbol{w},w_0,\xi,\boldsymbol{\alpha},\boldsymbol{\beta})}{\partial \boldsymbol{w}}=\boldsymbol{w}-\sum_{i=1}^{n}\alpha_i z_i\boldsymbol{x}_i=0 \quad\rightarrow\quad \boldsymbol{w}=\sum_{i=1}^{n}\alpha_i z_i\boldsymbol{x}_i \tag{6.32a}$$

$$\frac{\partial L(\boldsymbol{w},w_0,\xi,\boldsymbol{\alpha},\boldsymbol{\beta})}{\partial w_0}=-\sum_{i=1}^{n}\alpha_i z_i=0 \quad\rightarrow\quad \sum_{i=1}^{n}\alpha_i z_i=0 \tag{6.32b}$$

$$\frac{\partial L(\boldsymbol{w},w_0,\xi,\boldsymbol{\alpha},\boldsymbol{\beta})}{\partial \xi_i}=C-\alpha_i-\beta_i=0 \tag{6.32c}$$

将上述 3 式重新代入 Lagrange 函数：

$$\begin{aligned}
L(\boldsymbol{w},w_0,\xi,\boldsymbol{\alpha},\boldsymbol{\beta})&=\frac{1}{2}\|\boldsymbol{w}\|^2+C\sum_{i=1}^{n}\xi_i-\sum_{i=1}^{n}\alpha_i[z_i(\boldsymbol{w}^{\mathrm{T}}\boldsymbol{x}_i+w_0)-1+\xi_i]-\sum_{i=1}^{n}\beta_i\xi_i\\
&=\frac{1}{2}\Big(\sum_{i=1}^{n}\alpha_i z_i\boldsymbol{x}_i\Big)^{\mathrm{T}}\Big(\sum_{i=1}^{n}\alpha_i z_i\boldsymbol{x}_i\Big)+C\sum_{i=1}^{n}\xi_i\\
&\quad-\sum_{i=1}^{n}\Big[\alpha_i z_i\Big(\sum_{j=1}^{n}\alpha_j z_j\boldsymbol{x}_j\Big)^{\mathrm{T}}\boldsymbol{x}_i+\alpha_i z_i w_0-\alpha_i+\alpha_i\xi_i\Big]-\sum_{i=1}^{n}\beta_i\xi_i\\
&=\frac{1}{2}\sum_{i=1}^{n}\sum_{j=1}^{n}\alpha_i\alpha_j z_i z_j\boldsymbol{x}_i^{\mathrm{T}}\boldsymbol{x}_j-\sum_{i=1}^{n}\sum_{j=1}^{n}\alpha_i\alpha_j z_i z_j\boldsymbol{x}_i^{\mathrm{T}}\boldsymbol{x}_j-w_0\sum_{i=1}^{n}\alpha_i z_i\\
&\quad+\sum_{i=1}^{n}\alpha_i+\sum_{i=1}^{n}(C-\alpha_i-\beta_i)\xi_i\\
&=\sum_{i=1}^{n}\alpha_i-\frac{1}{2}\sum_{i=1}^{n}\sum_{j=1}^{n}\alpha_i\alpha_j z_i z_j\boldsymbol{x}_i^{\mathrm{T}}\boldsymbol{x}_j
\end{aligned}$$

可以看出，重写的 Lagrange 函数与线性可分情况是完全相同的，与 $\boldsymbol{w}$，w_0，松弛矢量 $\boldsymbol{\xi}$ 无关，也与引入的第 2 组 Lagrange 系数 $\boldsymbol{\beta}$ 无关。对偶优化问题与线性可分情况的唯一不同点是由式(6.32c) 引入的：$\alpha_i=C-\beta_i$，考虑到 $\beta_i\geqslant 0$，因此需要增加约束 $\alpha_i\leqslant C$。

对偶优化问题：

$$\max_{\boldsymbol{\alpha}} L(\boldsymbol{\alpha})=\sum_{i=1}^{n}\alpha_i-\frac{1}{2}\sum_{i=1}^{n}\sum_{j=1}^{n}\alpha_i\alpha_j z_i z_j\boldsymbol{x}_i^{\mathrm{T}}\boldsymbol{x}_j \tag{6.33}$$

约束：

$$C\geqslant\alpha_i\geqslant 0,i=1,\cdots,n$$

$$\sum_{i=1}^{n}\alpha_i z_i=0$$

在线性不可分的情况下，对偶问题相比于原始优化问题要简单。线性SVM分类器的学习，就是采用二次规划算法对式(6.33)优化问题的求解。最优化方法的研究已经证明此类问题属于凸规划问题，存在唯一的最优解，并且可以由相关算法计算求解。常用的二次规划算法包括：内点法、有效集法、椭球算法等，而且经过研究已经找到了专门针对SVM学习的有效算法——序列最小化算法(Sequential Minimal Optimization，SMO)。

通过对偶问题的优化，可以得到与每个训练样本相关的一组最优Lagrange系数$\boldsymbol{\alpha}$。构造线性判别函数需要的是权值矢量$\boldsymbol{w}$和偏置w_0，因此下面需要考虑如何由系数$\boldsymbol{\alpha}$计算$\boldsymbol{w}$和w_0。在此之前首先来看一下$\boldsymbol{\alpha}$中元素的含义。

从前面针对$\boldsymbol{\alpha}$优化的分析中可以看到，α_i是与式(6.25)优化问题的第i个约束$z_i(\boldsymbol{w}^{\mathrm{T}}\boldsymbol{x}_i+w_0)\geqslant 1$相关的Lagrange系数。当约束不等式以大于1的方式得到满足时，相应的Lagrange系数$\alpha_i=0$；而当约束以等于1的方式得到满足时，系数α_i可以大于0。同样道理，线性不可分情况下优化问题(6.31)中，由于有式(6.32c)中$\alpha_i=C-\beta_i$关系存在，因此当$\xi_i>0$时，Lagrange系数$\beta_i=0$，而$\alpha_i=C$；当$\xi_i=0$时，β_i可以大于0，相应的α_i可以小于C。

更严格地说，依据最优化方法中的Kuhn-Tucker定理可以证明有如下关系存在：

$$\begin{cases}z_i(\boldsymbol{w}^{\mathrm{T}}\boldsymbol{x}_i+w_0)>1, & \alpha_i=0\\ z_i(\boldsymbol{w}^{\mathrm{T}}\boldsymbol{x}_i+w_0)=1, & C>\alpha_i>0\\ z_i(\boldsymbol{w}^{\mathrm{T}}\boldsymbol{x}_i+w_0)<1, & \alpha_i=C\end{cases} \tag{6.34}$$

在建立学习优化问题的过程中，通过适当调整$\boldsymbol{w}$和w_0，使得距离最优分类界面最近的样本到分类超平面的函数间隔变为了1，亦即两个类别的支持面与分类超平面之间的函数间隔为1。因此，由图6.16可以看出，依据对偶优化问题的解，完全可以确定每个训练样本相对于最优分类超平面以及两个支持面之间的位置关系。$\alpha_i=0$对应的训练样本处于各自类别支持面之外；$C>\alpha_i>0$对应的训练样本处于支持面之上；$\alpha_i=C$对应的训练样本则处于各自类别支持面与分类超平面之间，甚至是分类界面的反方向区域(图6.16中黑色方框中的样本)。所有对应$\alpha_i>0$的训练样本称为支持向量。

借助于(6.32a)，可以将判别函数的权值$\boldsymbol{w}$表示为训练样本由相应Lagrange系数加权求和的形式：

$$\boldsymbol{w}=\sum_{i=1}^{n}\alpha_i z_i\boldsymbol{x}_i \tag{6.35}$$

因此，由对偶优化问题的解可以直接得到判别函数的权值矢量。这里需要注意的是实际上只有支持向量参与了求和式的计算，非支持向量的系数α_i为0，对$\boldsymbol{w}$的计算没有贡献。

任意一个处于支持面上的支持向量与分类界面之间的函数间隔为1，因此偏置w_0可以利用任意一个对应于$C>\alpha_i>0$的支持向量$\boldsymbol{x}_i$由下述方程求得

$$z_i(\boldsymbol{w}^{\mathrm{T}}\boldsymbol{x}_i+w_0)=1\rightarrow w_0=z_i-\boldsymbol{w}^{\mathrm{T}}\boldsymbol{x}_i \tag{6.36}$$

这样，就可以通过求解对偶优化问题得到一组Lagrange系数$\boldsymbol{\alpha}$，进而根据式(6.35)和式(6.36)计算线性判别函数的权值矢量$\boldsymbol{w}$和偏置w_0，得到最优的线性判别函数。

【例6.5】 线性SVM分类器在参数$C=4$的条件下得到了如下训练结果：

第一类支持向量：$\boldsymbol{x}_1=(1,0)^{\mathrm{T}}$，$\boldsymbol{x}_2=(2,2)^{\mathrm{T}}$；第二类支持向量：$\boldsymbol{x}_3=(1,2)^{\mathrm{T}}$。

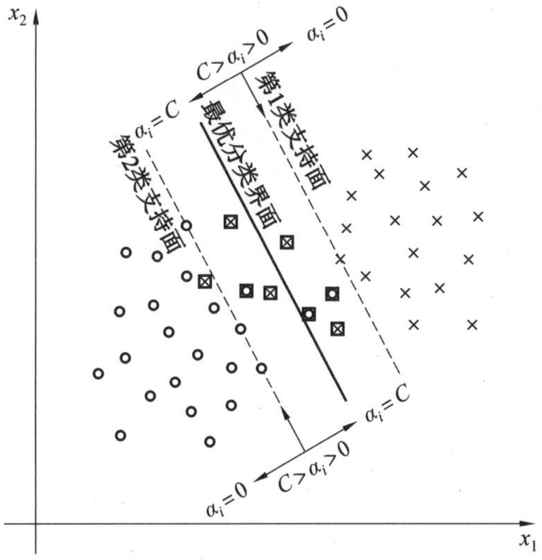

图 6.16　支持向量与 Lagrange 系数

对应的 Lagrange 系数：$\alpha_1=0.5,\alpha_2=2,\alpha_3=2.5$。

写出对应的线性判别函数，并判别下列样本的类别属性，以及相对于支撑面和判别界面的位置关系：

$$\boldsymbol{y}_1=(0.5,2)^{\mathrm{T}},\boldsymbol{y}_2=(1.5,1)^{\mathrm{T}},\boldsymbol{y}_3=(1,1.5)^{\mathrm{T}}$$

解　根据式(6.35)计算权值矢量 $\boldsymbol{w}$：

$$\boldsymbol{w}=\sum_{i=1}^{3}\alpha_i z_i\boldsymbol{x}_i=0.5\times\begin{pmatrix}1\\0\end{pmatrix}+2\times\begin{pmatrix}2\\2\end{pmatrix}-2.5\times\begin{pmatrix}1\\2\end{pmatrix}=\begin{pmatrix}2\\-1\end{pmatrix}$$

选择$\boldsymbol{x}_1$ 作为支持向量，根据式(6.36)计算偏置 w_0：

$$w_0=z_1-\boldsymbol{w}^{\mathrm{T}}\boldsymbol{x}_1=1-(2,1)\times\begin{pmatrix}1\\0\end{pmatrix}=-1$$

判别函数为

$$g(\boldsymbol{x})=\boldsymbol{w}^{\mathrm{T}}\boldsymbol{x}+w_0=2x_1-x_2-1$$

分别将$\boldsymbol{y}_1$，$\boldsymbol{y}_2$ 和$\boldsymbol{y}_3$ 代入判别函数：

$$g(\boldsymbol{y}_1)=\boldsymbol{w}^{\mathrm{T}}\boldsymbol{y}_1+w_0=2\times0.5-2-1=-2$$
$$g(\boldsymbol{y}_2)=\boldsymbol{w}^{\mathrm{T}}\boldsymbol{y}_2+w_0=2\times1.5-1-1=+1$$
$$g(\boldsymbol{y}_3)=\boldsymbol{w}^{\mathrm{T}}\boldsymbol{y}_3+w_0=2\times1-1.5-1=-0.5$$

由于$g(\boldsymbol{y}_1)<-1$，因此$\boldsymbol{y}_1\in\omega_2$，并且位于第2类支持面之外；$g(\boldsymbol{y}_2)=+1$，因此$\boldsymbol{y}_2\in\omega_1$，位于第 1 类的支持面上；$0>g(\boldsymbol{y}_3)>-1$，因此$\boldsymbol{y}_3\in\omega_2$，位于第 2 类支持面与分类界面之间。

图 6.17 画出了训练样本、分类界面、支持面和测试样本的分布情况。

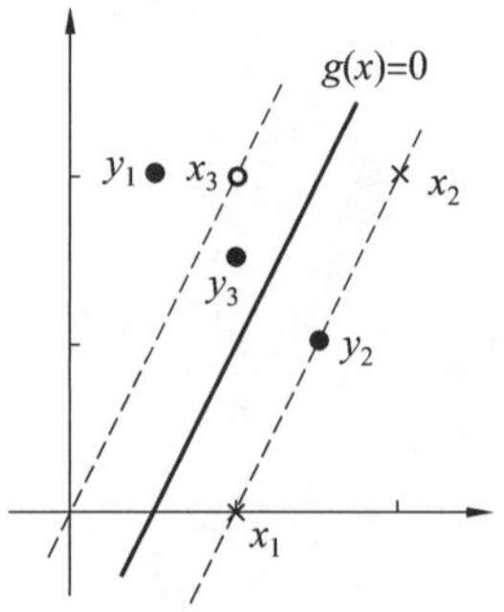

图 6.17　例 6.5 的判别界面和支持面

6.3.3　核函数与非线性支持向量机

在 6.1 节介绍的广义线性判别函数中，通过定义一个 $\mathbf{R}^d$ 空间到 $\mathbf{R}^r$ 空间的映射，将原来的 d 维特征矢量映射为更高维的 r 维矢量，然后在 $\mathbf{R}^r$ 空间中学习一个线性判别函数，就可以得到对应于 $\mathbf{R}^d$ 空间的非线性判别函数。支持向量机采用同样的思路来实现非线性判别，只不过利用了一种巧妙的方法 —— 核函数(Kernel Function)，避免了直接在 r 维空间中的计算，即使 r 的维数很高(甚至是无穷维空间) 也可以有效地学习和实现非线性判别。

首先，通过一个简单的例子来看一下什么是核函数？定义 $\boldsymbol{\Phi}$ 是 $\mathbf{R}^2 \to \mathbf{R}^3$ 的映射：

$$\boldsymbol{x}=\begin{pmatrix}x_1\\x_2\end{pmatrix}\in\mathbf{R}^2 \to \boldsymbol{y}=\boldsymbol{\Phi}(\boldsymbol{x})=\begin{pmatrix}x_1^2\\\sqrt{2}x_1x_2\\x_2^2\end{pmatrix}\in\mathbf{R}^3$$

计算 $\mathbf{R}^3$ 空间中两个矢量$\boldsymbol{y}_i$ 和$\boldsymbol{y}_j$ 的内积：

$$\begin{aligned}\boldsymbol{y}_i^{\mathrm{T}}\boldsymbol{y}_j&=\boldsymbol{\Phi}^{\mathrm{T}}(\boldsymbol{x}_i)\boldsymbol{\Phi}(\boldsymbol{x}_j)=\begin{pmatrix}x_{i1}^2 & \sqrt{2}x_{i1}x_{i2} & x_{i2}^2\end{pmatrix}\begin{pmatrix}x_{j1}^2\\\sqrt{2}x_{j1}x_{j2}\\x_{j2}^2\end{pmatrix}\\&=x_{i1}^2x_{j1}^2+2x_{i1}x_{i2}x_{j1}x_{j2}+x_{i2}^2x_{j2}^2\\&=(x_{i1}x_{j1}+x_{i2}x_{j2})^2\\&=(\boldsymbol{x}_i^{\mathrm{T}}\boldsymbol{x}_j)^2\end{aligned}$$

如果定义 $K(\boldsymbol{x}_i,\boldsymbol{x}_j)=(\boldsymbol{x}_i^{\mathrm{T}}\boldsymbol{x}_j)^2$，那么就可以直接由$\boldsymbol{y}_i^{\mathrm{T}}\boldsymbol{y}_j=K(\boldsymbol{x}_i,\boldsymbol{x}_j)$，在 2 维空间中计算$\boldsymbol{x}_i$ 和$\boldsymbol{x}_j$ 经过映射之后在 3 维空间中的内积。

从图 6.18 可以看出，在 2 维空间中分布于单位圆内外的两个类别是线性不可分的，而在通过 $\boldsymbol{\Phi}$ 映射之后的 3 维空间中则是线性可分的。

依据同样的道理，如果能够通过一个定义于 $\mathbf{R}^d$ 空间(称为输入空间) 的函数 $K(\boldsymbol{x}_i,\boldsymbol{x}_j)$(即核函数)，等价地计算经过映射之后 $\mathbf{R}^r$ 空间(称为特征空间) 中两个矢量 $\boldsymbol{\Phi}(\boldsymbol{x}_i)$ 和$\boldsymbol{\Phi}(\boldsymbol{x}_j)$ 的内积，那么就可以不必真正去定义非线性映射$\boldsymbol{\Phi}$。同时即使$r\to+\infty$ 也不会存在任何的计算难题，这就是核函数的方法。

将核函数的方法应用于某个线性算法，将其转化为非线性算法，需要满足两个条件：

(1) 定义的核函数 K 必须能够等价于映射之后空间中的矢量内积；

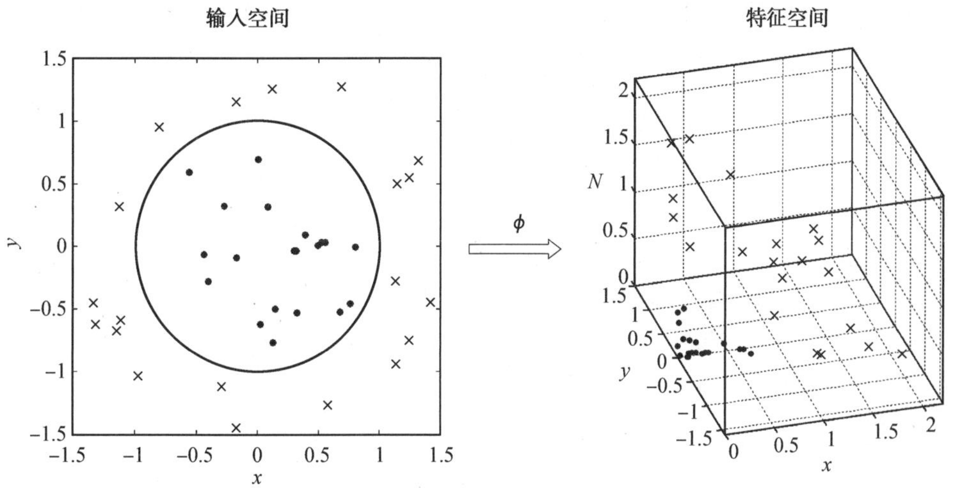

图 6.18　输入空间到特征空间的映射

(2) 线性算法中只需要计算两个矢量的内积。

什么样的函数 K 可以作为核函数，能够与映射之后空间中矢量的内积对应？这个问题在 Mercer 定理中可以得到解答。

Mercer 定理：令 $\boldsymbol{x},\boldsymbol{z}\in\mathbf{R}^d$，如果一个对称函数 $K(\boldsymbol{x},\boldsymbol{z})$ 针对任意的平方可积函数 $g(\boldsymbol{x})$ 满足半正定条件，即

$$\int K(\boldsymbol{x},\boldsymbol{z})g(\boldsymbol{x})g(\boldsymbol{z})\,\mathrm{d}\boldsymbol{x}\mathrm{d}\boldsymbol{z}\geqslant 0 \tag{6.37}$$

$$\int g(\boldsymbol{x})^2\,\mathrm{d}\boldsymbol{x}<+\infty$$

则存在一个由 $\mathbf{R}^d$ 空间到 Hilbert 空间 H 的映射 $\boldsymbol{\Phi}:x\rightarrow\boldsymbol{\Phi}(\boldsymbol{x})\in H$，使得 $K(\boldsymbol{x},\boldsymbol{z})$ 等于 $\boldsymbol{\Phi}(\boldsymbol{x})$ 和 $\boldsymbol{\Phi}(\boldsymbol{z})$ 在空间 H 中的内积。

式(6.37) 称为 Mercer 条件。Mercer 定理告诉我们，只要定义的函数 $K(\boldsymbol{x},\boldsymbol{z})$ 满足 Mercer 条件就可以作为核函数，与某个 $\boldsymbol{\Phi}$ 映射之后空间中的内积对应。下面给出一些在模式识别中常用的核函数：

$$\text{Gaussian RBF}: K(\boldsymbol{x},\boldsymbol{z})=\exp\left(-\frac{\|\boldsymbol{x}-\boldsymbol{z}\|^2}{\sigma}\right)$$

$$\text{Polynomial}: K(\boldsymbol{x},\boldsymbol{z})=((\boldsymbol{x}^{\mathrm{T}}\boldsymbol{z})+1)^d$$

$$\text{Sigmoidal}: K(\boldsymbol{x},\boldsymbol{z})=\tanh(\alpha\,\boldsymbol{x}^{\mathrm{T}}\boldsymbol{z}+\theta)$$

$$\text{Inv. Multiquardric}: K(\boldsymbol{x},\boldsymbol{z})=\frac{1}{\sqrt{\|\boldsymbol{x}-\boldsymbol{z}\|^2+c^2}}$$

其中 Sigmoidal 核函数只在参数 α,θ 满足一定条件下才能够作为核函数。

下面来看一下如何在支持向量机中应用核函数，将其转化为非线性分类器。支持向量机的学习过程主要是求解优化问题(6.33)，注意到其中只涉及任意两个训练样本的内积计算，因此可以引入核函数 K 将其转化为式(6.38) 进行优化，达到首先将每个训练样本由某个非线性映射 $\boldsymbol{\Phi}$ 映射到特征空间，然后在特征空间中求解最大间隔超平面，对应于输入空间中的非线性分类界面。

非线性 SVM 的优化问题

$$\max_{\boldsymbol{\alpha}} L(\boldsymbol{\alpha})=\sum_{i=1}^{n}\alpha_i-\frac{1}{2}\sum_{i=1}^{n}\sum_{j=1}^{n}\alpha_i\alpha_j z_i z_j K(\boldsymbol{x}_i,\boldsymbol{x}_j) \tag{6.38}$$

约束：

$$\sum_{i=1}^{n}\alpha_i z_i=0$$

$$C\geqslant\alpha_i\geqslant 0, i=1,\cdots,n$$

通过式(6.38)优化问题的求解，可以得到每个训练样本对应的 Lagrange 系数 $\boldsymbol{\alpha}$，而要构造判别函数需要计算权值矢量 $\boldsymbol{w}$ 和偏置 w_0。注意到权值矢量 $\boldsymbol{w}$ 是一个经过 $\boldsymbol{\Phi}$ 映射之后特征空间中的矢量，可以由式(6.35)计算，只不过每个训练样本需要由映射之后的矢量 $\boldsymbol{\Phi}(\boldsymbol{x}_i)$ 来代替：

$$\boldsymbol{w}=\sum_{i=1}^{n}\alpha_i z_i\boldsymbol{\Phi}(\boldsymbol{x}_i) \tag{6.39}$$

但是在核方法中并没有直接定义映射 $\boldsymbol{\Phi}$，而是通过引入核函数 K 来间接达到非线性映射的目的，因此无法计算每个 $\boldsymbol{\Phi}(\boldsymbol{x}_i)$。但是如果将式(6.39)代入特征空间中的线性判别函数：

$$\boldsymbol{w}^{\mathrm{T}}\boldsymbol{\Phi}(\boldsymbol{x})+w_0=\left[\sum_{i=1}^{n}\alpha_i z_i\boldsymbol{\Phi}(\boldsymbol{x}_i)\right]^{\mathrm{T}}\boldsymbol{\Phi}(\boldsymbol{x})+w_0=\sum_{i=1}^{n}\alpha_i z_i K(\boldsymbol{x},\boldsymbol{x}_i)+w_0$$

可以看出，输入空间中的非线性 SVM 判别函数只需要利用核函数计算测试样本 $\boldsymbol{x}$ 和训练样本 $\boldsymbol{x}_i$ 在特征空间中的内积 $K(\boldsymbol{x},\boldsymbol{x}_i)$：

$$g(\boldsymbol{x})=\sum_{i=1}^{n}\alpha_i z_i K(\boldsymbol{x},\boldsymbol{x}_i)+w_0 \tag{6.40}$$

偏置 w_0 同样可以由某个满足 $C>\alpha_j>0$ 的支持向量 $\boldsymbol{x}_j$ 计算：

$$w_0=z_j-\sum_{i=1}^{n}\alpha_i z_i K(\boldsymbol{x}_j,\boldsymbol{x}_i) \tag{6.41}$$

这样，通过引入核函数可以实现非线性的支持向量机分类。所付出的代价是无法像线性 SVM 一样直接计算出权值矢量 $\boldsymbol{w}$，而是需要在识别的时候，采用式(6.40)利用核函数计算测试样本与训练样本在特征空间中的内积，从而得到判别函数的输出。由于非支持向量的 Lagrange 系数 α 为 0，因此算法只需要保存和计算所有的支持向量即可。

Matlab 中提供了支持向量机的实现函数：

函数名称：svmtrain

功能：支持向量机学习

函数形式：

SVMStruct = svmtrain(X, Z, opts)

参数：

X —— n×d 矩阵，样本集矩阵，n 个训练样本，d 维特征；

Z —— n×1 矩阵，类别标签；

opts —— 参数；

返回：

SVMStruct —— 支持向量机结构。

函数名称：svmclassify

功能：支持向量机识别

函数形式：

Z = svmclassify(SVMStruct, X)

参数：

SVMStruct —— 支持向量机结构；

X——n × d 矩阵，测试样本矩阵，n 个样本，d 维特征；

返回：

Z —— n × 1 矩阵，支持向量机识别结果。

---

svmtrain 中的参数分为多组：

核函数：KERNEL_FUNCTION

linear：	线性支持向量机
rbf：	Gaussian RBF 核，参数由 RBF_SIGMA 设置；
quadratic：	二次核函数；
polynomial：	Polynomial 核，参数由 POLYORDER 设置；
mlp：	Sigmoidal 核，参数由 MLP_PARAMS 设置；

支持向量机参数：BOXCONSTRAINT

优化函数中的 C

样本预处理：AUTOSCALE

true 或 false：是否将样本的每一维特征规格化到[0,1] 之间；

函数中还包含了其他与优化算法有关的参数。

到目前为止，讨论的都是区分两个类别的支持向量机分类器。当需要分类多个类别时，可以采用第 4 章 4.5.1 和 4.5.2 节介绍的"一对多方式"和"一对一方式"，将多类别问题转化为多个两类别问题来解决。支持向量机还可以采用另外一种特殊的方式实现多类别分类，避免了"一对多"和"一对一"方式存在某些样本无法判别类别属性的问题。

这种特殊的多类别分类方式是在原来"一对一方式"的基础之上，增加了一个"投票"的机制。首先，在学习过程中利用任意两个类别的样本学习出 $c(c-1)/2$ 个区分两个类别的支持向量机分类器。在识别过程中，计算每一个支持向量机判别函数的输出，根据输出的正负向相关类别的"投票箱"中投入一票。例如，如果判别函数 $g_{ij}(\boldsymbol{x})>0$，则在第 i 的投票箱中投入一票，反之则在第 j 类的票箱中投入一票。最后，统计 c 个类别的得票数，判别 $\boldsymbol{x}$ 属于得票最多的类别。这个过程可以形式化的表示为

$$v_i(\boldsymbol{x})=\sum_{j=1,j\neq i}^{c} I\left[g_{ij}(\boldsymbol{x})>0\right]$$

$$\text{如果：}k=\underset{1\leqslant i\leqslant c}{\arg\max}\, v_i(\boldsymbol{x})\text{，则判别：}\boldsymbol{x}\in\omega_k$$

其中 I 为示性函数：

$$I(a)=\begin{cases}1, & a \text{ is true}\\ 0, & a \text{ is false}\end{cases}$$

【例 6.6】 使用 SVM 分类器解决 XOR 问题。

解 使用 RBF 核函数，选择参数 $\sigma=2, C=10$，Matlab 代码如下：

```
X = [0 0;1 1;0 1;1 0];
T = [0 0 1 1];

svmStruct = svmtrain( X, T, 'Kernel_Function', 'rbf',
        'RBF_SIGMA', 2, 'BOXCONSTRAINT', 10 );
r = svmclassify( svmStruct, X );
```

【例 6.7】 在半径为 0.9 的圆内和半径为 1.2～1.5 的环内分别随机产生 20 个分别属于两个类别的随机样本，学习使用 RBF 核函数的 SVM 分类器。

解

```
sigma = 1;
C = 1;

s = (rand(300,2) - 0.5) * 3;
r = s(:,1). * s(:,1) + s(:,2). * s(:,2);

id = find(r < 0.81);
x = s(id(1:20),:);
id = find(r > 1.44&r < 2.25);
y = s(id(1:20),:);

X = [x;y];
T = [zeros(20,1);ones(20,1)];
svmStruct = svmtrain( X, T, 'Kernel_Function', 'rbf',...
     'RBF_SIGMA', sigma, 'BOXCONSTRAINT', C, 'showplot', true );
axis equal;
```

支持向量机分类界面的学习结果会受到参数 C 和所使用核函数的影响，相同的核函数使用不同参数，分类界面也会有很大的不同。图 6.19 和图 6.20 显示了程序中设置不同的 sigma 和 C 的执行结果，实心的样本是支持向量。

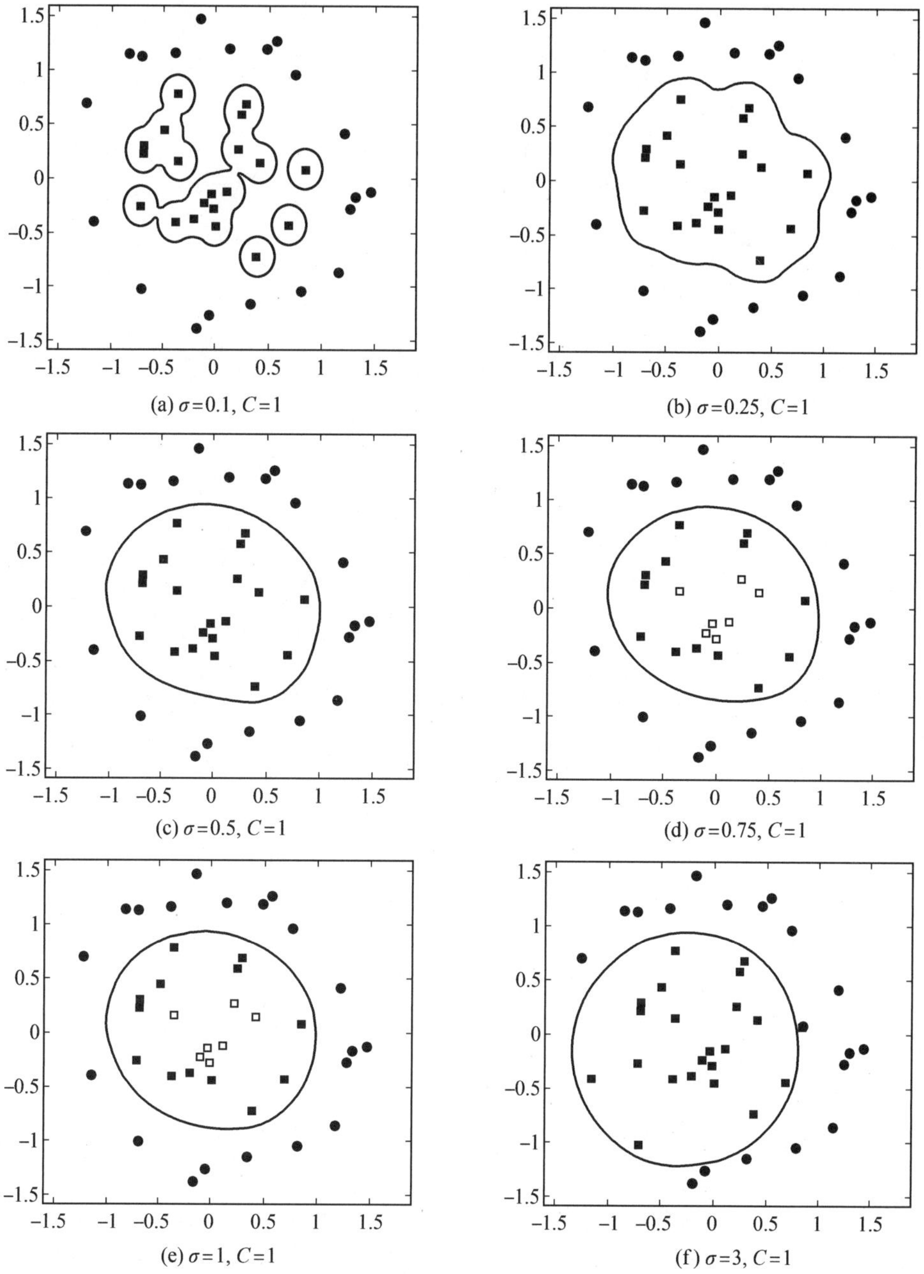

图 6.19　RBF 核函数的参数 σ 对分类界面的影响

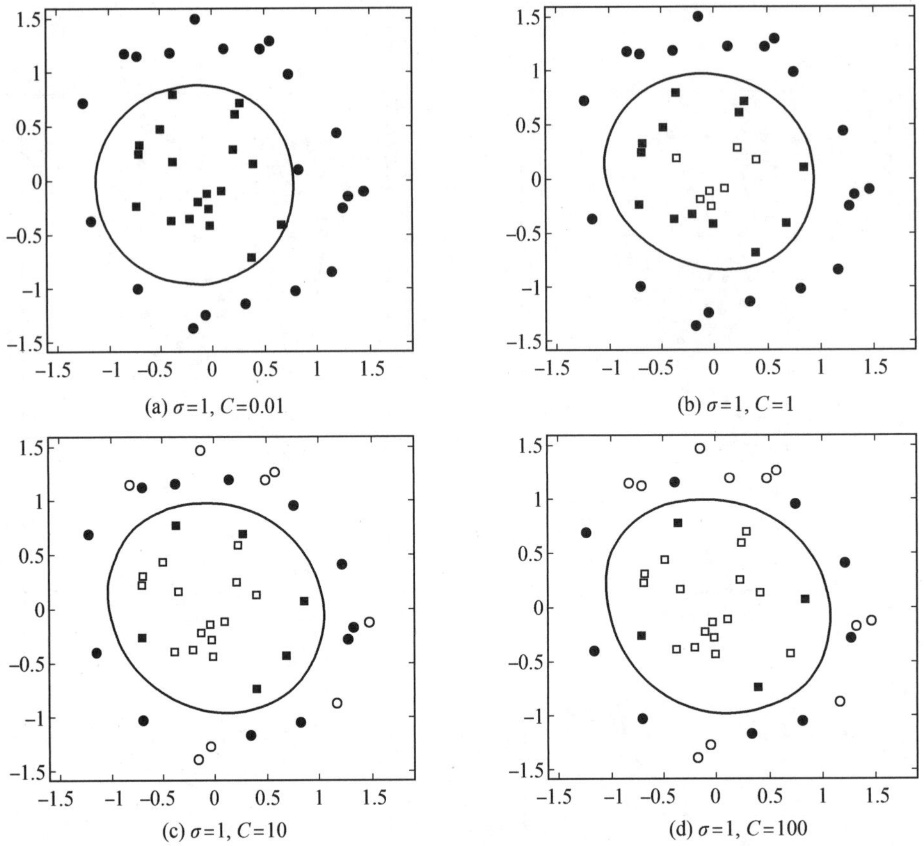

图 6.20　SVM 学习参数 C 对分类界面的影响

本章小结

大多数的实际分类问题都是比较复杂的，往往需要构造非线性的分类界面才能够取得好的识别效果，本章所介绍的多层感知器网络和支持向量机方法是目前最常用的两种非线性判别函数分类器。

在各种不同的应用实践中，多层感知器和支持向量机均表现出了很强的分类能力，但也存在一些问题需要注意。这些问题体现在学习算法的计算效率，收敛性和模型的参数选择等几个方面。

采用原始 BP 算法的多层感知器学习，需要多次迭代才能够收敛，一般来说计算效率较低。本章的 6.2.4 节中，我们介绍的几种改进学习算法可以有效地提高算法的收敛速度。多层感知器网络的学习，优化的是误差平方和准则函数。对于一个复杂的网络来说，优化函数存在多个极值点，如图 6.21 单变量优化曲线所示，无论是 BP 算法还是其他的改进学习算法，只能够保证收敛于其中一个极小值点，而不能保证收敛于最小值点，具体的收敛情况决定于优化初始值的设置。在具体的实际应用中，往往需要设置多个不同的初始值来学习网络参数，或者引入随机优化算法学习（如遗传算法、模拟退火算法等）。采用这些手段，可以在一定程度上提高网络收敛于最小值点的概率。

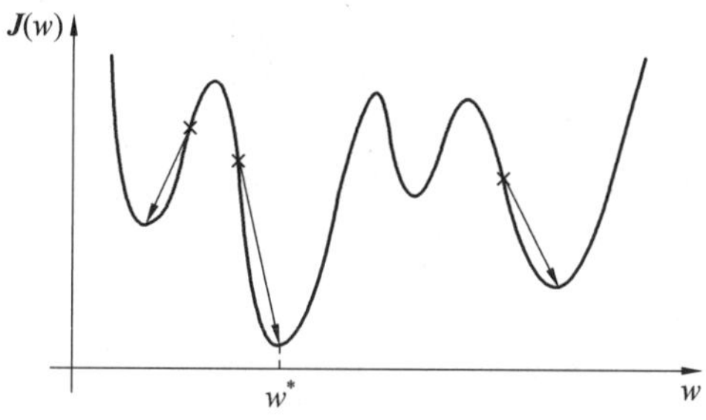

图 6.21　多层感知器网络优化函数存在多个极值点

多层感知器网络的模型参数选择，主要是指隐含层的数量和隐含层中神经元个数的设置。研究表明，复杂程度的增加(隐含层和隐含神经元数量的增多)可以提高网络非线性分类的能力。但这并不是说可以无限制地增加模型的复杂度，因为网络能力的增强只能保证对训练样本的分类效果更好，而不能保证对测试样本的性能，甚至随着网络复杂度的增加测试样本的识别率反而会下降(图 6.22)，这就是在 6.4.1 节所讨论的模型"泛化能力"有可能出现的问题。一般来说，多层感知器网络的复杂程度应该与所要解决的分类问题相适应，也要考虑到训练样本的数量。训练样本数量较多时，可以适当增加网络的复杂程度，反之则应该使用较简单的模型。

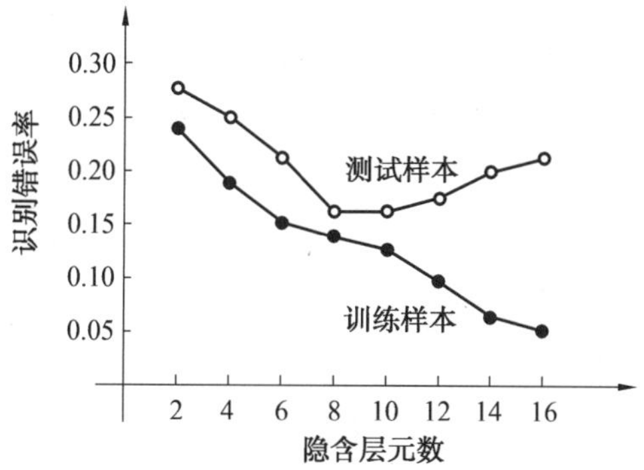

图 6.22　网络复杂度与训练样本、测试样本的错误率

无论线性还是非线性的支持向量机，优化的都是一个(正定的)二次函数，存在唯一的极值点，无论算法采用什么样的初始值都会收敛于最优解，具有良好的收敛性。传统的二次优化算法求解大规模优化问题存在一定的困难，当训练样本数很多时，算法需要的存储量和计算量都会很大。但是随着序列最小化(SMO)算法的提出，大规模支持向量机学习的效率已经得到了很大的提高。

在 6.4.1 节中，称支持向量机在对测试样本分类性能的意义下是"最优分类器"。需要注意的是，这种"最优性"只是相对于线性分类器而言的，而在非线性的支持向量机中，这种最优性存在于特征空间，而不是输入空间，因此支持向量机同样存在着模型参数的选择问题。支持向量机的模型参数选择，主要体现在优化函数的参数 C，核函数的选择以及相应的核函数参数的选择。从例 6.7 可以看出，不同参数的选择对判别界面的学习结果有着很大的影响，在实际应用中需要根据具体问题进行一定的尝试，选择出一组较优的参数。

习　　题

1. 使用广义线性判别函数的方法，学习异或问题的 2 次多项式判别函数分类器。首先通过增加二次项将 2 维特征空间映射为 5 维空间：

$$(x_1, x_2)^{\mathrm{T}} \rightarrow (x_1, x_2, x_1^2, x_2^2, x_1 x_2)^{\mathrm{T}}$$

然后使用感知器算法学习 5 维空间中的线性判别函数，并写出对应的 2 维空间中的二次判别函数，画出分类界面。

2. 证明 d 维特征矢量的 r 次判别函数中，包含 C_{d+k-1}^{k} 个 k 次项，而公式(6.2)中除常数项 w_0 之外的项数可由公式(6.4)计算。

$$\mathrm{C}_{d+k-1}^{k} = \frac{(d+k-1)!}{(d-1)!\ k!}, \sum_{k=1}^{r} \mathrm{C}_{d+k-1}^{k} = \frac{(d+r)!}{d!\ r!} - 1$$

3. 证明公式(6.8)双曲正切型 Sigmoid 激活函数的导数 $f'(u)$ 可以由下式计算：

$$f'(u) = 1 - f^2(u)$$

4. 有如图 6.23 所示的 3 层感知器网络，其中隐含层和输出层均采用符号函数作为激活函数：

$$f(u) = \begin{cases} +1, u \geqslant 0 \\ -1, u < 0 \end{cases}$$

请计算针对下列输入的网络输出，并确定其类别属性：

$\boldsymbol{x}_1:(-1,+1,+1,-1)^{\mathrm{T}}, \boldsymbol{x}_2:(+1,+1,-1,-1)^{\mathrm{T}}, \boldsymbol{x}_3:(-1,+1,-1,+1)^{\mathrm{T}}$

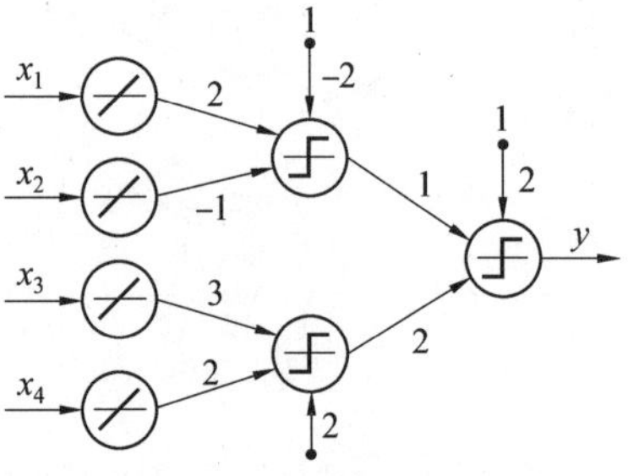

图 6.23　3 层感知器网络

5. 编程实现 BP 算法，其中隐含层和输出层的激活函数采用双曲正切型 Sigmoid 函数。类似例题 6.2，学习如下训练样本和期望输出的三层感知器网络。

$$\boldsymbol{x}_1 = (-1,-1)^{\mathrm{T}}, \boldsymbol{t}_1 = (-1,-1)^{\mathrm{T}}, \boldsymbol{x}_2 = (+1,+1)^{\mathrm{T}}, \boldsymbol{t}_2 = (-1,+1)^{\mathrm{T}}$$

$$\boldsymbol{x}_3 = (+1,-1)^{\mathrm{T}}, \boldsymbol{t}_3 = (+1,+1)^{\mathrm{T}}, \boldsymbol{x}_4 = (-1,+1)^{\mathrm{T}}, \boldsymbol{t}_4 = (+1,+1)^{\mathrm{T}}$$

6. 使用例 6.5 的线性判别函数判断下列样本的类别属性，以及相对于判别界面和支持面的位置关系：

$$\boldsymbol{y}_1 = (1.5,1)^{\mathrm{T}}, \boldsymbol{y}_2 = (1,1)^{\mathrm{T}}, \boldsymbol{y}_3 = (0,1)^{\mathrm{T}}, \boldsymbol{y}_4 = (0,0)^{\mathrm{T}}, \boldsymbol{y}_5 = (0.5,0.5)^{\mathrm{T}}$$

7. 线性 SVM 分类器在参数 $C=5$ 的条件下得到如下训练结果：

第一类支持向量：$\boldsymbol{x}_1 = (1,1,1)^{\mathrm{T}}, \alpha_1 = 4$

第二类支持向量：$\boldsymbol{x}_2 = (1,2,1)^{\mathrm{T}}, \alpha_2 = 2; \boldsymbol{x}_3 = (0,1,1)^{\mathrm{T}}, \alpha_3 = 2$

写出对应的线性判别函数，并判别下列样本的类别属性，以及相对于支撑面和判别界面的位置关系：

$$\boldsymbol{y}_1=(0.2,1,2)^{\mathrm{T}},\boldsymbol{y}_2=(2,2,1)^{\mathrm{T}},\boldsymbol{y}_3=(3,-3,2)^{\mathrm{T}}$$

8. 证明使用 RBF 核函数时，输入空间中的任意矢量 $\boldsymbol{x}$，经过非线性映射之后，处于特征空间中的单位球壳之上，即

$$\forall \boldsymbol{x} \in \mathbf{R}^d, \|\boldsymbol{\Phi}(\boldsymbol{x})\|=1$$

第7章 统计分类器及其学习

在第4章和第6章中分别介绍了线性判别函数分类器和非线性判别函数分类器，这些分类器的共同点是通过对训练样本集的学习构造一个能够将不同类别样本区分开的判别函数，根据判别函数的输出来决定待识别模式属于哪个类别，这类方法所采用的模型一般被称作判别式模型(Discriminative Model)。本章将要介绍另外一类被称作产生式模型(Generative Model)的方法，这类方法不是直接构造能够区分不同类别的判别函数，而是考察观察到的待识模式由不同类别所产生的概率，根据不同类别产生出待识模式的概率大小来决定它的类别属性。

首先，可以将描述待识模式的特征矢量 $\boldsymbol{x}$ 看作是一个随机矢量。每次输入到分类器的特征矢量是不同的，即使是根据同一类别的两个不同模式所生成的特征矢量，一般来说也不会是一样的。虽然属于同一类别的特征矢量是不同的，但它们的分布是有一定规律的。例如水果识别问题，从图1.5可以看出，桃子的样本基本会分布在左上角和右上角的区域，而橘子的样本则会分布在中间靠下的区域，每个类别样本的分布情况可以用一个概率密度函数来描述。在每一次的识别过程中，输入到分类器中的特征矢量可以看作是通过一次随机试验所得到的观察值，待识别的特征矢量可能属于任何一个类别，因此样本所属的类别 ω 也可以看作是一个随机变量。只不过 ω 只有有限的 c 个取值，是一个离散的随机变量。产生式模型方法对待识模式 $\boldsymbol{x}$ 的判别，依据的是每一个类别产生出矢量 $\boldsymbol{x}$ 的概率，哪个类别更有可能性产生出 $\boldsymbol{x}$，就将 $\boldsymbol{x}$ 判别为哪个类别。

7.1 贝叶斯决策理论

应用产生式模型进行分类的基础是贝叶斯决策理论。首先来认识几种模式识别中经常用到的概率表示形式。

7.1.1 常用的概率表示形式

假设模式的特征矢量为 $\boldsymbol{x}$，分类器的目的是要把它分类为 $\omega_1,\cdots,\omega_c$ 中的某一个类别。

1. 类先验概率 $P(\omega_i)$

先验概率是类别 ω_i 发生的概率，因为分类器只能将样本 $\boldsymbol{x}$ 判别为 c 个类别中的某一个类别，因此有

$$\sum_{i=1}^{c} P(\omega_i)=1 \tag{7.1}$$

如果关于待识模式本身没有任何信息，在没有生成特征矢量 $\boldsymbol{x}$ 的情况下，仍然要对其进行分类，那么只能根据每个类别的先验概率进行判别，哪个类别的先验概率最大就认为待识模式属于哪个类别。例如在水果识别的例子中，如果识别系统不使用摄像机拍摄每个输入

水果的图像，让计算机直接“猜”它是桃子还是橘子。在这种情况下，只能估计一下今年果园中两种水果大致的产量，哪一种的数量多(先验概率大)，那么就将待识别的水果判别为这一类，只有这样才能够使得“猜”对的可能性最大。

2. **后验概率** $P(\omega_i|\boldsymbol{x})$

显然，仅仅依靠每个类别的先验概率进行分类，对实际问题来说是没有什么意义的。模式识别系统总是要获取一些待识模式自身的信息，生成特征矢量 $\boldsymbol{x}$，这种情况下就可以在已知特征矢量 $\boldsymbol{x}$ 的条件下来分析各个类别发生概率的大小了。所以说，模式识别系统进行分类时依据的不是类别的先验概率 $P(\omega_i)$ 而是后验概率 $P(\omega_i|\boldsymbol{x})$，看到了模式特征之后每个类别的概率。在水果识别的例子中，识别系统是在得到了水果的图像，经过处理生成了颜色和形状 2 维特征之后，才能够进行分类判别。

3. **类条件概率密度** $p(\boldsymbol{x}|\omega_i)$

分类器需要按照后验概率的大小进行分类，然而实际情况是后验概率往往无法直接得到，能够得到的是每个类别的先验概率 $P(\omega_i)$ 和每个类别的类条件概率密度函数 $p(\boldsymbol{x}|\omega_i)$。

先验概率描述的是关于识别问题中每个类别的先验知识，哪个类别发生的可能性更大，可以根据训练样本集中各类样本所占的比例进行估计。类条件概率密度描述的是每一个类别样本的分布情况，例如从图 1.5 可以看出，桃子的样本在 2 维特征空间的左上部和右上部出现的概率比较大，而在其他区域出现的概率较小，而橘子的样本在下部中间的区域出现的概率比较大。类条件概率密度可以用属于每个类别的训练样本来估计。

将后验概率、先验概率和类条件概率联系在一起的是贝叶斯公式(参见附录 C.3)：

$$P(\omega_i|\boldsymbol{x})=\frac{p(\boldsymbol{x}|\omega_i)P(\omega_i)}{p(\boldsymbol{x})} \tag{7.2}$$

式中　$p(\boldsymbol{x})$—— 样本 $\boldsymbol{x}$ 发生的先验概率密度。

在后面的分析中会看到 $p(\boldsymbol{x})$ 在分类器的构建中是可以忽略的。

贝叶斯分类器是根据输入模式 $\boldsymbol{x}$ 的后验概率大小进行分类的，将其判别为后验概率最大的类别，而在实际计算中则是根据贝叶斯公式将后验概率转化为先验概率和类条件概率密度的乘积。

7.1.2　最小错误率准则贝叶斯分类器

从前面的分析可以看出，分类器应该根据每个类别后验概率 $P(\omega_i|\boldsymbol{x})$ 的大小来判别待识别样本 $\boldsymbol{x}$ 的类别属性。下面的分析还可以得出这样的结论：按照上述方式进行分类，可以使得识别的错误率最小。

分类器对某一个模式进行分类，实际上是一个在已知这个模式的特征矢量 $\boldsymbol{x}$ 的条件下“猜测”其类别属性的过程。“猜测”的结果可能正确，也可能错误，自然希望分类器猜错的可能性越小越好。分类器只能将 $\boldsymbol{x}$ 判别为 $\omega_1,\cdots,\omega_c$ 中的某一个类别，下面不妨假设将其判别为 ω_i 类，看一看做出这样的判断可能发生错误的概率是多少：

$$P_i(e)=\sum_{j=1,j\neq i}^{c}P(\omega_j|\boldsymbol{x})=\sum_{j=1}^{c}P(\omega_j|\boldsymbol{x})-P(\omega_i|\boldsymbol{x})=1-P(\omega_i|\boldsymbol{x}) \tag{7.3}$$

这是由于 $\boldsymbol{x}$ 可能属于 c 个类别中的任何一个类别，只有当它真正属于 ω_i 类时，分类器做出这样的判断才不会发生错误；而如果它属于其他 $c-1$ 个类别时，都会发生错误。因此，分类的错误率是除了 ω_i 类之外，其他所有类别在 $\boldsymbol{x}$ 发生条件下的后验概率之和。$\boldsymbol{x}$ 只可能属于 c 个类别中的某一个类别，因此所有类别的后验概率之和为 1。显然，根据公式(7.3)，如果希望分类器识别的错误率最小，就应该将 $\boldsymbol{x}$ 判别为后验概率最大的一个类别，即

$$\text{如果 } i=\underset{j=1,\cdots,c}{\arg\max} P(\omega_j|\boldsymbol{x})\text{，则判别 } \boldsymbol{x}\in\omega_i \tag{7.4}$$

由于后验概率无法直接计算，因此需要使用贝叶斯公式由先验概率和类条件概率密度来间接计算。结合公式(7.2)和公式(7.4)，可以看出贝叶斯公式中的 $p(\boldsymbol{x})$ 是与分类问题无关的，在计算每个类别的后验概率时它是相同的。而公式(7.4)中只需要比较各个类别后验概率的大小，并不需要知道确切的概率值，固定的比例因子 $1/p(\boldsymbol{x})$ 可以不用考虑，因此得到如下的最小错误率贝叶斯分类准则：

$$\text{如果 } i=\underset{j=1,\cdots,c}{\arg\max}\, g_j(\boldsymbol{x})=p(\boldsymbol{x}|\omega_j)P(\omega_j)\text{，则判别 } \boldsymbol{x}\in\omega_i \tag{7.5}$$

两个类别1维特征的分类问题，两个类别的先验概率与类条件概率密度的乘积如图7.1所示。根据最小错误率贝叶斯分类准则，如果样本的特征小于两条曲线的交点 t，处于虚线的左侧时，应该被判别为属于 ω_1 类，因为左侧 ω_1 类的后验概率大于 ω_2 类；反之，如果处于虚线的右侧，则应被判别为 ω_2 类。

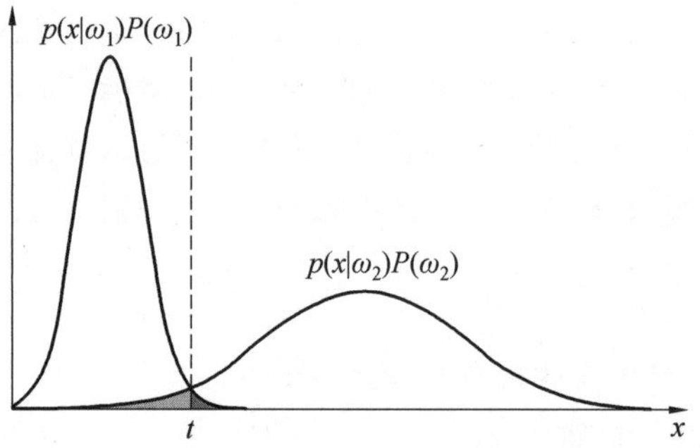

图 7.1　最小错误率准则贝叶斯分类器

如果能够计算出每个类别的后验概率，还可以估计出最小错误率准则贝叶斯分类器发生分类错误的概率。例如，在图7.2的两类问题中，t 点左侧的区域被判别为 ω_1 类，如果 ω_2 类的样本出现在这个区域，则会被错误分类；反之，如果 ω_1 类的样本出现在右侧区域，则会被错误分类。分类器的错误率 $P(e)$ 是这两个事件发生的概率之和：

$$P(e)=P_1(e)+P_2(e)=\int_{-\infty}^{t}P(\omega_2|x)\,\mathrm{d}x+\int_{t}^{+\infty}P(\omega_1|x)\,\mathrm{d}x \tag{7.6}$$

这两部分的错误率恰好是图7.2中两个阴影部分的面积。高维空间中的多类识别问题也有类似的结果，贝叶斯分类器的错误率可以表示为

$$P(e)=\sum_{i=1}^{c}P_i(e)=\sum_{i=1}^{c}\int_{R_i}[1-P(\omega_i|\boldsymbol{x})]\,\mathrm{d}\boldsymbol{x} \tag{7.7}$$

式中　R_i——被分类器判别为 ω_i 类的区域。

【例 7.1】　通过对大批人群进行普查发现，某种癌症的发病率为0.5%。ω_1 类代表患有癌症，ω_2 类代表正常人，两个类别的先验概率为

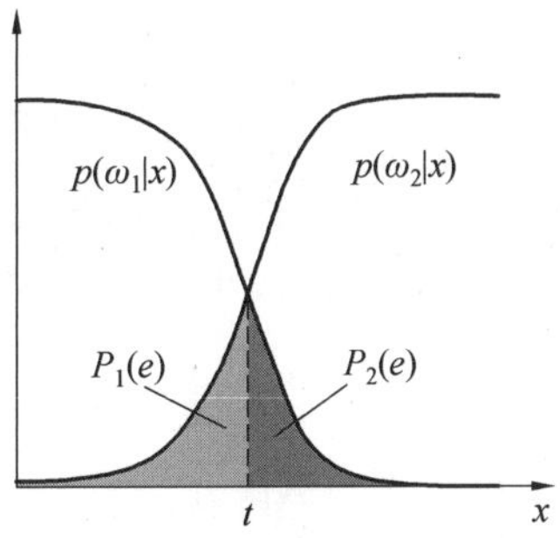

图 7.2　贝叶斯分类的错误率估计

$$P(\omega_1)=0.005, P(\omega_2)=0.995$$

某一项呈现阳性或阴性的化验结果可以作为癌症标志物，以此作为特征 x 进行癌症的判别和诊断。通过对以往病例的统计，可以估计出患癌症的人和正常人此项化验结果为阳性的概率分别为

$$P(x=\text{阳性}|\omega_1)=0.95, P(x=\text{阳性}|\omega_2)=0.01$$

现有一人化验结果为阳性，根据最小错误贝叶斯准则判断此人是否患癌症？

解
$$g_1(x)=P(x=\text{阳性}|\omega_1)\times P(\omega_1)=0.95\times 0.005=0.004\,75$$
$$g_2(x)=P(x=\text{阳性}|\omega_2)\times P(\omega_2)=0.01\times 0.995=0.009\,95$$

由于 $g_2(\boldsymbol{x})>g_1(\boldsymbol{x})$，因此判断这个是正常人。

7.1.3　最小平均风险准则贝叶斯分类器

大多数的模式识别应用中，是以最小错误率为准则建立的贝叶斯分类器，然而对某些问题来说这样的准则并不适合。这是因为分类器每次误判所带来的后果可能并不一样，有一些类别的样本被误判的后果非常严重，而另一些类别被误判的后果却并不十分严重。例如，例 7.1 的癌症诊断问题中，如果一个癌症患者被误判为正常，那么后果非常严重，有可能耽误治疗；而一个正常人被误诊为患有癌症，后果并不很严重，经过进一步的诊断可以改变这种误判。在这类问题中，采用最小错误率准则得出的结果可能是无法接受的，癌症患者中 95% 的人化验结果都会呈阳性，当一个人化验为阳性时还被诊断为正常，这是一个任何医学机构都不会得出的结果。

对于这类识别问题，不仅需要考虑识别的结果是否准确，同时还需要考虑做出每一次判断所带来的后果，需要承担的风险。因此，在解决这些问题时，首先需要根据实际情况引入一组“风险值”来评估将某类样本误识为另一个类别所要付出的代价，令 λ_{ij} 为将 ω_i 类的样本判别为 ω_j 类的代价或风险。如果分类器将待识模式 $\boldsymbol{x}$ 识别为 ω_j 类，而 $\boldsymbol{x}$ 的真实类别属性可能是 $\omega_1,\cdots,\omega_c$ 中的任何一个，做出这个判别的平均风险 $\gamma_j(\boldsymbol{x})$ 是每个类别的样本被分类为 ω_j 所带来的风险经由后验概率加权求和之后的结果：

$$\gamma_j(\boldsymbol{x})=\sum_{i=1}^{c}\lambda_{ij}P(\omega_i|\boldsymbol{x}) \tag{7.8}$$

求和式中有一项是 $\lambda_{jj}P(\omega_j|\boldsymbol{x})$，其中 λ_{jj} 是将 ω_j 类的样本判别为 ω_j 类的代价。对于这种识别正确情况，可以设置风险值很小或没有风险：$\lambda_{jj}=0$。

定义了平均风险，就可以根据平均风险最小的原则构建分类器：

$$\text{如果 } k=\underset{j=1,\cdots,c}{\arg\min}\,\gamma_j(\boldsymbol{x})=\sum_{i=1}^{c}\lambda_{ij}P(\omega_i|\boldsymbol{x})\text{，则判别 }\boldsymbol{x}\in\omega_k \tag{7.9}$$

式(7.9)中涉及后验概率，需要由贝叶斯公式转化为先验概率和类条件概率密度来计算。类似于最小错误率贝叶斯准则，可以得到最小平均风险贝叶斯判别准则：

$$\text{如果 } k=\underset{j=1,\cdots,c}{\arg\max}\,g_j(\boldsymbol{x})=-\sum_{i=1}^{c}\lambda_{ij}P(\boldsymbol{x}|\omega_i)p(\omega_i)\text{，则判别 }\boldsymbol{x}\in\omega_k \tag{7.10}$$

【例 7.2】 在例 7.1 的基础上引入判别风险：$\lambda_{11}=\lambda_{22}=0$，$\lambda_{12}=100$，$\lambda_{21}=25$，使用最小平均风险准则判别化验结果为阳性的人是否患有癌症。

解
$$\begin{aligned}g_1(x)&=-\lambda_{11}P(x=\text{阳性}|\omega_1)\times P(\omega_1)-\lambda_{21}P(x=\text{阳性}|\omega_2)\times P(\omega_2)\\&=-0\times0.95\times0.005-25\times0.01\times0.995=-0.248\,75\\g_2(x)&=-\lambda_{12}P(x=\text{阳性}|\omega_1)\times P(\omega_1)-\lambda_{22}P(x=\text{阳性}|\omega_2)\times P(\omega_2)\\&=-100\times0.95\times0.005-0\times0.01\times0.995=-0.475\end{aligned}$$

由于 $g_1(x)>g_2(x)$，因此判别 $x\in\omega_1$，为癌症患者。

7.2 高斯分布贝叶斯分类器

贝叶斯分类器依据类条件概率密度 $p(\boldsymbol{x}|\omega_i)$ 和先验概率 $P(\omega_i)$ 来判别样本 $\boldsymbol{x}$ 的类别属性，因此在构建分类器时需要估计出每个类别的先验概率，并且确定类条件概率密度。作为类条件概率密度的"概率模型"可以有很多种形式，这需要根据解决的具体问题来确定。高斯分布由于其形式简单、易于分析，并且在很多实际应用中能够取得较好的识别效果，因此常常被用来作为贝叶斯分类器的概率模型。本节就来介绍几种以高斯分布为基础的贝叶斯分类器。

7.2.1 高斯分布的判别函数

单变量的高斯密度函数：

$$p(\boldsymbol{x})=\frac{1}{\sqrt{2\pi}\sigma}\exp\left[-\frac{(x-\mu)^2}{2\sigma^2}\right] \tag{7.11}$$

其中均值 μ 和方差 σ^2 为高斯分布的参数，如果有 n 个服从此高斯分布的样本 $x_1,\cdots,x_n$，则可以对均值和方差做出估计：

$$\mu\approx\frac{1}{n}\sum_{i=1}^{n}x_i,\sigma^2\approx\frac{1}{n}\sum_{i=1}^{n}(x_i-\mu)^2 \tag{7.12}$$

多元高斯密度函数的表达式为

$$p(\boldsymbol{x})=\frac{1}{(2\pi)^{\frac{d}{2}}|\boldsymbol{\Sigma}|^{\frac{1}{2}}}\exp\left[-\frac{1}{2}(\boldsymbol{x}-\boldsymbol{\mu})^{\mathrm{T}}\boldsymbol{\Sigma}^{-1}(\boldsymbol{x}-\boldsymbol{\mu})\right] \tag{7.13}$$

其中矢量 $\boldsymbol{x}\in\mathbf{R}^d$，分布的参数为均值矢量 $\boldsymbol{\mu}$ 和协方差矩阵 $\boldsymbol{\Sigma}$，可以由服从此分布的样本 $\boldsymbol{x}_1,\cdots,\boldsymbol{x}_n$ 进行估计：

$$\boldsymbol{\mu}\approx\frac{1}{n}\sum_{i=1}^{n}\boldsymbol{x}_i,\boldsymbol{\Sigma}\approx\frac{1}{n}\sum_{i=1}^{n}(\boldsymbol{x}_i-\boldsymbol{\mu})(\boldsymbol{x}_i-\boldsymbol{\mu})^{\mathrm{T}} \tag{7.14}$$

假设 c 个类别的分类问题中，类别先验概率为 $P(\omega_i)$，每个类别的样本均服从高斯分布。对数函数是单调上升的函数，因此将判别函数取对数不会改变各个类别判别函数值的大小关系。高斯分布的密度函数为指数函数，为了计算方便，可以将公式(7.5)中的判别函数转化为对数判别函数：

$$g_i(\boldsymbol{x})=\ln[p(\boldsymbol{x}|\omega_i)P(\omega_i)]=\ln p(\boldsymbol{x}|\omega_i)+\ln P(\omega_i) \tag{7.15}$$

将高斯密度函数代入：

$$g_i(\boldsymbol{x})=-\frac{1}{2}(\boldsymbol{x}-\boldsymbol{\mu}_i)^{\mathrm{T}}\boldsymbol{\Sigma}_i^{-1}(\boldsymbol{x}-\boldsymbol{\mu}_i)-\frac{d}{2}\ln(2\pi)-\frac{1}{2}\ln|\boldsymbol{\Sigma}_i|+\ln P(\omega_i) \tag{7.16}$$

下面分几种特殊情况来讨论高斯分布判别函数的形式。

情况 1：$\boldsymbol{\Sigma}_i=\sigma^2\boldsymbol{I}$，$P(\omega_i)=\dfrac{1}{c}$

在这种情况下，每个类别的先验概率相同，协方差矩阵为相同的对角矩阵，且主对角线元素均为 σ^2，不同的只是均值矢量 $\boldsymbol{\mu}_i$。将这些条件代入到式(7.16)，并且考虑到贝叶斯分类器是以判别函数值的大小来区分不同类别的，因此可以将其中与类别无关的项忽略掉：

$$g_i(\boldsymbol{x})=-\frac{(\boldsymbol{x}-\boldsymbol{\mu}_i)^{\mathrm{T}}(\boldsymbol{x}-\boldsymbol{\mu}_i)}{2\sigma^2}=-\frac{\|\boldsymbol{x}-\boldsymbol{\mu}_i\|^2}{2\sigma^2} \tag{7.17}$$

从上式可以看出，情况 1 的判别函数只同待识别样本 $\boldsymbol{x}$ 与每个类别高斯分布均值矢量 $\boldsymbol{\mu}_i$ 的欧氏距离有关，距离越近则判别函数值越大，距离越远则函数值越小。因此，贝叶斯分类器会将 $\boldsymbol{x}$ 分类为与均值距离最近的类别。实际上，情况 1 的贝叶斯分类器就是在第 2 章中介绍的单模板匹配距离分类器。

情况 2：$\boldsymbol{\Sigma}_i=\boldsymbol{\Sigma}$

这种情况中，每个类别的先验概率不同，分布的均值不同，只有协方差矩阵相同，但不是对角矩阵。

代入到式(7.16)，同样忽略与类别无关项：

$$\begin{aligned}g_i(\boldsymbol{x})&=-\frac{1}{2}(\boldsymbol{x}-\boldsymbol{\mu}_i)^{\mathrm{T}}\boldsymbol{\Sigma}^{-1}(\boldsymbol{x}-\boldsymbol{\mu}_i)+\ln P(\omega_i)\\&=-\frac{1}{2}\boldsymbol{x}^{\mathrm{T}}\boldsymbol{\Sigma}^{-1}\boldsymbol{x}+\boldsymbol{\mu}_i^{\mathrm{T}}\boldsymbol{\Sigma}^{-1}\boldsymbol{x}-\frac{1}{2}\boldsymbol{\mu}_i^{\mathrm{T}}\boldsymbol{\Sigma}^{-1}\boldsymbol{\mu}_i+\ln P(\omega_i)\end{aligned}$$

其中利用到了协方差矩阵 $\boldsymbol{\Sigma}$ 为对称矩阵，因此有

$$\boldsymbol{x}^{\mathrm{T}}\boldsymbol{\Sigma}^{-1}\boldsymbol{\mu}_i=(\boldsymbol{x}^{\mathrm{T}}\boldsymbol{\Sigma}^{-1}\boldsymbol{\mu}_i)^{\mathrm{T}}=\boldsymbol{\mu}_i^{\mathrm{T}}\boldsymbol{\Sigma}^{-1}\boldsymbol{x}$$

上式中的 $-\dfrac{1}{2}\boldsymbol{x}^{\mathrm{T}}\boldsymbol{\Sigma}^{-1}\boldsymbol{x}$ 与类别无关，同样可以忽略，令

$$\boldsymbol{w}_i=\boldsymbol{\Sigma}^{-1}\boldsymbol{\mu}_i,\ w_{i0}=-\frac{1}{2}\boldsymbol{\mu}_i^{\mathrm{T}}\boldsymbol{\Sigma}^{-1}\boldsymbol{\mu}_i+\ln P(\omega_i)$$

则有

$$g_i(\boldsymbol{x})=\boldsymbol{w}_i^{\mathrm{T}}\boldsymbol{x}+w_{i0} \tag{7.18}$$

显然在此情况下，贝叶斯分类器转变为了第 4 章中介绍的线性分类器，对应于扩展感知器算法的判别函数，$\boldsymbol{w}_i$ 是每个线性判别函数的权值矢量，w_{i0} 则是只与类别有关的常数项。

情况 3：一般的高斯分布

在最一般的情况下，可以将式(7.15)展开，并忽略与类别无关项：

$$g_i(\boldsymbol{x})=-\frac{1}{2}\boldsymbol{x}^{\mathrm{T}}\boldsymbol{\Sigma}_i^{-1}\boldsymbol{x}+\boldsymbol{\mu}_i^{\mathrm{T}}\boldsymbol{\Sigma}_i^{-1}\boldsymbol{x}-\frac{1}{2}\boldsymbol{\mu}_i^{\mathrm{T}}\boldsymbol{\mu}_i-\frac{1}{2}\ln|\boldsymbol{\Sigma}_i|+\ln P(\omega_i) \tag{7.19}$$

令$\boldsymbol{W}_i=-\frac{1}{2}\boldsymbol{\Sigma}_i^{-1}$，$\boldsymbol{w}_i=\boldsymbol{\Sigma}_i^{-1}\boldsymbol{\mu}_i$，$w_{i0}=-\frac{1}{2}\boldsymbol{\mu}_i^{\mathrm{T}}\boldsymbol{\mu}_i-\frac{1}{2}\ln|\boldsymbol{\Sigma}_i|+\ln P(\omega_i)$，则有

$$g_i(\boldsymbol{x})=\boldsymbol{x}^{\mathrm{T}}\boldsymbol{W}_i\boldsymbol{x}+\boldsymbol{w}_i^{\mathrm{T}}\boldsymbol{x}+w_{i0} \tag{7.20}$$

这是一个标准的二次判别函数形式，两个类别之间的分类界面为二次曲线、曲面或超曲面，包括超平面、超球面、超椭球面、超抛物面、超双曲面等。

7.2.2 朴素贝叶斯分类器

如果在分类问题中识别特征的维数比较小，而训练样本数比较多，当每个类别的特征矢量符合高斯分布时，可以根据公式(7.14)估计出每个类别的分布参数$\boldsymbol{\mu}_i$和$\boldsymbol{\Sigma}_i$，然后依据公式(7.20)来分类和判别。然而，当特征的维数较高，而每个类别的训练样本数量较少时，对高斯分布均值矢量和协方差矩阵的估计就比较困难了。因为从统计学的角度来说，使用少量样本来估计大量的参数，估计的结果是不可靠的。d维特征的高斯分布中，均值矢量$\boldsymbol{\mu}$和协方差矩阵$\boldsymbol{\Sigma}$共有$(d^2+3d)/2$个参数需要估计，这就要求每个类别的训练样本数量远远大于这个数字。

解决多特征、少样本贝叶斯分类的一种有效办法是采用朴素贝叶斯分类器(Naïve Bayes Classifier)。朴素贝叶斯的一个基本假设是所有特征在类别已知的条件下是相互独立的，即

$$p(\boldsymbol{x}|\omega_i)=p(x_1,\cdots,x_d|\omega_i)=\prod_{j=1}^{d}p(x_j|\omega_i) \tag{7.21}$$

在构建分类器时，只需要逐个估计出每个类别的训练样本在每一维特征上的分布，就可以得到每个类别的条件概率密度，大大减少了需要估计参数的数量。

朴素贝叶斯分类器可以根据具体问题来确定样本在每一维特征上的分布形式，最常用的一种是假设每一个类别的样本都服从各维特征之间相互独立的高斯分布，将式(7.11)代入式(7.21)得

$$p(\boldsymbol{x}|\omega_i)=\prod_{j=1}^{d}p(x_j|\omega_i)=\prod_{j=1}^{d}\left\{\frac{1}{\sqrt{2\pi}\sigma_{ij}}\exp\left[-\frac{(x_j-\mu_{ij})^2}{2\sigma_{ij}^2}\right]\right\} \tag{7.22}$$

式中 μ_{ij}——第i类样本在第j维特征上的均值；

σ_{ij}^2——相应的方差。

这样可以得到对数判别函数：

$$\begin{aligned}g_i(\boldsymbol{x})&=\ln p(\boldsymbol{x}|\omega_i)+\ln P(\omega_i)\\&=\sum_{j=1}^{d}\left[-\frac{1}{2}\ln 2\pi-\ln\sigma_{ij}-\frac{(x_j-\mu_{ij})^2}{2\sigma_{ij}^2}\right]+\ln P(\omega_i)\\&=-\frac{d}{2}\ln 2\pi-\sum_{j=1}^{d}\ln\sigma_{ij}-\sum_{j=1}^{d}\frac{(x_j-\mu_{ij})^2}{2\sigma_{ij}^2}+\ln P(\omega_i)\end{aligned}$$

其中的第1项与类别无关，可以忽略，由此得到判别函数：

$$g_i(\boldsymbol{x})=\ln P(\omega_i)-\sum_{j=1}^{d}\ln\sigma_{ij}-\sum_{j=1}^{d}\frac{(x_j-\mu_{ij})^2}{2\sigma_{ij}^2} \tag{7.23}$$

高斯分布朴素贝叶斯分类器的学习和分类可以用如下的过程表示：

朴素贝叶斯算法

■ 分类器学习：由每个类别的训练样本按照公式(7.12)估计出均值和方差：$\mu_{i1},\cdots,\mu_{id}$，$\sigma_{i1}^2,\cdots,\sigma_{id}^2$，$i=1,\cdots,c$；

■ 分类判别：

依据公式(7.23)计算每个类别在待识样本 $\boldsymbol{x}$ 上的判别函数值：$g_1(\boldsymbol{x}),\cdots,g_c(\boldsymbol{x})$

如果：$i=\underset{j=1,\cdots,c}{\arg\max}\, g_j(\boldsymbol{x})$，则判别 $\boldsymbol{x}\in\omega_i$。

从这个过程可以看出，每个类别需要估计的参数数量为 $2d$，少于一般高斯分布所需要的 $(d^2+3d)/2$ 个参数。高斯分布朴素贝叶斯分类器的学习和判别可以实现为如下的 Matlab 代码：

函数名称：NBCTrain
参数：X—— 样本矩阵(n × d 矩阵)，Labels—— 样本的类别标号，1，…，c
返回值：均值 Mu，方差 Sigma，先验概率与方差的对数常数 C
函数功能：学习高斯分布朴素贝叶斯分类器

```
function [Mu,Sigma,C] = NBCTrain( X, Labels )

[n,d] = size(X);
c = length(unique(Labels));

Mu = zeros(c,d);
Sigma = zeros(c,d);
C = zeros(c,1);

for i = 1:c
    id = find( Labels==i );
    Mu(i,:) = mean( X(id,:) );
    Sigma(i,:) = max(var( X(id,:) ), 0.001);

    C(i) = log(length(id)/n) - sum(log(Sigma(i,:))/2);
end
```

函数名称：NBCClassify
参数：X—— 样本矩阵(n × d 矩阵)，Mu，Sigma，C—— 均值，方差，常数
返回值：样本的类别属性

函数功能：高斯分布朴素贝叶斯分类器判别

```
function Label = NBCClassify( X, Mu, Sigma, C )

[n,d] = size(X);
c = length(C);

g = zeros(n,c);
for i = 1:c
    g(:,i) = C(i) - sum( (X-repmat(Mu(i,:),n,1)).*(X-repmat(Mu(i,:),n,1))
        (2*repmat(Sigma(i,:),n,1)),2 );
end

[y,Label] = max(g,[],2);
```

式(7.23)判别函数中的前两项与待识别样本的特征无关，可以在学习过程中计算，Matlab代码中将两项合为只与类别有关的常数项C。为了防止某些类别在某一维特征上方差过小，引起对数和倒数计算的困难，在学习过程中限制了方差的最小值为0.001。

Matlab在Statistics Toolbox中以类NaiveBayes的形式实现了高斯分布朴素贝叶斯分类器。

函数名称：NaiveBayes.fit

功能：学习朴素贝叶斯分类器

函数形式：

　　N = NaiveBayes.fit(X,L);

参数：

　　X—— n×d矩阵，训练样本矩阵，n为样本数，d为特征数

　　L —— n×1矩阵，训练样本的类别属性

返回：

　　N —— 朴素贝叶斯分类器

函数名称：predict

功能：朴素贝叶斯分类器判别

函数形式：

　　l = predict (N, X)

参数：

　　N —— 朴素贝叶斯分类器

X—— n×d 矩阵，样本矩阵，n 为样本数，d 为特征数

返回：

l —— 样本的类别属性

7.2.3　改进的二次判别函数

一般情况下，高斯分布贝叶斯分类器的判别函数为如公式(7.19)和(7.20)所示的二次函数，在判别函数中需要计算每个类别协方差矩阵$\boldsymbol{\Sigma}_i$的逆矩阵。前文中总是认为协方差的逆矩阵是存在的，然而实际情况并不是这样的。当特征的维数d很大时，同一类别的训练样本可能只是分布在$\mathbf{R}^d$的一个子空间中，特征之间存在着相关性，由这些样本计算的协方差矩阵是一个奇异矩阵，并不存在逆矩阵；即使协方差矩阵不是奇异矩阵，也有可能接近于奇异矩阵，对应的行列式值非常小，逆矩阵的计算会非常不稳定。

为了提高二次判别函数分类器的计算稳定性，并且减少计算和存储的复杂度，Fumitaka Kimura 等人提出了改进的二次判别函数(Modified Quadratic Discriminant Function，MQDF) 方法。MQDF 将二次判别函数与主成分分析相结合，首先计算每个类别协方差矩阵的特征值分解，保留大特征值对应的主要成分部分，简化小特征值部分的计算。

令协方差矩阵$\boldsymbol{\Sigma}_i$的特征值分解为

$$\boldsymbol{\Sigma}_i=\boldsymbol{Q}_i\boldsymbol{\Lambda}_i\boldsymbol{Q}_i^{\mathrm{T}}=\sum_{j=1}^{d}\lambda_{ij}\boldsymbol{v}_{ij}\boldsymbol{v}_{ij}^{\mathrm{T}}$$

式中　λ_{ij}——$\boldsymbol{\Sigma}_i$的第j个特征值(按照由大到小的顺序排列)，$\boldsymbol{\Lambda}_i=\mathrm{diag}(\lambda_{ij})$为对角矩阵；

$\boldsymbol{v}_{ij}$——对应的第j个特征矢量；

$\boldsymbol{Q}_i$——$\boldsymbol{v}_{i1},\cdots,\boldsymbol{v}_{id}$作为列矢量所构成的正交矩阵。

协方差矩阵的逆矩阵为

$$\boldsymbol{\Sigma}_i^{-1}=(\boldsymbol{Q}_i\boldsymbol{\Lambda}_i\boldsymbol{Q}_i^{\mathrm{T}})^{-1}=\boldsymbol{Q}_i\boldsymbol{\Lambda}_i^{-1}\boldsymbol{Q}_i^{\mathrm{T}}=\sum_{j=1}^{d}\frac{1}{\lambda_{ij}}\boldsymbol{v}_{ij}\boldsymbol{v}_{ij}^{\mathrm{T}}\tag{7.24}$$

将式(7.24)代入式(7.16)，忽略与类别无关项：

$$\begin{aligned}g_i(\boldsymbol{x})&=\ln P(\omega_i)-\frac{1}{2}\sum_{j=1}^{d}\ln\lambda_{ij}-\frac{1}{2}\sum_{j=1}^{d}\frac{1}{\lambda_{ij}}(\boldsymbol{x}-\boldsymbol{\mu}_i)^{\mathrm{T}}\boldsymbol{v}_{ij}\boldsymbol{v}_{ij}^{\mathrm{T}}(\boldsymbol{x}-\boldsymbol{\mu}_i)\\&=\ln P(\omega_i)-\frac{1}{2}\sum_{j=1}^{d}\ln\lambda_{ij}-\frac{1}{2}\sum_{j=1}^{d}\frac{1}{\lambda_{ij}}\left[(\boldsymbol{x}-\boldsymbol{\mu}_i)^{\mathrm{T}}\boldsymbol{v}_{ij}\right]^2\end{aligned}\tag{7.25}$$

这其中利用了$|\boldsymbol{\Sigma}_i|=\prod_{j=1}^{d}\lambda_{ij}$的事实(参见附录A.2)。很明显，当协方差矩阵为奇异矩阵或接近奇异矩阵时，特征值$\lambda_{i1},\cdots,\lambda_{id}$的最后若干项接近或等于0，这就造成了式(7.25)中的对数项和最后求和式计算的不稳定。同主成分分析的思路一样，只保留前k个最大的特征值，其他特征值用一个小的正数δ_i来代替，$\lambda_{ij}=\delta_i,j=k+1,\cdots,d$。这样式(7.25)可以重写为

$$\begin{aligned}g_i(\boldsymbol{x})=&\ln P(\omega_i)-\frac{1}{2}\sum_{j=1}^{k}\ln\lambda_{ij}-\frac{1}{2}\sum_{j=1}^{k}\frac{1}{\lambda_{ij}}\left[(\boldsymbol{x}-\boldsymbol{\mu}_i)^{\mathrm{T}}v_{ij}\right]^2\\&-\frac{d-k}{2}\ln\delta_i-\frac{1}{2\delta_i}\sum_{j=k+1}^{d}\left[(\boldsymbol{x}-\boldsymbol{\mu}_i)^{\mathrm{T}}\boldsymbol{v}_{ij}\right]^2\end{aligned}$$

$$=\ln P(\omega_i)-\frac{1}{2}\sum_{j=1}^{k}\ln\lambda_{ij}-\frac{1}{2}\sum_{j=1}^{k}\frac{1}{\lambda_{ij}}\left[(\boldsymbol{x}-\boldsymbol{\mu}_i)^{\mathrm{T}}\boldsymbol{v}_{ij}\right]^2-\frac{d-k}{2}\ln\delta_i-\frac{D_c(\boldsymbol{x})}{2\delta_i} \tag{7.26}$$

其中

$$\begin{aligned}D_c(\boldsymbol{x})&=\sum_{j=k+1}^{d}\left[(\boldsymbol{x}-\boldsymbol{\mu}_i)^{\mathrm{T}}\boldsymbol{v}_{ij}\right]^2\\&=\sum_{j=1}^{d}\left[(\boldsymbol{x}-\boldsymbol{\mu}_i)^{\mathrm{T}}\boldsymbol{v}_{ij}\right]^2-\sum_{j=1}^{k}\left[(\boldsymbol{x}-\boldsymbol{\mu}_i)^{\mathrm{T}}\boldsymbol{v}_{ij}\right]^2\\&=\|\boldsymbol{x}-\boldsymbol{\mu}_i\|^2-\sum_{j=1}^{k}\left[(\boldsymbol{x}-\boldsymbol{\mu}_i)^{\mathrm{T}}\boldsymbol{v}_{ij}\right]^2\end{aligned} \tag{7.27}$$

由主成分分析知道，(对称的)协方差矩阵$\boldsymbol{\Sigma}_i$的特征矢量$\boldsymbol{v}_{i1},\cdots,\boldsymbol{v}_{id}$构成单位正交系，$(\boldsymbol{x}-\boldsymbol{\mu}_i)^{\mathrm{T}}\boldsymbol{v}_{ij}$是样本$\boldsymbol{x}$在新的坐标系第$j$个轴上的投影，因此$\sum_{j=1}^{d}\left[(\boldsymbol{x}-\boldsymbol{\mu}_i)^{\mathrm{T}}\boldsymbol{v}_{ij}\right]^2$是样本在新的坐标系下的长度平方，考虑到原坐标系与新坐标系之间坐标原点的平移(参考第5章图5.3)，有

$$\sum_{j=1}^{d}\left[(\boldsymbol{x}-\boldsymbol{\mu}_i)^{\mathrm{T}}\boldsymbol{v}_{ij}\right]^2=\|\boldsymbol{x}-\boldsymbol{\mu}_i\|^2$$

应用式(7.26)和式(7.27)计算，由于过小的特征值λ_{ij}被替换为δ_i，保证了计算的稳定性；同时，式(7.26)只需计算k次的d维矢量内积，而式(7.27)中$D_c(\boldsymbol{x})$只需计算一次矢量内积，求和式可以与式(7.26)同时计算完成，因此计算复杂度为$O(c\times(k+1)d)$；每个类别需要存储的是均值矢量$\boldsymbol{\mu}_i$，k个特征值和特征矢量λ_{ij}，$\boldsymbol{v}_{ij}$，以及两个与待识别样本特征无关的常数项δ_i和$\ln P(\omega_i)$，因此存储复杂度为$O[c\times((k+2)d+2)]$。根据主成分分析的经验来看，一般$k\ll d$，因此计算复杂度和存储复杂度同时得到了降低。

MQDF 算法

■ 分类器学习：

□ 根据每个类别的训练样本估计先验概率$P(\omega_i)$，计算均值矢量$\boldsymbol{\mu}_i$和协方差矩阵$\boldsymbol{\Sigma}_i$，$i=1,\cdots,c$；

□ 计算协方差矩阵的特征值和特征矢量：$\lambda_{i1},\cdots,\lambda_{id},\boldsymbol{v}_{i1},\cdots,\boldsymbol{v}_{id}$；

□ 确定保留的特征值数量k和替代特征值δ_i。

■ 分类判别：

□ 根据式(7.27)计算$D_c(\boldsymbol{x})$；

□ 根据式(7.26)计算判别函数值$g_i(\boldsymbol{x})$，$i=1,\cdots,c$；

□ 如果$j=\arg\max\limits_{i=1,\cdots,c} g_i(\boldsymbol{x})$，则判别$\boldsymbol{x}\in\omega_j$。

MQDF 的学习算法和识别算法可以按照如下方式实现：

函数名称：MQDFTrain

参数:X—— 样本矩阵(n×d 矩阵),T—— 对应样本的类别标签
返回值:MQDF 二次判别函数分类器的参数结构
函数功能:学习改进二次判别函数分类器的参数

```
function MQDF = MQDFTrain( X, T )

n = size(X,1);                              % 样本数

Labels = unique( T );
c = length(Labels);
dim = size(X,2);

MQDF.c = c;                                 % 类别数
MQDF.Labels = Labels;                       % 所有标签
MQDF.d = dim;                               % 特征数
MQDF.Means = zeros(c,dim);                  % 均值矢量
MQDF.Eigs = cell(c,1);                      % 协方差矩阵的特征值
MQDF.EigVectors = cell(c,1);                % 协方差矩阵的特征矢量
MQDF.Deltas = zeros(c,1);                   % 替代特征值
MQDF.Consts = zeros(c,1);                   % 可预先计算的常数
MQDF.k = zeros(c,1);                        % 保留特征值数

for i = 1:c
    id = find(T == Labels(i));              % 计算均值
    MQDF.Means(i,:) = mean(X(id,:));

    sigma = cov(X(id,:));                   % 计算协方差矩阵和特征值分解
    [v,d] = eig(sigma);
    [dd,id] = sort(diag(d),'descend');

    cdd = cumsum(dd);                       % 计算保留的特征值和替代最小特征值
    MQDF.k(i) = find( (cdd(1:dim - 1) < cdd(dim) * 0.95) & (cdd(2:dim) >=
                cdd(dim) * 0.95) );
    MQDF.Eigs{i} = dd(1:MQDF.k(i))';
    MQDF.EigVectors{i} = v(:,id(1:MQDF.k(i)));
    MQDF.Deltas(i) = cdd(MQDF.k(i) + 1);

    Pr = length(id)/n;
    MQDF.Consts(i) = log(Pr) - 0.5 * sum(log(dd(1:MQDF.k(i)))) - ...
```

```
                0.5 * (dim - MQDF.k(i)) * log(MQDF.Deltas(i));
end
```

函数名称:MQDFClassify
参数:X—— 样本矩阵(n×d 矩阵),MQDF—— 改进二次判别函数分类器的参数
返回值:Labels 样本分类结果
函数功能:改进二次判别函数分类器分类

```
function Labels = MQDFClassify( X, MQDF )

n = size(X,1);
g = zeros(n,MQDF.c);
for i = 1:MQDF.c
    XM = X - repmat(MQDF.Means(i,:),n,1);
    XMv = XM  *  MQDF.EigVectors{i};

    Dc = sum(XM.*XM,2) - sum(XMv.*XMv,2);
    g(:,i) = MQDF.Consts(i) - 0.5 * Dc/MQDF.Deltas(i) - ...
        (0.5 * sum(XMv.*XMv./repmat(MQDF.Eigs{i},n,1),2));
end

[y,Labels] = max(g,[],2);
for i = 1:MQDF.c
  id = find(Labels==i);
  Labels(id) = MQDF.Labels(i);
end
```

算法实现中,每个类别的先验概率是依据样本集中该类样本的出现频率进行估计的,令 n 个训练样本中包含各类的样本数为 $n_1,\cdots,n_c$,则第 i 类的先验概率估计为

$$P(\omega_i)=\frac{n_i}{n}$$

MQDF 分类器学习算法中,需要确定保留特征值的个数和替代的最小特征值。这里,分别为每个类别选择了不同的保留特征值个数 k_i,方法是使得保留特征值之和达到所有特征值总和的 95%,而替代最小特征值 δ_i 则设置为其余特征值中的最大者。

$$k_i=\underset{1\leqslant j\leqslant d}{\arg\min}\left[\frac{\sum_{k=1}^{j}\lambda_{ik}}{\sum_{k=1}^{d}\lambda_{ik}}\geqslant 95\%\right],\delta_i=\lambda_{i(k_i+1)}$$

7.3 概率密度函数的参数估计

贝叶斯分类器的工作原理非常简单，是根据待识模式 $\boldsymbol{x}$ 对各个类别的后验概率 $P(\omega_i|\boldsymbol{x})$ 来分类的，判别为后验概率最大的类别。而后验概率则可以根据贝叶斯公式转化为先验概率 $P(\omega_i)$ 和类条件概率密度 $p(\boldsymbol{x}|\omega_i)$ 来计算，由此可见，贝叶斯分类器的学习主要是对先验概率和类条件概率密度函数的估计。

先验概率 $P(\omega_i)$ 的估计比较简单。一种方式是利用关于分类问题的先验知识来确定，例如如果需要分类的是人的性别，那么可以先验地知道男女比例大致各占50%；如果识别的是汉字字符，那么可以对大量文本语料进行统计，计算出每个汉字出现的频度，以此作为先验概率的估计。先验概率估计的另外一种方式是直接计算全部训练样本集中各个类别样本的数量 n_i，以占总样本数的比例来估计先验概率：$P(\omega_i)\approx n_i/n$。贝叶斯分类器学习需要解决的关键问题是对类条件概率密度 $p(\boldsymbol{x}|\omega_i)$ 的估计，本节和下一节将重点介绍这方面的知识。

概率密度函数估计是统计学研究中的一个重要问题，提出了很多经典的方法。这些方法大致可以分为两大类：参数估计方法和非参数估计方法，两类方法最主要的区别在于是否需要知道概率密度函数的分布“形式”。在参数估计方法中，需要对每个类别样本的分布情况有一定的先验知识，假设类条件概率密度是某种“形式”的分布函数。例如，上一节介绍的分类器都是假设每个类别的样本来自于一个高斯分布，那么类条件概率密度就具有了如式(7.13)所示的函数形式。非参数估计方法并不需要知道概率密度函数的形式，而是直接利用训练样本来估计每个类别的类条件概率密度。本节将重点介绍参数估计方法，而非参数估计方法则将在下一节的内容中介绍。

同其他分类器一样，贝叶斯分类器也是以一个训练样本集 D 为基础进行学习的：$D=D_1\cup\cdots\cup D_c$，其中集合 D_i 包含了所有属于第 i 个类别的训练样本。贝叶斯分类器学习的目的是要估计出每个类别的类条件概率密度函数，而第 i 个类别的密度函数 $p(\boldsymbol{x}|\omega_i)$ 的估计只与第 i 类的训练样本集 D_i 有关，同属于其他类别的训练样本无关。在下面的叙述中，为了简化符号省略了关于类别的下标，将某个类别的训练样本集合表示为 $D=\{\boldsymbol{x}_1,\cdots,\boldsymbol{x}_n\}$，根据 D 来估计概率密度函数 $p(\boldsymbol{x})$。而在具体的计算中，则需要根据每个类别的训练样本集合 D_i 来估计这个类别样本的分布函数 $p(\boldsymbol{x}|\omega_i)$。

统计学关于概率密度函数的估计问题有一个基本的假设：样本集 D 中的 n 个样本 $\boldsymbol{x}_1,\cdots,\boldsymbol{x}_n$ 是独立的抽样于密度函数为 $p(\boldsymbol{x})$ 的同一个分布，这个假设也被称为独立同分布假设(independent and identically distributed，i. i. d.)。分类器学习所使用的训练样本集一般来说都是满足独立同分布假设的，如果学习的是水果分类器，作为训练样本的每一个桃子或橘子都可以认为是独立地生长于果树上，而所有的桃子在外观上虽然各有不同，但还是有一定规律性的，只有满足这种规律的水果才能够称其为桃子，分布密度函数实际上描述的就是这种同类样本的内在规律性和个体差异性。

7.3.1 最大似然估计

在参数估计方法中，虽然知道了概率密度函数的形式，但是具体的分布函数还是未知的。在图 7.3 中,即使知道 10 个一维样本来自于同一个高斯分布,这个高斯分布也可能在任意的位置,具有任意的宽度。只有确定了高斯分布的均值和方差之后,才能够真正得到具体的概率密度函数。参数估计方法的核心就是要估计出概率密度函数的分布参数。

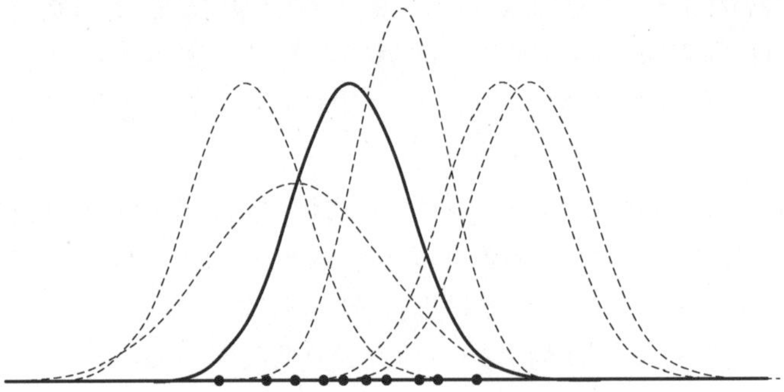

图 7.3 均值和方差未知时可能的高斯分布

最大似然估计的目标是要从所有可能的分布中,寻找一个最有可能产生出训练样本集的分布,也就是要找到一组"最优"的参数,使得由这组参数所确定的分布最有可能产生出所有的训练样本。从图 7.3 可以看出,粗实线表示的高斯分布函数相比于其他几个分布,更有可能产生出 10 个样本所组成的样本集。

在这里,实际上是将概率密度函数的参数看作是未知的随机变量。为了表示方便,可以将所有需要估计的参数写成矢量 $\boldsymbol{\theta}$ 的形式。例如,在一维高斯分布中 $\boldsymbol{\theta}=(\mu,\sigma^2)^{\mathrm{T}}$,而在多维高斯分布中,$\boldsymbol{\theta}$ 中包含了均值矢量 $\boldsymbol{\mu}$ 和协方差矩阵 $\boldsymbol{\Sigma}$ 的所有元素。这样,就可以将需要估计的概率密度函数显式地表示为参数的形式:$p(\boldsymbol{x}|\boldsymbol{\theta})$,其含义就是在已经确定某个分布参数 $\boldsymbol{\theta}$ 的条件下,特征矢量 $\boldsymbol{x}$ 发生的概率密度。在确定某个参数 $\boldsymbol{\theta}$ 的条件下,样本集 D 发生的概率称为"似然函数":

$$L(\boldsymbol{\theta})=p(D|\boldsymbol{\theta})=p(\boldsymbol{x}_1,\cdots,\boldsymbol{x}_n|\boldsymbol{\theta})=\prod_{i=1}^{n}p(\boldsymbol{x}_i|\boldsymbol{\theta}) \tag{7.28}$$

似然函数中虽然参数 $\boldsymbol{\theta}$ 是确定的,但是未知的,而样本集合 D 中的每一个样本都是已知的,因此 $L(\boldsymbol{\theta})$ 仅是参数矢量 $\boldsymbol{\theta}$ 的函数。利用样本的独立同分布假设,可以将似然函数写成每个样本条件概率密度的连乘形式。但是连乘式并不利于后续的处理,似然函数往往需要表示为对数似然函数:

$$l(\boldsymbol{\theta})=\ln L(\boldsymbol{\theta})=\ln\left[\prod_{i=1}^{n}p(\boldsymbol{x}_i|\boldsymbol{\theta})\right]=\sum_{i=1}^{n}\ln p(\boldsymbol{x}_i|\boldsymbol{\theta}) \tag{7.29}$$

有了(对数)似然函数,实际上按照最大似然估计的思路,就可以将参数 $\boldsymbol{\theta}$ 的估计问题转化为这样一个优化问题来求解:

$$\boldsymbol{\theta}^*=\arg\max_{\boldsymbol{\theta}}L(\boldsymbol{\theta}),\text{或}\boldsymbol{\theta}^*=\arg\max_{\boldsymbol{\theta}}l(\boldsymbol{\theta}) \tag{7.30}$$

由于对数函数是单调递增的,因此似然函数和对数似然函数的极值点是一致的。下面用一个具体的例子来看一下最大似然估计的过程。

【例 7.3】 假设样本集 $D=\{x_1,\cdots,x_n\}$ 满足均值为 μ,方差为 σ^2 的高斯分布,推导单变量高斯分布参数的最大似然估计。

解 首先写出对数似然函数,将式(7.11)代入式(7.29):

$$l(\boldsymbol{\theta})=\sum_{i=1}^{n}\ln p(x_i|\boldsymbol{\theta})=\sum_{i=1}^{n}\left[-\frac{1}{2}\ln 2\pi-\ln\sigma-\frac{(x_i-\mu)^2}{2\sigma^2}\right]$$

对数似然函数 $l(\boldsymbol{\theta})$ 分别对 μ 和 σ 求偏导数及极值点：

$$\frac{\partial l(\boldsymbol{\theta})}{\partial\mu}=\sum_{i=1}^{n}\left[-\frac{2\times(x_i-\mu)\times(-1)}{2\sigma^2}\right]=\frac{1}{\sigma^2}\sum_{i=1}^{n}(x_i-\mu)=\frac{1}{\sigma^2}\left(\sum_{i=1}^{n}x_i-n\mu\right)=0$$

$$\begin{aligned}\frac{\partial l(\boldsymbol{\theta})}{\partial\sigma}&=\sum_{i=1}^{n}\left[-\frac{1}{\sigma}-\frac{-2\times(x_i-\mu)^2}{2\sigma^3}\right]=\frac{1}{\sigma^3}\sum_{i=1}^{n}\left[(x_i-\mu)^2-\sigma^2\right]\\&=\frac{1}{\sigma^3}\left(\sum_{i=1}^{n}(x_i-\mu)^2-n\sigma^2\right)=0\end{aligned}$$

由于 $0<\sigma<+\infty$，因此

$$\mu=\frac{1}{n}\sum_{i=1}^{n}x_i,\sigma^2=\frac{1}{n}\sum_{i=1}^{n}(x_i-\mu)^2$$

可以进一步验证此极值点即为对数似然函数的最大值点。上述结果同式(7.12)是一致的，所熟知的高斯分布均值和方差的估计即为最大似然估计。按照同样的方法可以推导出，式(7.14)是多维高斯分布均值矢量和协方差矩阵的最大似然估计(参见附录 D)。

7.3.2　高斯混合模型

到目前为止，都是以每个类别的样本满足高斯分布为例来介绍的贝叶斯分类准则和类条件概率密度函数的参数估计。高斯分布贝叶斯分类器能够适用于任意的模式分类问题吗？答案显然是否定的。高斯分布只是概率密度函数的一种选择，实际问题是千差万别的，每个类别的样本都可能呈现出不同的分布形式，只有估计出每个类别的概率密度函数才能够保证贝叶斯分类的准确率。当希望使用参数估计的方法学习贝叶斯分类器时，设计者所面临的第一个问题可能就是每个类别的样本来自于怎样的分布？如何确定类条件概率密度函数的形式？

如果能够获得关于样本分布的一些先验知识，最好的方式就是利用这些先验知识来确定分布的函数形式，然而在大多数的分类问题中，这种先验知识是很难得到的。解决问题的另一个思路是能不能够找到一种"通用"的参数模型，可以描述任意的分布？高斯混合模型就是这样一个"通用"的模型，因为可以证明，在满足一定的条件下，高斯混合模型(Gaussian Mixture Model，GMM)能够以任意的精度逼近任意的概率密度函数。

高斯混合模型是由 K 个高斯分布的线性组合所构成的，其中的每一个高斯分布也被称作是一个分量。如果用 $N(\boldsymbol{x};\boldsymbol{\mu},\boldsymbol{\Sigma})$ 表示均值为 $\boldsymbol{\mu}$，协方差矩阵为 $\boldsymbol{\Sigma}$ 的高斯分布密度函数，那么包含 K 个分量的 GMM 概率密度函数可以表示为

$$p(\boldsymbol{x}|\boldsymbol{\theta})=\sum_{k=1}^{K}\alpha_k N(\boldsymbol{x};\boldsymbol{\mu}_k,\boldsymbol{\Sigma}_k)\ ,\ \alpha_1,\cdots,\alpha_K\geqslant 0,\ \sum_{k=1}^{K}\alpha_k=1 \tag{7.31}$$

α_k 是第k 个分量高斯分布的组合系数，参数矢量 $\boldsymbol{\theta}=(\alpha_1,\cdots,\alpha_K,\boldsymbol{\mu}_1,\cdots,\boldsymbol{\mu}_K,\boldsymbol{\Sigma}_1,\cdots\boldsymbol{\Sigma}_K)$，包含了每一个分量的组合系数、均值矢量和协方差矩阵中的所有元素。图 7.4 显示的是包含 2 个分量的 1 维 GMM 密度函数：$p(x|\boldsymbol{\theta})=0.7N(x;-10,2)+0.3N(x;5,3)$，可以看出相比于高斯分布，GMM 的密度函数更加复杂，而且随着组合分量数 K 的增加，函数的复杂度也会增大。

高斯混合模型的学习，同样需要使用最大似然的方法来估计参数 $\boldsymbol{\theta}$，但是过程要比高斯

分布复杂得多。如果将式(7.31)代入式(7.29),可以写出 GMM 的对数似然函数 $l(\boldsymbol{\theta})$,并且可以求出 $l(\boldsymbol{\theta})$ 关于 $\boldsymbol{\theta}$ 中每一个参数的偏导数,但是直接令偏导数等于 0 求极值,会导致一个复杂的多元超越方程组,很难得到解析解。

GMM 参数估计的一种方法是使用梯度法来优化对数似然函数 $l(\boldsymbol{\theta})$,沿着梯度矢量的正方向来迭代寻找极大值点;另外一种更为常用的方法则是使用"期望最大化算法"(Expectation Maximization,EM)来估计 GMM 的参数。

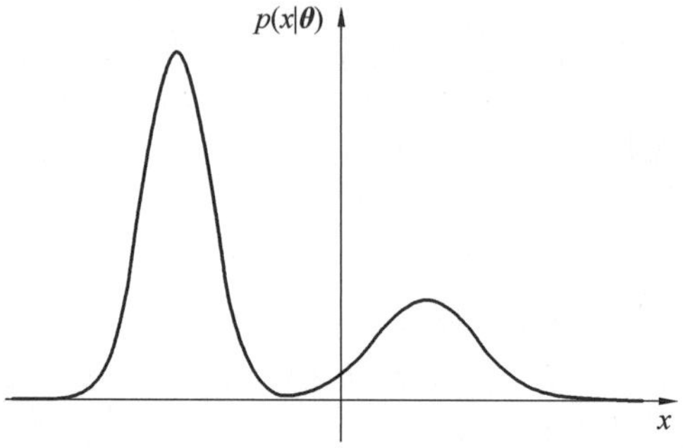

图 7.4 二分量高斯混合模型概率密度函数

在介绍 EM 算法估计高斯混合模型参数之前,需要先来讨论一下已知参数的 GMM 产生样本的过程。符合单个高斯分布的样本,可以根据均值矢量和协方差矩阵直接产生出来;而在 GMM 中包含 K 个分量高斯,一个符合高斯混合模型的样本,可能是由 K 个高斯分布中的任何一个产生的。换一个角度来说,如果有 n 个来自于同一高斯混合模型的样本,那么这些样本实际上可以分为 K 个子集,同一个子集的样本都是由同一个分量高斯所产生的。每一个子集发生的先验概率由分量高斯的组合系数 α_k 决定,组合系数越大,则由相应高斯分布产生出一个样本的概率越大(注意式(7.31)中要求所有组合系数大于等于 0,且求和为 1,这就保证了 $\alpha_1,\cdots,\alpha_K$ 可以作为一组概率值)。综上所述,可以按照如下过程产生出一个满足已知参数高斯混合模型分布的样本:首先以组合系数作为先验概率随机地选择一个分量高斯,然后根据这个高斯分布的均值矢量和协方差矩阵产生出一个具体的样本。

上述过程是在已知高斯混合模型参数的条件下产生出一个样本集的过程,而 GMM 的参数估计则是一个相反的过程:已知由高斯混合模型产生的样本集 $D=\{\boldsymbol{x}_1,\cdots,\boldsymbol{x}_n\}$,根据这个样本集来估计 GMM 的参数。这里实际上存在着两组未知信息,一组是高斯混合模型的参数 $\boldsymbol{\theta}$,另一组是每一个训练样本产生自哪一个分量高斯分布,用 $Y=\{y_1,\cdots,y_n\}$ 来表示这一组信息,其中 $y_i\in\{1,\cdots,K\}$,表示样本 $\boldsymbol{x}_i$ 是由第 y_i 个高斯所产生的。

高斯混合模型参数估计问题的困难就在于 Y 这组信息是未知的,如果知道每个样本产生自哪个分量高斯分布,就可以很容易地估计出参数矢量 $\boldsymbol{\theta}$。首先,某个分量高斯产生样本的先验概率(组合系数)α_k,可以用由此高斯分布产生出的样本数量占总样本数的比例来估计;每个分量高斯分布的均值矢量 $\boldsymbol{\mu}_k$ 和协方差矩阵 $\boldsymbol{\Sigma}_k$,则可以用由此高斯产生出的所有样本来估计:

$$\alpha_k = \frac{1}{n}\sum_{i=1}^{n} I(y_i = k)$$

$$\boldsymbol{\mu}_k = \sum_{i=1}^{n} I(y_i = k)\boldsymbol{x}_i \Big/ \sum_{i=1}^{n} I(y_i = k) \tag{7.32}$$

$$\boldsymbol{\Sigma}_k = \sum_{i=1}^{n} I(y_i = k)(\boldsymbol{x}_i - \boldsymbol{\mu}_k)(\boldsymbol{x}_i - \boldsymbol{\mu}_k)^{\mathrm{T}} \Big/ \sum_{i=1}^{n} I(y_i = k)$$

其中 $I(y_i=k)$ 为“示性函数”，求和式 $\sum_{i=1}^{n} I(y_i=k)$ 计算的实际上是 n 个样本中由第 k 个分量高斯产生的样本数量：

$$I(y_i = k) = \begin{cases} 1, & y_i = k \\ 0, & y_i \neq k \end{cases}$$

换一个角度来看，如果知道了高斯混合模型的参数 $\boldsymbol{\theta}$，能不能估计出样本 $\boldsymbol{x}_i$ 是由哪个分量高斯产生的呢？这个问题可以看作是 K 个类别的分类问题，每个类别的条件概率密度函数均为高斯分布，而类别的先验概率为 $\alpha_1,\cdots,\alpha_K$。显然根据最小错误率贝叶斯判别准则，对 y_i 可以做出如下估计：

$$y_i = \underset{k=1,\cdots,K}{\arg\max}\ \alpha_k N(\boldsymbol{x}_i;\boldsymbol{\mu}_k,\boldsymbol{\Sigma}_k) \tag{7.33}$$

这也就是说，在已知模型参数 $\boldsymbol{\theta}$ 的条件下，可以估计出 $Y=\{y_1,\cdots,y_n\}$。未知的两组信息，只要知道了其中的一组就可以估计出另外一组。现在存在的问题是两组信息均是未知的，在这种情况下如何来估计高斯混合模型的参数？

通过上面的叙述实际上可以构造这样一个迭代的过程：首先随机初始化 GMM 中 K 个高斯分布的参数及组合系数 $\alpha_1,\cdots,\alpha_K$；然后根据式(7.33) 判别每个训练样本是由哪个分量高斯分布产生的，得到 $Y=\{y_1,\cdots,y_n\}$；有了对信息 Y 的估计，可以按照式(7.32) 重新修正对参数 $\boldsymbol{\theta}$ 的估计。在这两步的估计过程中所依据的都是不准确的信息 $\boldsymbol{\theta}$ 或 Y，因此得到的结果不可能是准确的，迭代式(7.33) 和(7.32) 的估计过程，直到两个估计值不再变化为止。

上述的迭代过程让我们联想到第 3 章中所介绍的 K- 均值聚类算法。实际上如果假设混合系数相等：$\alpha_1=\cdots=\alpha_K=1/K$，每个高斯分布的协方差矩阵为相同的对角矩阵：$\boldsymbol{\Sigma}_1=\cdots\boldsymbol{\Sigma}_K=\sigma^2\boldsymbol{I}$，那么根据 7.2.1 节情况 1 的结论，式(7.33) 只需根据样本 $\boldsymbol{x}_i$ 与 K 个高斯分布均值矢量之间的距离远近来判别 y_i，而式(7.32) 中只需重新估计 K 个均值矢量。在这样的假设条件下，上述的迭代过程就退化为了 K- 均值算法。类似于高斯混合模型，由多个简单概率密度函数的线性组合所构成的复杂分布一般被称作混合密度函数，而混合密度函数的参数估计，同聚类分析之间是存在本质内在联系的。

再来看一下式(7.32) 和式(7.33) 的估计过程，参数 α_k、$\boldsymbol{\mu}_k$ 和 $\boldsymbol{\Sigma}_k$ 的估计只利用了被判别为由第 k 个分量高斯产生的样本，其他样本并没有参与计算。然而，判别信息 Y 只是一个不准确的估计，由此来断定某个样本是否由第 k 个分量高斯所产生是武断的，这种方式在聚类分析中称为是“硬分类”，更合理的方式应该是采用类似模糊 K- 均值聚类中的“软分类”，每次迭代中不对样本由哪个分量高斯产生做出判断，转而计算第 i 个样本由第 k 个高斯产生的概率：

$$P(y_i = k) = \alpha_k N(\boldsymbol{x}_i;\boldsymbol{\mu}_k,\boldsymbol{\Sigma}_k) \Big/ \sum_{j=1}^{K} \alpha_j N(\boldsymbol{x}_i;\boldsymbol{\mu}_j,\boldsymbol{\Sigma}_j) \tag{7.34}$$

而在重估参数 $\boldsymbol{\theta}$ 时则是利用所有的训练样本来计算，只不过每个样本的参与程度不同，使用概率 $P(y_i=k)$ 来加权。具体的计算过程中，可以将公式(7.31)中的示性函数 $I(y_i=k)$ 替换为概率 $P(y_i=k)$：

$$\begin{aligned}
\alpha_k &= \frac{1}{n}\sum_{i=1}^{n} P(y_i=k) \\
\boldsymbol{\mu}_k &= \sum_{i=1}^{n} P(y_i=k)\boldsymbol{x}_i \Big/ \sum_{i=1}^{n} P(y_i=k) \\
\boldsymbol{\Sigma}_k &= \sum_{i=1}^{n} P(y_i=k)(\boldsymbol{x}_i-\boldsymbol{\mu}_k)(\boldsymbol{x}_i-\boldsymbol{\mu}_k)^{\mathrm{T}} \Big/ \sum_{i=1}^{n} P(y_i=k)
\end{aligned} \tag{7.35}$$

至此我们就得到了一个高斯混合模型参数估计的迭代算法：

GMM 学习算法

- ■ 设置模型中高斯分量的个数 K，随机初始化参数 $\boldsymbol{\theta}=(\alpha_1,\cdots,\alpha_K,\boldsymbol{\mu}_1,\cdots,\boldsymbol{\mu}_K,\boldsymbol{\Sigma}_1,\cdots\boldsymbol{\Sigma}_K)$，迭代次数 $t=1$，设置收敛精度 η；
- ■ 循环：$t \leftarrow t+1$
  - □ 根据式(7.34)计算所有训练样本由每个分量高斯分布产生的概率 $P(y_i=k)$，$i=1,\cdots,n$，$k=1,\cdots,K$；
  - □ 根据式(7.35)重新估计参数 α_k，$\boldsymbol{\mu}_k$ 和 $\boldsymbol{\Sigma}_k$，$k=1,\cdots,K$；
  - □ 根据式(7.28)计算似然函数值 $L_t(\boldsymbol{\theta})$；
- ■ 直到满足收敛条件：$L_t(\boldsymbol{\theta})-L_{t-1}(\boldsymbol{\theta})<\eta$

高斯混合模型的组合高斯数 K 是一个由分类器设计者设置的参数，需要根据具体的问题来确定。一般来说，概率密度函数越复杂需要的组合高斯数量越多，然而高斯数的增加也会带来模型参数的增多，需要的训练样本数量更多，否则很难保证估计的准确程度。模型的其他参数可以随机初始化，但需要注意的是必须保证 $\alpha_1,\cdots,\alpha_K \geqslant 0$，$\sum_{k=1}^{K}\alpha_k=1$，而且 $\boldsymbol{\Sigma}_k$ 作为协方差矩阵必须是对称的正定矩阵。

算法迭代的收敛可以有多种方式，一种是判断当前 GMM 产生训练样本集的似然函数是否足够大，当超过一定阈值时算法收敛。这种方法的缺点是似然函数的阈值比较难确定，它是一个与问题有关，与训练样本数量有关的一个数值。这里采用的是依据两轮迭代中似然函数的变化量作为收敛条件，当变化小于阈值 η 时算法收敛，η 可以称作收敛精度。

下面给出一个高斯混合模型参数估计的实现代码：

函数名称：GMMTrain

参数：X—— 样本矩阵(n × d 矩阵)，K—— 组合高斯数

返回值：高斯混合模型参数，Alpha—— 组合系数(K 维矢量)，Mu—— 均值矢量(K × d 矩阵)，Sigma—— 协方差矩阵(K × d × d 矩阵)

函数功能：学习高斯混合模型参数

```
function [Alpha,Mu,Sigma] = GMMTrain( X, K )

[n,d] = size(X);
eta = 0.001;

initMu = mean(X);                       % 初始化均值矢量和协方差矩阵

Mu = zeros(K,d);
Sigma = zeros(K,d,d);

Alpha = rand(1,K);
    for k = 1:K
    Mu(k,:) = initMu + rand(1,d);
    Sigma(k,:,:) = eye(d,d);
end

Alpha = Alpha / sum(Alpha);             % 初始化组合系数
oldL = -1.7977e+308;
t = 0;

while true
    P = zeros(n,K);
    for k = 1:K
        P(:,k) = repmat(Alpha(k),n,1) .*
            mvnpdf( X, Mu(k,:), squeeze(Sigma(k,:,:)));
    end
    L = sum(log(sum(P,2)));

    if (L - oldL) < eta
        break;
    end

    oldL = L;

    P = P./repmat(sum(P,2),1,K);

    Alpha = sum(P);                     % 重估 GMM 参数
    for k = 1:K
```

```
        Mu(k,:) = sum(repmat(P(:,k),1,d). * X) / Alpha(k);
        Sigma(k,:,:) = ( (X - repmat(Mu(k,:),n,1))'. * repmat(P(:,k),1,d)'
         * (X - repmat(Mu(k,:),n,1)) ) / Alpha(k);
    end

    Alpha = Alpha / sum(Alpha);

    t = t + 1;
    fprintf( 'Round %d - Logarithm likelihood value:%f\r', t, L );
end
```

在这段代码中,似然函数 L 是以对数值来度量的,因此收敛精度 η 也是两轮迭代中对数似然函数值上的差异阈值。参数初始值的设置中,为了保证算法的稳定性,均值矢量 $\boldsymbol{\mu}$ 采用的是在所有样本的均值上叠加一个随机矢量的方式初始化的,而协方差矩阵则是全部初始化为单位矩阵 $\boldsymbol{I}$。

关于这段代码还需要注意的一点是,当识别特征的维数较低时,程序可以正常工作;但当特征维数过大时,每个分量高斯产生出样本的概率密度值都很小,可能超出计算机的表示精度范围,由此引入的估计误差会给迭代过程带来不稳定性。解决这个问题的一种方法是在对数域上实现GMM参数估计算法,这样可以解决计算机表示精度的问题(参见习题5)。另外一点需要注意的是,当训练样本数 n 较小而高斯数 K 较大时,参数估计的准确度会受到影响。此时可以考虑约束协方差矩阵 $\boldsymbol{\Sigma}_k$ 为对角矩阵,这样可以减少需要估计参数的数量(参见习题6)。高斯分布要求协方差矩阵为对称的正定矩阵,在算法的迭代过程中对称性是可以得到保证的,但矩阵的秩可能小于特征维数 d,从而导致奇异矩阵。针对这样的问题,可以考虑在算法实现中增加对协方差矩阵的奇异性检验,当出现接近奇异的矩阵时,可以叠加一个小的对角矩阵 $\tau\boldsymbol{I}$,$\tau < 1$,这样可以缓解矩阵奇异所带来的不稳定性。

高斯混合模型用于贝叶斯分类器,需要使用每个类别的训练样本分别训练一个 GMM;在识别时,每个类别的 GMM 分别计算出待识别样本 $\boldsymbol{x}$ 由此类别产生的概率密度;最后根据贝叶斯判别准则进行分类。下面给出由一个 GMM 计算识别样本概率密度值的 Matlab 代码,贝叶斯分类器需要使用不同类别的模型参数调用 c 次程序,计算出每个类别的类条件概率密度:

函数名称:GMMpdf
参数:X—— 样本矩阵(n × d 矩阵),Alpha,Mu,Sigma—— 高斯混合模型参数
返回值:p—— 高斯混合模型输出的概率密度值,log p—— 概率密度的对数值
函数功能:计算高斯混合模型的输出概率密度值

```
function [p, logp] = GMMpdf( X, Alpha, Mu, Sigma )

[n,d] = size(X);
```

```
K = length(Alpha);

P = zeros(n,K);
for k = 1:K
    P(:,k) = repmat(Alpha(k),n,1) .*
        mvnpdf( X, Mu(k,:), squeeze(Sigma(k,:,:)));
end

p = sum(P,2);
logp = log(p);
```

7.3.3　期望最大化算法

上一小节介绍了一种复杂的概率密度模型 —— 高斯混合模型，并且给出了它的参数估计迭代算法。从得到这个算法的过程来看，可能会存在这样的疑问：在这个问题中有两部分信息未知，$\boldsymbol{\theta}$ 和 Y，这就造成了参数估计的困难；为了能够计算，先假设已知一部分信息来估计另一部分信息，然后再反过来重新估计第一部分信息，这种做法虽然使得计算可以实现，但由此得到的算法是否能够收敛？即使算法是收敛的，是否能够收敛于似然函数的极值点？

实际上，对这两个问题的回答都是肯定的。高斯混合模型的参数估计算法是一种 EM 算法，Dempster 等人于 1977 年为了解决训练样本中部分数据“丢失”情况下的参数最大似然估计问题，提出了期望最大化算法(Expectation Maximization，EM)，并且证明了算法的收敛性。现在 EM 算法已经被广泛地应用于解决各种复杂概率密度模型的参数估计问题，下面就在更一般的意义下来讨论 EM 算法。

首先假设训练样本集合由两部分组成：$D=\{X,Y\}$，其中 X 为完整的、可见的数据，而 Y 则是由于某种原因“丢失”的数据，或称为是“隐含”的信息。就高斯混合模型而言，X 是通常意义下的训练样本集，包含了所有训练样本的特征；而 Y 则包括 $\{y_1,\cdots,y_n\}$，描述的是每一个训练样本产生自哪一个分量高斯分布，这部分数据是不知道的，是隐含的。

在这种假设条件下重新写出对数似然函数：

$$l(\boldsymbol{\theta})=\ln p(D|\boldsymbol{\theta})=\ln p(X,Y|\boldsymbol{\theta}) \tag{7.36}$$

由于 Y 是未知的，所以无法优化对数似然函数求取极值点。下面来考虑 Y 所有可能情况下的对数似然函数 —— 期望对数似然函数：

$$Q(\boldsymbol{\theta})=E_Y[\ln p(X,Y|\boldsymbol{\theta})]=\int \ln p(X,Y|\boldsymbol{\theta})p(Y)\,\mathrm{d}Y \tag{7.37}$$

由于对 Y 取了数学期望，在 $Q(\boldsymbol{\theta})$ 中只有 $\boldsymbol{\theta}$ 是未知的，因此有可能对其进行优化。式(7.37)中给出的是 Y 为连续型随机变量时的积分表达式，积分域为 Y 的所有取值范围；当 Y 为离散型随机变量时(如 GMM 中的情形)，式(7.37)中的积分式由求和式替代。

直接对 $Q(\boldsymbol{\theta})$ 优化同样存在困难，因为积分式或求和式中的 $p(Y)$ 仍然是未知的。EM 算法的做法是，首先设置一个参数 $\boldsymbol{\theta}$ 的猜测值 $\boldsymbol{\theta}^g$，在已知 X 和 $\boldsymbol{\theta}^g$ 的条件下估计出 Y 发生的概

率 $p(Y|X,\boldsymbol{\theta}^g)$，用 $p(Y|X,\boldsymbol{\theta}^g)$ 代替式(7.37) 的 $p(Y)$，这样就得到了

$$\text{E 步}:Q(\boldsymbol{\theta};\boldsymbol{\theta}^g)=\int \ln p(X,Y|\boldsymbol{\theta})\,p(Y|X,\boldsymbol{\theta}^g)\,\mathrm{d}Y \tag{7.38}$$

$Q(\boldsymbol{\theta};\boldsymbol{\theta}^g)$ 中的分号表示这是一个关于 $\boldsymbol{\theta}$ 的函数，$\boldsymbol{\theta}^g$ 是一个相关的固定值。然后以 $Q(\boldsymbol{\theta};\boldsymbol{\theta}^g)$ 替代对数似然函数进行优化：

$$\text{M 步}:\boldsymbol{\theta}^*=\arg\max_{\boldsymbol{\theta}} Q(\boldsymbol{\theta};\boldsymbol{\theta}^g) \tag{7.39}$$

注意这里所得到的$\boldsymbol{\theta}^*$ 并不是对数似然函数 $l(\boldsymbol{\theta})$ 或期望对数似然函数 $Q(\boldsymbol{\theta})$ 的极值点，而是在假设了 $\boldsymbol{\theta}$ 的一个猜测值$\boldsymbol{\theta}^g$ 之后所得到的一个“改进”的猜测值，应该用$\boldsymbol{\theta}^*$ 来代替$\boldsymbol{\theta}^g$：$\boldsymbol{\theta}^g \leftarrow \boldsymbol{\theta}^*$，重新构造函数 $Q(\boldsymbol{\theta};\boldsymbol{\theta}^g)$ 并进行优化，这构成了 EM 算法的一个迭代过程。式(7.38) 是计算对数似然函数的数学期望，因此一般称为 E 步；式(7.39) 是求取 $Q(\boldsymbol{\theta};\boldsymbol{\theta}^g)$ 的最大值，称为 M 步。EM 算法就是首先随机初始化参数 $\boldsymbol{\theta}$，然后通过 E 步和 M 步的迭代逐渐优化对 $\boldsymbol{\theta}$ 的估计，最后收敛于一个极值点。

EM 算法

■ 初始化参数$\boldsymbol{\theta}^1$，设置收敛精度 η，迭代次数 $t=0$；

■ 循环：$t \leftarrow t+1$

　□E 步：根据式(7.38) 计算 $Q(\boldsymbol{\theta};\boldsymbol{\theta}^t)$；

　□M 步：$\boldsymbol{\theta}^{t+1}=\arg\max\limits_{\boldsymbol{\theta}} Q(\boldsymbol{\theta};\boldsymbol{\theta}^t)$；

■ 直到满足收敛条件：$Q(\boldsymbol{\theta};\boldsymbol{\theta}^{t+1})-Q(\boldsymbol{\theta};\boldsymbol{\theta}^t)<\eta$

Dempseer[9] 等人证明了 EM 算法在每一轮迭代中可以保证 $Q(\boldsymbol{\theta};\boldsymbol{\theta}^{t+1})\geqslant Q(\boldsymbol{\theta};\boldsymbol{\theta}^t)$，因此算法是收敛的，并且可以收敛于对数似然函数的极值点。当然，这里所给出的 EM 算法是一个非常形式化的计算过程，需要根据概率密度函数模型，具体化 E 步的 $Q(\boldsymbol{\theta};\boldsymbol{\theta}^t)$，并求解 M 步的优化问题。附录 E 给出了严格的高斯混合模型参数估计 EM 算法的推导过程，其结果与(7.34)、(7.35) 迭代公式相同。

EM 算法是收敛的，但是只能保证收敛于对数似然函数的一个极大值点，并不能保证收敛于最大值点，具体的收敛情况与初始值的设置有关。因此在使用 EM 算法时，需要根据具体问题的一些先验信息来设置适合的概率密度函数参数的初始值，如果缺少先验知识，也可以尝试设置多个不同的初始值来进行迭代，根据算法收敛时的对数似然函数值的大小来选择一个最优的结果。

7.3.4　隐含马尔科夫模型

到目前为止，本书所介绍的各种识别和分类方法所针对的都是以特征矢量方式描述的模式。但是在有些实际问题中，模式是以序列形式出现的，例如基因序列，消费者的一系列购买行为等。还有一些模式具有明显的时间延续性，例如在语音识别和人体行为识别中，声音和人体的动作都是发生在一个时间段内，如果将这个时间段内的音频或视频信号采用特征矢量的方式描述，就会损失掉信号的先后次序变化信息。对于有时间延续性的模式，一种常用的描述方法是将信号划分为一系列短的时间段，在每一个短时间段内提取信号的特征

(例如语音信号的各种频域特征),并将这些特征连接形成一个特征矢量的序列,这样就可以有效地描述信号在不同时间段内的变化信息。

如果希望采用贝叶斯分类器识别以序列形式出现的模式,就需要构建描述序列的概率密度函数,计算每个类别产生出需要识别序列的概率密度,隐含马尔科夫模型(Hidden Markov Model,HMM)就是一种常用的序列概率密度描述模型。

将以序列形式描述的模式表示为:$V^T = \boldsymbol{v}_1, \boldsymbol{v}_2, \cdots, \boldsymbol{v}_T$,一般将序列 V^T 称作"观察序列",上标 T 表示序列的长度,序列中的元素 $\boldsymbol{v}_i$ 称作"时刻 i"的观察值,可以是属于一个有限集合的离散符号(例如在基因序列中每个观察值只能是 $\{A,C,G,T\}$ 4 个符号之一),也可以是一个特征矢量。为了方便问题的讨论,以观察值为离散的情况来介绍隐含马尔科夫模型,在本小节的最后介绍观察值为连续特征矢量情况下的处理方法。

1. 马尔科夫模型

在介绍隐含马尔科夫模型之前,需要首先了解一下马尔科夫模型。马尔科夫模型由若干个状态构成,模型当前所处的状态只与之前的状态有关,与之后的状态无关,由此所产生的一类状态转移过程称为马尔科夫过程。这里,只讨论一种最简单的马尔科夫模型 —— 离散时间有限状态一阶马尔科夫模型。

如图 7.5,一阶马尔科夫模型包含 M 个状态 $W = \{w_1, \cdots, w_M\}$,在时刻 t 模型处于状态 $w(t) \in W$,经过 T 个时刻,模型可以产生出一个状态转移序列:$W^{\mathrm{T}} = w(1), \cdots, w(T)$。在一阶马尔科夫模型中,$t$ 时刻模型处于什么状态只与 $t-1$ 时刻的状态有关,与其他时刻的状态都无关。将第 $t-1$ 时刻模型处于状态 w_i,而 t 时刻处于状态 w_j 的概率定义为

$$a_{ij} = P(w(t) = w_j \mid w(t-1) = w_i)$$

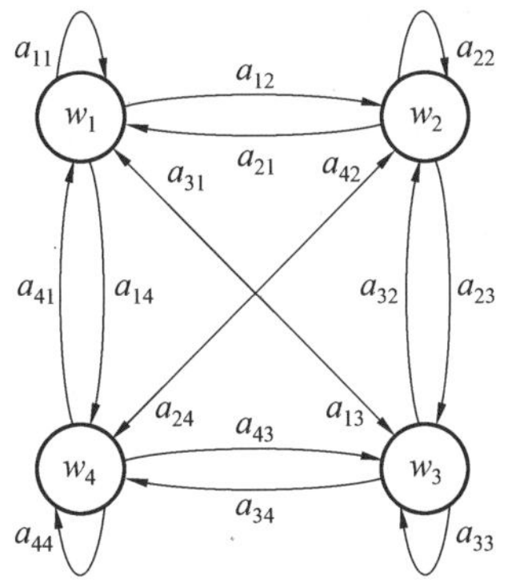

图 7.5　四状态一阶马尔科夫模型状态转移图

a_{ij} 称为状态转移概率,与时间 t 无关,即在任何时刻,模型由状态 w_i 转移到 w_j 的概率是相同的。在初始时刻模型处于什么状态也是随机的,定义第一个时刻处于状态 w_i 的概率为 π_i,这样就得到了描述一阶马尔科夫模型的参数 $\boldsymbol{\theta} = (\boldsymbol{\pi}, \boldsymbol{A})$:

$$\boldsymbol{\pi} = (\pi_1, \cdots, \pi_M)^{\mathrm{T}}, \boldsymbol{A} = \begin{pmatrix} a_{11} & a_{12} & \cdots & a_{1M} \\ a_{21} & a_{22} & \cdots & a_{2M} \\ \vdots & \vdots & & \vdots \\ a_{M1} & a_{M2} & \cdots & a_{MM} \end{pmatrix} \tag{7.40}$$

显然,参数应该满足如下关系:

$$\sum_{i=1}^{M}\pi_i=1,\sum_{j=1}^{M}a_{ij}=1 \tag{7.41}$$

对于给定参数的一阶马尔科夫模型，可以计算由这个模型产生出特定状态转移序列的概率。例如图 7.5 的一阶马尔科夫模型产生出状态转移序列 $W^5=w_3w_1w_2w_2w_4$ 的概率为

$$P(W^5|\boldsymbol{\theta})=\pi_3a_{31}a_{12}a_{22}a_{24}$$

【例 7.4】 某个城市天气的变化可以采用图 7.6 所示的一阶马尔科夫模型描述。每天的天气有 4 种状态{晴、阴、雨、雪}，分别按照 1～4 进行编号，每种天气发生的初始概率为：$\boldsymbol{\pi}=(0.5,0.3,0.1,0.1)^{\mathrm{T}}$。计算连续 7 天是晴天的概率，以及前 3 天晴、后 4 天下雨的概率。

解 将图 7.6 中的状态转移概率表示为矩阵形式：

$$\boldsymbol{A}=\begin{pmatrix}0.5&0.3&0.1&0.1\\0.3&0.3&0.3&0.1\\0.4&0.2&0.3&0.1\\0.5&0.2&0.1&0.2\end{pmatrix}$$

连续 7 个晴天的概率：

$$P(w_1w_1w_1w_1w_1w_1w_1)=\pi_1a_{11}a_{11}a_{11}a_{11}a_{11}a_{11}=0.5\times(0.5)^6=0.007\,812\,5$$

前 3 天晴、后 4 天下雨的概率：

$$\begin{aligned}P(w_1w_1w_1w_3w_3w_3w_3)&=\pi_1a_{11}a_{11}a_{13}a_{33}a_{33}a_{33}\\&=0.5\times(0.5)^2\times0.1\times(0.3)^3=0.000\,168\,75\end{aligned}$$

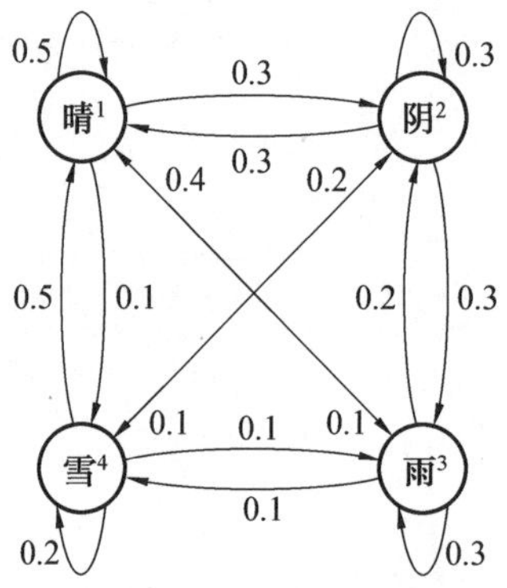

图 7.6　天气变化马尔科夫模型

2. 隐含马尔科夫模型

隐含马尔科夫模型的内部是一个一阶马尔科夫模型，每一时刻都依据概率发生着状态转移，只不过状态转移的过程是观察不到的，是隐含的(图 7.7)。所能够观察到的是每一时刻模型根据所处的状态产生出的一个“观察值”，经过 T 个时刻之后，可以得到一个观察序列：$V^T=v(1),\cdots,v(T)$。例如，图 7.6 中的马尔科夫模型描述的是其他城市的天气变化，你并不知道当地每天的天气情况，但是知道在当地一位朋友每天的活动情况，并且这些活动与天气密切相关，晴天出去散步或购物的可能性比较大，而雨天和雪天则很少外出。这位朋友每天的活动就可以看作是观察值，而天气就是隐含在马尔科夫模型中的状态。隐含马尔科夫模型中，不可见的状态是可见的观察值产生的内在“原因”。

在模式识别中，描述模式的序列是能够观察到的，而隐含马尔科夫模型描述的则是观察

序列发生的概率。先从一种简单的情况入手，假设可能的观察值是有限的、离散的，第 t 时刻的观察值 $v(t) \in V=\{v_1,\cdots,v_K\}$。

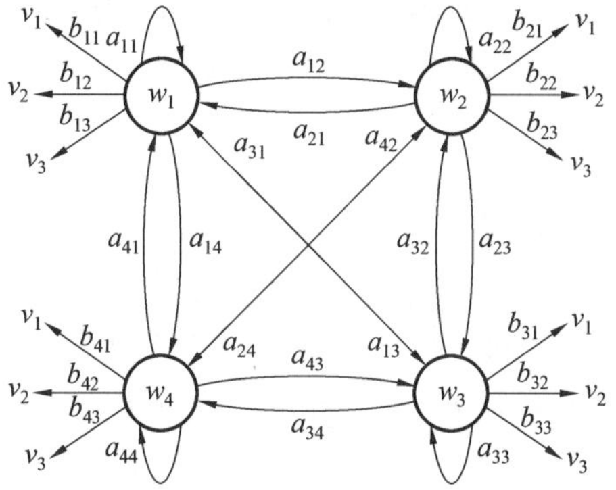

图 7.7　一阶隐含马尔科夫模型

隐含马尔科夫模型的参数除了初始状态概率 $\boldsymbol{\pi}$ 和状态转移概率矩阵 $\boldsymbol{A}$ 之外，增加了模型处于状态 w_i 输出观察值 v_j 的概率 $b_{ij}=P(v_j|w_i)$，所有的输出概率可以表示为状态输出概率矩阵：

$$\boldsymbol{B}=\begin{pmatrix} b_{11} & b_{12} & \cdots & b_{1K} \\ b_{21} & b_{22} & \cdots & b_{2K} \\ \vdots & \vdots & & \vdots \\ b_{M1} & b_{M2} & \cdots & b_{MK} \end{pmatrix}，其中 \sum_{j=1}^{K} b_{ij}=1$$

隐含马尔科夫模型的参数为：$\boldsymbol{\theta}=(\boldsymbol{\pi},\boldsymbol{A},\boldsymbol{B})$。在隐含马尔科夫模型中存在着三个基本问题：估值问题、解码问题和学习问题。

(1) 估值问题。

所谓估值问题是指，如何计算一个已知参数的 HMM 输出特定观察序列 V^T 概率的问题。在模式识别中，待识模式以观察序列的形式出现，而每个类别的条件概率（密度）则由不同的隐含马尔科夫模型所描述。当输入一个待识模式时，需要计算每个类别对应的 HMM 输出这个观察序列的概率，然后根据贝叶斯判别准则进行分类。

估值问题的计算实际上并不复杂，先来看一下在已知 HMM 状态转移序列 W^T 的条件下，输出观察序列 V^T 的概率：

$$\begin{aligned} P(V^T|W^T,\boldsymbol{\theta}) &= P[v(1)|w(1)]\times P[v(2)|w(2)]\times\cdots\times P[v(T)|w(T)] \\ &= b_{w(1)v(1)}b_{w(2)v(2)}\cdots b_{w(T)v(T)} \end{aligned} \tag{7.42}$$

实际上，在隐含马尔科夫模型中，状态转移序列 W^T 是不可见的、未知的，因此根据全概公式（参见附录 C.4）可以计算 HMM 输出观察序列 V^T 的概率：

$$P(V^T|\boldsymbol{\theta})=\sum_{r=1}^{r_{\max}} P(V^T,W_r^T|\boldsymbol{\theta})=\sum_{r=1}^{r_{\max}} P(V^T|W_r^T,\boldsymbol{\theta})P(W_r^T|\boldsymbol{\theta}) \tag{7.43}$$

其中，求和式针对的是 HMM 在 T 个时刻内所有可能的状态转移序列，$r_{\max}=M^T$ 是所有可能的状态转移数量。概率 $P(W_r^T|\boldsymbol{\theta})$ 由一阶马尔科夫模型计算：

$$P(W_r^T|\boldsymbol{\theta})=\pi_{w(1)}a_{w(1)w(2)}a_{w(2)w(3)}\cdots a_{w(T-1)\ w(T)} \tag{7.44}$$

式(7.42) ～ (7.44) 书写比较复杂，实际计算上并不是很困难，通过例 7.5 来看一下具体的计算过程。

【例 7.5】 某城市的天气变化可以用例 7.4 中图 7.6 的马尔科夫模型描述。某人生活在这个城市中，每天的活动包括{散步、购物、做家务}，分别按照 1 ～ 3 进行编号。活动情况与天气状态之间的相关性由如下状态输出概率矩阵表示：

$$\boldsymbol{B}=\begin{pmatrix}0.5 & 0.4 & 0.1\\ 0.3 & 0.4 & 0.3\\ 0.1 & 0.3 & 0.6\\ 0.1 & 0.2 & 0.7\end{pmatrix}$$

计算此人连续三天的活动分别为散步、做家务和购物的概率。

解 连续三天的天气状态包括 $r_{\max}=4^3=64$ 种可能性：$w_1w_1w_1, w_1w_1w_2, \cdots, w_4w_4w_4$，计算每一种可能天气序列发生的概率以及在此天气条件下相应活动的概率。

连续三天晴天的概率：

$$P(w_1w_1w_1 \mid \boldsymbol{\theta})=\pi_1a_{11}a_{11}=0.5\times 0.5\times 0.5=0.125$$

三天晴天的条件下散步、做家务和购物的概率：

$$P(v_1v_3v_2 \mid w_1w_1w_1, \boldsymbol{\theta})=b_{11}b_{13}b_{12}=0.5\times 0.1\times 0.4=0.02$$

因此

$$P(v_1v_3v_2 \mid w_1w_1w_1, \boldsymbol{\theta})P(w_1w_1w_1 \mid \boldsymbol{\theta})=\pi_1b_{11}a_{11}b_{13}a_{11}b_{12}=0.0025 \tag{7.45}$$

同理

$$P(v_1v_3v_2 \mid w_1w_1w_2, \boldsymbol{\theta})P(w_1w_1w_2 \mid \boldsymbol{\theta})=\pi_1b_{11}a_{11}b_{13}a_{12}b_{22}=0.0015 \tag{7.46}$$

$$P(v_1v_3v_2 \mid w_1w_1w_3, \boldsymbol{\theta})P(w_1w_1w_3 \mid \boldsymbol{\theta})=\pi_1b_{11}a_{11}b_{13}a_{13}b_{32}=0.000375 \tag{7.47}$$

$$P(v_1v_3v_2 \mid w_1w_1w_4, \boldsymbol{\theta})P(w_1w_1w_4 \mid \boldsymbol{\theta})=\pi_1b_{11}a_{11}b_{13}a_{14}b_{42}=0.00025 \tag{7.48}$$

$$\cdots$$

$$P(v_1v_3v_2 \mid w_4w_4w_3, \boldsymbol{\theta})P(w_4w_4w_3 \mid \boldsymbol{\theta})=\pi_4b_{41}a_{44}b_{43}a_{43}b_{32}=0.000042$$

$$P(v_1v_3v_2 \mid w_4w_4w_4, \boldsymbol{\theta})P(w_4w_4w_4 \mid \boldsymbol{\theta})=\pi_4b_{41}a_{44}b_{43}a_{44}b_{42}=0.000056$$

连续三天的活动为散步、做家务和购物的概率：

$$P(v_1v_3v_2 \mid \boldsymbol{\theta})=\sum_{i=1}^{4}\sum_{j=1}^{4}\sum_{k=1}^{4}P(v_1v_3v_2 \mid w_iw_jw_k, \boldsymbol{\theta})P(w_iw_jw_k \mid \boldsymbol{\theta})=0.0379$$

按照式(7.43) 计算估值问题，计算复杂度为 $O(M^T\times T)$。当状态数 M 较多，序列的长度 T 较长时，计算量大。例如，计算 5 个状态的 HMM 产生长度为 20 序列的概率，需要计算 1.9×10^{15} 次乘法。可以看出，随着序列长度的增加，计算复杂度呈指数增长。估值问题是否存在多项式时间复杂度的计算方法？

仔细观察例 7.5 中的计算过程就会发现，式(7.45) ～ 式(7.48) 前 4 项的乘积是相同的，均为 $\pi_1b_{11}a_{11}b_{13}$，不同的只是后两项。然而在计算过程中前 4 项的乘积计算了 4 次，实际上只需要计算 1 次即可，这样就可以有效地减小计算量。根据这样的思想，来介绍一种估值问题的有效算法 —— 前向算法。

首先将前向算法的过程用图 7.8 来表示，在图中每一列的节点表示同一时刻 HMM 有可能所处的状态，经过 T 个时刻，因此共有 T 列的节点。在每一个节点上定义一个 α 值，表示当前时刻 HMM 处于该节点，并输出相应观察值的概率。例如，$\alpha_i(t)$ 表示 HMM 在第 t 时刻处于第 i 个状态，并且输出序列 $v(1), \cdots, v(t)$ 的概率：

$$\alpha_i(t)=P[v(1),\cdots,v(t),w(t)=w_i|\boldsymbol{\theta}]$$

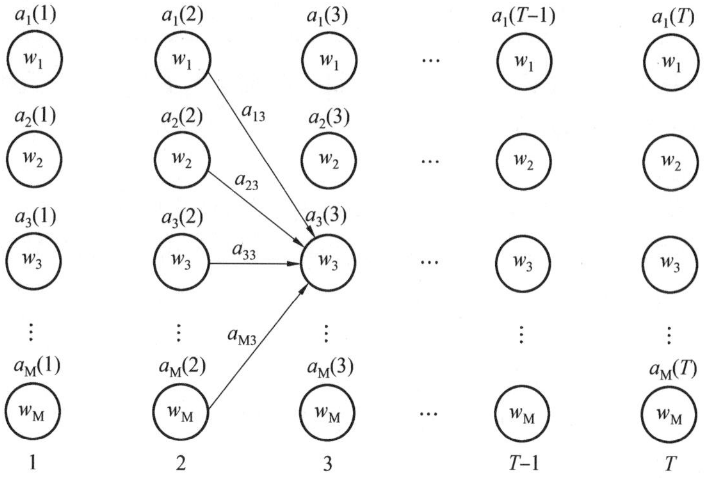

图 7.8　前向算法示意图

显然,第 1 列的节点可以直接计算出 α 值:

$$\alpha_i(1)=\pi_i b_i[v(1)],i=1,\cdots,M \tag{7.49}$$

如果计算出了第 T 列每个节点的 α 值,就可以很容易得到 HMM 模型输出序列 V^T 的概率。因为,HMM 在最后一个时刻只可能处于最后一列 M 个状态中的某一个,所以

$$P(V^T|\boldsymbol{\theta})=\sum_{i=1}^{M}P(V^T,w(T)=w_i|\boldsymbol{\theta})=\sum_{i=1}^{M}\alpha_i(T) \tag{7.50}$$

下面的问题就是如何能够迭代计算出第 2 列到第 T 列每个节点的 α 值了。由于 HMM 中的状态转移是一阶马尔科夫过程,因此每一个节点的 α 值只与前一列的节点有关。如果在第 t 时刻模型处于 w_j 状态,并且产生出 $v(1),\cdots,v(t)$,这个事件发生的概率为 $\alpha_j(t)$;在 $t+1$ 时刻转移到 w_i 状态,并且输出 $v(t+1)$,这个事件发生的概率是 $a_{ji}b_{iv(t+1)}$;上述两个事件同时发生的概率为 $\alpha_j(t)a_{ji}b_{iv(t+1)}$。考虑到在前一个时刻 HMM 有可能处于 M 个状态中的任何一个,因此根据全概公式可以得到递推公式:

$$\alpha_i(t+1)=\left[\sum_{j=1}^{M}\alpha_j(t)a_{ji}\right]b_{iv(t+1)},i=1,\cdots,M,t=1,\cdots,T-1 \tag{7.51}$$

总结式(7.49)、(7.50),可以得到 HMM 估值问题的前向算法:

前向算法

■ 初始化:$t=1$;

■ 计算第 1 列每个节点的 α 值:$\alpha_i(1)=\pi_i b_i[v(1)],i=1,\cdots,M$;

■ 迭代计算第 2 至 T 列每个节点的 α 值:

$$\alpha_i(t+1)=\left[\sum_{j=1}^{M}\alpha_j(t)a_{ji}\right]b_{iv(t+1)},i=1,\cdots,M$$

$$t=t+1;$$

■ 输出：$P(V^T|\boldsymbol{\theta})=\sum_{i=1}^{M}\alpha_i(T)$

前向算法中每个节点需要计算 $M+1$ 次乘法，共有 $M\times T$ 个节点。因此，忽略低阶项可以得到总的计算复杂度为 $O(M^2\times T)$，远远少于直接计算的方法。

(2) 解码问题。

解码问题是指，给定已知参数的隐含马尔科夫模型，计算最有可能产生出特定观察序列 V^T 的状态转移序列的问题。HMM 中的状态转移过程是不可见的，解码问题实际上关心的是，如何根据模型输出的结果(观察序列)来推测产生出该结果的内部机理(状态转移序列)的问题。

解码问题需要求解的是如下优化问题：

$$W^*=\arg\max_{W^T} P(W^T|V^T,\boldsymbol{\theta}) \tag{7.52}$$

根据贝叶斯公式：

$$P(W^T|V^T,\boldsymbol{\theta})=\frac{P(V^T|W^T,\boldsymbol{\theta})P(W^T|\boldsymbol{\theta})}{P(V^T|\boldsymbol{\theta})}$$

由于 $P(V^T|\boldsymbol{\theta})$ 与优化变量 W^T 无关，并且 W^T 只存在有限的取值可能性，因此解码问题可以转化为求解如下的优化问题：

$$W^*=\arg\max_{1\leqslant r\leqslant r_{\max}} P(V^T|W_r^T,\boldsymbol{\theta})P(W_r^T|\boldsymbol{\theta}) \tag{7.53}$$

其中，W_r^T 取所有可能的长度为 T 的状态转移序列。同估值问题类似，只要计算出 $r_{\max}$ 种可能的状态转移序列发生的概率 $P(W_r^T|\boldsymbol{\theta})$，以及在状态转移序列发生条件下产生出观察序列 V^T 的概率，寻找两项乘积的最大值就可以很容易地解决解码问题。

【例 7.6】 在例 7.5 中，如果知道此人连续三天的活动分别为散步、做家务和购物，推测这三天中该城市最有可能的天气状况。

解 按照例 7.5 同样的方式，计算出所有 $r_{\max}=64$ 种可能的连续三天天气状态发生的概率，以及在不同天气状态下此人完成散步、做家务和购物活动的概率；比较 64 种可能天气状况下两项概率乘积的大小，寻找最大值可得

$$W^*=w_1w_4w_1$$

$$P(v_1v_3v_2|w_1w_4w_1,\boldsymbol{\theta})P(w_1w_4w_1|\boldsymbol{\theta})=0.0035$$

同估值问题一样，直接求解解码问题的计算量比较大，时间复杂度为 $O(M^T\times T)$。从对估值问题的分析可以看出，解码问题也存在多项式时间复杂度的求解算法，这就是著名的 Viterbi 算法。

重新观察图 7.8 会发现，解码问题实际上是要在每一列上选择且只选择一个节点，由这些节点构成一个开始于第 1 列，结束于第 T 列的路径，使得路径上所有状态组成的状态转移序列，产生出观察序列 V^T 的概率最大。代替前向算法中的 α 值，Viterbi 算法在每个节点上定义了一个 δ 值，$\delta_i(t)$ 表示在第 t 时刻 HMM 处于第 i 个状态，并且输出序列 $v(1),\cdots,v(t)$ 最优路径的概率值。利用 HMM 的一阶马尔科夫性可以得到类似于 α 值的迭代公式，只不过将式(7.51)的求和变为了最大值：

$$\delta_i(t+1)=\max_{1\leqslant j\leqslant M}[\delta_j(t)a_{ji}]b_{iv(t+1)},i=1,\cdots,M,t=1,\cdots,T-1 \tag{7.54}$$

迭代计算出全部节点 δ 值之后，只需要在第 T 列找到 δ 值最大的节点，就可以确定最优状态转移序列在第 T 时刻的状态。为了找到1至 $T-1$ 时刻的最优状态，需要在迭代过程的每个节点上记录此节点最优路径上前一时刻的状态，$\varphi_i(t)$ 保存在第 t 时刻 HMM 处于第 i 个状态的最优路径上 $t-1$ 时刻的状态。在迭代计算 δ 值之后，确定了第 T 时刻的最优状态，可以根据节点的 φ 值回溯出整个的最优状态转移序列。

这样就可以得到类似于前向算法的 Viterbi 解码算法：

Viterbi 算法

■ 初始化：$t=1$；

■ 计算第1列每个节点的 δ 值：

$$\delta_i(1)=\pi_i b_i[v(1)],\varphi_i(1)=0,i=1,\cdots,M;$$

■ 迭代计算第2至 T 列每个节点的 δ 值：

$$\delta_i(t+1)=\max_{1\leqslant j\leqslant M}[\delta_j(t)a_{ji}]b_{iv(t+1)}$$

$$\varphi_i(t+1)=\underset{1\leqslant j\leqslant M}{\arg\max}[\delta_j(t)a_{ji}],i=1,\cdots,M$$

$$t=t+1;$$

■ 最优路径的概率：

$$P^*(V^T|\boldsymbol{\theta})=\max_{1\leqslant j\leqslant M}[\delta_j(T)]$$

■ 回溯最优路径：

$$w^*(T)=\underset{1\leqslant j\leqslant M}{\arg\max}[\delta_j(T)]$$

$$w^*(t)=\varphi_{w^*(t+1)}(t+1),t=T-1,\cdots,1$$

分类问题一般并不关心 HMM 中状态是如何转移的，只需要计算模型输出观察序列 V^T 的概率。但在有些应用中，也可以将最优状态转移序列输出 V^T 的概率 $P^*(V^T|\boldsymbol{\theta})$ 用于分类。

(3) 学习问题。

学习问题解决的是，如何根据一组训练模式的观察序列集合 $V=\{V_1^{T_1},\cdots,V_n^{T_n}\}$，学习隐含马尔科夫模型参数 $\boldsymbol{\theta}$ 的问题。HMM 描述的是观察序列发生的概率，因此对它的学习仍然是一个参数估计问题，可以采用最大似然估计的方法求解如下的优化问题：

$$\boldsymbol{\theta}^*=\underset{\boldsymbol{\theta}}{\arg\max}\,P(V|\boldsymbol{\theta})=\underset{\boldsymbol{\theta}}{\arg\max}\,P(V_1^{T_1},\cdots,V_n^{T_n}|\boldsymbol{\theta}) \tag{7.55}$$

同估值问题和解码问题比较起来，HMM 的学习问题要复杂得多。与高斯混合模型参数的估计类似，解决学习问题存在的主要困难在于，并不知道 HMM 是经过一个什么样的状态转移过程，产生出的每一个观察序列。由于状态转移序列是隐含的，是“缺失的”，因此 HMM 的参数需要采用 EM 算法进行迭代估计。迭代公式具体的推导过程比较复杂，有兴趣的读者可以参考文献[10]的相关内容，下面简单介绍一下隐含马尔科夫模型参数估计的迭代算法——前向后向算法，也被称为 Baum-Welch 算法。为了简化问题，首先讨论只针对单个训练序列 V^T 的迭代公式。

在给出算法迭代公式之前，需要定义几个变量。

α 值：在估值问题的前向算法中定义了一个 α 值，$\alpha_i(t-1)$ 表示在 $t-1$ 时刻 HMM 处于状态 w_i，并且在 $1\rightarrow t-1$ 期间产生出观察序列 $V^{1\rightarrow t-1}$ 的概率；

β 值：类似的，在图 7.8 的每个节点上还可以定义一个 β 值，$\beta_j(t)$ 表示在 t 时刻 HMM 处于状态 w_j，并且在 $t+1\rightarrow T$ 期间产生出观察序列 $V^{t+1\rightarrow T}$ 的概率；

γ 值：不同于 α 和 β，γ 是定义在相邻两列任意两个节点之间的。$\gamma_{ij}(t)$ 表示当 HMM 输出观察序列 V^T 时，在时刻 $t-1$ 处于状态 w_i，时刻 t 处于状态 w_j 的概率。

α 值的计算同前向算法一样，可以根据式(7.49)和(7.51)由第 1 列向最后一列迭代；β 值的计算与 α 类似，只不过是由最后一列向第 1 列迭代：

$$\beta_j(T)=1,j=1,\cdots,M \tag{7.56}$$

$$\beta_j(t)=\left[\sum_{i=1}^{M}\beta_i(t+1)a_{ji}\right]b_{jv(t+1)} \tag{7.57}$$

根据 γ 的定义以及贝叶斯公式可以得到：

$$\begin{aligned}\gamma_{ij}(t)&=P[w(t-1)=w_i,w(t)=w_j\,|\,V^T,\boldsymbol{\theta}]\\&=\frac{P[w(t-1)=w_i,w(t)=w_j,V^T\,|\,\boldsymbol{\theta}]}{P(V^T\,|\,\boldsymbol{\theta})}\\&=\frac{\alpha_i(t-1)a_{ij}b_{jv(t)}\beta_j(t)}{P(V^T\,|\,\boldsymbol{\theta})}\end{aligned} \tag{7.58}$$

其中概率 $P[w(t-1)=w_i,w(t)=w_j,V^T\,|\,\boldsymbol{\theta}]$ 表示，HMM 输出观察序列 V^T，并且在时刻 $t-1$ 处于状态 w_i，时刻 t 处于状态 w_j 的概率。由图 7.9 可以看出，这样一个事件可以分解为 3 个独立的子事件：第一条虚线的左侧，HMM 在 $t-1$ 时刻处于状态 w_i，并且输出序列 $V^{1\rightarrow t-1}$ 的概率，由 $\alpha_i(t-1)$ 描述；两条虚线之间，在 t 时刻由状态 w_i 转移到 w_j，并且输出 $v(t)$ 的概率，由 $a_{ij}b_{jv(t)}$ 计算；第二条虚线的右侧，HMM 在 t 时刻处于状态 w_j，并且输出序列 $V^{t+1\rightarrow T}$ 的概率，由 $\beta_j(t)$ 描述。

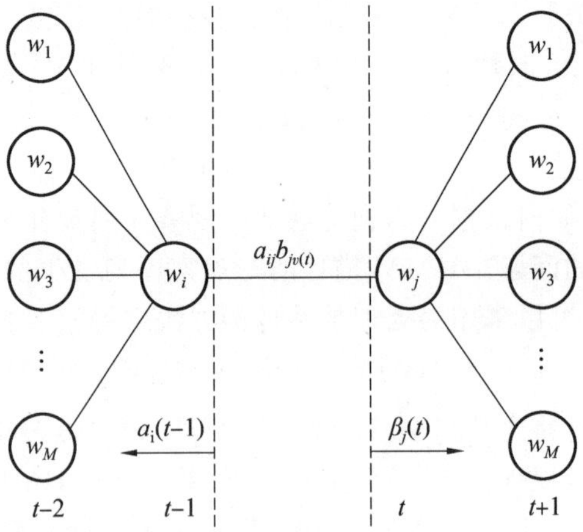

图 7.9　γ 值计算示意图

当 $t=1$ 时，γ 值的相应计算公式为

$$\gamma_j(1)=\frac{\pi_j b_{jv(1)}\beta_j(1)}{P(V^T\,|\,\boldsymbol{\theta})},j=1,\cdots,M$$

有了 γ 值可以很容易地得到模型参数估计的迭代公式。首先，根据全概公式，初始概率

π_i 是在时刻 $t=1$ 模型处于状态 w_i 的概率，因此 π_i 的迭代估计公式为

$$\pi_i = P[w(1)=w_i \mid V^T, \boldsymbol{\theta}] = \gamma_i(1) \tag{7.59}$$

在 1 至 T 时刻之间，HMM 由状态 w_i 转移到 w_j 的期望次数为：$\sum_{t=2}^{T}\gamma_{ij}(t)$，而由状态 w_i 转移到任意一个状态的期望次数为：$\sum_{t=2}^{T}\sum_{k=1}^{M}\gamma_{ik}(t)$，因此 a_{ij} 的迭代估计公式为

$$a_{ij} = \frac{\sum_{t=2}^{T}\gamma_{ij}(t)}{\sum_{t=2}^{T}\sum_{k=1}^{M}\gamma_{ik}(t)} \tag{7.60}$$

在 1 至 T 时刻之间，HMM 在状态 w_i 上输出观察值 v_k 的期望次数为

$$\sum_{t=1, v(t)=v_k}^{T}\ \sum_{l=1}^{M}\gamma_{li}(t)$$

因此 b_{ik} 的迭代估计公式为

$$b_{ik} = \frac{\sum_{t=1, v(t)=v_k}^{T}\ \sum_{l=1}^{M}\gamma_{li}(t)}{\sum_{t=1}^{T}\sum_{l=1}^{M}\gamma_{li}(t)} \tag{7.61}$$

总结上述过程可以得到 HMM 的学习算法：

Baum-Welch 算法

■ 随机初始化 HMM 参数 $\boldsymbol{\theta}$，输入训练序列 V^T；

■ 前向计算：

$$\alpha_i(1)=\pi_i b_i[v(1)],\ \alpha_i(t)=\left[\sum_{j=1}^{M}\alpha_j(t-1)a_{ji}\right]b_{iv(t)},\ i=1,\cdots,M;\ t=2,\cdots,T;$$

$$P(V^T \mid \boldsymbol{\theta})=\sum_{i=1}^{M}\alpha_i(T);$$

■ 后向计算：

$$\beta_j(T)=1,\ \beta_j(t)=\left[\sum_{i=1}^{M}\beta_i(t+1)a_{ji}\right]b_{jv(t+1)},\ j=1,\cdots,M;\ t=T-1,\cdots,1;$$

■ 计算 γ 值：

$$\gamma_{ij}(t)=\frac{\alpha_i(t-1)a_{ij}b_{jv(t)}\beta_j(t)}{P(V^T \mid \boldsymbol{\theta})},\ i,j=1,\cdots,M;\ t=2,\cdots,T;$$

$$\gamma_j(1)=\frac{\pi_j b_{jv(1)}\beta_j(1)}{P(V^T \mid \boldsymbol{\theta})},\ j=1,\cdots,M$$

■ 重新估计 HMM 参数 $\boldsymbol{\theta}$：

$$\pi_i=\gamma_i(1),\quad a_{ij}=\frac{\sum_{t=2}^{T}\gamma_{ij}(t)}{\sum_{t=2}^{T}\sum_{k=1}^{M}\gamma_{ik}(t)},$$

$$b_{ik}=\frac{\sum_{t=1,v(t)=v_k}^{T}\sum_{l=1}^{M}\gamma_{li}(t)}{\sum_{t=1}^{T}\sum_{l=1}^{M}\gamma_{li}(t)},i,j=1,\cdots,M;k=1,\cdots,K$$

■ 迭代,直到满足收敛条件为止。

3. HMM **相关问题的讨论**

解决隐含马尔科夫模型学习问题的 Baum-Welch 算法是一种 EM 迭代算法,因此其收敛性是可以得到保证的。学习算法的收敛可以根据似然函数是否超过设定的阈值来判断,也可以根据两轮迭代中似然函数的差异满足一定的收敛精度来判断。同高斯混合模型的学习算法一样,前向后向算法并不能保证每次都收敛于似然函数的最大值点,只能保证收敛于极大值点,在实际应用中需要根据具体问题设置适合的初始值进行迭代,或者尝试不同初始值在多个学习结果中选择最优者。

公式(7.59)～(7.61)给出的是输入单个训练模式观察序列时的迭代计算方法,当输入为包含 n 个观察序列的训练样本集时,可以每次输入一个序列进行单样本学习,也可以输入 n 个样本进行批量学习。在批量学习时,α,β 和 γ 值的计算与单样本学习相同,将第 m 个序列的值以 $\alpha_i^m(t)$,$\beta_j^m(t)$ 和 $\gamma_{ij}^m(t)$ 表示,$m=1,\cdots,n$,批量学习算法的迭代公式为

$$\pi_i=\frac{1}{n}\sum_{m=1}^{n}\gamma_i^m(1),i=1,\cdots,M \tag{7.62}$$

$$a_{ij}=\frac{\sum_{m=1}^{n}\sum_{t=2}^{T}\gamma_{ij}^m(t)}{\sum_{m=1}^{n}\sum_{t=2}^{T}\sum_{k=1}^{M}\gamma_{ik}^m(t)},i,j=1,\cdots,M \tag{7.63}$$

$$b_{ik}=\frac{\sum_{m=1}^{n}\sum_{t=1,v(t)=v_k}^{T}\sum_{l=1}^{M}\gamma_{li}^m(t)}{\sum_{m=1}^{n}\sum_{t=1}^{T}\sum_{l=1}^{M}\gamma_{li}^m(t)},i=1,\cdots,M;k=1,\cdots,K \tag{7.64}$$

在此之前讨论的都是离散型的 HMM,输出的观察值为有限的离散值。当观察序列中的每一个元素是一个连续型的矢量时,需要使用连续隐马尔科夫模型描述每个类别产生每个模式的概率密度函数。连续 HMM 内部的状态转移仍然是一阶马尔科夫过程,不同的是由状态输出的是一个连续的观察矢量。因此对于每个状态来说,需要用函数 $b_i(\boldsymbol{v})$ 来描述由状态 w_i 输出观察矢量 $\boldsymbol{v}$ 的概率密度。$b_i(\boldsymbol{v})$ 的函数形式需要在 HMM 的设计过程中做出假设,最常用的一种方式是假设为包含 L 个分量的高斯混合模型:

$$b_i(\boldsymbol{v})=\sum_{k=1}^{L}c_{ik}N(\boldsymbol{v};\boldsymbol{\mu}_{ik},\boldsymbol{\Sigma}_{ik}) \tag{7.65}$$

在估值问题和解码问题中,可以直接用每个状态的 $b_i(\boldsymbol{v})$ 计算由此状态输出相应时刻观察矢量 $\boldsymbol{v}$ 的概率密度;在学习问题中,对状态输出矩阵 $\boldsymbol{B}$ 的估计需要转换为对每个状态 GMM 参数($c_{i1},\cdots,c_{iL};\boldsymbol{\mu}_{i1},\cdots,\boldsymbol{\mu}_{iL};\boldsymbol{\Sigma}_{i1},\cdots,\boldsymbol{\Sigma}_{iL}$)的估计。

$$\rho_{ik}(t)=\frac{\alpha_i(t)\beta_i(t)}{\sum_{j=1}^{M}\alpha_j(t)\beta_j(t)}\times\frac{c_{ik}N(\boldsymbol{v}_t;\boldsymbol{\mu}_{ik},\boldsymbol{\Sigma}_{ik})}{\sum_{l=1}^{L}c_{il}N(\boldsymbol{v}_t;\boldsymbol{\mu}_{il},\boldsymbol{\Sigma}_{il})},i=1,\cdots,M;k=1,\cdots,L \tag{7.66}$$

$$c_{ik}=\frac{\sum_{t=1}^{T}\rho_{ik}(t)}{\sum_{j=1}^{M}\sum_{t=1}^{T}\rho_{jk}(t)} \tag{7.67}$$

$$\boldsymbol{\mu}_{ik}=\frac{\sum_{t=1}^{T}\rho_{ik}(t)\boldsymbol{v}_t}{\sum_{t=1}^{T}\rho_{ik}(t)} \tag{7.68}$$

$$\boldsymbol{\Sigma}_{ik}=\frac{\sum_{t=1}^{T}\rho_{ik}(t)(\boldsymbol{v}_t-\boldsymbol{\mu}_{ik})(\boldsymbol{v}_t-\boldsymbol{\mu}_{ik})^{\mathrm{T}}}{\sum_{t=1}^{T}\rho_{ik}(t)} \tag{7.69}$$

式中　$\rho_{ik}(t)$—— 在时刻 t,由第 i 个状态的第 k 个分量高斯,输出观察矢量$\boldsymbol{v}_t$ 的概率。

隐含马尔科夫模型可以根据具体的应用问题使用不同的拓扑结构,图 7.7 是一种全连接模型,由一个状态可以依据概率转移到任意状态。图 7.10 和 7.11 给出了另外两种常用的拓扑结构:左－右模型和带跨越的左－右模型。

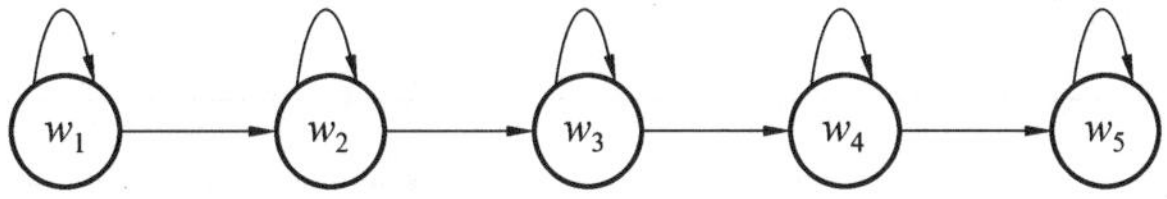

图 7.10　左－右模型

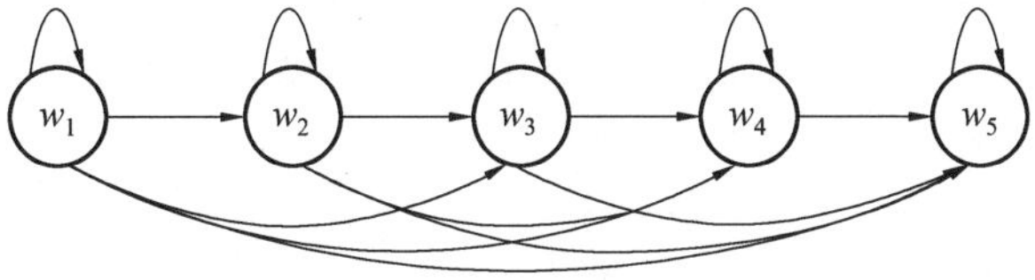

图 7.11　带跨越的左－右模型

不同的模型结构主要体现在状态转移矩阵$\boldsymbol{A}$上,例如语音识别中常用的左－右模型,就是限制矩阵 $\boldsymbol{A}$ 中除主对角线及主对角线右侧元素之外均为 0:

$$\boldsymbol{A}=\begin{pmatrix} a_{11} & a_{12} & 0 & \cdots & 0 & 0 \\ 0 & a_{22} & a_{23} & \cdots & 0 & 0 \\ \vdots & \vdots & \vdots & & \vdots & \vdots \\ 0 & 0 & 0 & \cdots & a_{(M-1)(M-1)} & a_{(M-1)M} \\ 0 & 0 & 0 & \cdots & 0 & a_{MM} \end{pmatrix}$$

在左－右模型中还经常约束模型必须初始于状态 w_1,结束于 w_M。

下面分别给出解决 HMM 估值、解码和学习问题算法的实现代码:

函数名称:HMMForward

参数:V—— 观察序列,PI,A,B——HMM 模型参数

返回值:PV——HMM 输出观察序列的概率

函数功能:隐含马尔科夫模型的前向估值算法

```
function PV = HMMForward( V, PI, A, B )

T = length(V);
M = length(PI);
K = size(B,2);

Alpha = zeros(M,T);

Alpha(:,1) = PI'.*B(:,V(1));

for t = 2:T
    Alpha(:,t) = (Alpha(:,t-1)'*A)'.*B(:,V(t));
end

PV = sum(Alpha(:,T));
```

函数名称:HMMViterbi
参数:V—— 观察序列,PI,A,B——HMM 模型参数
返回值:S——HMM 输出 V 可能性最大的状态转移序列,PV—— 由 S 输出 V 的概率
函数功能:隐含马尔科夫模型的 Viterbi 解码算法

```
function [S, PV] = HMMViterbi( V, PI, A, B )

T = length(V);
M = length(PI);
K = size(B,2);

Delta = zeros(M,T);
Phi = zeros(M,T);

Delta(:,1) = PI'.*B(:,V(1));

for t = 2:T
    [y,id] = max(repmat(Delta(:,t-1),1,M).*A);
    Delta(:,t) = y'.*B(:,V(t));
    Phi(:,t) = id';
end
```

```
[PV,id] = max(Delta(:,T));

S = zeros(1,T);
S(T) = id;
for i = T - 1: - 1:1
    S(i) = Phi(S(i + 1),i + 1);
end
```

函数名称:HMMTrain
参数:V—— 训练观察序列(n × 1Cell 矩阵),IPI,IA,IB—— 模型参数的初始值
返回值:PI,A,B—— 模型参数的学习结果
函数功能:隐含马尔科夫模型的 Baum-Welch 学习算法

```
function [PI A B] = HMMTrain( V, IPI, IA, IB )

PI = IPI; A = IA; B = IB;

n = length(V);
M = length(PI);
K = size(B,2);

iter = 0;
oldSPV = -10000000;

Theta = 0.01;

while true
    TPI = zeros(1,M);
    TA = zeros(M,M);
    TB = zeros(M,K);

    logSPV = 0;
    for m = 1:n
        T = length(V{m});
        v = V{m};

        Alpha = zeros(M,T);
```

```
    Beta = zeros(M,T);
    Gamma = zeros(M,M,T);

    Alpha(:,1) = PI'.*B(:,v(1));
    for t = 2:T
        Alpha(:,t) = (Alpha(:,t-1)'*A)'.*B(:,v(t));
    end

    PV = sum(Alpha(:,T));
    logSPV = logSPV + log(PV);

    Beta(:,T) = ones(M,1);
    for t = T-1:-1:1
        Beta(:,t) = A*(Beta(:,t+1).*B(:,v(t+1)));
    end

    Gamma(1,:,1) = PI.*B(:,v(1))'.*Beta(:,1)'/PV;
    for t = 2:T
        Gamma(:,:,t) = repmat(Alpha(:,t-1),1,M) .* A .*
                       repmat(B(:,v(t))'.*Beta(:,t)', M,1)/PV;
    end

    TPI = TPI + Gamma(1,:,1);
    TA = TA + sum(Gamma(:,:,2:T),3);
    for k = 1:K
        id = find( v == k );
        TB(:,k) = TB(:,k) + sum(sum(Gamma(:,:,id),3),1)';
    end
end

logSPV = logSPV / n;

PI = TPI / sum(TPI);
A = TA ./ repmat(sum(TA,2),1,M);
B = TB ./ repmat(sum(TB,2),1,K);

iter = iter + 1;
fprintf( 'Iteration %d:  %f\r', iter, logSPV );
```

```
    if ( logSPV - oldSPV ) < Theta
        break;
    else
        oldSPV = logSPV;
    end
end
```

在学习算法中，以两轮迭代训练观察序列集合的对数似然函数变化量是否超过收敛精度 Theta 作为收敛条件。由于对数似然函数的大小与训练序列的数量有关，因此变化量对样本数量做了平均。

7.3.5　贝叶斯估计

前几小节介绍的概率密度函数参数的最大似然估计是统计学的一种经典方法。在统计学中，对于参数估计问题还存在着另外一种观点，他们认为概率密度函数的参数 $\boldsymbol{\theta}$ 是未知的，因此是一个随机的矢量，最大似然估计所找到的是这个随机矢量发生可能性最大的一个值$\boldsymbol{\theta}^*$，并且认为 $\boldsymbol{x}$ 是由以$\boldsymbol{\theta}^*$ 为参数的概率密度函数所产生的，因此最后得到的概率密度为 $p(\boldsymbol{x}|\boldsymbol{\theta}^*)$；然而随机矢量 $\boldsymbol{\theta}$ 虽然是$\boldsymbol{\theta}^*$ 的可能性最大，但并不说明它不可能是其他值，简单地以 $p(\boldsymbol{x}|\boldsymbol{\theta}^*)$ 作为概率密度值有失偏颇，应该在考虑 $\boldsymbol{\theta}$ 所有发生可能性的条件下计算 $\boldsymbol{x}$ 的概率密度。

1. 贝叶斯估计的一般理论

假设集合 $D=\{\boldsymbol{x}_1,\cdots,\boldsymbol{x}_n\}$ 中的训练样本，独立地采样自同一个以 $\boldsymbol{\theta}$ 为参数的概率密度函数 $p(\boldsymbol{x}|\boldsymbol{\theta})$。最大似然估计的过程，首先用样本集 D 估计出最优参数$\boldsymbol{\theta}^*$，然后计算模式 $\boldsymbol{x}$ 的概率密度 $p(\boldsymbol{x}|\boldsymbol{\theta}^*)$；而贝叶斯估计的过程，则是由样本集 D 来估计参数 $\boldsymbol{\theta}$ 的分布 $p(\boldsymbol{\theta}|D)$，然后计算在已知样本集 D 的条件下，模式 $\boldsymbol{x}$ 发生的概率密度 $p(\boldsymbol{x}|D)$。

根据全概公式和条件概率公式可以得到

$$p(\boldsymbol{x}|D)=\int p(\boldsymbol{x},\boldsymbol{\theta}|D)\,\mathrm{d}\boldsymbol{\theta}=\int p(\boldsymbol{x}|\boldsymbol{\theta})\,p(\boldsymbol{\theta}|D)\,\mathrm{d}\boldsymbol{\theta} \tag{7.70}$$

这里，利用了在已知分布参数 $\boldsymbol{\theta}$ 的条件下，样本集 D 与待识模式 $\boldsymbol{x}$ 之间是相互独立的这一事实，即 $p(\boldsymbol{x}|\boldsymbol{\theta},D)=p(\boldsymbol{x}|\boldsymbol{\theta})$。对 $\boldsymbol{\theta}$ 的积分是在整个参数空间进行的，如果 $\boldsymbol{\theta}$ 为 m 维的实数矢量，则积分域为 $\mathbf{R}^m$。

概率密度函数 $p(\boldsymbol{x}|\boldsymbol{\theta})$ 是已知的关于 $\boldsymbol{x}$ 和 $\boldsymbol{\theta}$ 的函数，例如高斯分布函数、高斯混合模型等；而在已知训练样本集合 D 的条件下参数 $\boldsymbol{\theta}$ 的分布 $p(\boldsymbol{\theta}|D)$ 是未知的，需要在学习过程中得到。再次引用贝叶斯公式：

$$p(\boldsymbol{\theta}|D)=\frac{p(D|\boldsymbol{\theta})\,p(\boldsymbol{\theta})}{p(D)}=\frac{p(D|\boldsymbol{\theta})\,p(\boldsymbol{\theta})}{\int p(D|\boldsymbol{\theta})\,p(\boldsymbol{\theta})\,\mathrm{d}\boldsymbol{\theta}}=\frac{\prod_{i=1}^{n}p(\boldsymbol{x}_i|\boldsymbol{\theta})\,p(\boldsymbol{\theta})}{\int\prod_{i=1}^{n}p(\boldsymbol{x}_i|\boldsymbol{\theta})\,p(\boldsymbol{\theta})\,\mathrm{d}\boldsymbol{\theta}} \tag{7.71}$$

其中 $p(\boldsymbol{\theta})$ 是参数 $\boldsymbol{\theta}$ 的先验分布，包含了关于 $\boldsymbol{\theta}$ 的先验知识。例如，如果知道一维高斯分布的均值 μ 很有可能是在 $0\sim1$ 之间，那么就可以设置 $p(\mu)$ 为 $0\sim1$ 之间的均匀分布；如

果知道 μ 为 1 的可能性最大，则可以设置 $p(\mu)$ 为高斯分布 $N(\mu;1,\sigma_0^2)$，σ_0^2 体现了关于"μ 为 1"这个先验知识的置信程度，置信度大则 σ_0^2 较小，否则 σ_0^2 较大。

从理论上来说贝叶斯估计并不复杂，只需按照如下两步计算即可。

学习过程：根据训练样本集 D 和参数的先验分布 $p(\boldsymbol{\theta})$ 由式(7.71)计算出参数的后验分布 $p(\boldsymbol{\theta}|D)$；

分类过程：将待识模式 $\boldsymbol{x}$ 和参数后验概率 $p(\boldsymbol{\theta}|D)$ 代入式(7.70)计算积分，得到矢量 $\boldsymbol{x}$ 发生的概率密度。

然而在实际的计算过程中，式(7.71)和(7.70)的积分计算可能非常复杂，甚至很难得到一个明确的解析解。

2. 高斯分布的贝叶斯估计

下面用一个例子来看一下贝叶斯估计的过程。假设样本集 $D=\{x_1,\cdots,x_n\}$ 来自于1维高斯分布 $N(\mu,\sigma^2)$，其中方差 σ^2 是已知的；均值的先验 $p(\mu)\sim N(\mu_0,\sigma_0^2)$ 是以 μ_0 为均值，σ_0^2 为方差的高斯分布，μ_0 和 σ_0^2 为已知的参数。

将 $N(\mu,\sigma^2)$ 和 $N(\mu_0,\sigma_0^2)$ 的具体表达式代入到式(7.71)，经过一定的推导过程可以得到均值 μ 的后验概率：

$$p(\mu|D)=\frac{1}{\sqrt{2\pi}\,\sigma_n}\exp\left[-\frac{1}{2}\left(\frac{\mu-\mu_n}{\sigma_n^2}\right)^2\right] \tag{7.72}$$

其中：

$$\mu_n=\left(\frac{n\sigma_0^2}{n\sigma_0^2+\sigma^2}\right)\hat{\mu}_n+\frac{\sigma^2}{n\sigma_0^2+\sigma^2}\mu_0,\ \hat{\mu}_n=\frac{1}{n}\sum_{i=1}^{n}x_i$$

$$\sigma_n^2=\frac{\sigma_0^2\sigma^2}{n\sigma_0^2+\sigma^2} \tag{7.73}$$

如果希望计算这个高斯分布产生随机变量 x 的概率密度，只需将式(7.72)代入式(7.70)计算积分，再经过一系列的推导可以得到：

$$p(x|D)=\frac{1}{\sqrt{2\pi(\sigma^2+\sigma_n^2)}}\exp\left[-\frac{1}{2}\frac{(x-\mu_n)^2}{\sigma^2+\sigma_n^2}\right] \tag{7.74}$$

式(7.72)～(7.74)的具体推导过程参见附录F。从式(7.72)可以看出，假设参数 μ 的先验分布 $p(\mu)$ 是高斯分布，则根据贝叶斯估计得到的后验分布 $p(\mu|D)$ 仍然是高斯分布，只不过分布的均值由 μ_0 移动到了 μ_n，而分布的方差由 σ_0^2 变为了 σ_n^2。图7.10画出了在先验分布为 $p(\mu)=N(0,20)$ 的情况下，分别使用包含 $n=2,5,10,20$ 个样本的训练集得到的 μ 的后验分布 $p(\mu|D)=N(\mu;\mu_n,\sigma_n^2)$。从图中可以看出，随着训练样本数量的增加，后验分布的方差 σ_n^2 逐渐减小，这表明对估计的置信程度在增加，μ 的随机性在减小；特别是当 $n\to\infty$ 时有如下结果：

$$\lim_{n\to\infty}\mu_n=\lim_{n\to\infty}\left(\frac{n\sigma_0^2}{n\sigma_0^2+\sigma^2}\hat{\mu}_n+\frac{\sigma^2}{n\sigma_0^2+\sigma^2}\mu_0\right)=\lim_{n\to\infty}\hat{\mu}_n \tag{7.75}$$

$$\lim_{n\to\infty}\sigma_n^2=\lim_{n\to\infty}\left(\frac{\sigma^2\sigma_0^2}{n\sigma_0^2+\sigma^2}\right)=0 \tag{7.76}$$

式(7.75)表明当样本数量无穷多时，贝叶斯估计的结果同最大似然估计是一致的，而(7.76)则表明对这个估计结果是完全确信的，不存在不确定性了。

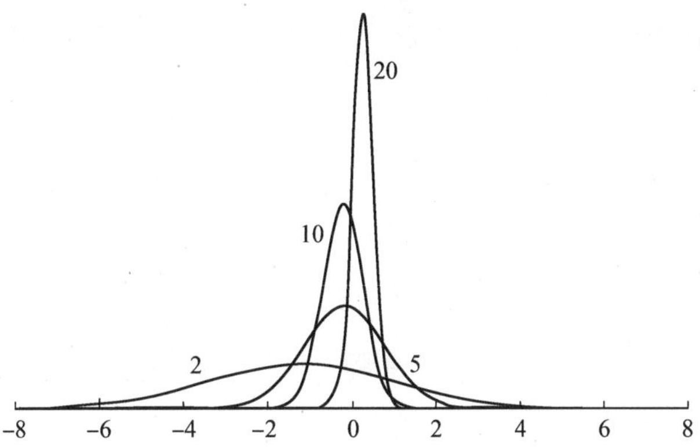

图 7.12　高斯分布贝叶斯估计均值参数的后验分布 $p(\mu|D)=N(\mu;\mu_n,\sigma_n^2)$

图 7.13 给出了 $n=2,5,10,20$ 的情况下，样本的后验分布 $p(x|D)=N(x;\mu_n,\sigma^2+\sigma_n^2)$，随着样本数的增多，样本的后验分布越接近于真实分布（图中实线）；另一方面也可以看出，即使 $n=2$，训练样本很少的时候，也可以得到一个可以接受的估计结果。

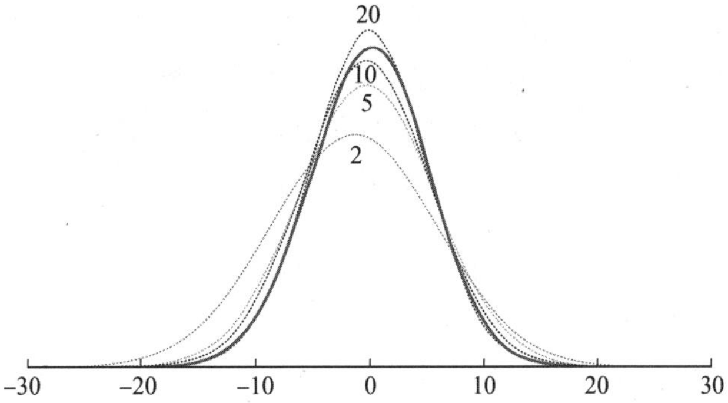

图 7.13　贝叶斯估计的样本分布 $p(x|D)=N(x;\mu_n,\sigma^2+\sigma_n^2)$

3. **共轭先验分布**(Conjugate Prior Distribution)

从单变量高斯分布贝叶斯估计的例子中还可以看到这样一个结果，假设参数 μ 的先验是一个高斯分布 $p(\mu)\sim N(\mu_0,\sigma_0^2)$，而得到的参数后验分布 $p(\mu|D)=N(\mu;\mu_n,\sigma_n^2)$ 仍然是一个高斯分布。在贝叶斯估计中，如果参数的先验分布与后验分布属于同一分布族，则称作参数的"共轭先验分布"，高斯分布恰恰就是均值 μ 的共轭先验分布。现在，大多数使用贝叶斯估计的模式识别方法都会将参数的先验设置为共轭先验分布，这样所得到的参数后验分布以及样本的后验分布往往会比较容易计算。

不同分布参数的共轭先验是不同的。例如，高斯混合模型中，组合系数 $\boldsymbol{\alpha}=(\alpha_1,\cdots,\alpha_K)^{\mathrm{T}}$ 的共轭先验是 Dirichlet 分布：

$$p(\boldsymbol{\alpha})=Dir(\boldsymbol{\alpha};\boldsymbol{\pi})=C(\boldsymbol{\pi})\prod_{k=1}^{K}\alpha_k^{\pi_k-1}$$

其中

$$C(\boldsymbol{\pi})=\Gamma\left(\sum_{k=1}^{K}\pi_k\right)\Big/\prod_{k=1}^{K}\Gamma(\pi_k)$$

而均值矢量和协方差矩阵的共轭先验则是 Gaussian-inverse-Wishart 分布：

$$p(\boldsymbol{\mu},\boldsymbol{\Sigma})=p(\boldsymbol{\mu}\mid\boldsymbol{\Sigma})p(\boldsymbol{\Sigma})=\prod_{k=1}^{K}N\left(\boldsymbol{\mu};\boldsymbol{\mu}_0,\frac{1}{\lambda}\boldsymbol{\Sigma}\right)W^{-1}(\boldsymbol{\Sigma};\boldsymbol{\Psi}_0,\nu_0)$$

其中，inverse-Wishart 分布为

$$W^{-1}(\boldsymbol{\Sigma};\boldsymbol{\Psi}_0,\nu_0)=\frac{|\boldsymbol{\Psi}_0|^{\frac{\nu_0}{2}}}{2^{\frac{\nu_0 d}{2}}\Gamma_d\left(\frac{\nu_0}{2}\right)}|\boldsymbol{\Sigma}|^{-\frac{\nu_0+d+1}{2}}\exp\left[-\frac{1}{2}\mathrm{tr}(\boldsymbol{\Psi}_0\boldsymbol{\Sigma}^{-1})\right]$$

单变量和多变量 Gamma 函数分别为

$$\Gamma(t)=\int_0^{+\infty}x^{t-1}\mathrm{e}^{-x}\mathrm{d}x,\Gamma_d(t)=\pi^{\frac{d(d-1)}{4}}\prod_{j=1}^{d}\Gamma\left(t-\frac{j-1}{2}\right)$$

式中　$\boldsymbol{\pi},\lambda,\boldsymbol{\Psi}_0,\nu_0$—— 先验分布的参数；

d—— 特征维数。

7.4　概率密度函数的非参数估计

概率密度函数的参数估计方法，无论是最大似然估计还是贝叶斯估计，首先都需要对密度函数的形式做出假设，然后来估计未知的参数。参数估计方法的有效性是以正确的密度函数形式假设为前提的，对于贝叶斯分类器来说，不恰当的类条件概率密度函数的假设，必然会降低识别的准确率。每个类别的模式来自于一个什么样的概率分布？这个问题是很难回答的，特别是对于高维的概率密度，模式识别系统的设计者往往是缺乏这方面先验知识的。

本节将介绍一种不需要对概率密度函数形式做出假设的方法，在统计学中称为“非参数估计方法”。下面先来看一种比较简单的情形，假设 n 个样本来自于一个 1 维分布，首先将样本分布的一维空间划分为等间距的 K 个区间，统计每个区间内包含的训练样本数量 n_1，…，n_K，这样的统计结果可以用图 7.14 的柱状图画出(称作直方图)，显然直方图是对样本真实分布(如图中曲线所示)的一种近似。下面我们需要解决的问题是，如何能够利用这种直方图统计来近似计算出样本 $\boldsymbol{x}$ 的概率密度 $p(\boldsymbol{x})$。

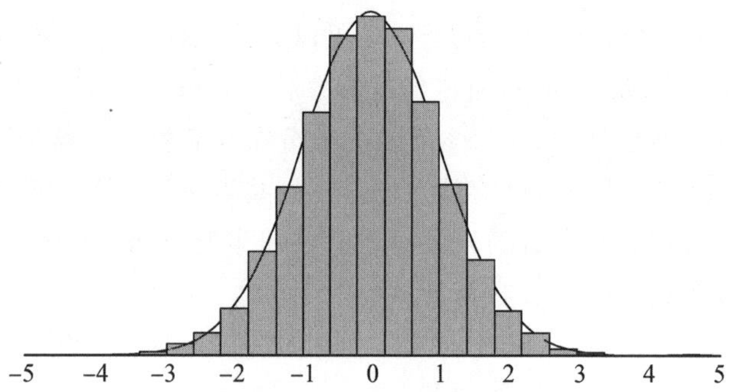

图 7.14　高斯分布概率密度函数的直方图估计

从更一般的角度来讨论概率密度函数 $p(\boldsymbol{x})$ 的非参数估计方法。令 **R** 是在 d 维空间中包含样本 $\boldsymbol{x}$ 的一个小的区域，n 个训练样本中有 k 个落入区域 **R** 的范围之内，那么可以对“模式 $\boldsymbol{x}$ 出现在区域 **R** 中”这样一个事件发生的概率做出估计：

$$P(\boldsymbol{x} \in \mathbf{R}) \approx \frac{k}{n} \tag{7.77}$$

同时，如果假设在区域 **R** 中每一点的概率密度函数值都是相等的，$\boldsymbol{x}$ 出现在 **R** 中的概率还可以按照这样的方式计算：

$$P(\boldsymbol{x} \in \mathbf{R}) = \int_{\mathbf{R}} p(\boldsymbol{x})\,\mathrm{d}\boldsymbol{x} = p(\boldsymbol{x}) \int_{\mathbf{R}} \mathrm{d}\boldsymbol{x} = p(\boldsymbol{x}) \times V \tag{7.78}$$

式中　V—— 区域 **R** 的体积。

联立式(7.77) 和(7.78)，可以得到对于概率密度函数的估计：

$$p(\boldsymbol{x}) \approx \frac{k/n}{V} \tag{7.79}$$

这就是概率密度函数非参数估计的基本原理。当训练样本数 $n \to \infty$ 时，按照上式估计的概率密度函数是否能够收敛于样本的真实分布？统计学中证明了这样的结论，只要区域 **R** 的选择满足如下条件，就可以保证非参数估计的收敛性：

对应于训练样本数为 $n=1,2,3,\cdots$ 的情况，构造一系列包含 $\boldsymbol{x}$ 的区域 $R_1, R_2, R_3, \cdots$，并且可以得到一系列对于概率密度 $p(\boldsymbol{x})$ 的估计：

$$p_n(\boldsymbol{x}) \approx \frac{k_n/n}{V_n}, n=1,2,3,\cdots \tag{7.80}$$

式中　V_n—— 区域 $\mathbf{R}_n$ 的体积，k_n 是落在 $\mathbf{R}_n$ 中的训练样本数。如果区域 $\mathbf{R}_n$ 满足：

$$\lim_{n\to\infty} V_n = 0$$

$$\lim_{n\to\infty} k_n \to \infty$$

$$\lim_{n\to\infty} \frac{k_n}{n} = 0$$

那么，概率密度函数的非参数估计具有收敛性：$\lim\limits_{n\to\infty} p_n(\boldsymbol{x}) = p(\boldsymbol{x})$。上述三个条件可以理解为随着训练样本数 n 的增多，区域 **R** 的体积 V 应该减小；但是必须保证体积减小的同时，区域中包含的训练样本数 k 仍然是增加的；k 的增大速度应该小于 n。

非参数估计的过程非常简单。首先，根据样本数 n 选择合适的区域 **R**，计算区域的体积 V，统计区域中包含的训练样本数量 k；然后，根据公式(7.79) 就可以计算出 $\boldsymbol{x}$ 处的概率密度值。这个过程中的关键问题是如何选择合适的区域 **R**，常用的方法可以分为两种：

Parzen 窗法：根据样本数 n 来决定体积 V，例如 $V_n = 1/\sqrt{n}$；

近邻法：根据训练样本数 n 来决定 **R** 中包含的样本数 k，例如 $k_n = \sqrt{n}$。

1. Parzen **窗方法**

为了分析方便，需要将区域 **R** 中包含样本数 k 的计数过程，用解析的形式表示出来。首先定义一个“窗函数”$\varphi(\boldsymbol{u})$，其中矢量 $\boldsymbol{u} = (u_1, \cdots, u_d)^{\mathrm{T}}$：

$$\varphi(\boldsymbol{u}) = \begin{cases} 1, & |u_j| \leqslant 1/2, j=1,\cdots,d \\ 0, & \text{otherwise} \end{cases} \tag{7.81}$$

窗函数 $\varphi(\boldsymbol{u})$ 在 1 维空间中定义了一个长度为 1 的区间，区间之内的函数值为 1，区间之外为 0；而在 d 维空间中，$\varphi(\boldsymbol{u})$ 定义了一个中心位于坐标原点，边长为 1 的超立方体，立方体内部的函数值为 1，外部的函数值为 0。

利用 $\varphi(\boldsymbol{u})$ 可以定义出一个中心位于训练样本 $\boldsymbol{x}_i$，边长为 h_n 的超立方体：

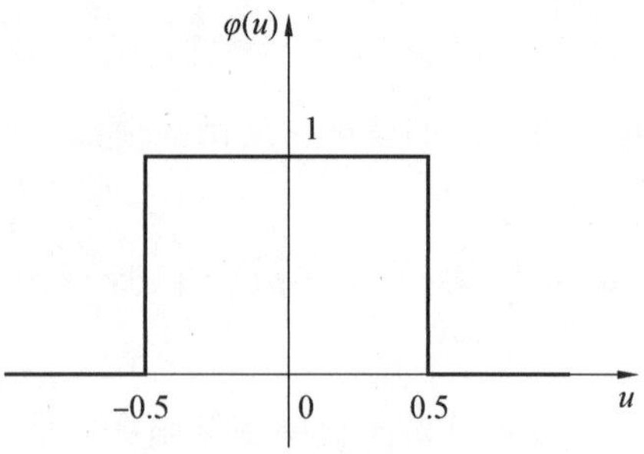

图 7.15　一维方形窗函数 $\varphi(u)$

$$\varphi\left(\frac{\boldsymbol{x}-\boldsymbol{x}_i}{h_n}\right)=\begin{cases}1, & |x_j-x_{ij}|\leqslant h_n/2, j=1,\cdots,d\\0, & \text{otherwise}\end{cases} \tag{7.82}$$

显然，利用上式中 $\boldsymbol{x}$ 和$\boldsymbol{x}_i$ 的对称性，可以得到以 $\boldsymbol{x}$ 为中心，边长为 h_n 的超立方体区域 $\mathbf{R}_n$ 内，包含训练样本数 k_n 的计算解析式：

$$k_n=\sum_{i=1}^{n}\varphi\left(\frac{\boldsymbol{x}-\boldsymbol{x}_i}{h_n}\right)$$

区域 $\mathbf{R}_n$ 的体积为：$V_n=h_n^d$，代入到式(7.80) 可以得到概率密度函数的估计式：

$$p(\boldsymbol{x})\approx\frac{1}{n}\sum_{i=1}^{n}\frac{1}{V_n}\varphi\left(\frac{\boldsymbol{x}-\boldsymbol{x}_i}{h_n}\right) \tag{7.83}$$

这样一个计算公式还可以理解为，以每个训练样本$\boldsymbol{x}_i$ 为中心构造了一个“宽度”为 h_n 的窗函数；将这些窗函数叠加，并除以样本数 n 和窗函数的“体积”V_n，就可以得到概率密度函数的估计。当样本$\boldsymbol{x}_i$ 与 $\boldsymbol{x}$ 的距离较近时，它对概率密度函数估计的“贡献” 为 1，较远时“贡献” 为 0。

使用式(7.81) 定义的方形窗函数，所得到的区域 $\mathbf{R}$ 是一个超立方体。实际上，这并不是必须的，$\mathbf{R}$ 的形状可以是多种多样的，窗函数也有多种不同的选择。只要满足如下两个条件的函数都可以作为窗函数，一般称作 Parzen 窗：

$$\varphi(\boldsymbol{u})\geqslant 0,\int\varphi(\boldsymbol{u})\,\mathrm{d}\boldsymbol{u}=1 \tag{7.84}$$

由图 7.15 可以看出，方形的窗函数是不连续的，在有限样本条件下所得到的概率密度是“阶梯型” 的函数，存在着很多的不连续点，而概率密度函数大多是连续函数。为了保证估计出来的概率密度函数具有连续性，实际应用中使用更多的窗函数是各向同性的高斯函数：

$$\varphi\left(\frac{\boldsymbol{x}-\boldsymbol{x}_i}{h_n}\right)=\frac{1}{(h_n\sqrt{2\pi})^d}\exp\left(-\frac{\|\boldsymbol{x}-\boldsymbol{x}_i\|^2}{2h_n^2}\right) \tag{7.85}$$

窗函数的宽度是高斯函数的标准差 h_n。图 7.16 显示的是，使用 400 个训练样本对高斯混合密度 $0.75N(x;0,4)+0.25N(x;10,2)$ 所做的 Parzen 窗估计。左侧采用方形窗函数的估计，明显出现了不连续的阶梯状锯齿；而右侧的高斯窗函数估计结果，则是一条平滑曲线。

Parzen 窗的宽度对估计结果也有很大的影响，图 7.17 显示了使用宽度 h_n 分别为 0.5，1，2 和 5 的高斯窗函数估计结果。宽度过小，得到的密度曲线抖动过大；而宽度过大，则会使得曲线过于平滑，这两种情况都会引起较大的估计误差。窗函数宽度的选择应该是与训练样本的数量相适应的，样本数多宽度可以小一些，样本数少则宽度要大一些。

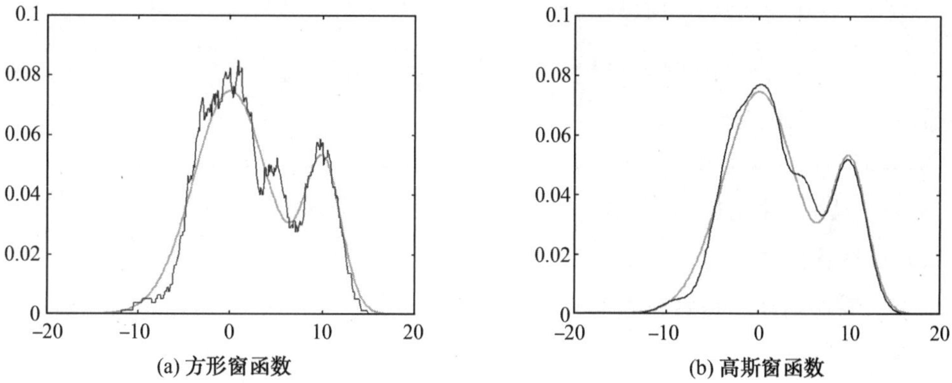

图 7.16　方形窗函数和高斯窗函数对高斯混合密度的估计（浅色线为真实的密度函数）

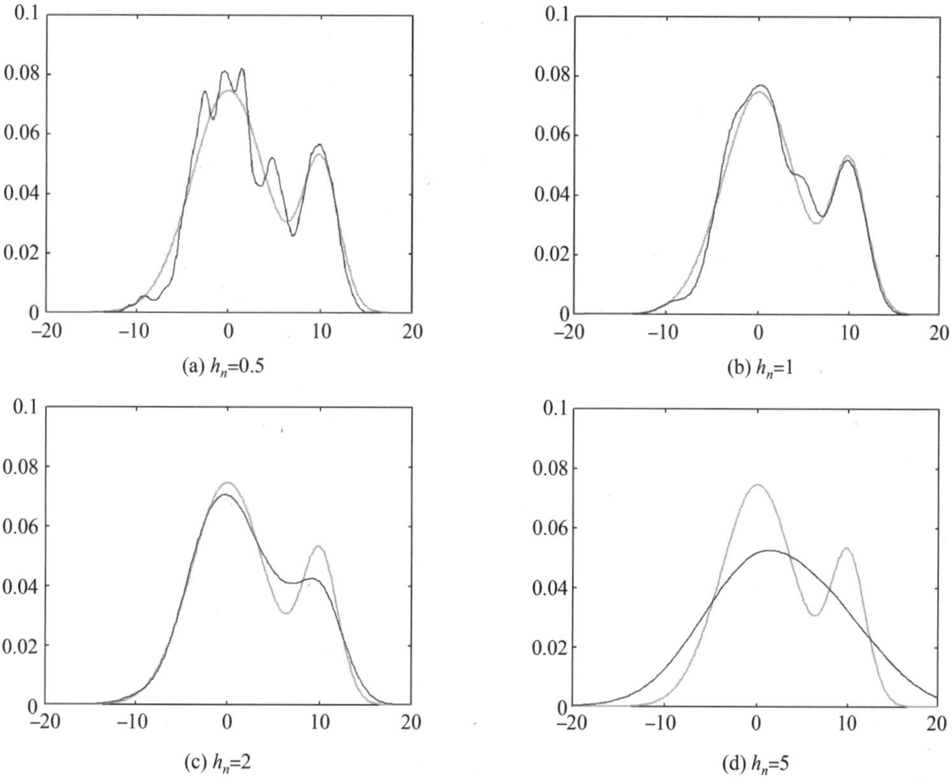

图 7.17　不同窗函数宽度对估计结果的影响

基于 Parzen 窗的贝叶斯分类可以用如下的过程描述：

Parzen 窗识别算法

■ 保存每个类别的所有训练样本；

■ 选择窗函数 $\varphi(\boldsymbol{u})$，根据训练样本数 n 设置窗函数宽度 h_n；

■ 使用每个类别的训练样本，计算待识模式的类条件概率密度：

$$p(\boldsymbol{x}|\omega_i)=\frac{1}{n_i}\sum_{j=1}^{n_i}\frac{1}{V_n}\varphi\left(\frac{\boldsymbol{x}-\boldsymbol{x}_j^i}{h_n}\right),i=1,\cdots,c$$

■ 根据贝叶斯判别准则进行分类。

其中 n_i 是第 i 个类别的训练样本数量，$\boldsymbol{x}_j^i$ 是第 i 个类别的第 j 个训练样本。

2. 近邻估计方法

Parzen 窗法估计的是每个类别的条件概率密度函数 $p(\boldsymbol{x}|\omega_i)$，而近邻法则是直接估计每个类别的后验概率 $P(\omega_i|\boldsymbol{x})$。

将一个体积为 V 的区域 $\mathbf{R}$ 放置在待识模式 $\boldsymbol{x}$ 周围，所有类别的训练样本集 D 中共有 n 个样本，其中的 k 个包含在区域 $\mathbf{R}$ 中，而在这 k 个样本中有 k_i 个属于 ω_i 类。显然，对于样本 $\boldsymbol{x}$ 与类别 ω_i 同时发生的联合概率密度，可以做出如下估计：

$$p(\boldsymbol{x},\omega_i)\approx\frac{k_i/n}{V} \tag{7.86}$$

根据条件概率公式，ω_i 类后验概率的估计为

$$P(\omega_i|\boldsymbol{x})=\frac{p(\boldsymbol{x},\omega_i)}{p(\boldsymbol{x})}=\frac{p(\boldsymbol{x},\omega_i)}{\sum_{j=1}^{c}p(\boldsymbol{x},\omega_j)}\approx\frac{k_i}{\sum_{j=1}^{c}k_j}=\frac{k_i}{k} \tag{7.87}$$

在本章的 7.1 节分析过，根据每个类别后验概率的大小来判别待识模式 $\boldsymbol{x}$ 的类别属性，可以得到最小的分类错误率。因此，使用近邻法进行分类时，只需要根据 k 个样本中属于不同类别样本的多少，就可以得到分类结果：

$$\text{如果 } i=\underset{j=1,\cdots,c}{\arg\max}\,k_j\text{，则判别：}\boldsymbol{x}\in\omega_i$$

回想一下"距离分类器"一章的内容我们就会发现，上述的分类过程同 K- 近邻算法是一样的。只不过当时只是考虑了样本之间的相似程度，而在这里看到，K- 近邻算法的本质是对后验概率的非参数估计。更有意义的是，当 $k=1$ 时得到的是最近邻分类算法，可以证明最近邻分类算法的识别错误率，不会超过贝叶斯分类错误率的 2 倍。

本章小结

从分类错误率的角度来看，贝叶斯分类器是"最优分类器"，之前介绍的其他分类方法都无法取得的比贝叶斯分类器更低的错误率。然而，最小的分类错误率是以准确地知道类别先验概率和条件概率密度为前提的，在实际的应用中这一点是很难得到保证的，所以贝叶斯分类器的这种最优性也只是存在于理论意义之上。

构造贝叶斯分类器的关键是如何学习每个类别的概率密度函数，参数估计方法已知（或假设）样本符合某种分布的概率模型，然后根据训练样本来估计模型的参数。这些概率模型包括高斯模型、GMM、HMM 等，模型的选择需要根据具体的分类问题来确定。近年来，各个领域的研究者根据不同的分类问题提出了很多新的概率模型，这些模型有时也被称作产生式模型（Generative Models）。

最大似然估计是一种传统的和最常用的概率模型参数学习方法。对于很多复杂模型来说，直接求解最大似然估计的优化问题存在一定的困难，EM 算法是一种常用的概率模型参数迭代估计方法。使用 GMM 和 HMM 这类复杂概率模型构造分类器时，需要注意控制模型复杂程度的先验参数选择问题，例如 GMM 中的分量高斯数、HMM 中的状态数等。模型的复杂程度应该与训练样本的数量相适应，使用过少的样本学习复杂模型的参数是很难保证学习精度的。EM 算法可以保证迭代的收敛性，但不能保证收敛于似然函数的最大值点，因此使用这类算法学习模型参数需要注意迭代初始值的选取。

相比于最大似然估计，贝叶斯估计的计算更加复杂。由于在贝叶斯估计中，关于参数的一些先验知识以先验密度 $p(\boldsymbol{\theta})$ 的形式引入了估计过程，因此在有限样本估计复杂模型参数的问题上，贝叶斯估计显示出了优于最大似然估计的性能，这在一定程度上缓解了模型选择的困难。近年来，产生式模型参数的贝叶斯估计方法越来越受到研究者的重视，特别是随着“变分贝叶斯”迭代估计方法[11]的提出，使得很多复杂概率模型参数的贝叶斯学习成为可能。

非参数估计方法的优势在于不需要预先知道样本的分布形式，可以直接由训练样本估计出待识模式 $\boldsymbol{x}$ 的概率密度。然而也正是由于关于分布形式先验知识的缺失，使得非参数估计需要使用更多的训练样本，才能够得到高精度的估计结果。同时，由于在计算概率密度时，样本 $\boldsymbol{x}$ 需要与所有的训练样本计算距离或窗函数，因此非参数估计方法还需要付出更大的存储成本和计算成本。

习　　题

1. 已知两个类别的条件概率密度函数，分别为指数分布和高斯分布：

$$p(x|\omega_1)=\begin{cases}2\mathrm{e}^{-2x}, & x\geqslant 0\\ 0, & x<0\end{cases},\quad p(x|\omega_2)=\frac{1}{2\sqrt{2\pi}}\mathrm{e}^{-\frac{(x-2)^2}{8}}$$

两个类别的先验概率分别为：$P(\omega_1)=3/4$ 和 $P(\omega_2)=1/4$，计算最小错误率贝叶斯分类器的判别准则，并估计出分类的错误率。

2. 假设样本集 $D=\{x_1,\cdots,x_n\}$ 服从 Maxwell 分布：

$$p(x|\theta)=\begin{cases}\dfrac{4}{\sqrt{\pi}}\theta^{3/2}x^2\mathrm{e}^{-\theta x^2}, & x\geqslant 0\\ 0, & x<0\end{cases}$$

式中　θ—— 一个未知的分布参数，推导参数 θ 的最大似然估计。

3. Matlab 编程，分别产生出 15 000 个满足如下两个 GMM 分布的随机样本，并画出样本分布图：

$$\text{GMM1}: \alpha_1=\frac{2}{3}, \boldsymbol{\mu}_1=(0,0)^{\mathrm{T}}, \boldsymbol{\Sigma}_1=\begin{pmatrix}3 & 1\\ 1 & 1\end{pmatrix}$$

$$\alpha_2=\frac{1}{3}, \boldsymbol{\mu}_2=(10,10)^{\mathrm{T}}, \boldsymbol{\Sigma}_2=\begin{pmatrix}2 & 2\\ 2 & 5\end{pmatrix}$$

$$\text{GMM2}: \alpha_1=\frac{2}{3}, \boldsymbol{\mu}_1=(2,10)^{\mathrm{T}}, \boldsymbol{\Sigma}_1=\begin{pmatrix}1 & 1\\ 1 & 3\end{pmatrix}$$

$$\alpha_2=\frac{1}{3},\boldsymbol{\mu}_2=(15,20)^{\mathrm{T}},\boldsymbol{\Sigma}_2=\begin{pmatrix}5 & 2\\ 2 & 1\end{pmatrix}$$

4. 使用上题中产生的样本，分别学习 GMM1 和 GMM2 的参数。假设两个类别的先验概率相同，类条件概率密度分别为 GMM1 和 GMM2。两个类别分别产生出 10 000 个新的随机样本，测试使用估计参数构造的贝叶斯分类器的识别准确率。

5. 设计出在对数域上实现的 GMM 学习算法，并编制相应的 Matlab 代码。

6. 编程实现约束协方差矩阵为对角阵的 GMM 学习算法，以及概率密度函数的计算过程。

7. 现有 3 个状态 $\{w_1,w_2,w_3\}$ 的 HMM 模型，模型可以输出 4 种观察值 $\{v_1,v_2,v_3,v_4\}$，模型参数如下：

初始概率：

$$\pi_1=0.7,\pi_2=0.2,\pi_3=0.1$$

状态转移概率矩阵：

$$\boldsymbol{A}=\begin{bmatrix}0.2 & 0.6 & 0.2\\ 0 & 0.7 & 0.3\\ 0 & 0.2 & 0.8\end{bmatrix}$$

状态输出概率矩阵：

$$\boldsymbol{B}=\begin{bmatrix}0.1 & 0.2 & 0.3 & 0.4\\ 0.1 & 0.3 & 0.5 & 0.1\\ 0.2 & 0.2 & 0.3 & 0.3\end{bmatrix}$$

(1) 请列出所有可能输出序列 $V^4=v_1v_4v_3v_4$ 的状态转移序列，并计算每个状态转移序列输出观察序列 V^4 的概率；

(2) 计算最有可能输出序列 V^4 的状态转移序列；

(3) 编制 Matlab 程序，由上述 HMM 产生出 100 个长度为 20 的随机序列。

8. HMM 的估值问题可以通过计算 α 值的前向算法求解，也可以通过计算 β 的“后向算法”求解，写出后向算法，并编程实现。

9. 写出图 7.11 所示带跨越左－右模型的状态转移矩阵。

第 8 章　模式识别应用系统实例

前面几章主要介绍了一些常用的模式识别方法，本章将通过三个实例来看一下如何构建模式识别系统，应用模式识别方法解决具体的分类问题。

8.1　在线手写汉字识别系统

8.1.1　汉字识别

汉字识别技术的研究开始于 20 世纪 60 年代，目前已经在多个领域得到了广泛的应用。根据识别对象的不同，汉字识别可以分为：印刷体汉字识别、离线手写体汉字识别和在线手写体汉字识别。所谓在线手写汉字识别是指人在触摸屏或数位板上书写，由计算机将笔迹转换为相应汉字编码的过程。这是一种在日常生活中最常接触到的汉字识别方法，作为一种汉字输入方式，已经被广泛地应用于各种便携式智能设备。

作为一种汉字输入方法的实际应用系统，对在线手写汉字识别提出了一些特殊的要求，也赋予了它有别于离线汉字识别的独有特性。

首先，在线汉字识别的输入是一个有时间延续特性的信号。印刷体和离线手写体汉字识别系统的识别对象是通过扫描仪或数码相机等成像设备输入的汉字图像；与此不同，在线手写汉字识别的对象是人书写的笔迹，可以描述为一个笔迹坐标点的采样序列：

$$P = p_1, \cdots, p_k, b, p_{k+1}, \cdots, p_N \tag{8.1}$$

式中　$p_i = (x_i, y_i)$ —— 书写笔迹的第 i 个采样坐标点；

b—— 不同笔划之间的分隔标识，表示人在书写之前和之后的笔迹中间有提笔的动作。

在一个笔迹序列中可能存在多个分隔标识，也可能不存在分隔标识（对应于一笔书写的汉字）。对笔迹书写过程的记录，为在线汉字识别提供了更多的区分不同类别的信息。

其次，作为一种汉字输入方法，在线汉字识别的工作过程是人在线书写，计算机在线识别，这就对识别系统的识别时间和反应速度提出了要求。一般来说，在线汉字识别技术应用最多的便携智能设备的 CPU 处理能力与系统计算机相比存在差距，而用户书写完成之后，希望能够在最快的时间得到识别结果，可以忍受的识别反应时间在 500 ms 以内。

有别于一般的分类问题，以及其他文种的字符识别问题，汉字识别的类别数众多，简体汉字国家标准包含了 6 763 个汉字，而包括繁体汉字的国际标准包含的汉字数量则要超过 13 000 个。如何解决大类别数与识别反应速度之间的矛盾，是在线手写汉字识别系统需要解决的一个重要问题。

20 世纪八九十年代，在线汉字识别技术在模式识别领域得到了广泛和深入的研究，提出了很多行之有效的识别特征和分类方法。从采用的识别特征角度看，在线识别方法可以分为两大类：一类方法忽略书写的时间序列信息，将笔迹视为静态的字符图像，提取相应笔划的空间位置特征；另一类方法则将书写笔迹看作一个动态过程，采用具有空间位置关系的时间序列来描述每个汉字模式。这两类方法对汉字字符描述的侧重点不同，各有优势，在实际应用中都取得了较好的识别效果。在本节，从两类中各选一种有代表性的方法进行介绍：方向特征识别方法和隐含马尔科夫识别方法。

8.1.2　方向特征识别方法

方向特征[12](Directional Element Feature，DEF) 是一种静态特征，其主要想法是根据笔迹的局部走势来判断笔迹的方向，将其作为识别特征。方向特征最早是作为一种离线手写汉字识别特征提出的，这里将其扩展应用于在线手写汉字的识别。

1. 特征生成

在每一个局部的笔迹点上，笔迹可以量化为 4 个方向，如图 8.1 所示。

方向特征的提取需要经过下面三个步骤：规格化，计算每个像素点的方向，构造特征矢量。

(1) 规格化：手写输入的汉字大小不一，书写的位置也不固定。输入的笔迹序列在提取特征之前需要规格化为统一大小(64×64)。

(2) 计算每个像素点的方向：在3×3的邻域内考察每个像素点的方向。像素点的方向被分解为水平、竖直及倾斜正负 45°4 种，用 4 维特征矢量表示：

$$(x_1, x_2, x_3, x_4)^{\mathrm{T}}, x_i \in \{0,1\}, i=1,\cdots,4 \quad (8.2)$$

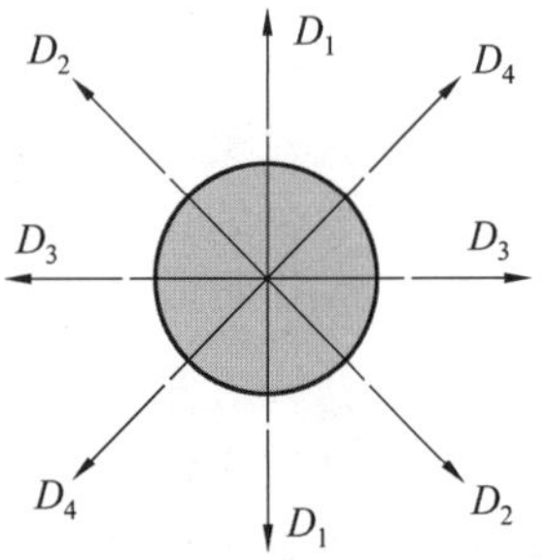

图 8.1　笔迹局部的 4 个方向

像素点及其邻域分布的所有可能情况，可以表示为图8.2。其中，(a) ～ (d) 的中心像素被赋予相应的直线方向，中心点的特征矢量中只有一个元素为 1，其他为 0；(e) ～ (p) 的中心像素被赋予其组成的两种直线方向，在特征矢量中有两个元素为 1。例如，(e) 可以认为是情况(d) 与情况(a) 的组合，因此中心点特征矢量中的 $\boldsymbol{x}_1$ 和 $\boldsymbol{x}_4$ 为1，其他为0。表8.1列出了对应图 8.2 每一种情况，中心像素所对应的特征矢量。

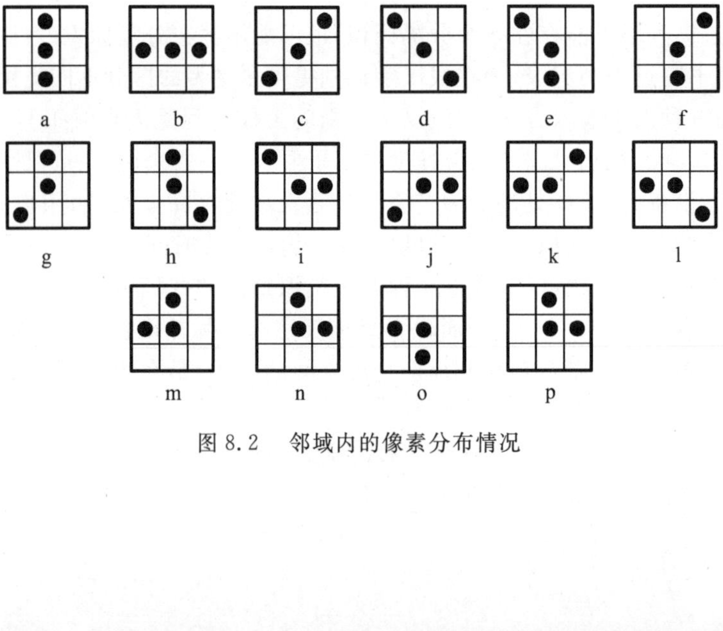

图 8.2　邻域内的像素分布情况

表 8.1　对应图 8.2 的中心点像素点特征向量

邻域像素分布	中心点特征向量	邻域像素分布	中心点特征向量
a	(1,0,0,0)	i	(0,1,0,1)
b	(0,1,0,0)	g	(0,1,1,0)
c	(0,0,1,0)	k	(0,1,1,0)
d	(0,0,0,1)	l	(0,1,0,1)
e	(1,0,0,1)	m	(1,1,0,0)
f	(1,0,1,0)	n	(1,1,0,0)
g	(1,0,1,0)	o	(1,1,0,0)
h	(1,0,0,1)	p	(1,1,0,0)

(3) 构造特征矢量：在获得每个像素点的特征方向之后，就可以构造出整个输入字符的方向特征矢量了。每个像素点的方向特征矢量描述的是局部 3×3 邻域内的笔迹方向，而整个字符的方向特征矢量描述的是在 64×64 区域内笔迹方向的分布情况。

首先，将 64×64 的网格划分成 7×7 共 49 个子区域，其中每个子区域的大小为 16×16 个像素，每个子区域同与之相邻的子区域相互重叠 8 个像素。子区域的切分方法如图 8.3(a) 所示。

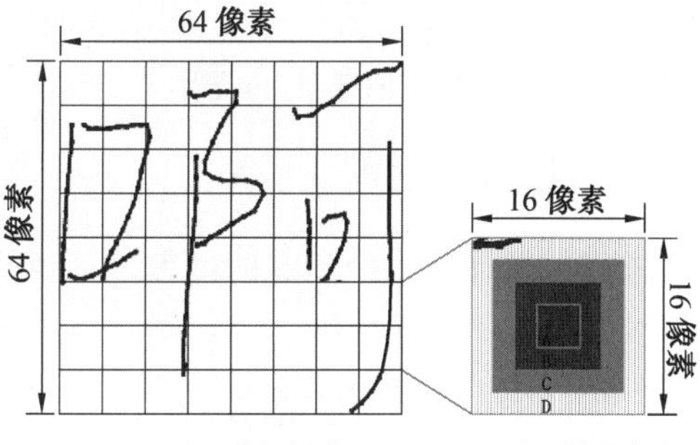

图 8.3　子区域划分方法

进一步，将每个子区域分为 A,B,C,D 四个部分，如图 8.3(b) 所示。其中 A 是 4×4 的中心区域；B 是不包含 A 的 8×8 的区域，C 是不包含 A,B 的 12×12 区域，D 是不包含 A，B,C 的 16×16 区域。用区域 $k\in\{A,B,C,D\}$ 中包含的所有像素点特征矢量之和代表这个部分的特征，分别得到 4 个部分的方向特征矢量 $\boldsymbol{x}^A,\boldsymbol{x}^B,\boldsymbol{x}^C,\boldsymbol{x}^D$。整个子区域的特征则定义为四个部分特征的加权和，所加的权值表达了不同部分对于特征的贡献不同，中心部分贡献较大，周边部分贡献较小：

$$\boldsymbol{x}=4\,\boldsymbol{x}^A+3\,\boldsymbol{x}^B+2\,\boldsymbol{x}^C+\boldsymbol{x}^D \tag{8.3}$$

最后，将在每个子区域得到的 4 维方向特征联合在一起，就构成了整个字符的 DEF 特征。因为每个子区域拥有一个 4 维特征，一共有 49 个子区域，由此得到每个汉字 $4\times49=196$ 维的特征向量。

2. 特征提取

第 5 章中，介绍了基于 Fisher 准则的线性可分性分析。FDA 方法是依据保留最多类别可分性信息来提取特征的，从有利于分类的角度来看，要优于主成分分析 PCA。但是，FDA 方法的一个重要特点是至多只能提取出 $c-1$ 维的特征，因此不适用于小类别数分类问题。汉字识别是一个典型的大类别数识别问题，基于 Fisher 准则的线性可分性分析是特征提取方法的一个很好的选择。

首先，使用每个汉字的训练样本集计算类别的均值矢量$\boldsymbol{\mu}_i$ 和总体均值矢量 $\boldsymbol{\mu}$；然后，根据公式(5.51) 分别计算类内散布矩阵$\boldsymbol{S}_w$ 和类间散布矩阵$\boldsymbol{S}_b$，以及矩阵$\boldsymbol{S}_w^{-1}\boldsymbol{S}_b$ 的特征值和特征矢量。通过对特征值的分析发现，前 128 维特征已经能够保留 96.4% 的类别可分性信息，由此可以确定降维之后的特征维数。由对应最大特征值的前 128 个特征矢量，可以将所有训练样本和待识别样本的 196 维方向特征矢量转换为 128 维的识别特征。

3. 分类器设计

在线手写汉字识别系统作为一种汉字输入方式，要求分类器不仅具有较高的识别准确率，也要有较快的识别速度。简单的分类方法计算量小，能够满足快速性要求，但分类界面过于简单，很难取得好的分类正确率；过于复杂的分类器能够保证分类的准确率，但计算量较大，对于汉字这种大类别数识别问题很难保证识别速度满足要求。在识别速度和准确率之间做出平衡，选择了改进的二次判别函数(MQDF) 来设计分类器。

使用每个类别汉字的训练样本估计出均值矢量$\boldsymbol{\mu}_i$ 和协方差矩阵$\boldsymbol{\Sigma}_i$，$i=1,\cdots,c$；计算协方差矩阵的特征值和特征矢量，按照保留 95% 累积特征值的方式，确定每个类别保留的特征值数和替代特征值；识别时，根据第 7 章公式(7.27) 和(7.26) 计算每个类别的判别函数值 $g_i(\boldsymbol{x})$，将待识别汉字 $\boldsymbol{x}$ 分类为判别函数值最大的类别。

8.1.3 隐马尔科夫模型识别方法

在线手写输入的汉字笔迹可以看作是一个动态的过程，采用特征矢量序列的方式描述，可以保留书写过程的时间延续性。

1. 观察序列的生成

如何从输入的笔迹中生成隐含马尔科夫模型分类器的观察序列，采用什么样的方式来描述每一个观察值？以笔迹点的坐标序列作为观察序列是一种最直接的生成方式，但是这种方式存在着一定的不足。首先，笔迹坐标点的数量多，使得生成的观察序列过长，直接导致 HMM 分类器的计算量大，影响识别系统的反应速度；同时，每个人书写汉字的速度是不同的，因此笔迹点的采样坐标并不稳定，这会给 HMM 每个状态的描述带来困难。

与拉丁语系的拼音文字不同，汉字作为一种拼形文字，是由横、竖、撇、捺等基本元素构成的。考虑到汉字字形的这种特点，采用一种“子笔画”序列的方式来描述汉字的手写笔迹。所谓子笔画是指没有拐折的一段汉字笔画，如图 8.4 所示，“汉”字可以分解为“捺，捺，提，横，撇，捺”这样一个子笔画的序列。

由于子笔画是汉字笔画的一部分，而汉字的笔画之间在书写过程中存在着自然的分割点(公式(8.1) 中的标记 b)，因此由笔迹坐标点序列生成子笔画序列的过程中，只需要考虑如何将一个笔画分解为若干个子笔画。

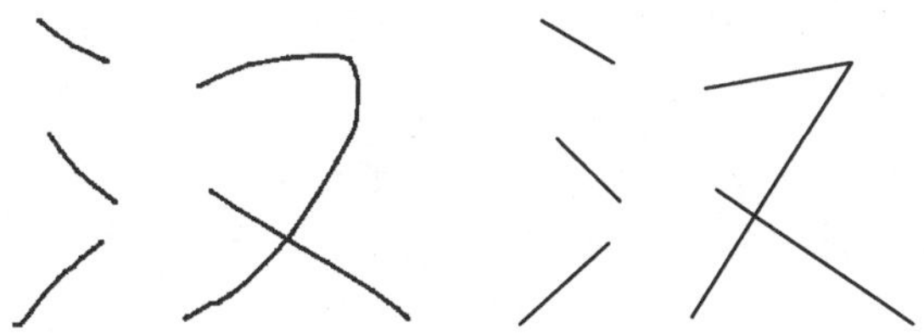

图 8.4　汉字的子笔画生成

如果将汉字的笔画坐标看作以时间 t 为参数的一段曲线 $\boldsymbol{p}(t)$，那么在对应一个子笔画的时间段内，曲线的曲率较小；而在两个子笔画的交接处，曲率较大。如果一个笔画上每一点的曲率都较小，那么可以判断这个笔画只包含一个子笔画。由此可以看出，子笔画序列生成过程的关键是寻找到笔画曲线上的曲率较大点作为分割点，由这些分割点及笔画的起始和结束点依次相连，就可以得到一个描述汉字的子笔画序列。

令 $\boldsymbol{p}(t)=(x(t),y(t))^{\mathrm{T}}$，曲线在时刻 t 的曲率为

$$\kappa(t)=\frac{|x'(t)y''(t)-x''(t)y'(t)|}{[x'^2(t)+y'^2(t)]^{\frac{3}{2}}} \tag{8.4}$$

实际识别系统输入的笔迹并不是一条连续的曲线，而是由若干采样点构成的离散坐标序列，直接使用公式(8.4)计算每一点的曲率存在一定的困难。在此，采用每一个采样点与之前和之后采样点连接直线的斜率变化来近似曲率的计算：

$$\kappa_i=\left|\frac{y_i-y_{i-1}}{x_i-x_{i-1}}-\frac{y_{i+1}-y_i}{x_{i+1}-x_i}\right|,i=2,\cdots,m-1 \tag{8.5}$$

式中　m—— 一段笔画中采样点的数量。

在每一个笔画上寻找局部曲率的最大值点，将所有曲率大于预设阈值 κ_θ 的局部最大值点标记为子笔画分割点。依次连接笔画起始点、相邻的子笔画分割点以及笔画结束点就可以得到一个子笔画的序列。包含 T 个子笔画的汉字样本可以用序列 $S^T=\boldsymbol{s}_1,\cdots,\boldsymbol{s}_T$ 描述，其中每一个子笔画用两个端点的坐标表示为一个 4 维矢量：$\boldsymbol{s}_i=(x_s,y_s,x_e,y_e)^{\mathrm{T}},i=1,\cdots,T$（笔迹点的坐标同样需要预先规格化为 64×64 的统一大小）。这样就生成了描述一个在线手写汉字笔迹的观察序列。

2. 隐含马尔科夫模型分类器

采用第 7 章介绍的 HMM 构造分类器，首先需要考虑的问题就是采用什么样的模型结构，以及每个类别模型中的状态数量。

汉字的类别众多，书写的复杂程度差异很大，简单汉字只有 1、2 个笔画，而复杂汉字则会达到 20 ～ 30 个笔画，这就造成了书写不同汉字时生成的观察序列长度变化很大。一般来说，复杂汉字的 HMM 模型需要使用更多的状态来描述，而简单汉字则只需要少量的状态就可以描述。因此，在设计每个汉字类别的 HMM 时，在状态数和笔画数之间建立了一种弱相关的关系。首先，统计所有训练样本中每个汉字出现最多的观察序列长度，并将状态数设置为该长度，这种方式可以粗略地理解为 HMM 的每一个状态用于描述一个子笔画；同时，为了避免状态数过多使得模型过于复杂，影响参数估计的精度以及识别过程中计算效率的下降，设置了一个复杂汉字模型状态数的最大数量上限，这种情况下，可以看作每个状态描述观察序列中若干相邻的子笔画。

考虑到汉字书写过程的复杂性,快速书写过程中可能存在着连笔和丢笔现象,HMM 的模型结构选择的是第 7 章图 7.11 所示的带跨越的左－右模型。其中状态上的自循环使得每个状态可以描述相邻的子笔画,而状态的跨越则描述的是 1 个或几个相邻子笔画的丢失。子笔画序列中观察值是一个 4 维的特征矢量,因此描述每个汉字类别的是一个连续的 HMM 模型,模型中状态的输出概率是一个高斯混合模型(如第 7 章公式(7.65))。

在模型的学习过程中,使用每个汉字的训练样本根据 Baum－Welch 算法估计相应 HMM 模型的参数,迭代公式如第 7 章公式(7.66)～(7.69)所示。

识别过程中,采用 Viterbi 算法计算每一个 HMM 模型最优状态转移序列输出待识别观察序列的概率密度,然后根据贝叶斯判别准则对其进行分类。

8.1.4 数据集及系统测试

系统的学习和测试过程中,采用的是在多年研究过程中采集和积累的数据集。数据集中的字符包括简体汉字国家标准 GB 2312—80 中所定义的 6 763 个常用汉字,每个汉字由 200 个人书写,书写者多为在校学习的青年人。每个汉字类别有 300 个样本,随机选择其中 200 个作为训练样本,剩余的 100 个作为测试样本。样本集的数据可以从如下网址获得:http://pr-ai.hit.edu.cn/images/Upfiles/OnlineHandwrittenChineseCharacters.rar, 图 8.5 显示了其中的部分样本。

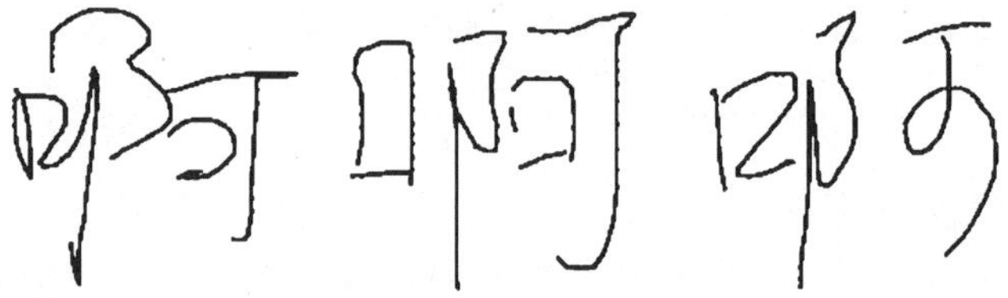

图 8.5 在线汉字识别样本

作为一种汉字输入方式,一般要求在线手写识别系统的输出是由若干个最有可能的识别结果组成的集合,称为候选字符集合。最佳的情况是候选集合中的第 1 个字符就是正确的识别结果;即使第 1 个结果不正确,如果输入的字符出现在候选集合中,书写者也有机会将其挑选出来作为输出。因此,评价在线手写汉字识别系统的性能一般采用两个指标:第 1 候选正确率和前 10 候选正确率,表 8.2 给出的是 MQDF 分类器和 HMM 分类器的性能测试结果。

表 8.2 在线手写汉字识别系统性能测试

MQDF 分类器		HMM 分类器	
第 1 候选正确率	前 10 候选正确率	第 1 候选正确率	前 10 候选正确率
89.62%	98.41%	86.32%	96.70%

DEF 特征和子笔画序列分别描述了手写汉字的静态和动态特征,因此 MQDF 分类器和 HMM 分类器具有较强的互补性,将两者融合可以进一步提升识别系统的分类性能。

如果将一个手写汉字笔迹输入两个分类器,可以得到两组识别结果,如何将两者组合,得到一组统一的输出?这是分类器融合所研究的内容,这里我们不打算展开讨论这个问题,只是给出两种融合方法。

将方向特征和子笔画序列特征分别表示为：$\boldsymbol{x}_D$ 和$\boldsymbol{x}_S$，如果我们同时得到了两组特征，根据最小错误率贝叶斯判别准则，应该依据 $P(\omega_i|\boldsymbol{x}_D,\boldsymbol{x}_S)$ 的大小对输入进行分类。当$\boldsymbol{x}_D$ 与$\boldsymbol{x}_S$ 相互独立时有

$$P(\omega_i|\boldsymbol{x}_D,\boldsymbol{x}_S)=\frac{p(\boldsymbol{x}_D,\boldsymbol{x}_S|\omega_i)}{p(\boldsymbol{x}_D,\boldsymbol{x}_S)}=\frac{p(\boldsymbol{x}_D|\omega_i)p(\boldsymbol{x}_S|\omega_i)}{p(\boldsymbol{x}_D)p(\boldsymbol{x}_S)}=P(\omega_i|\boldsymbol{x}_D)P(\omega_i|\boldsymbol{x}_S) \quad (8.5)$$

从表 8.2 可以看出，MQDF 分类器的性能要优于 HMM 分类器，它的输出结果可靠性更高，在融合过程中起的作用应该更大。因此，第一种分类器融合方法采用的是加权方式：

$$\log P(\omega_i|\boldsymbol{x}_D,\boldsymbol{x}_S)=\log P(\omega_i|\boldsymbol{x}_D)+\alpha\log P(\omega_i|\boldsymbol{x}_S) \quad (8.6)$$

其中 $0<\alpha<1$，将 HMM 分类器的输出赋予了比较低的权重。从表 8.3 可以看出，采用加权方式融合两个分类器，明显地提高了分类结果前 10 候选的正确率，而第 1 候选的正确率高于 HMM 分类器的结果，但要低于 MQDF 分类器的结果。

加权方式融合考虑了两个分类器总体性能的不同，分别赋予了不同的权重，但是没有考虑在不同汉字类别上两个分类器性能的差异。第二种融合方法只针对两个分类器的第 1 候选，按照不同分类器在相应汉字上的分类结果置信度不同，从中选择置信度较高者输出。

令 $P(\omega_i|o_D=\omega_i)$ 表示 MQDF 分类器的第 1 候选为 ω_i 时，输入手写笔迹确实是 ω_i 的置信度；$P(\omega_j|o_S=\omega_j)$ 为 HMM 分类器输出 ω_j 的置信度。当 MQDF 分类器的第 1 候选输出为 ω_i，而 HMM 分类器的第 1 候选输出为 ω_j 时，融合分类器的第 1 候选输出 o_e 按照如下的方式选择：

$$o_e=\begin{cases}\omega_i, & P(\omega_i|o_D=\omega_i)\geq P(\omega_j|o_S=\omega_j)\\ \omega_j, & P(\omega_i|o_D=\omega_i)<P(\omega_j|o_S=\omega_j)\end{cases} \quad (8.7)$$

其中的置信度在训练样本中按照如下方式估计：

$$P(\omega_i|o=\omega_i)=\frac{\text{分类器将汉字 }\omega_i\text{ 正确识别的次数}}{\text{分类器识别结果为 }\omega_i\text{ 的次数}} \quad (8.8)$$

从表 8.3 可以看出，采用置信度方式融合可以明显提高融合系统第 1 候选的正确率。

表 8.3　融合分类器性能测试

	加权融合	置信度融合
第 1 候选正确率	88.72%	90.10%
前 10 候选正确率	99.19%	99.19%
	级联方式融合	并联方式融合
识别时间	8.4 ms	330 ms

从融合分类器工作的方式来看，最简单的是如图 8.6 所示的并联结构。输入的手写汉字笔迹分别输入两个分类器，得到分类结果，然后由分类器融合得到统一的识别结果。在表 8.3 中可以看到，采用并联方式融合的分类器需要的识别时间较长，MQDF 分类器的计算速度较快，而 HMM 分类器比较复杂，计算量较大。上述识别速度是在 Intel 台式机 CPU 上的测试结果，如果采用的是手持移动设备测试，很有可能无法满足实际的需求。

为了提高融合识别系统的效率，可以采用如图 8.7 所示的级联方式融合。手写汉字笔

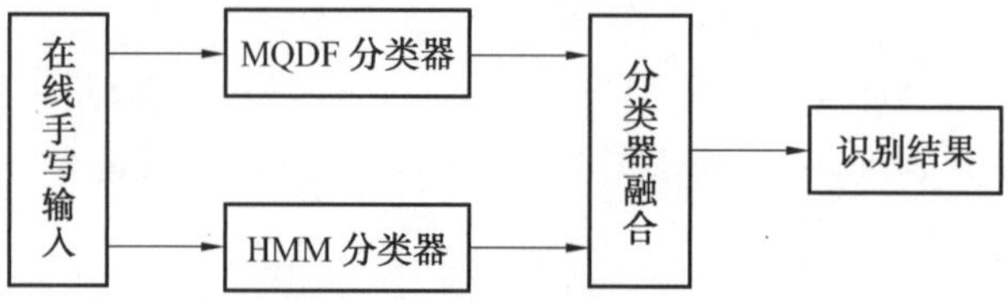

图 8.6　并联方式融合

迹首先输入到 MQDF 分类器进行识别，选择 MQDF 分类器输出置信度最高的前 100 个候选类(正确率超过 99.9%)交由 HMM 分类器识别。这样，只需要使用 100 个汉字类别的 HMM 模型对输入的观察序列进行解码，得到识别结果。最后由融合环节根据两个分类器的输出得到统一的识别结果。

从表 8.3 可以看出，采用级联方式融合，单个汉字的识别时间下降到了 8.4 ms，即使是在一些性能较低的 CPU 上工作，也能够满足在线汉字输入的要求。

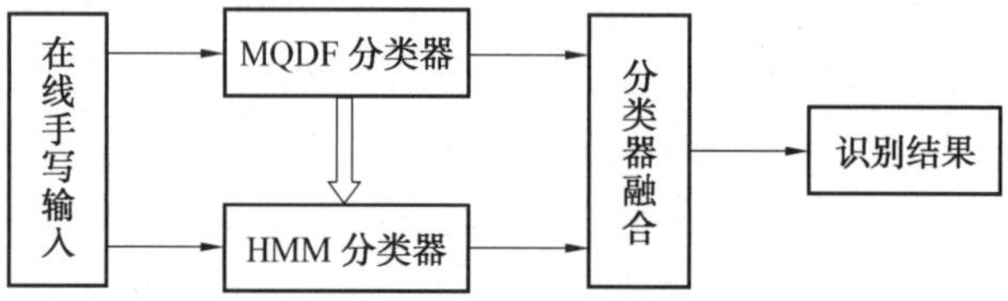

图 8.7　级联方式融合

8.2　纸币图像识别系统

在金融系统中每天有大量的纸币在流通，采用人工的方式分拣和处理费时、费力，从 20 世纪 90 年代开始，自动化的纸币分析系统逐渐在金融系统中得到了广泛的应用。图 8.8 是一个典型纸币分析系统的结构图，纸币在皮带的带动下高速地由一端传送到另一端，在此过程中，系统中安装的一组传感器采集纸币的各种信息，交由相应的数字信号处理器分析，完成对纸币面值、面向、真伪、新旧和破损等方面的鉴别，最后由控制环节做出相应的处理。

在纸币分析系统中，对于纸币图像的识别是其中的一个重要环节。图像识别系统从图像传感器获得高速运动纸币的扫描图像，判别出纸币的面值以及正反朝向。识别系统的判别结果，一方面输出到控制环节，完成对不同面值纸币的分拣，以及不同朝向纸币的整理；另一方面也要输出到后续的其他纸币分析环节，为真伪、新旧和破损的检测提供依据。

纸币图像识别系统的处理对象单一，国家对纸币的印刷和发行有比较严格的规范，因此同一类别的图像画面变化不大；纸币分析系统一般运行在一个密闭的环境中，图像的前景与背景区分明显，受到环境噪声的影响较少。

作为一种自动化的金融机具，要求分析系统能够高效、快速地处理大量的纸币，这就给纸币图像识别提出了一些特殊的要求。首先，待识别的图像是在纸币高速运动过程中由图像传感器完成的成像过程，这就造成了图像在纵、横两个方向上的分辨率不可能一致；纸币在高速运动过程中不可能保持一个端正的姿态，使得扫描的图像存在着一定的几何变形，这一点在图 8.9 中可以明显地看出。纸币分析系统也对图像识别的速度提出了比较高的要求，在一个每分钟处理 800 张纸币的系统中，图像采集和识别需要在 10 ms 内完成全部工

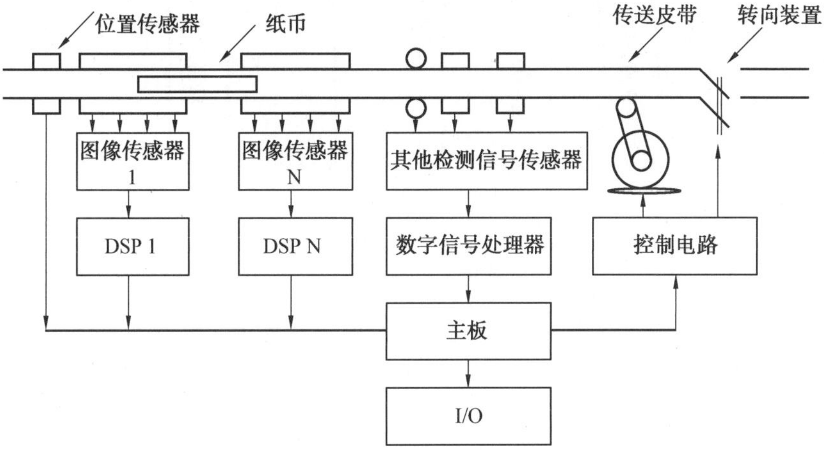

图 8.8　纸币分析系统

作。另一方面，作为一种在金融系统中应用的自动化机具，对识别的准确率也提出了很高的要求，一般要求错误率不能超过万分之一。

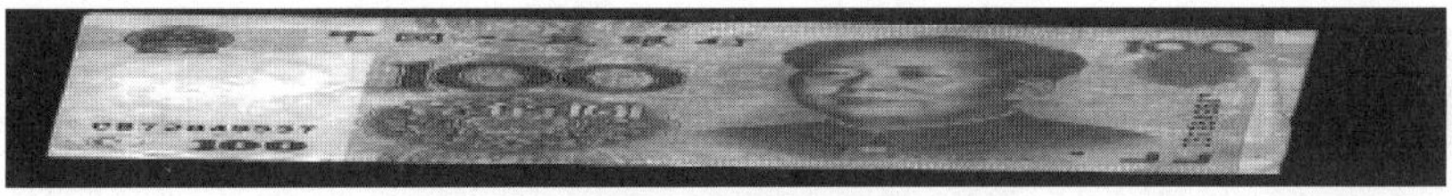

(a) 输入扫描纸币图像

(b) 几何校正图像

图 8.9　高速扫描纸币图像

下面以人民币为例，介绍一种高速纸币图像识别系统的设计方法。在这个系统中，识别对象包括：第 4 版人民币的 100 元、50 元、10 元和 5 元，第 5 版人民币的 100 元、50 元、20 元、10 元和 5 元，每一张纸币进入成像传感器共有 4 种状态：正面正向，反面正向，正面反向和反面反向，因此分类器需要识别的类别数量是 $9\times4=36$。

分类器学习和测试的样本采集自一台实际运行的高速纸币分析系统，处理速度为每分钟 640 张，图像分别率为 583×68。每个类别的样本包含 2 000 幅图像，随机选择 1 000 幅用于训练分类器，剩余的 1 000 幅用于性能测试。样本集的数据可以从如下网址获得：http://pr-ai.hit.edu.cn/images/upfiles/NoteSample.rar。

8.2.1　网格特征分类器

在提取图像特征之前，需要对纸币图像进行一定的预处理（图 8.10），主要的过程包括：首先检测出纸币图像的边缘，定位前景图像的位置，校正几何变形，将图像调整到直立位置，均衡前景区域的亮度，消除照明过亮或过暗对识别的影响。

网格特征是对纸币图像的整体描述。首先，将纸币图像划分为 $K\times L$ 个相互重叠的矩形区域 Γ，每个区域具有相同的大小 $d_x\times d_y$，如图 8.11 中白框所示；计算每个区域内的灰度

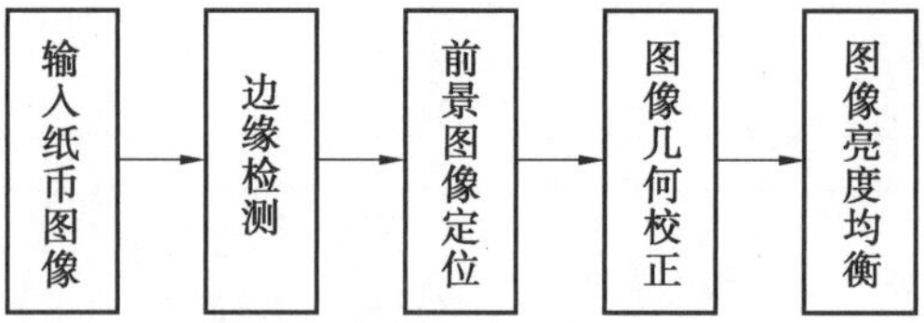

图 8.10　图像预处理

均值，作为 1 维识别特征：

$$x_i = \frac{1}{d_x \times d_y} \sum_{z \in \Gamma_i} I_z, i = 1, \cdots, K \times L$$

式中　z—— 区域 Γ_i 中的任意一点；

I_z—— 该点的灰度(亮度)值。

通过这样一个特征生成过程，可以得到 KL 维的网格识别特征。

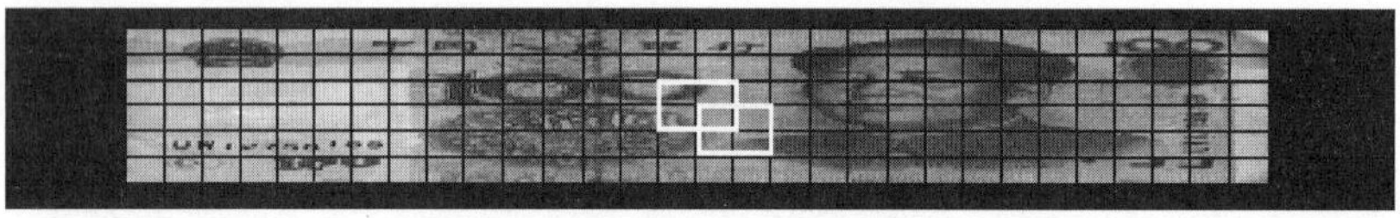

图 8.11　纸币网格特征

特征生成中采用的是 5 行 50 列的网格划分方式，得到了 250 维的识别特征；采用第 5 章中的主成分分析特征提取方法，将特征维数降低至 36 维。有了识别特征，选择第 6 章介绍的多层感知器网络来设计分类器。由于纸币图像印刷的同一性好，画面变化不大，类别之间的可分性较强，因此采用的是一种简单结构的三层感知器网络：输入层包含 36 个神经元，对应特征提取之后的 36 维识别特征；包含 20 个神经元的单隐含层；以及 36 个神经元的输出层，对应需要识别的 36 个类别。神经网络的输出采用的是最大值判别，将待识别图像分类为输出最大神经元对应的类别。

表 8.4 给出了网格特征分类器性能的测试结果，分类错误率为 9‰，达不到金融系统对于性能指标的要求。

表 8.4　网格特征分类器性能

第 1 候选正确率	前 2 候选正确率
99.10%	99.93%

从表 8.4 可以看到，如果测试的是多层感知器网络输出值最大的前两个类别，那么网格特征分类器的识别错误率就会下降到万分之 7。分析出现这种现象的主要原因在于，不同面值的纸币在图案上具有很大的相似性。例如，第 5 版人民币的 100 元、50 元和 20 元，正面图案非常相似，差异主要在于印刷的颜色，以及币值部分文字等细节的不同。受限于系统对处理速度的要求，通过图像传感器得到的是一幅灰度图像，颜色信息是缺失的。网格特征从整体上对纸币图像进行了描述，并没有关注局部细节的差异，当纸币上存在污迹，或在使用过程中票面纸张磨损严重时，整体图像特征无法很好地区分相似图案的纸币。

作为一个应用于自动化纸币处理设备中的识别系统，只能以第 1 候选作为判别结果输出，无法要求用户在前两个结果中选择一个正确的。为了进一步提高识别系统第一候选的正确率，设计了第 2 种关注于图像局部特征描述的分类器 —— 类 Harr 特征分类器。

8.2.2　类 Harr 特征分类器

类 Harr 特征最早是由 Paul Viola 等人提出的一种用于人脸检测的识别特征[13]，这里我们将其应用于纸币图像的识别。首先，定义 4 种如图 8.12 所示的类 Harr 矩形模板，分别记为 $\Omega_i, i=1,2,3,4$。

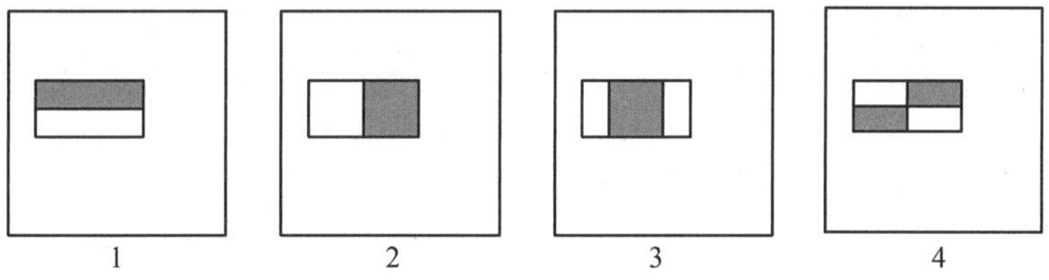

图 8.12　类 Harr 矩形模板

对于某个给定大小和位置的模板 Ω，将模板中的白色区域记为 Ω^+，灰色区域记为 Ω^-，可以按照如下方式计算出 1 维类 Harr 特征 h：

$$h=\frac{I(x,y)\otimes H(x,y)}{K\times L\times \bar{I}} \tag{8.9}$$

式中　$I(x,y)$ —— 纸币图像；

$\bar{I}$ —— 图像的平均亮度值；

$K\times L$ —— 给定的模板大小；

而 $H(x,y)$ 为

$$H(x,y)=\begin{cases}+1, & (x,y)\in\Omega^+\\ -1, & (x,y)\in\Omega^-\\ 0, & \text{其他}\end{cases}$$

上述计算过程用通俗的方式表达就是，将 $K\times L$ 大小的模板放置到给定的位置，分别统计模板白色区域和灰色区域中纸币图像的总亮度值，然后将两者之差用模板的大小和图像的平均亮度归一化。

如果分别改变模板的大小和放置的位置，就会得到不同的类 Harr 特征。例如，在设计的系统中，使用了 38 个尺度的类 Harr 模板，在每个模板可能的放置位置上提取特征，可以得到 205 504 维的类 Harr 识别特征。

类 Harr 特征数量巨大，既能够描述图像的整体特征，也能够描述局部特征。在纸币图像识别系统这样一个对分类速度有严格要求的应用中，生成全部的类 Harr 特征是不现实，也是不必要的。如果能够通过一个特征选择的过程，从全部的类 Harr 特征中找出一些分类能力最强的识别特征，就可以在保证识别性能的同时减少特征生成过程的计算量。

在纸币图像识别系统中，将类 Harr 特征分类器主要用于区分网格特征分类器输出的前两个类别，因此需要构造的是若干个两类别分类器。考虑到系统对速度的要求，选择了高斯分布朴素贝叶斯作为分类方法，将类 Harr 特征的选择融入到分类器的学习过程之中。

训练过程中，学习区分任意两类样本的朴素贝叶斯分类器。首先，统计所有类 Harr 特征在每个类别中的分布均值和方差；使用单个特征构造朴素贝叶斯分类器，寻找对两类训练样本分类错误率最低的类 Harr 特征,作为第 1 个特征选择结果;每次向朴素贝叶斯分类器中增加 1 维特征,寻找使得分类错误率最低者作为特征选择结果;重复上述过程,直到朴素贝叶斯分类器对训练样本的分类错误率低于设定的参数为止。

识别过程中,使用训练过程中选择的类 Harr 特征构造区分任意两个类别的朴素贝叶斯分类器。针对不同的输入,根据网格特征分类器的识别结果,生成相应的类 Harr 特征,由区分前两个候选类别的朴素贝叶斯分类器给出识别结果。表 8.5 分别给出了直接使用类 Harr 特征分类器进行二类别分类,以及与网格特征分类器级联的性能测试结果。在纸币图像识别系统中加入类 Harr 特征分类器,可以将识别错误率降低到万分之 9。

表 8.5 类 Harr 特征分类器性能

二分类正确率	级联分类正确率
99.94%	99.91%

从测试的结果来看,级联分类器的性能仍然无法达到设计要求的万分之一错误率。通过观察和分析被错误分类的样本图像可以发现,造成不正确识别结果的原因是由于部分纸币上存在着大面积的破损或污迹,使得图像发生了严重的改变。这些纸币按照金融系统的规定,应该被回收并且销毁,不再适于流通。为此,在识别系统的最后设置了一个拒识判别环节,对于朴素贝叶斯分类器输出判别概率密度值过低的待识别样本不做分类,而是作为残币处理。

完整的纸币图像识别系统如图 8.13 所示,最终测试的分类错误率为万分之 0.7,拒识率为千分之 8,在 TMS320C6416 数字信号处理器上,单幅图像的识别时间为 6 ms。

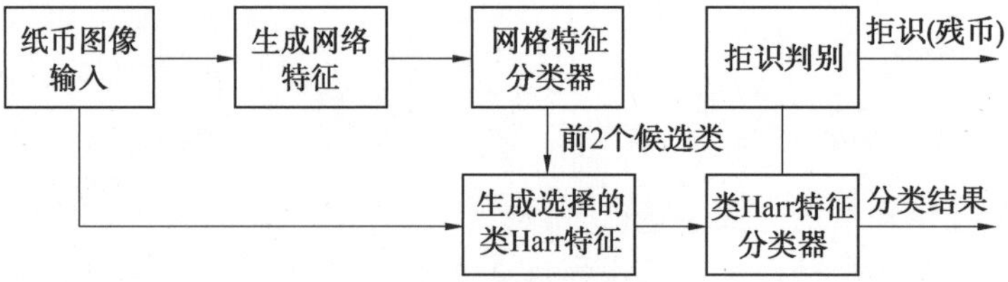

图 8.13 纸币图像识别系统

8.3 乳腺超声图像识别系统

乳腺癌是女性最常见的一种恶性肿瘤,医学研究表明,早期发现与诊断对乳腺癌的治愈非常关键,能够极大地提高患者的存活率。乳腺癌在早期缺乏明显的临床症状和体征,现代医学主要是借助各种影像学检查手段获得早期诊断结果,如钼靶 X 线、乳腺 B 型超声、CT、磁共振成像等。超声检查相比于其他方法具有非辐射、对人体损害小、设备普及率高、检查成本低、检出率较高等特点,现在已经成为我国乳腺癌早期排查的一种主要手段。

医生对超声图像的判读主观成分比较多,有经验的医生判读的准确率比较高,而缺乏经验的医生则有可能出现误读,造成误诊。超声图像的分辨率和对比度较低,并且图像中存在斑点噪声,同时人体组织非常复杂,良恶性病变在超声图像上的表征存在着交叉重叠,这些都给超声图像的正确判断带来了困难。引入一种客观、量化评价超声图像的辅助手段,将有助于提高诊断的准确性，对临床医疗具有很大的意义。

8.3.1　乳腺超声辅助诊断系统

辅助诊断系统主要完成的工作是对输入的超声图像进行分析，定量描述乳腺肿瘤诊断的视觉特征，为医生提供客观、定量、准确的判断依据，并且模拟医生进行诊断过程，对乳腺肿瘤图像进行良恶性的判别。

图 8.14 显示的是一幅典型的 B 型超声乳腺肿瘤图像，乳腺层中的深色区域是肿瘤病变区域，辅助诊断系统的一个重要任务就是在图像中自动地标注出肿瘤区域，并判断其良恶属性。

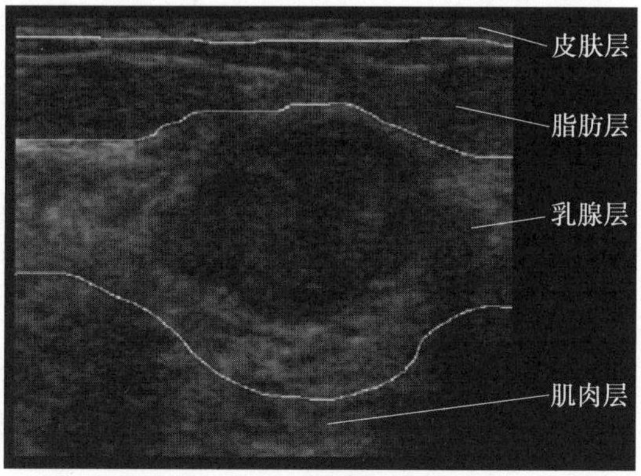

图 8.14　乳腺超声结构图

乳腺超声图像的结构比较复杂，对于分类器来说，主要关心的是其中的肿瘤区域。乳腺超声图像的分类过程(图 8.15) 主要包括：图像预处理、图像分割、特征生成和分类器判别。

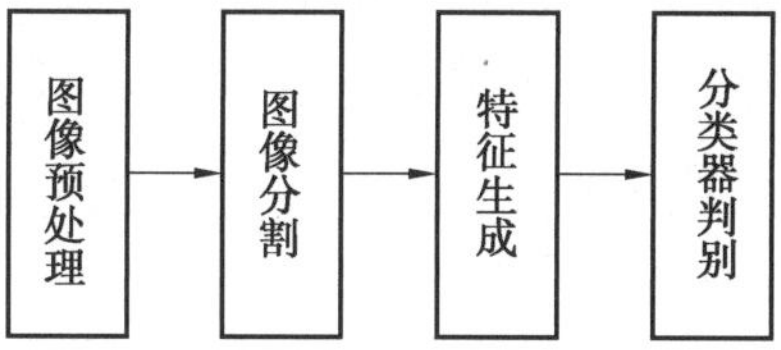

图 8.15　乳腺超声图像分类过程

预处理过程主要是采用图像处理的方法去除超声图像中的噪声，对图像进行局部的对比度增强；图像分割则是要定位出乳腺肿瘤的区域，分离肿瘤部分的前景图像与其他组织部分的背景图像；特征生成则是在分割出的肿瘤区域中，计算出一组可以描述乳腺肿瘤良恶特性的识别特征，交由分类器做出判别。

8.3.2　识别特征的生成

什么样的特征能够区分乳腺肿瘤的良性和恶性？回答这个问题需要一些医学知识作为基础。从医学影像科医生的观点来看，良性肿块的超声图像表现为：形状规则，边界光滑，肿块边界处有包膜；而恶性肿块由于浸润作用的影响，主要表现为：形态不规整(多呈分叶状)，边界回声粗糙且不清晰，肿块边缘有毛刺状改变或角状突起，内部回声不均，且为低回声(亮度较低)，部分肿块伴有小而分散的钙化灶(亮度较高的斑点)。图 8.16 显示的是两幅良恶性乳腺肿瘤图像，以及对肿瘤区域的标注和分割结果。

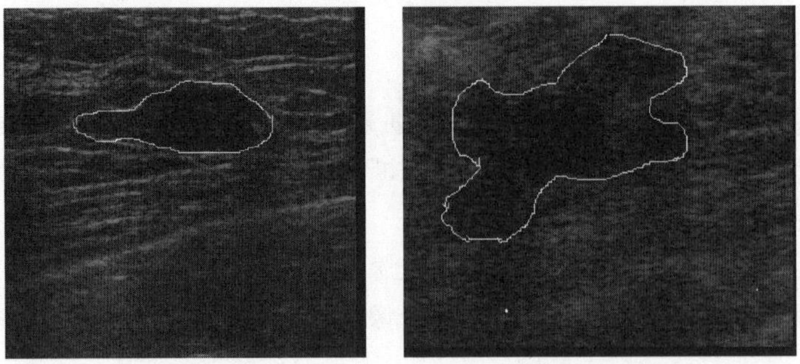

图 8.16　良恶性肿瘤图像

根据医学的先验知识，分别提取了肿瘤区域的形态和纹理两种特征，而形态特征又可以分为整体形状、边界平滑和生长方向角度三类特征。

1. **整体形状特征**

根据影像学医生的经验，良性肿瘤的整体形状比较规整，相比于恶性肿瘤与圆形的相似度更大。整体形状特征主要描述的是分割出的肿瘤区域与圆形的差异。

(1) 似圆度特征 s_1。定义为肿瘤区域周长的平方与面积之比：

$$s_1=\frac{P^2}{A} \tag{8.10}$$

区域的周长 P 可以由区域边缘像素点的数量计算，而面积 A 则为区域内部像素点的数量。理想情况下的似圆度 $s_1=4\pi$；值越大，与标准圆形的差异越大。

(2) 平均归一化径向长度特征 s_2。定义为肿瘤区域边界点到中心点的归一化平均距离。令肿瘤区域第 i 个边界点 $(x_i,y_i)^{\mathrm{T}}$ 到区域中心点 $(x_o,y_o)^{\mathrm{T}}$ 的归一化距离 d_i 为

$$d_i=\frac{\sqrt{(x_i-x_o)^2+(y_i-y_o)^2}}{\max\limits_{j=1,\cdots,N}\sqrt{(x_j-x_o)^2+(y_j-y_o)^2}},i=1,\cdots,N \tag{8.11}$$

这里采用归一化距离，主要考虑的是肿瘤区域的大小会有不同，因此每一个边界点的距离需要用最远边界点到中心的距离进行归一化。平均归一化径向长度为

$$s_2=\frac{1}{N}\sum_{i=1}^{N}d_i \tag{8.12}$$

肿瘤区域形状越接近于圆形，特征 s_2 越接近于 1。

(3) 归一化径向长度标准差 s_3 和平均归一化径向长度熵 s_4，描述的都是区域边界点到中心点长度的分布情况。归一化径向长度标准差 s_3 定义为

$$s_3=\sqrt{\frac{1}{N}\sum_{i=1}^{N}(d_i-\bar{d})^2} \tag{8.13}$$

式中　$\bar{d}=\sum\limits_{i=1}^{N}d_i/N$—— 归一化距离的均值；

为了计算径向长度分布的熵 s_4，需要在区域边界点最小距离和最大距离之间 100 等分，统计每个等份中边界点所占的比例 P_k，将其视作径向长度的概率分布，分布的熵：

$$s_4 = -\sum_{k=1}^{100} P_k \log P_k \tag{8.14}$$

(4) 长宽比特征 s_5。定义为肿瘤区域长径 L 与短径 W 之比：

$$s_5 = \frac{L}{W} \tag{8.15}$$

区域的长径和短径分别定义为通过区域中心，与区域边缘相交的最长和最短直线段的长度(图 8.17)。

(5) 面积比特征 s_6。定义为处于以平均径向长度为半径的圆形区域之外的肿瘤面积，与之内的肿瘤面积之比：

$$s_6 = \frac{A^-}{A^+} \tag{8.16}$$

式中　A^- —— 圆形区域之外的面积(图 8.18 中的浅灰色区域)；

A^+ —— 圆形区域之内的面积(图 8.18 中的深灰色区域)，可以分别由两个区域中像素点的个数进行估计。

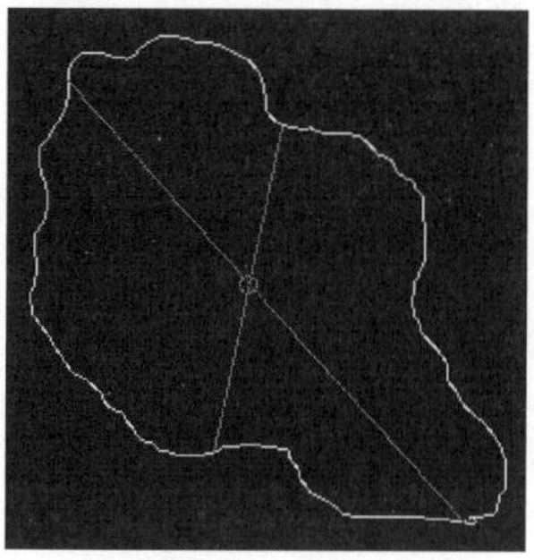

图 8.17　肿瘤区域的长径和短径

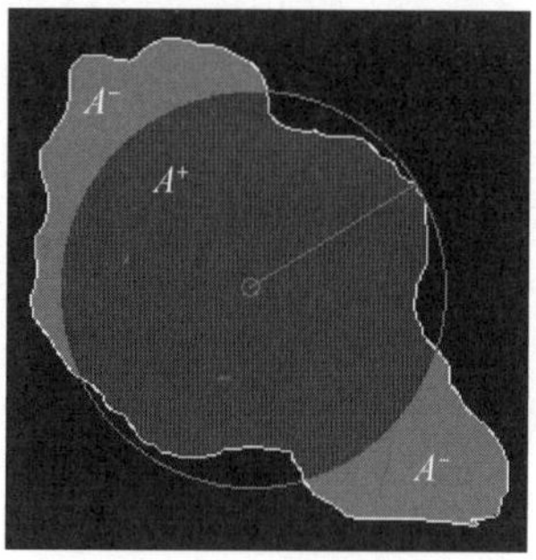

图 8.18　肿瘤区域面积比

特征 $s_3 \sim s_6$ 的值越小，肿瘤区域同圆的相似程度越大。由此得到了一组对肿瘤区域整体形状的描述特征 $(s_1, s_2, s_3, s_4, s_5, s_6)^{\mathrm{T}}$。

2. **边界平滑特征**

恶性肿瘤的另外一个特点是边界粗糙、不清晰，多呈毛刺状，而良性肿瘤则比较光滑，边界平滑特征就是对这种差异性的描述。

(1) 边界粗糙度特征 b_1。定义为肿瘤区域边缘轮廓上相邻两点到区域中心归一化距离差异的平均值：

$$b_1 = \frac{1}{N}\sum_{i=1}^{N} \left| d_i - d_{(i+1) \bmod N} \right| \tag{8.17}$$

计算过程中，需要跟踪肿瘤区域的边界点，形成一个由有序点序列描述的闭合曲线。

(2) 针刺状程度特征 b_2。采用边缘点径向距离变化的频域特征来描述肿瘤区域边界的粗糙程度。所谓“针刺状程度”是指一种因癌细胞向其周围组织进行扩散，导致乳腺肿瘤的生长形态呈现出的星状或扭曲状，在超声图像上这种现象主要表现为细长的毛刺状边缘，而在径向距离变化的频域特性上则表现为高频成分的占比增加。医学上称这类肿瘤的生长方式为“蟹足状生长”，它是判断肿瘤为恶性的重要依据。

边缘点的归一化径向长度按照顺序排列，将其视作包含 N 个采样点的 1 维周期离散信号：$d_1,\cdots,d_N$，信号的离散傅里叶变换系数为 $D_1,\cdots,D_N$。针刺状程度特征 b_2 定义为低频部分能量与高频部分能量之比：

$$b_2 = \frac{\sum_{i=1}^{N/8} |D_i|^2}{\sum_{i=N/8+1}^{N/2} |D_i|^2} \tag{8.18}$$

式中，$|D_i|$ 进行的是幅值计算。

(3) 小叶数目特征 b_3。小叶是指肿瘤区域边缘上较大的凸出部分，其数量的多少是判断肿瘤良恶性的一个重要特征。小叶的数目可以通过肿瘤区域边界点径向距离变化曲线来计算，首先对变化曲线滤波平滑，并进行多项式拟合，以拟合曲线的极值点数量来估计肿瘤区域包含的小叶数目。

(4) 椭圆归一化周长特征 b_4。描述的是肿瘤区域边缘的蜿蜒程度。首先，将分割出的肿瘤部分视作一个椭圆形区域，计算出椭圆的长轴和短轴方向；然后，以经过区域中心点，两个方向的直线与区域边缘相交的线段长度作为长轴和短轴的长度。椭圆归一化周长特征 b_4 定义为椭圆周长与肿瘤区域边缘长度之差，经由椭圆周长归一化之后的值：

$$b_4 = \frac{|P_e - P|}{P_e} \tag{8.19}$$

式中　P_e—— 椭圆形的周长；

　　　P—— 肿瘤区域边缘的长度。

(5) 边界模糊度特征 b_5。描述的是肿瘤区域边界内外的亮度差异，良性肿瘤的边界比较清晰，内外亮度的差异比较大；而恶性肿瘤由于存在浸润，使得边界模糊，内外亮度差异小(图 8.19(a))。

为了计算边界的模糊度，首先将肿瘤区域的边缘向内和向外分别扩展 5 个像素点，形成内边界和外边界(图 8.19(b))；然后将肿瘤区域等分为 8 个角度区域(图 8.19(c))，计算每个区域中内外边界点的平均亮度差；最后统计平均亮度差超过设定阈值的区域数量作为边界模糊度特征 b_5。

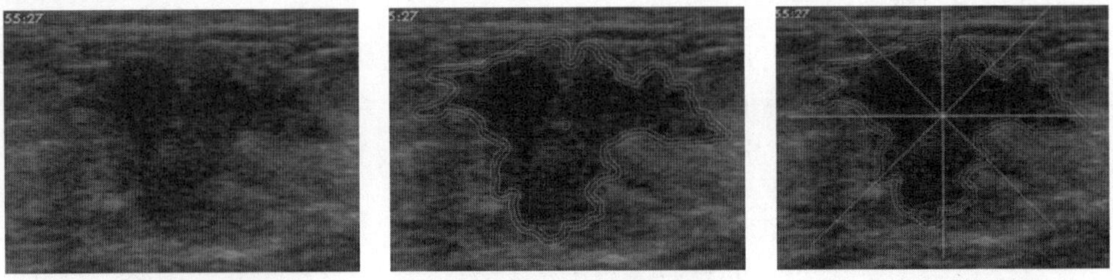

(a) 乳腺超声原始图像　　(b) 内边界与外边界　　(c) 分区域的边界

图 8.19　边界的模糊度计算

3. **生长方向角度特征**

乳腺超声图像中，腺体部分都是处于图像的水平方向上，如图 8.14 中的乳腺层。在医学上一般认为，沿着腺体方向生长的肿瘤，良性的可能性较大，而垂直方向生长的恶性的可能性较大。

方向角度特征 θ 描述的就是肿瘤生长的走向趋势，这里，以椭圆归一化周长特征中计算出来的长轴与水平方向的夹角作为方向角度特征 θ。

整体形状特征、边界平滑特征和方向角度特征一起，构成了描述肿瘤区域形态的 12 维识别特征：$(s_1,\cdots,s_6,b_1,\cdots,b_5,\theta)^{\mathrm{T}}$。

4. 纹理特征

纹理特征描述的是肿瘤区域内部回声的均匀程度，以及钙化灶的分布情况。下面以在肿瘤区域中得到的 4 方向、3 距离，共 12 个灰度共生矩阵为基础，来生成纹理特征。统计共生矩阵时，需要将输入图像的每个像素由 256 个灰度级重新量化为 64 个灰度级。

令 p_{ij} 为某个共生矩阵的第 i 行、第 j 列的元素，其含义是肿瘤区域中指定方向和指定距离上两个像素的灰度恰好是 i 和 j 的概率。在每个矩阵中，提取了对比度、相关性、能量和同质性作为纹理特征，分别可以按照如下方式计算：

对比度：
$$c_1=\sum_{i=0}^{63}\sum_{j=0}^{63}p_{ij}\,(i-j)^2 \tag{8.20}$$

相关性：
$$c_2=\frac{\sum_{i=0}^{63}\sum_{j=0}^{63}p_{ij}\,(i\times j)-\mu_x\mu_y}{\sigma_x\sigma_y} \tag{8.21}$$

能量：
$$c_3=\sum_{i=0}^{63}\sum_{j=0}^{63}p_{ij}^2 \tag{8.22}$$

同质性：
$$c_4=\sum_{i=0}^{63}\sum_{j=0}^{63}\frac{p_{ij}}{1+|i-j|} \tag{8.23}$$

其中，相关性计算中的 μ_x,μ_y,σ_x 和 σ_y：

$$\mu_x=\sum_{i=0}^{63}\sum_{j=0}^{63}ip_{ij},\sigma_x^2=\sum_{i=0}^{63}\sum_{j=0}^{63}(i-\mu_x)^2p_{ij}$$
$$\mu_y=\sum_{i=0}^{63}\sum_{j=0}^{63}jp_{ij},\sigma_y^2=\sum_{i=0}^{63}\sum_{j=0}^{63}(j-\mu_y)^2p_{ij}$$

12 个共生矩阵分别生成的对比度、相关性、能量和同质性，一起构成了描述肿瘤区域的 48 维共生矩阵特征。再提取 3 个关于肿瘤区域的整体灰度分布特征：灰度均值、灰度方差和熵，共生成了 51 维的灰度纹理特征。

8.3.3　乳腺肿瘤超声图像数据集

在乳腺肿瘤超声图像辅助诊断方法的研究过程中，与哈尔滨医科大学第二附属医院合作，建立了世界上第一个公开的乳腺超声样本库(DDBS)。采集设备使用的是美国 GE 公司的 E8、Philips 公司 iE33、日本日立公司的 HV900 和 GE 公司的 Vivid 7 彩色多普勒超声仪，高频线阵探头频率在 5.6～14 MHz 之间。超声检查由 4 位工作经验均超过 10 年的高年资医师完成，对每一例病人均进行了规范化的采集，患者取仰卧或稍侧卧位。

图像采集过程中，首先进行超声病灶检测，找到肿块后再对肿块进行横切、纵切、斜切和移动扫查；存储肿瘤最大径切面、纵横十字交叉切面或动态扫查序列，选择每位患者最清晰的一幅图像放入超声样本库，图像内至少包含 1 个肿块。样本库中共有病例样本 219 个，其中 127 个良性病例样本，92 个恶性病例样本，原始图像如图 8.20(a) 所示，图像库中每一个病例的良恶性，均经过了手术病理的证实。

为了方便肿瘤分割算法验证和性能比较，数据库中还包括了超声医生对肿瘤区域进行手工标注的图像，如图 8.20(b) 和 8.20(c) 所示。样本库数据可以从如下网址得到：http://prai.hit.edu.cn/DDBS.html。

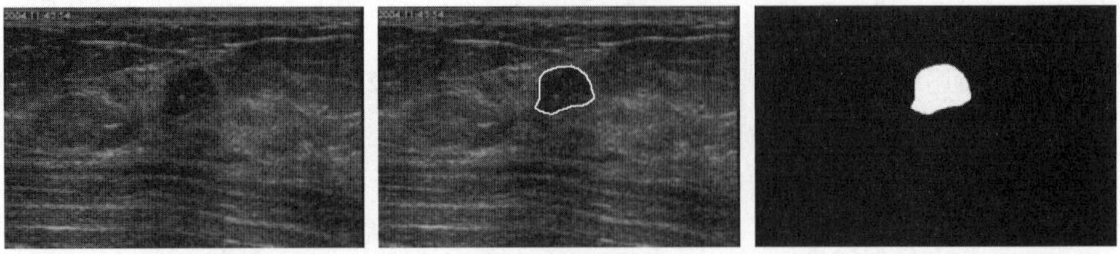

(a) 原始图像　(b) 医生标注图像　(c) 包含肿瘤区域的二值图

图 8.20　乳腺超声样本库

8.3.4　分类器设计及性能测试

乳腺肿瘤超声图像分类是一个典型的小样本数学习问题，分类器模型选择不当，很容易造成“过学习”现象。这里选择分类器泛化能力较好的支持向量机构造分类器，核函数选择的是 Gaussian RBF(参见 6.3.3 节)。考虑到每一维识别特征的量纲不同，取值范围变化较大，在使用 RBF 核函数之前，进行了特征的归一化处理。

作为一种医学辅助诊断方法，分类器的性能不能简单地以分类正确率来评价，还应该兼顾到敏感性和特异性(参见 2.3.1 节)。乳腺超声样本库中只有 219 幅图像，为了能够更加准确地测试分类器的性能，我们选择了“留一法”来进行分类器学习和评价。每次选择 218 幅图像作为训练样本学习分类器参数，测试剩余的 1 幅图像。同时，在支持向量机学习过程中，需要确定分类器参数 C 和 RBF 核函数参数 σ。由于训练样本数较少，仍然需要采用“留一法”，在 218 幅图像中保留 1 幅作为验证样本，寻找最优的参数 C 和 σ，其他 217 幅用于训练分类器。

在特征生成过程中，分别得到了描述肿瘤区域的形态特征和纹理特征，表 8.6 给出了分别采用两组特征构造分类器的性能测试结果。可以看出，两者在敏感性和特异性上的表现各有所长。如果将两组特征结合构造一个综合特征的分类器，性能会得到明显的提高。

表 8.6　分类器性能测试结果

	正确率	敏感性	特异性
形态特征分类器	83.56%	78.26%	87.40%
纹理特征分类器	79.91%	82.61%	77.95%
综合特征分类器	86.76%	89.13%	85.04%

超声乳腺癌辅助分析与识别是一项富有挑战性的研究，目前仍然无法达到医学临床的要求。随着技术的发展和设备的进步，医学超声已经能够提供包含更多生理和病理信息的多模态数据，如彩色多普勒超声、弹性超声、三维超声可以分别表现肿瘤的血流动力学、组织弹性和三维整体形态特征。在未来的工作中，尝试利用更高维以及更多模态的图像，有望建立更加有效的肿瘤分类方法。

本章小结

本书的最后，通过三个实例介绍了如何应用模式识别方法来解决具体的应用问题。构建一个模式识别系统的过程大致都是一样的：生成识别特征，选择分类器模型，收集训练样本，学习分类器参数。然而每一个实际的应用都有其特殊性，会对分类器提出一些不同的要求，例如，汉字识别的大类别数，纸币识别的快速性和高准确率，超声图像识别的小训练样本集。这就要求在构建模式识别系统时，需要根据具体问题的具体要求做出相应的设计。

特征的生成是一个与具体应用密切相关的问题，从某种程度上来说，其对系统最终性能的影响要超过分类器模型参数的学习。使用一组不能很好反映类别可分性的特征，再好的分类方法也很难取得令人满意的识别结果，有效特征的生成和选择依赖的是系统设计者对相关应用领域知识的充分了解。

很多实际应用系统都采用了多个分类器的组合来完成识别任务。在汉字识别系统中，方向特征和子笔画序列对同一个识别对象的描述方式不同，需要构建不同类型的分类器进行识别；纸币识别系统中，网格特征和类 Harr 特征的描述方式是一致的，并且是有一定冗余的，出于系统对识别速度要求的考虑，采用两组分类器级联可以有效地降低计算的复杂度；超声图像识别中，形态特征和纹理特征是从不同的角度对肿瘤良恶性的描述，方式类似，可以在统一的分类器模型中进行识别。

由于篇幅所限，本书没有对分类器组合问题进行深入地探讨，如何能够更好地组合多个分类器，发挥各自的优势？如何更好地融合不同分类器的识别结果？都是值得深入研究的问题。

附　　录

附录 A　矢量、矩阵及其导数

A.1　矩阵和矢量

模式识别中一般习惯于将矢量表示为列矢量，而其转置则为行矢量。d 维的列矢量 $\boldsymbol{x}$ 及其转置$\boldsymbol{x}^{\mathrm{T}}$ 可以表示为

$$\boldsymbol{x}=\begin{pmatrix}x_1\\x_2\\\vdots\\x_d\end{pmatrix},\boldsymbol{x}^{\mathrm{T}}=(x_1,\quad x_2,\quad \cdots,\quad x_d) \tag{A.1}$$

如果 $\boldsymbol{x}$ 的每个分量都是实数值，可以说 $\boldsymbol{x}\in\mathbf{R}^d$，$\mathbf{R}^d$ 为 d 维的欧氏空间。同样，一个 $n\times m$ 矩阵 $\boldsymbol{A}$ 的每个元素均为实数时，可以称其为 $n\times m$ 欧氏空间的一个元素，$\boldsymbol{A}\in\mathbf{R}^{n\times m}$：

$$\boldsymbol{A}=\begin{pmatrix}a_{11}&a_{12}&\cdots&a_{1m}\\a_{21}&a_{22}&\cdots&a_{2m}\\\vdots&\vdots&&\vdots\\a_{n1}&a_{n2}&\cdots&a_{nm}\end{pmatrix},\ \boldsymbol{A}^{\mathrm{T}}=\begin{pmatrix}a_{11}&a_{21}&\cdots&a_{n1}\\a_{12}&a_{22}&\cdots&a_{n2}\\\vdots&\vdots&&\vdots\\a_{1m}&a_{2m}&\cdots&a_{nm}\end{pmatrix} \tag{A.2}$$

对称矩阵：如果 $n\times n$ 方阵 $\boldsymbol{A}$ 的元素满足 $a_{ij}=a_{ji}$，则称 $\boldsymbol{A}$ 为对称矩阵；对称矩阵与其转置相等：$\boldsymbol{A}=\boldsymbol{A}^{\mathrm{T}}$；

单位矩阵：单位矩阵是一种特殊的方阵，其对角线元素均为 1，非对角线元素均为 0，一般 $n\times n$ 维的单位矩阵表示为

$$\boldsymbol{I}_n=\begin{pmatrix}1&0&\cdots&0\\0&1&\cdots&0\\\vdots&\vdots&&\vdots\\0&0&\cdots&1\end{pmatrix} \tag{A.3}$$

对角矩阵：对角矩阵的非对角线元素均为 0，$n\times n$ 的对角矩阵可以表示为

$$\boldsymbol{A}=\begin{pmatrix}a_{11}&0&\cdots&0\\0&a_{22}&\cdots&0\\\vdots&\vdots&&\vdots\\0&0&\cdots&a_{nn}\end{pmatrix},\text{或者 }\boldsymbol{A}=\mathrm{diag}(a_{11},a_{22},\cdots,a_{nn}) \tag{A.4}$$

A.2　矩阵和矢量的运算

矩阵与矢量的乘积：$n\times d$ 维的矩阵 $\boldsymbol{A}$ 同 d 维矢量 $\boldsymbol{x}$ 的乘积是一个 n 维的矢量 $\boldsymbol{y}=\boldsymbol{A}\boldsymbol{x}$：

$$\begin{pmatrix} a_{11} & a_{21} & \cdots & a_{d1} \\ a_{12} & a_{22} & \cdots & a_{d2} \\ \vdots & \vdots & & \vdots \\ a_{1n} & a_{2n} & \cdots & a_{dn} \end{pmatrix} \begin{pmatrix} x_1 \\ x_2 \\ \vdots \\ x_d \end{pmatrix} = \begin{pmatrix} y_1 \\ y_2 \\ \vdots \\ y_n \end{pmatrix} \tag{A.5}$$

其中
$$y_i = \sum_{j=1}^{d} a_{ij} x_j$$

矢量的内积：两个 d 维矢量 $\boldsymbol{x}$ 和 $\boldsymbol{y}$ 的内积是一个标量，即为

$$\boldsymbol{x}^{\mathrm{T}} \boldsymbol{y} = \sum_{i=1}^{d} x_i y_i = \boldsymbol{y}^{\mathrm{T}} \boldsymbol{x} \tag{A.6}$$

矢量的长度：矢量 $\boldsymbol{x}$ 的长度也称为欧几里得范数，可以由 $\boldsymbol{x}$ 同自身的内积计算：

$$\| \boldsymbol{x} \| = (\sum_{i=1}^{d} x_i^2)^{\frac{1}{2}} = \sqrt{\boldsymbol{x}^{\mathrm{T}} \boldsymbol{x}} \tag{A.7}$$

两个矢量的夹角：两个矢量 $\boldsymbol{x}$ 和 $\boldsymbol{y}$ 之间的夹角 $\boldsymbol{\theta}$ 的余弦定义为

$$\cos \boldsymbol{\theta} = \frac{\boldsymbol{x}^{\mathrm{T}} \boldsymbol{y}}{\| \boldsymbol{x} \| \ \| \boldsymbol{y} \|} \tag{A.8}$$

由于 $\cos \frac{\pi}{2} = 0$，因此可以由 $\boldsymbol{x}^{\mathrm{T}} \boldsymbol{y} = 0$ 判断矢量 $\boldsymbol{x}$ 和 $\boldsymbol{y}$ 是相互垂直的，一般称作两个矢量相互正交。

矢量的外积：n 维矢量 $\boldsymbol{x}$ 和 m 维矢量 $\boldsymbol{y}$ 的外积是一个 $n \times m$ 的矩阵：

$$\boldsymbol{x}\, \boldsymbol{y}^{\mathrm{T}} = \begin{pmatrix} x_1 \\ x_2 \\ \vdots \\ x_n \end{pmatrix} (y_1, y_2, \cdots, y_m) = \begin{pmatrix} x_1 y_1 & x_1 y_2 & \cdots & x_1 y_m \\ x_2 y_1 & x_2 y_2 & \cdots & x_2 y_m \\ \vdots & \vdots & & \vdots \\ x_n y_1 & x_n y_2 & \cdots & x_n y_m \end{pmatrix} \tag{A.9}$$

矩阵的秩：一组给定的矢量 $\{\boldsymbol{x}_1, \boldsymbol{x}_2, \cdots, \boldsymbol{x}_n\}$，如果存在一组标量 $\{a_1, a_2, \cdots, a_n\}$，使得

$$\boldsymbol{y} = a_1 \boldsymbol{x}_1 + a_2 \boldsymbol{x}_2 + \cdots + a_n \boldsymbol{x}_n$$

则称矢量 $\boldsymbol{y}$ 可以表示为 $\{\boldsymbol{x}_1, \boldsymbol{x}_2, \cdots, \boldsymbol{x}_n\}$ 的线性组合。

如果集合 $\{\boldsymbol{x}_1, \boldsymbol{x}_2, \cdots, \boldsymbol{x}_n\}$ 中的任意一个矢量都不能表示为集合中其他矢量的线性组合，则称这组矢量是“线性无关的”，反之则是线性相关的。例如，表示 d 维欧氏空间坐标轴的一组基矢量 $\{\boldsymbol{e}_1, \boldsymbol{e}_2, \cdots, \boldsymbol{e}_d\}$ 就是线性无关的。从一组矢量中任意选择一部分构成的子集如果是线性无关的，则称为它的一个“线性无关组”，包含元素最多的子集称为“最大线性无关组”，最大线性无关组中的矢量个数称为这个“矢量组的秩”。

可以将 $n \times m$ 矩阵 $\boldsymbol{A}$ 的每一列看作是一个矢量，列矢量集合的秩称为矩阵 $\boldsymbol{A}$ 的“列秩”；同样可以将矩阵的每一行看作一个矢量，行矢量集合的秩称为矩阵的“行秩”。可以证明行秩与列秩相等，统称为“矩阵的秩”，一般记为：$\mathrm{rank}(\boldsymbol{A})$。

矩阵的行列式：$n \times n$ 方阵 $\boldsymbol{A}$ 的行列式记作 $|\boldsymbol{A}|$，是一个标量。行列式值的计算一般采用递归的方式，令 $\boldsymbol{A}_{ij}$ 为从 $\boldsymbol{A}$ 中去掉第 i 行和第 j 列元素的 $(n-1) \times (n-1)$ 矩阵，称作 $\boldsymbol{A}$ 对应于元素 a_{ij} 的余子式。行列式的值可以由任意一行 i 或任意一列 j 的元素，连同其对应的余子式计算：

$$|\boldsymbol{A}| = \sum_{k=1}^{n} (-1)^{i+k} a_{ik} |\boldsymbol{A}_{ik}|, \ |\boldsymbol{A}| = \sum_{k=1}^{n} (-1)^{k+j} a_{kj} |\boldsymbol{A}_{kj}| \tag{A.10}$$

当 $\boldsymbol{A}$ 和 $\boldsymbol{B}$ 均为方阵时，矩阵的行列式有如下性质：

$$|\boldsymbol{A}| = |\boldsymbol{A}^{\mathrm{T}}| \tag{A.11}$$

$$|\boldsymbol{AB}| = |\boldsymbol{A}| \times |\boldsymbol{B}| \tag{A.12}$$

矩阵的逆：当 $n \times n$ 方阵 $\boldsymbol{A}$ 的行列式值不为 0 时，必然存在一个矩阵 $\boldsymbol{A}^{-1}$，使得

$$\boldsymbol{A}\boldsymbol{A}^{-1} = \boldsymbol{I} \tag{A.13}$$

其中 $\boldsymbol{I}$ 是 $n \times n$ 的单位矩阵。定义矩阵 $\boldsymbol{A}$ 的伴随矩阵为 $\mathrm{adj}(\boldsymbol{A})$，其第 i 行第 j 列的元素为：$(-1)^{j+i}|\boldsymbol{A}_{ji}|$，矩阵 $\boldsymbol{A}$ 的逆矩阵可以由下式计算：

$$\boldsymbol{A}^{-1} = \frac{\mathrm{adj}(\boldsymbol{A})}{|\boldsymbol{A}|} \tag{A.14}$$

矩阵的迹：$n \times n$ 方阵 $\boldsymbol{A}$ 的迹定义为主对角线元素之和：

$$\mathrm{tr}(\boldsymbol{A}) = \sum_{i=1}^{n} a_{ii} \tag{A.15}$$

矩阵的特征值和特征矢量：对于 $n \times n$ 的方阵 $\boldsymbol{A}$，如果存在一个标量 λ 和非零矢量 $\boldsymbol{x}$，使得下式成立：

$$\boldsymbol{A}\boldsymbol{x} = \lambda \boldsymbol{x} \tag{A.16}$$

那么，λ 称为矩阵 $\boldsymbol{A}$ 的一个特征值，$\boldsymbol{x}$ 称为与其对应的特征矢量。求取特征值的一种方式是求解如下特征方程的根：

$$|\boldsymbol{A} - \lambda \boldsymbol{I}| = 0 \tag{A.17}$$

特征方程(A.17)是一个一元 n 次方程，存在 n 个根(可能有重根)，因此矩阵 $\boldsymbol{A}$ 有 n 个特征值(可能相同)，对应着 n 个特征矢量(相同特征值对应的特征矢量一般需要正交化)。由式(A.16)可以看出，如果 $\boldsymbol{x}$ 是 $\boldsymbol{A}$ 的一个特征矢量，对于任意 $a \neq 0$，$a\boldsymbol{x}$ 同样也是特征矢量，因此特征矢量一般都要规格化为长度为 1 的单位矢量。

可以证明，$n \times n$ 方阵 $\boldsymbol{A}$ 的秩、行列式、迹、特征值和逆矩阵存在如下性质。

(1)$\boldsymbol{A}$ 行列式的值等于所有特征值的乘积，$\boldsymbol{A}$ 的迹等于所有特征值之和：

$$|\boldsymbol{A}| = \prod_{i=1}^{n} \lambda_i, \mathrm{tr}(\boldsymbol{A}) = \sum_{i=1}^{n} \lambda_i \tag{A.18}$$

其中 $\{\lambda_1, \lambda_2, \cdots, \lambda_n\}$ 为矩阵 $\boldsymbol{A}$ 的所有特征值。

(2) 矩阵 $\boldsymbol{A}$ 的秩等于非 0 特征值的个数。

(3) 秩为 n 的矩阵 $\boldsymbol{A}$ 称为满秩矩阵；只有满秩矩阵的行列式值不为 0，并且存在逆矩阵。

如果 $\boldsymbol{A}$ 是 $n \times n$ 的实对称矩阵，关于它的逆矩阵、特征值和特征矢量，还可以证明有如下性质成立：

(4) 如果 $\boldsymbol{A}$ 的逆矩阵存在，则 $\boldsymbol{A}^{-1}$ 仍然是对称矩阵。

(5)$\boldsymbol{A}$ 的特征值均为实数。

(6)$\boldsymbol{A}$ 特征矢量的元素均为实数，且任意两个特征矢量之间互为正交关系：

$$\boldsymbol{e}_i^{\mathrm{T}} \boldsymbol{e}_j = \begin{cases} 1, & i = j \\ 0, & i \neq j \end{cases}, \forall i, j = 1, \cdots, n$$

其中 $\{\boldsymbol{e}_1, \boldsymbol{e}_2, \cdots, \boldsymbol{e}_n\}$ 为矩阵 $\boldsymbol{A}$ 经过单位化之后的特征矢量。

A.3 矢量与坐标系

本书中的矢量一般都是以坐标的形式表示的，矢量的每一个分量是它在相应坐标轴上

的投影。坐标系可以用坐标原点 O 和一组代表各个坐标轴的“基矢量”$\{\boldsymbol{e}_1,\boldsymbol{e}_2,\cdots,\boldsymbol{e}_d\}$ 来表示，如果基矢量之间满足如下关系：

$$\boldsymbol{e}_i^{\mathrm{T}}\boldsymbol{e}_j=\begin{cases}1, & i=j\\ 0, & i\neq j\end{cases} \tag{A.19}$$

则称这组基矢量构成了一个标准正交系，所谓“标准”是指每个矢量的长度均为 1，所谓“正交”是指任意两个矢量之间是正交的。这样构成的坐标系就是所熟悉的直角坐标系。

如图 A.1 所示，在一个直角坐标系下，矢量 $\boldsymbol{x}=(x_1,\cdots,x_d)^{\mathrm{T}}$ 可以表示为基矢量的线性组合：

$$\boldsymbol{x}=x_1\boldsymbol{e}_1+x_2\boldsymbol{e}_2+\cdots+x_d\boldsymbol{e}_d=\sum_{i=1}^{d}x_i\boldsymbol{e}_i \tag{A.20}$$

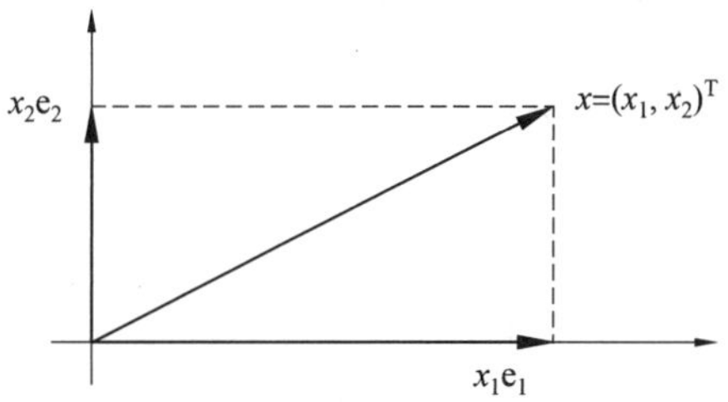

图 A.1 矢量和直角坐标系

很显然，根据式(A.19)和(A.20)，可以通过计算矢量 $\boldsymbol{x}$ 与基矢量 $\boldsymbol{e}_j$ 的内积来得到相应的坐标分量：

$$\boldsymbol{x}^{\mathrm{T}}\boldsymbol{e}_j=\sum_{i=1}^{d}x_i\boldsymbol{e}_i^{\mathrm{T}}\boldsymbol{e}_j=x_j \tag{A.21}$$

A.4 矩阵和矢量的导数

令 $f(x_1,x_2,\cdots,x_d)$ 是一个 d 元标量函数，如果这 d 个自变量刚好是矢量 $\boldsymbol{x}=(x_1,x_2,\cdots,x_d)^{\mathrm{T}}$ 的元素，那么这个函数可以表示为以矢量 $\boldsymbol{x}$ 为自变量的函数 $f(\boldsymbol{x})$。多元函数 f 可以对它的每一个自变量求偏导数 $\partial f/\partial x_i$，所有这些偏导数可以表示为一个 d 维的列矢量，称为函数 $f(\boldsymbol{x})$ 关于矢量 $\boldsymbol{x}$ 的导数，也称为函数 $f(\boldsymbol{x})$ 的梯度矢量：

$$\nabla f(\boldsymbol{x})=\frac{\partial f(\boldsymbol{x})}{\partial\boldsymbol{x}}=\begin{pmatrix}\partial f/\partial x_1\\ \partial f/\partial x_2\\ \vdots\\ \partial f/\partial x_d\end{pmatrix} \tag{A.22}$$

同样，如果 nm 元函数 $f(w_{11},\cdots,w_{1m},w_{21},\cdots,w_{nm})$ 的自变量是 $n\times m$ 矩阵 $\boldsymbol{W}$ 的元素，那么函数也可以表示为以矩阵 $\boldsymbol{W}$ 为自变量的函数 $f(\boldsymbol{W})$，函数关于矩阵 $\boldsymbol{W}$ 的导数可以表示为一个 $n\times m$ 的矩阵：

$$\frac{\partial f(\boldsymbol{W})}{\partial\boldsymbol{W}}=\begin{pmatrix}\partial f/\partial w_{11} & \partial f/\partial w_{12} & \cdots & \partial f/\partial w_{1m}\\ \partial f/\partial w_{21} & \partial f/\partial w_{22} & \cdots & \partial f/\partial w_{2m}\\ \vdots & \vdots & & \vdots\\ \partial f/\partial w_{n1} & \partial f/\partial w_{n2} & \cdots & \partial f/\partial w_{nm}\end{pmatrix} \tag{A.23}$$

再来看更复杂一些的情况。令 $f(\boldsymbol{x})=(f_1(\boldsymbol{x}),f_2(\boldsymbol{x}),\cdots,f_n(\boldsymbol{x}))^{\mathrm{T}}$ 是一个定义在矢量 $\boldsymbol{x}$ 上的矢量函数，也就是说 $f(\boldsymbol{x})$ 的每一维元素都是以矢量 $\boldsymbol{x}$ 为自变量的标量函数。$f(\boldsymbol{x})$ 通常也称为由 d 维空间到 n 维空间的映射，记作 $f(\boldsymbol{x}):\mathbf{R}^d\rightarrow\mathbf{R}^n$。$f(\boldsymbol{x})$ 关于自变量 $\boldsymbol{x}$ 的导数是一个 $n\times d$ 的矩阵，称为雅克比(Jacobi) 矩阵：

$$J(\boldsymbol{x})=\frac{\partial f(\boldsymbol{x})}{\partial \boldsymbol{x}}=\begin{bmatrix}\partial f_1/\partial x_1 & \partial f_1/\partial x_2 & \cdots & \partial f_1/\partial x_d\\ \partial f_2/\partial x_1 & \partial f_2/\partial x_2 & \cdots & \partial f_2/\partial x_d\\ \vdots & \vdots & & \vdots\\ \partial f_n/\partial x_1 & \partial f_n/\partial x_2 & \cdots & \partial f_n/\partial x_d\end{bmatrix} \tag{A.24}$$

观察式(A.22) 会发现，标量函数 $f(\boldsymbol{x})$ 关于 x 的梯度 $\nabla f(\boldsymbol{x})$ 就是一个定义在矢量 $\boldsymbol{x}$ 上的 d 维矢量函数，梯度矢量关于 $\boldsymbol{x}$ 的导数是一个 $d\times d$ 的矩阵，一般称为海森(Hessian) 矩阵：

$$\boldsymbol{H}(\boldsymbol{x})=\frac{\partial \nabla f(\boldsymbol{x})}{\partial x}=\begin{bmatrix}\partial^2 f/\partial x_1\partial x_1 & \partial^2 f/\partial x_1\partial x_2 & \cdots & \partial^2 f/\partial x_1\partial x_d\\ \partial^2 f/\partial x_2\partial x_1 & \partial^2 f/\partial x_2\partial x_2 & \cdots & \partial^2 f/\partial x_2\partial x_d\\ \vdots & \vdots & & \vdots\\ \partial^2 f/\partial x_n\partial x_1 & \partial^2 f/\partial x_n\partial x_2 & \cdots & \partial^2 f/\partial x_d\partial x_d\end{bmatrix} \tag{A.25}$$

因为 $\partial^2 f/\partial x_i\partial x_j=\partial^2 f/\partial x_j\partial x_i$，所以海森矩阵 $\boldsymbol{H}(\boldsymbol{x})$ 是对称矩阵。

下面给出一些常用的关于矢量和矩阵导数的公式，其中 a 为标量，$\boldsymbol{x}$ 和 $\boldsymbol{y}$ 为 d 维矢量，$\boldsymbol{A}$ 和 $\boldsymbol{W}$ 为 $d\times d$ 的矩阵，$\mathbf{1}$ 为元素均为 1 的 d 维矢量：

(1) $f(\boldsymbol{x})=\boldsymbol{x}^{\mathrm{T}}\boldsymbol{y}=\boldsymbol{y}^{\mathrm{T}}\boldsymbol{x}:\dfrac{\partial f(\boldsymbol{x})}{\partial \boldsymbol{x}}=\boldsymbol{y}$ (A.26)

(2) $f(\boldsymbol{x})=\boldsymbol{x}^{\mathrm{T}}\boldsymbol{A}\boldsymbol{x}:\dfrac{\partial f(\boldsymbol{x})}{\partial \boldsymbol{x}}=(\boldsymbol{A}+\boldsymbol{A}^{\mathrm{T}})\boldsymbol{x}$ (A.27)

当 $\boldsymbol{A}$ 为对称矩阵时

$$\frac{\partial f(\boldsymbol{x})}{\partial \boldsymbol{x}}=2\boldsymbol{A}\boldsymbol{x}$$

(3) $f(\boldsymbol{W})=\boldsymbol{x}^{\mathrm{T}}\boldsymbol{W}\boldsymbol{y}:\dfrac{\partial f(\boldsymbol{W})}{\partial \boldsymbol{W}}=\boldsymbol{x}\,\boldsymbol{y}^{\mathrm{T}}$ (A.28)

(4) $f(\boldsymbol{x})=g(\boldsymbol{x})h(\boldsymbol{x}):\dfrac{\partial f(\boldsymbol{x})}{\partial \boldsymbol{x}}=\dfrac{\partial g(\boldsymbol{x})}{\partial \boldsymbol{x}}h(\boldsymbol{x})+\dfrac{\partial h(\boldsymbol{x})}{\partial \boldsymbol{x}}g(\boldsymbol{x})$ (A.29)

(5) $f(\boldsymbol{x})=g(u),u=h(\boldsymbol{x}):\dfrac{\partial f(\boldsymbol{x})}{\partial \boldsymbol{x}}=g'(u)\dfrac{\partial h(\boldsymbol{x})}{\partial \boldsymbol{x}}$ (A.30)

附录 B　最优化方法

在模式识别的学习和训练过程中，需要根据训练样本来确定一组与分类器模型相关的参数。学习过程往往首先定义某个准则函数，用以描述参数的“适合性”，然后寻找一组“适合性”最大的参数作为学习的结果，也就是说将模式识别的学习问题转化为针对某个准则函数的优化问题。

假设准则函数 $f(\boldsymbol{x})$ 针对 $\boldsymbol{x}$ 的每个分量都可微，下面介绍几种常用的函数优化方法。

B.1　直接法求极值

根据数学分析的知识可知，m 维矢量$\boldsymbol{x}^*$ 是函数 $f(\boldsymbol{x})$ 极值点的必要条件是：$\partial f/\partial x_i^* = 0$，对任意的 $1 \leqslant i \leqslant m$ 成立。如果把所有的偏导数写成矢量的形式，则函数 $f(\boldsymbol{x})$ 的极值点可以通过求解矢量方程得到：

$$\frac{\partial f(\boldsymbol{x})}{\partial \boldsymbol{x}} = \begin{pmatrix} \partial f/\partial x_1 \\ \vdots \\ \partial f/\partial x_m \end{pmatrix} = \begin{pmatrix} 0 \\ \vdots \\ 0 \end{pmatrix} = \boldsymbol{0} \tag{B.1}$$

上述方程的解可能是极大值点，可能是极小值点，也可能不是极值点，具体情况还需要根据二阶导数来判断。如果希望求取的是 $f(\boldsymbol{x})$ 的最大值或最小值点，可以通过比较所有的极大值或极小值点得到。

对于简单的纯凸或纯凹函数（如二次函数），由于只存在唯一的极值点，极值点即为最大值或最小值点，因此可以直接通过求解矢量方程（B.1）得到 $f(\boldsymbol{x})$ 的优化解。

B.2　梯度法

对于复杂的函数来说，直接求解方程（B.1）得到优化函数的极值点往往是很困难的。在这种情况下，可以考虑采用迭代的方法从某个初始值开始逐渐逼近极值点，梯度法就是一种迭代求解函数极值点的方法。

考虑多元函数 $f(\boldsymbol{x})$ 在点 $\boldsymbol{x}$ 附近的一阶泰勒级数展开式：

$$f(\boldsymbol{x} + \Delta\boldsymbol{x}) = f(\boldsymbol{x}) + \sum_{i=1}^{m} \frac{\partial f}{\partial x_i} \Delta x_i + r(\boldsymbol{x}, \Delta\boldsymbol{x}) \tag{B.2}$$

式中　$\Delta\boldsymbol{x}$—— 增量矢量；

Δx_i—— 其第 i 维元素；

$r(\boldsymbol{x}, \Delta\boldsymbol{x})$ —— 展开式的余项。

注意到第二项的求和式，实际上是 $f(\boldsymbol{x})$ 关于 $\boldsymbol{x}$ 的梯度矢量与 $\Delta\boldsymbol{x}$ 之间的内积，同时当 $\|\Delta\boldsymbol{x}\|$ 很小时忽略余项 $r(\boldsymbol{x}, \Delta\boldsymbol{x})$，可以得到一阶近似展开式：

$$f(\boldsymbol{x} + \Delta\boldsymbol{x}) \approx f(\boldsymbol{x}) + (\nabla f(\boldsymbol{x}))^{\mathrm{T}} \Delta\boldsymbol{x} = f(\boldsymbol{x}) + \left(\frac{\partial f}{\partial \boldsymbol{x}}\right)^{\mathrm{T}} \Delta\boldsymbol{x} \tag{B.3}$$

如果要求取 $f(\boldsymbol{x})$ 的极小值$\boldsymbol{x}^*$，可以从某个初始点$\boldsymbol{x}_0$ 开始搜索，每次增加一个增量 $\Delta\boldsymbol{x}$。虽然不能保证$\boldsymbol{x}_0 + \Delta\boldsymbol{x}$ 直接到达极小值点，但如果能够保证每次迭代过程中函数值逐渐减小，$f(\boldsymbol{x} + \Delta\boldsymbol{x}) < f(\boldsymbol{x})$，那么经过一定的迭代步数之后，就能够逐渐地接近$\boldsymbol{x}^*$，这是一个函数值逐渐下降的过程。更进一步，总是希望函数值下降的过程越快越好，这样可以用尽量少的迭代次数，达到对$\boldsymbol{x}^*$ 更高精度的逼近，因此这种方法也被称作最速下降法。

根据公式（B.3），要使得函数值下降得最快，就是要寻找一个增量矢量 $\Delta\boldsymbol{x}$ 使得 $(\nabla f(\boldsymbol{x}))^{\mathrm{T}} \Delta\boldsymbol{x}$ 最小。注意到式（B.3）只是在点 $\boldsymbol{x}$ 附近的一阶近似，当 $\|\Delta\boldsymbol{x}\|$ 过大时，近似的精度会很差，因此不能直接寻找增量矢量，而是应该寻找使得函数值下降最快的方向。也就是在约束 $\|\Delta\boldsymbol{x}\| = 1$ 的条件下，寻找使得$(\nabla f(\boldsymbol{x}))^{\mathrm{T}} \Delta\boldsymbol{x}$ 最小的增量矢量。找到最速下降的方向之后，再来确定此方向上合适的增量矢量长度。

根据 Cauchy-Schwarz 不等式，两个矢量内积的绝对值小于等于两个矢量长度的乘积，

因此

$$|(\nabla f(\boldsymbol{x}))^{\mathrm{T}}\Delta\boldsymbol{x}| \leqslant \|\nabla f(\boldsymbol{x})\| \, \|\Delta\boldsymbol{x}\|$$

$$(\nabla f(\boldsymbol{x}))^{\mathrm{T}}\Delta\boldsymbol{x} \geqslant -\|\nabla f(\boldsymbol{x})\| \, \|\Delta\boldsymbol{x}\| = -\|\nabla f(\boldsymbol{x})\| \tag{B.4}$$

如果令

$$\Delta\boldsymbol{x} = -\frac{\nabla f(\boldsymbol{x})}{\|\nabla f(\boldsymbol{x})\|}$$

$$\begin{aligned}(\nabla f(\boldsymbol{x}))^{\mathrm{T}}\Delta\boldsymbol{x} &= (\nabla f(\boldsymbol{x}))^{\mathrm{T}}\left[-\frac{\nabla f(\boldsymbol{x})}{\|\nabla f(\boldsymbol{x})\|}\right] \\ &= -\frac{(\nabla f(\boldsymbol{x}))^{\mathrm{T}}\nabla f(\boldsymbol{x})}{\|\nabla f(\boldsymbol{x})\|} \\ &= -\frac{\|\nabla f(\boldsymbol{x})\|^2}{\|\nabla f(\boldsymbol{x})\|} = -\|\nabla f(\boldsymbol{x})\|\end{aligned}$$

由此可知，当 $\Delta\boldsymbol{x}$ 为负的梯度方向时，不等式(B.4)中的等号成立，也就是说 $(\nabla f(\boldsymbol{x}))^{\mathrm{T}}\Delta\boldsymbol{x}$ 取得最小值。因此，增量矢量的方向为负的梯度方向时，函数值下降得最快。最速下降法中每一轮应该按照下式进行迭代：

$$\boldsymbol{x} = \boldsymbol{x} + \Delta\boldsymbol{x} = \boldsymbol{x} - \eta\nabla f(\boldsymbol{x}) \tag{B.5}$$

其中参数 η 控制增量矢量的长度，在模式识别的算法中一般被称作“学习率”。与此类似，如果优化问题需要寻找的是极大值点，每次迭代中增量矢量应该沿着正的梯度方向。

梯度下降算法的过程是从一个随机的初始点 $\boldsymbol{x}_0$ 开始，每一轮迭代中计算当前点处的梯度矢量，然后根据公式(B.5)修正当前的优化点 $\boldsymbol{x}$。由于极值点处的梯度是0矢量，因此算法的收敛条件是判断当前点处梯度矢量的长度是否足够小，当达到一定的收敛精度后可以停止迭代。

梯度下降算法

■ 初始化：$\boldsymbol{x}_0, \eta, \boldsymbol{\theta}, i=0$

■ do

　□ 计算当前点 $\boldsymbol{x}_i$ 的梯度矢量：$\nabla f(\boldsymbol{x})\big|_{\boldsymbol{x}=\boldsymbol{x}_i}$；

　□ 更新优化解：$\boldsymbol{x}_{i+1} = \boldsymbol{x}_i - \eta\nabla f(\boldsymbol{x})\big|_{\boldsymbol{x}=\boldsymbol{x}_i}$；

　□ $i = i+1$

until $\|\eta\nabla f(\boldsymbol{x})\big|_{\boldsymbol{x}=\boldsymbol{x}_i}\| < \boldsymbol{\theta}$；

■ 输出优化解 $\boldsymbol{x}_i$；

参数 θ 为收敛精度，值越小，输出的解越接近于极小值点。梯度下降算法的优点是：算法简单，只要能够计算任意一点的梯度矢量就可以进行迭代优化；在设置合适的学习率 η 的条件下，算法具有收敛性，能够收敛于一个极小值点。

同样，梯度下降算法也存在着自身的缺点。首先是收敛速度慢，特别是在一些梯度值较小的区域表现得尤为明显；收敛性依赖于适合的学习率 η 的设置，而与初始点 $\boldsymbol{x}_0$ 的选择无关，但对于一个具体问题来说还没有能够直接确定 η 的方法，一般需要进行一定的尝试；梯度法只能够保证收敛于一个极值点，而无法一次计算出所有的极值点，具体收敛于哪一个极值点决定于初始点$\boldsymbol{x}_0$；同时，算法收敛的极值点不能保证是优化函数的最小值点，往往需要进行多次尝试，从得到的多个极值点中找出一个最小值点，但由于尝试的次数有限，因此也不能保证找到优化函数的最小值点。

B.3　牛顿法

采用梯度法对一个复杂的函数进行优化，迭代的收敛速度往往很慢。这主要是由于梯度法是利用一阶泰勒级数展开式在 $\boldsymbol{x}$ 附近用一个线性函数来近似优化 $f(\boldsymbol{x})$，当 $f(\boldsymbol{x})$ 是一个复杂的非线性函数时，近似的精度很低。二阶技术就是用二次函数来近似优化函数，降低近似误差，从而达到提高优化迭代效率的目的。下面，首先来看一下函数的二阶泰勒级数展开式：

$$f(\boldsymbol{x}+\Delta\boldsymbol{x}) \approx f(\boldsymbol{x}) + \left(\frac{\partial f}{\partial \boldsymbol{x}}\right)^{\mathrm{T}} \Delta\boldsymbol{x} + \frac{1}{2}\Delta\boldsymbol{x}^{\mathrm{T}}\boldsymbol{H}\Delta\boldsymbol{x} \tag{B.6}$$

其中 $\boldsymbol{H}$ 是 f 的二阶导数海森矩阵：

$$\boldsymbol{H} = \begin{bmatrix} \dfrac{\partial^2 f}{\partial x_1 \partial x_1} & \dfrac{\partial^2 f}{\partial x_1 \partial x_2} & \cdots & \dfrac{\partial^2 f}{\partial x_1 \partial x_m} \\ \dfrac{\partial^2 f}{\partial x_2 \partial x_1} & \dfrac{\partial^2 f}{\partial x_2 \partial x_2} & \cdots & \dfrac{\partial^2 f}{\partial x_2 \partial x_m} \\ \vdots & \vdots & & \vdots \\ \dfrac{\partial^2 f}{\partial x_m \partial x_1} & \dfrac{\partial^2 f}{\partial x_m \partial x_2} & \cdots & \dfrac{\partial^2 f}{\partial x_m \partial x_m} \end{bmatrix}$$

为了寻找使得 $f(\boldsymbol{x}+\Delta\boldsymbol{x})$ 最小的权值增量 $\Delta\boldsymbol{x}$，式(B.6) 对 $\Delta\boldsymbol{x}$ 微分求取极值点，同时考虑到 $\boldsymbol{H}$ 是对称矩阵：

$$\frac{\partial f}{\partial \boldsymbol{x}} + \boldsymbol{H}\Delta\boldsymbol{x} = 0,\ \Delta\boldsymbol{x} = -\boldsymbol{H}^{-1}\left(\frac{\partial f}{\partial \boldsymbol{x}}\right) \tag{B.7}$$

这样，就得到了在二阶泰勒级数近似条件下的最优权值增量，此方法一般被称为牛顿法。

牛顿法虽然形式上很简单，但在实际问题中往往无法直接应用。首先，当矢量 $\boldsymbol{x}$ 的维数 m 很大时，$m \times m$ 的海森矩阵 $\boldsymbol{H}$ 无论是计算、存储还是求逆的复杂度都很高；更严重的问题是函数 f 并不是一个二次函数，而牛顿法是建立在二阶近似基础之上的，这就导致了直接使用牛顿法并不能保证算法的收敛。牛顿法虽然无法直接使用，但受此启发人们提出了多种近似的二阶优化技术。

B.4　拟牛顿法

在牛顿法中存在着计算函数 $f(\boldsymbol{x})$ 的二阶导数矩阵 $\boldsymbol{H}$ 的困难，拟牛顿法利用函数的一阶导数(梯度) 来近似递推矩阵 $\boldsymbol{H}$。

类似于公式(B.6)，函数在$\boldsymbol{x}_{k+1}$ 附近的二阶泰勒级数展开为

$$f(\boldsymbol{x}) \approx f(\boldsymbol{x}_{k+1}) + \boldsymbol{g}_{k+1}^{\mathrm{T}}(\boldsymbol{x}-\boldsymbol{x}_{k+1}) + \frac{1}{2}(\boldsymbol{x}-\boldsymbol{x}_{k+1})^{\mathrm{T}}\boldsymbol{H}_{k+1}(\boldsymbol{x}-\boldsymbol{x}_{k+1}) \tag{B.8}$$

其中$\boldsymbol{g}_{k+1} = (\partial f/\partial \boldsymbol{x})_{\boldsymbol{x}=\boldsymbol{x}_{k+1}}$ 是函数 $f(\boldsymbol{x})$ 在$\boldsymbol{x}_{k+1}$ 处的梯度，$\boldsymbol{H}_{k+1}$ 是函数在$\boldsymbol{x}_{k+1}$ 处的海森矩阵。式(B.8) 两边对 $\boldsymbol{x}$ 求导：

$$\boldsymbol{g}(\boldsymbol{x}) \approx \boldsymbol{g}_{k+1} + \boldsymbol{H}_{k+1}(\boldsymbol{x} - \boldsymbol{x}_{k+1}) \tag{B.9}$$

将 $\boldsymbol{x}=\boldsymbol{x}_k$ 代入，为了表示方便，令$\boldsymbol{s}_k=\boldsymbol{x}_{k+1}-\boldsymbol{x}_k$，$\boldsymbol{y}_k=\boldsymbol{g}_{k+1}-\boldsymbol{g}_k$。如果$\boldsymbol{H}_{k+1}$ 可逆，则可得到拟牛顿方程：

$$\boldsymbol{H}_{k+1}\boldsymbol{s}_k=\boldsymbol{y}_k \tag{B.10}$$

拟牛顿法的关键是要用上一步的海森矩阵$\boldsymbol{H}_k$ 来递推当前的$\boldsymbol{H}_{k+1}$，因此需要对$\boldsymbol{H}_k$ 进行校正。假设$\boldsymbol{H}_{k+1}$ 可以通过对$\boldsymbol{H}_k$ 的秩二校正得到，即

$$\boldsymbol{H}_{k+1}=\boldsymbol{H}_k+a\boldsymbol{u}\boldsymbol{u}^{\mathrm{T}}+b\boldsymbol{v}\boldsymbol{v}^{\mathrm{T}} \tag{B.11}$$

将式(B.11)代入拟牛顿方程(B.10)，则有

$$\boldsymbol{H}_{k+1}\boldsymbol{s}_k=\boldsymbol{H}_k\boldsymbol{s}_k+a\boldsymbol{u}\boldsymbol{u}^{\mathrm{T}}\boldsymbol{s}_k+b\boldsymbol{v}\boldsymbol{v}^{\mathrm{T}}\boldsymbol{s}_k=\boldsymbol{y}_k \tag{B.12}$$

满足式(B.12)的$\boldsymbol{u}$、$\boldsymbol{v}$ 和 a、b 是不唯一的，可以选择：$\boldsymbol{u}=\boldsymbol{y}_k$，$\boldsymbol{v}=\boldsymbol{H}_k\boldsymbol{s}_k$，代入式(B.12)：

$$\boldsymbol{v}+a\boldsymbol{u}\boldsymbol{u}^{\mathrm{T}}\boldsymbol{s}_k+b\boldsymbol{v}\boldsymbol{v}^{\mathrm{T}}\boldsymbol{s}_k-\boldsymbol{u}=(a\boldsymbol{u}^{\mathrm{T}}\boldsymbol{s}_k-1)\boldsymbol{u}+(b\boldsymbol{v}^{\mathrm{T}}\boldsymbol{s}_k+1)\boldsymbol{v}=0$$

当$\boldsymbol{u}$ 和$\boldsymbol{v}$ 不为 0 矢量时有

$$a\boldsymbol{u}^{\mathrm{T}}\boldsymbol{s}_k=1, b\boldsymbol{v}^{\mathrm{T}}\boldsymbol{s}_k=-1$$

因此

$$a=\frac{1}{\boldsymbol{u}^{\mathrm{T}}\boldsymbol{s}_k}=\frac{1}{\boldsymbol{y}_k^{\mathrm{T}}\boldsymbol{s}_k}, b=-\frac{1}{\boldsymbol{v}^{\mathrm{T}}\boldsymbol{s}_k}=-\frac{1}{\boldsymbol{s}_k^{\mathrm{T}}\boldsymbol{H}_k\boldsymbol{s}_k} \tag{B.13}$$

代入式(B.11)，得到递推公式：

$$\boldsymbol{H}_{k+1}=\boldsymbol{H}_k+\frac{\boldsymbol{y}_k\boldsymbol{y}_k^{\mathrm{T}}}{\boldsymbol{y}_k^{\mathrm{T}}\boldsymbol{s}_k}-\frac{\boldsymbol{H}_k\boldsymbol{s}_k\boldsymbol{s}_k^{\mathrm{T}}\boldsymbol{H}_k}{\boldsymbol{s}_k^{\mathrm{T}}\boldsymbol{H}_k\boldsymbol{s}_k} \tag{B.14}$$

这样，我们就可以由上一步的海森矩阵$\boldsymbol{H}_k$、位置差$\boldsymbol{s}_k=\boldsymbol{x}_{k+1}-\boldsymbol{x}_k$ 以及梯度差$\boldsymbol{y}_k=\boldsymbol{g}_{k+1}-\boldsymbol{g}_k$ 来近似地递推计算当前的海森矩阵$\boldsymbol{H}_{k+1}$，而不需要计算函数 $f(\boldsymbol{x})$ 的二阶导数。在牛顿法中需要计算的是海森矩阵的逆矩阵(见公式(B.7))，而由式(B.14)迭代得到的近似矩阵存在奇异阵的可能性，同时逆矩阵的计算也相对比较复杂，因此常用的方法是直接递推海森矩阵的逆矩阵。由式(B.14)进一步的推导可以得到逆矩阵的递推公式：

$$\boldsymbol{H}_{k+1}^{-1}=\left(\boldsymbol{I}-\frac{\boldsymbol{s}_k\boldsymbol{y}_k^{\mathrm{T}}}{\boldsymbol{s}_k^{\mathrm{T}}\boldsymbol{y}_k}\right)\boldsymbol{H}_k^{-1}\left(\boldsymbol{I}-\frac{\boldsymbol{y}_k\boldsymbol{s}_k^{\mathrm{T}}}{\boldsymbol{s}_k^{\mathrm{T}}\boldsymbol{y}_k}\right)+\frac{\boldsymbol{s}_k\boldsymbol{s}_k^{\mathrm{T}}}{\boldsymbol{s}_k^{\mathrm{T}}\boldsymbol{y}_k} \tag{B.15}$$

(B.14)和(B.15)一般称为 BFGS 拟牛顿法递推公式。

BFGS 拟牛顿算法

■ 初始化：$\boldsymbol{x}_0$，$\boldsymbol{H}_0=\boldsymbol{I}$，$\boldsymbol{\theta}$，$k=0$

■ 计算$\boldsymbol{x}_0$ 处的梯度矢量$\boldsymbol{g}_0=\nabla f(\boldsymbol{x})\big|_{\boldsymbol{x}=\boldsymbol{x}_0}$；

■ do

- □ 计算优化方向：$\boldsymbol{d}_k=-\boldsymbol{H}_k^{-1}\boldsymbol{g}_k$；
- □ 沿方向$\boldsymbol{d}_k$ 进行 1 维搜索，使得$\boldsymbol{x}_{k+1}=\boldsymbol{x}_k+\alpha_k\boldsymbol{d}_k$ 为此方向上的极小值点，$\alpha_k>0$；
- □ 计算$\boldsymbol{x}_{k+1}$ 处的梯度矢量：$g_{k+1}=\nabla f(\boldsymbol{x})\big|_{\boldsymbol{x}=\boldsymbol{x}_{k+1}}$；
- □ 由公式(B.15)递推计算$\boldsymbol{H}_{k+1}^{-1}$；
- □ $k=k+1$

until $\| \boldsymbol{g}_{k+1} \| < \boldsymbol{\theta}$;
■ 输出优化解$\boldsymbol{x}_{k+1}$;

B.5 共轭梯度法

拟牛顿法解决了二阶导数矩阵$\boldsymbol{H}$的计算问题,但当矢量$\boldsymbol{x}$的维数m较大时,需要的存储量和矩阵乘法的计算量仍然较大。共轭梯度法也是一种近似的二阶方法,只需计算一阶导数,不需要计算和存储二阶导数矩阵。

对于$m \times m$矩阵$\boldsymbol{H}$来说,如果对于任意的两个矢量$\boldsymbol{d}_i$,$\boldsymbol{d}_j$满足$\boldsymbol{d}_i^{\mathrm{T}}\boldsymbol{H}\boldsymbol{d}_j=0, i \neq j, i,j=0,1,\cdots,m-1$,则称$\boldsymbol{d}_0,\cdots,\boldsymbol{d}_{m-1}$是关于矩阵$\boldsymbol{H}$的一组共轭矢量。显然,当$\boldsymbol{H}$为单位矩阵$\boldsymbol{I}$时,这组共轭矢量之间是相互正交的。

下面来看一下优化函数$f(\boldsymbol{x})$为二次正定函数的情况:$f(\boldsymbol{x})=\boldsymbol{x}^{\mathrm{T}}\boldsymbol{H}\boldsymbol{x}+\boldsymbol{u}^{\mathrm{T}}\boldsymbol{x}+c$,其中$\boldsymbol{H}$为$n \times n$的正定对称矩阵。先来证明这样一个事实:如果采用共轭方向算法从任意的起始点$\boldsymbol{x}_0$出发,每一轮迭代都是沿着矩阵$\boldsymbol{H}$的一组共轭矢量方向$\boldsymbol{d}_0,\cdots,\boldsymbol{d}_{m-1}$做1维搜索,找到在一个共轭方向上的最小值点,那么只需要m轮迭代就可以找到函数$f(\boldsymbol{x})$的最小值点。

共轭方向算法:

(1) 初始化起始点$\boldsymbol{x}_0$,一组关于矩阵$\boldsymbol{H}$的共轭矢量$\boldsymbol{d}_0,\cdots,\boldsymbol{d}_{m-1}$,$k=0$;

(2) 计算α_k和$\boldsymbol{x}_{k+1}$,使得

$$f(\boldsymbol{x}_k+\alpha_k \boldsymbol{d}_k)=\min_{\alpha} f(\boldsymbol{x}_k+\alpha \boldsymbol{d}_k)$$

$$\boldsymbol{x}_{k+1}=\boldsymbol{x}_k+\alpha_k \boldsymbol{d}_k$$

(3) 转到(2),直到$k=m-1$为止。

上述事实可以由如下定理的证明得到:

【定理 B.1】 对于正定二次优化函数$f(\boldsymbol{x})$,如果按照共轭方向进行搜索,至多经过m步精确的线性搜索可以终止;并且每一个$\boldsymbol{x}_{i+1}$都是在$\boldsymbol{x}_0$和方向$\boldsymbol{d}_0,\cdots,\boldsymbol{d}_i$所张成的线性流形$\left\{x \mid x=\boldsymbol{x}_0+\sum_{j=0}^{i}\alpha_j \boldsymbol{d}_j\right\}$中的极值点。

证明 令$\boldsymbol{g}_i$为第i步的梯度,即$\boldsymbol{g}_i=\nabla f(\boldsymbol{x})\big|_{\boldsymbol{x}=\boldsymbol{x}_i}$。上述定理实际上只需证明,对$\forall j \leqslant i$,$\boldsymbol{g}_{i+1}^{\mathrm{T}}\boldsymbol{d}_j=0$即可。因为$\boldsymbol{g}_{i+1}$正交于$\boldsymbol{d}_0,\cdots,\boldsymbol{d}_i$,则$\boldsymbol{g}_{i+1}$正交于它们所张成的线性流形,$\boldsymbol{x}_{i+1}=\boldsymbol{x}_0+\sum_{j=0}^{i}\alpha_j \boldsymbol{d}_j$包含在此线性流形中,因此在此线性流形中$f(\boldsymbol{x})$的梯度为0,即$\boldsymbol{x}_{i+1}$为在线性流形上的极值点。当$i+1=m$时,$\boldsymbol{d}_0,\cdots,\boldsymbol{d}_{m-1}$所张成的线性流形即为整个$m$维空间$\mathbf{R}^m$,只有当$\boldsymbol{g}_m=0$时,才有$\boldsymbol{g}_m^{\mathrm{T}}\boldsymbol{d}_j=0$成立,因此$\boldsymbol{x}_m$为极值点。

梯度$\boldsymbol{g}=\nabla f(\boldsymbol{x})=\boldsymbol{H}\boldsymbol{x}+\boldsymbol{u}$,因此两次迭代之间梯度的差值矢量为

$$\boldsymbol{g}_{k+1}-\boldsymbol{g}_k=\boldsymbol{H}(\boldsymbol{x}_{k+1}-\boldsymbol{x}_k)=\alpha_k\boldsymbol{H}\boldsymbol{d}_k \tag{B.16}$$

对于$\forall j < i$:

$$\begin{aligned}
\boldsymbol{g}_{i+1}^{\mathrm{T}}\boldsymbol{d}_j &= \boldsymbol{g}_{i+1}^{\mathrm{T}}\boldsymbol{d}_j-\boldsymbol{g}_i^{\mathrm{T}}\boldsymbol{d}_j+\boldsymbol{g}_i^{\mathrm{T}}\boldsymbol{d}_j-\boldsymbol{g}_{i-1}^{\mathrm{T}}\boldsymbol{d}_j+\boldsymbol{g}_{i-1}^{\mathrm{T}}\boldsymbol{d}_j-\cdots+\boldsymbol{g}_{j+1}^{\mathrm{T}}\boldsymbol{d}_j \\
&= \boldsymbol{g}_{j+1}^{\mathrm{T}}\boldsymbol{d}_j+\sum_{k=j+1}^{i}(\boldsymbol{g}_{k+1}-\boldsymbol{g}_k)^{\mathrm{T}}\boldsymbol{d}_j \\
&= \boldsymbol{g}_{j+1}^{\mathrm{T}}\boldsymbol{d}_j+\sum_{k=j+1}^{i}\alpha_k \boldsymbol{d}_k^{\mathrm{T}}\boldsymbol{H}\boldsymbol{d}_j
\end{aligned}$$

$\boldsymbol{x}_{j+1}$ 是沿着 $\boldsymbol{d}_j$ 方向搜索的极值点，因此 $\boldsymbol{g}_{j+1}^{\mathrm{T}}\boldsymbol{d}_j=0$，而 $\boldsymbol{d}_0,\cdots,\boldsymbol{d}_i$ 互为共轭，所以有 $\sum_{k=j+1}^{i}\alpha_k\boldsymbol{d}_k^{\mathrm{T}}\boldsymbol{H}\boldsymbol{d}_j=0$，因此

$$\boldsymbol{g}_{i+1}^{\mathrm{T}}\boldsymbol{d}_j=0$$

上述定理得证。

由此可以看出，当优化函数 $f(\boldsymbol{x})$ 是二次函数时，共轭方向法只需经过 m 轮迭代就可以收敛于函数的最小值点。如果函数 $f(\boldsymbol{x})$ 不是二次函数，仍然可以在每一轮迭代中沿着海森矩阵 $\boldsymbol{H}$ 的共轭方向搜索到极小值点，只不过不能保证算法经过 m 轮迭代收敛，一般需要更多的迭代次数。

使用这种方法还需要解决的一个问题是，如何得到关于优化函数 $f(\boldsymbol{x})$ 海森矩阵 $\boldsymbol{H}$ 的一组共轭方向矢量，而不需要计算出矩阵 $\boldsymbol{H}$。实际上任意给定一个初始的方向 $\boldsymbol{d}_0$ 就可以确定一组关于矩阵 $\boldsymbol{H}$ 的共轭方向矢量，在共轭梯度法中一般选择初始点 $\boldsymbol{x}_0$ 处的负梯度方向作为初始方向：

$$\boldsymbol{d}_0=-\boldsymbol{g}_0=-\left(\frac{\partial f}{\partial\boldsymbol{x}}\right)_{x=x_0}\tag{B.17}$$

而第 $k+1$ 步的共轭方向矢量 $\boldsymbol{d}_{k+1}$，由第 $k+1$ 步的负梯度方向 $-\boldsymbol{g}_{k+1}$ 与第 k 步的共轭方向矢量 $\boldsymbol{d}_k$ 的线性组合得到：

$$\boldsymbol{d}_{k+1}=-\boldsymbol{g}_{k+1}+\beta_k\boldsymbol{d}_k\tag{B.18}$$

组合系数 β_k 的确定有多种方式，常用的包括：

Crowder-Wolfe 公式：

$$\beta_k=\frac{\boldsymbol{g}_{k+1}^{\mathrm{T}}(\boldsymbol{g}_{k+1}-\boldsymbol{g}_k)}{\boldsymbol{d}_k^{\mathrm{T}}(\boldsymbol{g}_{k+1}-\boldsymbol{g}_k)}\tag{B.19}$$

Fletcher-Reeves 公式：

$$\beta_k=\frac{\boldsymbol{g}_{k+1}^{\mathrm{T}}\boldsymbol{g}_{k+1}}{\boldsymbol{g}_k^{\mathrm{T}}\boldsymbol{g}_k}\tag{B.20}$$

Polak-Ribiere-Polyak 公式：

$$\beta_k=\frac{\boldsymbol{g}_{k+1}^{\mathrm{T}}(\boldsymbol{g}_{k+1}-\boldsymbol{g}_k)}{\boldsymbol{g}_k^{\mathrm{T}}\boldsymbol{g}_k}\tag{B.21}$$

共轭梯度算法

■ 初始化：$\boldsymbol{x}_0,\boldsymbol{\theta},k=0$

■ 计算 $\boldsymbol{x}_0$ 处的负梯度矢量作为初始的搜索方向：$\boldsymbol{d}_0=-\boldsymbol{g}_0=-\nabla f(\boldsymbol{x})\big|_{x=x_0}$；

■do

　□ 沿着共轭方向 $\boldsymbol{d}_k$ 搜索局部最小值点，即求解优化问题；

$$f(\boldsymbol{x}_k+\alpha_k\boldsymbol{d}_k)=\min_{\alpha}f(\boldsymbol{x}_k+\alpha\boldsymbol{d}_k)$$

　□ $\boldsymbol{x}_{k+1}=\boldsymbol{x}_k+\alpha_k\boldsymbol{d}_k$

　□ 计算 $\boldsymbol{x}_{k+1}$ 处的梯度矢量：$g_{k+1}=\nabla f(\boldsymbol{x})\big|_{x=x_{k+1}}$；

　□ 由公式(B.18)以及(B.19)、(B.20)、(B.21)中的一个计算下一个搜索方向 $\boldsymbol{d}_{k+1}$；

　□ $k=k+1$

until $\| \boldsymbol{g}_{k+1} \| < \boldsymbol{\theta}$;

■ 输出优化解$\boldsymbol{x}_{k+1}$;

B.6　约束优化

前面介绍的几种方法，解决的都是直接针对函数 $f(\boldsymbol{x})$ 的优化问题，解矢量$\boldsymbol{x}^*$ 可以是 $\mathbf{R}^m$ 空间中的任意矢量，一般称为“无约束优化”。在模式识别中，经常还会遇到另外一类“约束优化”问题，要求解矢量满足一定的约束条件。约束优化问题的一般形式可以表示为

$$\min_{\boldsymbol{x} \in \mathbf{R}^m} f(\boldsymbol{x}) \tag{B.22}$$

约束：

$$c_i(\boldsymbol{x}) = 0, \quad i = 1, \cdots, l$$
$$c_i(\boldsymbol{x}) \leqslant 0, \quad i = l+1, \cdots, k$$

其中前 l 个称为等式约束，后 $k-l$ 个称为不等式约束。对于约束优化问题的严格证明比较复杂，需要的数学知识超出了本书的范畴，下面简单介绍两种正文中需要用到的约束问题求解方法。

1. 线性等式约束优化问题

在这类问题中只包含等式约束，并且函数 $c_i(\boldsymbol{x})$ 均为线性函数。先看一个二维矢量和一个线性约束的简单例子：

$$\min_{\boldsymbol{x} \in \mathbf{R}^2} f(\boldsymbol{x}) = x_1^2 + x_2^2 \tag{B.23}$$

约束：

$$\boldsymbol{a}^{\mathrm{T}} \boldsymbol{x} = b$$

图 B.1 中虚线表示的是优化函数 $f(\boldsymbol{x})$ 的等值线，而实线是满足约束条件的点所在的直线，优化问题的解$\boldsymbol{x}^*$ 应该在这条直线上。显然这条直线上函数值最小的点处于直线与 $f(\boldsymbol{x})$ 等值线相切的位置，即在$\boldsymbol{x}^*$ 处优化函数的梯度矢量$\nabla f(x^*)$与直线正交，与直线的权值矢量 $\boldsymbol{a}$ 共线，因此$\boldsymbol{x}^*$ 是如下方程组的解：

$$\begin{cases} \nabla f(\boldsymbol{x}) = \dfrac{\partial f(\boldsymbol{x})}{\partial \boldsymbol{x}} = \lambda \boldsymbol{a} \\ \boldsymbol{a}^{\mathrm{T}} \boldsymbol{x} = b \end{cases} \tag{B.24}$$

如果构造一个函数：

$$L(\boldsymbol{x}, \lambda) = f(\boldsymbol{x}) - \lambda(\boldsymbol{a}^{\mathrm{T}} \boldsymbol{x} - b) \tag{B.25}$$

那么就会发现

$$\frac{\partial L(\boldsymbol{x}, \lambda)}{\partial \boldsymbol{x}} = \frac{\partial f(\boldsymbol{x})}{\partial \boldsymbol{x}} - \lambda \boldsymbol{a} = 0, \frac{\partial L(\boldsymbol{x}, \lambda)}{\partial \lambda} = -\boldsymbol{a}^{\mathrm{T}} \boldsymbol{x} + b = 0 \tag{B.26}$$

刚好得到了式(B.24)的方程组。换句话说就是，式(B.23)的约束优化问题可以转化为求解函数 $L(\boldsymbol{x}, \lambda)$ 的无约束优化极值问题。函数 $L(\boldsymbol{x}, \lambda)$ 称为 Lagrange 函数，而 λ 称为 Lagrange 系数。

对于 m 维矢量的优化，以及多个线性等式约束的问题也有同样的结果。将所有的线性约束写成矩阵形式：

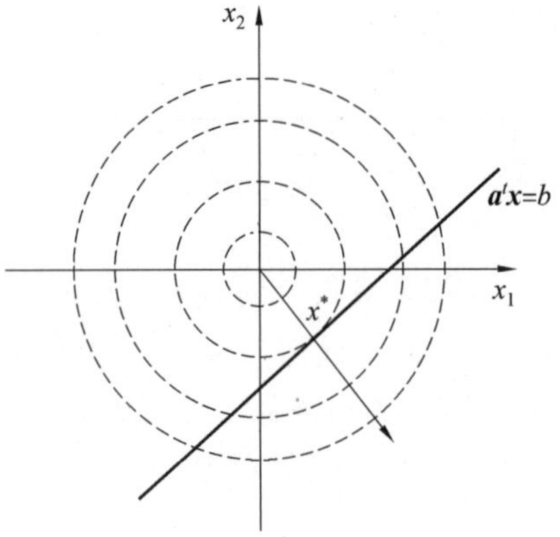

图 B.1　极值点处优化函数的梯度与线性约束的权值矢量共线

$$\min_{x\in \mathbf{R}^m} f(\boldsymbol{x}) \tag{B.27}$$

约束：

$$\boldsymbol{Ax}=\boldsymbol{b}$$

可以证明，上述约束优化问题可以通过构造 Lagrange 函数转化为无约束问题求解：

$$L(\boldsymbol{x},\boldsymbol{\lambda})=f(\boldsymbol{x})-\boldsymbol{\lambda}^{\mathrm{T}}(\boldsymbol{Ax}-\boldsymbol{b})=f(\boldsymbol{x})-\sum_{i=1}^{l}\lambda_i(a_i^{\mathrm{T}}\boldsymbol{x}-b_i) \tag{B.28}$$

Lagrange 函数的极值点满足方程：

$$\begin{cases}\dfrac{\partial L(\boldsymbol{x},\boldsymbol{\lambda})}{\partial \boldsymbol{x}}=\dfrac{\partial f(\boldsymbol{x})}{\partial \boldsymbol{x}}-\boldsymbol{A}^{\mathrm{T}}\boldsymbol{\lambda}=0\\ \dfrac{\partial L(\boldsymbol{x},\boldsymbol{\lambda})}{\partial \boldsymbol{\lambda}}=\boldsymbol{Ax}-\boldsymbol{b}=0\end{cases} \tag{B.29}$$

2. 不等式约束优化问题

不等式约束优化问题的一般形式是：

$$\min_{x\in \mathbf{R}^m} f(\boldsymbol{x}) \tag{B.30}$$

约束：

$$c_i(\boldsymbol{x})\leqslant 0, i=1,\cdots,k$$

类似于等式约束优化，引入 Lagrange 函数：

$$L(\boldsymbol{x},\boldsymbol{\lambda})=f(\boldsymbol{x})+\sum_{i=1}^{k}\lambda_i c_i(\boldsymbol{x}) \tag{B.31}$$

可以证明优化问题(B.30)的最优解 $\boldsymbol{x}^*$，满足如下一组必要条件，称为 Karush-Kuhn-Tucker(KKT)条件：

(1)$\partial L(\boldsymbol{x}^*,\boldsymbol{\lambda})/\partial \boldsymbol{x}=0$；

(2)$\lambda_i\geqslant 0, i=1,2,\cdots,k$；

(3)$\lambda_i c_i(\boldsymbol{x}^*)=0, i=1,2,\cdots,k$。

因此，不等式约束优化问题可以通过求解上述三式得到极值点。观察条件 2 和 3 可以得出这样一个关于约束不等式的结论：当某一个不等式在极值点 $\boldsymbol{x}^*$ 上是以 $c_i(\boldsymbol{x})<0$ 的方式得到满足时，对应的 Lagrange 系数 $\lambda_i=0$；当以 $c_i(\boldsymbol{x})=0$ 的形式满足时，$\lambda_i>0$。

附录C　概 率 论

C.1　离散随机变量和连续随机变量

如果随机事件 A 可能的取值集合为 $A=\{A_1,A_2,\cdots,A_c\}$，那么 A 称为一个离散型随机变量。模式识别中的分类器可以将输入的模式判别为某一个类别，类别就是一个离散随机变量，只有若干有限的取值可能。离散型随机变量可以用它每一个可能取值的概率来描述：$P(A_i)=P(A=A_i)$，离散随机变量的概率满足：

$$P(A_i)\geqslant 0,\quad i=1,\cdots,c$$

$$\sum_{i=1}^{c}P(A_i)=1$$

如果随机事件 x 的取值范围是整个实数域 $\mathbf{R}$，那么 x 称为一个连续型随机变量。连续随机变量需要用概率密度函数 $p(x)$ 来描述，概率密度函数满足：

$$p(x)\geqslant 0,\int_{-\infty}^{+\infty}p(x)\,\mathrm{d}x=1$$

d 个随机事件放到一起可以表示为一个随机矢量 $\boldsymbol{x}=(x_1,x_2,\cdots,x_d)^{\mathrm{T}}$，其中的每一维元素 x_i 均为随机变量。所有元素均为离散随机变量的矢量称为离散随机矢量，所有元素均为连续随机变量的矢量称为连续随机矢量。模式识别中使用特征矢量来描述每个模式，特征矢量就可以看作是一个随机矢量，本书中所涉及的大多数特征矢量均为连续随机矢量。连续随机矢量也可以用概率密度函数 $p(\boldsymbol{x})$ 来描述，满足

$$p(\boldsymbol{x})\geqslant 0,\int_{\mathbf{R}^d}p(\boldsymbol{x})\,\mathrm{d}\boldsymbol{x}=1$$

其中的积分为 d 重积分，积分区间是整个 d 维实数空间。

C.2　联合概率和条件概率

A，B 两个随机事件同时发生的概率称为联合概率：$P(A,B)$，对于连续型随机变量 x，y，则用联合概率密度函数 $p(x,y)$ 来描述。实际上随机矢量的概率密度函数就是所有元素的联合概率密度函数：$p(\boldsymbol{x})=p(x_1,x_2,\cdots,x_d)$。

事件 A 发生条件下 B 发生的概率称为条件概率：$P(B|A)$，联合概率和条件概率之间存在如下关系：

$$P(A,B)=P(B|A)\times P(A)=P(A|B)\times P(B)\tag{C.1}$$

这样的关系在连续随机变量之间，以及连续与离散随机变量之间都存在，例如：

$$p(x|A)\times P(A)=P(A|x)\times p(x)\tag{C.2}$$

如果随机事件 A 和 B 满足：$P(A,B)=P(A)\times P(B)$，则称 A 和 B 之间相互独立。显然，对于独立的随机事件有：$P(B|A)=P(B)$。

C.3　贝叶斯公式

贝叶斯公式在模式识别中有着重要的应用，可以由公式(C.1)简单地得到

$$P(A|B)=\frac{P(B|A)\times P(A)}{P(B)} \tag{C.3}$$

在条件概率 $P(A|B)$ 中事件 A 可以看作是结果，而事件 B 则是事件 A 发生的原因。贝叶斯公式从形式上看是因果关系的倒置，提供了一种由结果推理事件发生原因的手段。在模式识别中常用的是一种离散－连续混合形式的贝叶斯公式：

$$P(A|x)=\frac{p(x|A)\times P(A)}{p(x)} \tag{C.4}$$

式中　A——离散随机变量；

x——连续随机变量(或矢量)。

C.4　全概公式

全概公式也是模式识别中常用的一个概率公式，它提供了一种由联合概率计算其中某个事件发生概率的方法。假设 B 为离散随机事件，事件 A 的可能取值集合为 $A=\{A_1,A_2,\cdots,A_c\}$，则有

$$P(B)=\sum_{i=1}^{c}P(B,A=A_i)=\sum_{i=1}^{c}P(B|A_i)P(A_i) \tag{C.5}$$

对于连续随机矢量 $\boldsymbol{x},\boldsymbol{y}$，全概公式为

$$p(\boldsymbol{y})=\int_{\mathbf{R}^d}p(\boldsymbol{x},\boldsymbol{y})\,\mathrm{d}\boldsymbol{x}=\int_{\mathbf{R}^d}p(\boldsymbol{y}|\boldsymbol{x})p(\boldsymbol{x})\,\mathrm{d}\boldsymbol{x} \tag{C.6}$$

其中 $\boldsymbol{x}\in\mathbf{R}^d$，有时 $p(\boldsymbol{y})$ 也被称作边缘概率密度。全概公式的含义可以理解为：如果考虑到了所有导致事件 B 发生的可能原因 $A_1,A_2,\cdots,A_c$ 的发生概率，以及每个原因发生条件下 B 发生的条件概率，那么就可以计算出来事件 B 所发生的概率。

附录 D　高斯分布参数的极大似然估计

样本集合 $D=\{\boldsymbol{x}_1,\cdots,\boldsymbol{x}_n\}$ 独立抽样自均值为 $\boldsymbol{\mu}$，协方差矩阵为 $\boldsymbol{\Sigma}$ 的高斯分布。建立对数似然函数：

$$l(\boldsymbol{\mu},\boldsymbol{\Sigma})=\sum_{i=1}^{n}\ln\,p(\boldsymbol{x}_i|\boldsymbol{\mu},\boldsymbol{\Sigma})$$

其中

$$\begin{aligned}\ln\,p(\boldsymbol{x}_i|\boldsymbol{\mu},\boldsymbol{\Sigma})&=\ln\left[\frac{1}{(2\pi)^{d/2}\,|\boldsymbol{\Sigma}|^{1/2}}\exp\left(-\frac{1}{2}(\boldsymbol{x}_i-\boldsymbol{\mu})^{\mathrm{T}}\boldsymbol{\Sigma}^{-1}(\boldsymbol{x}_i-\boldsymbol{\mu})\right)\right]\\&=-\frac{d}{2}\ln(2\pi)-\frac{1}{2}\ln|\boldsymbol{\Sigma}|-\frac{1}{2}(\boldsymbol{x}_i-\boldsymbol{\mu})^{\mathrm{T}}\boldsymbol{\Sigma}^{-1}(\boldsymbol{x}_i-\boldsymbol{\mu})\end{aligned}$$

因此，对数似然函数为

$$l(\boldsymbol{\mu},\boldsymbol{\Sigma})=\sum_{i=1}^{n}\left[-\frac{d}{2}\ln(2\pi)-\frac{1}{2}\ln|\boldsymbol{\Sigma}|-\frac{1}{2}(\boldsymbol{x}_i-\boldsymbol{\mu})^{\mathrm{T}}\boldsymbol{\Sigma}^{-1}(\boldsymbol{x}_i-\boldsymbol{\mu})\right] \tag{D.1}$$

首先来推导均值矢量 $\boldsymbol{\mu}$ 的最大似然估计。对数似然函数对均值矢量 $\boldsymbol{\mu}$ 求偏导数及极值：

$$\frac{\partial l(\boldsymbol{\mu},\boldsymbol{\Sigma})}{\partial\boldsymbol{\mu}}=\sum_{i=1}^{n}\boldsymbol{\Sigma}^{-1}(\boldsymbol{x}_i-\boldsymbol{\mu})=\boldsymbol{\Sigma}^{-1}\left[\sum_{i=1}^{n}(\boldsymbol{x}_i-\boldsymbol{\mu})\right]=\mathbf{0}$$

这里利用了协方差矩阵为对称矩阵的事实，上式两边左乘 $\boldsymbol{\Sigma}$：

$$\sum_{i=1}^{n}(\boldsymbol{x}_i-\boldsymbol{\mu})=\sum_{i=1}^{n}\boldsymbol{x}_i-n\boldsymbol{\mu}=\boldsymbol{0}$$

这样就得到了均值矢量 $\boldsymbol{\mu}$ 的最大似然估计：

$$\boldsymbol{\mu}=\frac{1}{n}\sum_{i=1}^{n}\boldsymbol{x}_i$$

协方差矩阵 $\boldsymbol{\Sigma}$ 的最大似然估计推导要复杂一些。首先给出需要用到的几个关于 $d\times d$ 维方阵 $\boldsymbol{A}$ 的基本性质：

(1) 逆矩阵的行列式值等于行列式值的倒数：

$$|\boldsymbol{A}^{-1}|=\frac{1}{|\boldsymbol{A}|}$$

(2) 令 $f(\boldsymbol{A})=|\boldsymbol{A}|$，则矩阵 $\boldsymbol{A}$ 的行列式值对矩阵的导数：

$$\frac{\partial f(\boldsymbol{A})}{\partial\boldsymbol{A}}=\frac{\partial(|\boldsymbol{A}|)}{\partial\boldsymbol{A}}=|\boldsymbol{A}|\boldsymbol{A}^{-1}$$

(3) 令 $g(\boldsymbol{A})=\boldsymbol{x}^{\mathrm{T}}\boldsymbol{A}\boldsymbol{y}$，$\boldsymbol{x}$ 和 $\boldsymbol{y}$ 为 d 维列矢量，函数 $g(\boldsymbol{A})$ 对矩阵 $\boldsymbol{A}$ 的导数：

$$\frac{\partial g(\boldsymbol{A})}{\partial\boldsymbol{A}}=\boldsymbol{x}\,\boldsymbol{y}^{\mathrm{T}}$$

根据性质 1，公式(D.1) 的对数似然函数可以写成：

$$l(\boldsymbol{\mu},\boldsymbol{\Sigma})=\sum_{i=1}^{n}\left[-\frac{d}{2}\ln(2\pi)+\frac{1}{2}\ln|\boldsymbol{\Sigma}^{-1}|-\frac{1}{2}(\boldsymbol{x}_i-\boldsymbol{\mu})^{\mathrm{T}}\boldsymbol{\Sigma}^{-1}(\boldsymbol{x}_i-\boldsymbol{\mu})\right]\tag{D.2}$$

$l(\boldsymbol{\mu},\boldsymbol{\Sigma})$ 对协方差矩阵的逆阵 $\boldsymbol{\Sigma}^{-1}$ 求偏导数及极值：

$$\begin{aligned}\frac{\partial l(\boldsymbol{\mu},\boldsymbol{\Sigma})}{\partial\boldsymbol{\Sigma}^{-1}}&=\sum_{i=1}^{n}\left\{\frac{1}{2}\frac{\partial(\ln|\boldsymbol{\Sigma}^{-1}|)}{\partial\boldsymbol{\Sigma}^{-1}}-\frac{1}{2}\frac{\partial}{\partial\boldsymbol{\Sigma}^{-1}}\left[(\boldsymbol{x}_i-\boldsymbol{\mu})^{\mathrm{T}}\boldsymbol{\Sigma}^{-1}(\boldsymbol{x}_i-\boldsymbol{\mu})\right]\right\}\\&=\sum_{i=1}^{n}\left[\frac{1}{2}\frac{1}{|\boldsymbol{\Sigma}^{-1}|}\frac{\partial|\boldsymbol{\Sigma}^{-1}|}{\partial\boldsymbol{\Sigma}^{-1}}-\frac{1}{2}(\boldsymbol{x}_i-\boldsymbol{\mu})(\boldsymbol{x}_i-\boldsymbol{\mu})^{\mathrm{T}}\right]\\&=\sum_{i=1}^{n}\left[\frac{1}{2}\frac{1}{|\boldsymbol{\Sigma}^{-1}|}|\boldsymbol{\Sigma}^{-1}|\boldsymbol{\Sigma}-\frac{1}{2}(\boldsymbol{x}_i-\boldsymbol{\mu})(\boldsymbol{x}_i-\boldsymbol{\mu})^{\mathrm{T}}\right]\\&=\frac{1}{2}\sum_{i=1}^{n}\left[\boldsymbol{\Sigma}-(\boldsymbol{x}_i-\boldsymbol{\mu})(\boldsymbol{x}_i-\boldsymbol{\mu})^{\mathrm{T}}\right]\\&=\frac{n}{2}\boldsymbol{\Sigma}-\frac{1}{2}\sum_{i=1}^{n}(\boldsymbol{x}_i-\boldsymbol{\mu})(\boldsymbol{x}_i-\boldsymbol{\mu})^{\mathrm{T}}\\&=0\end{aligned}$$

其中第 2 行和第 3 行分别用到了性质 3 和性质 2，由此可以得到

$$\boldsymbol{\Sigma}=\frac{1}{n}\sum_{i=1}^{n}(\boldsymbol{x}_i-\boldsymbol{\mu})(\boldsymbol{x}_i-\boldsymbol{\mu})^{\mathrm{T}}$$

附录 E　高斯混合模型 EM 算法的迭代公式

首先来推导一般混合密度模型参数估计的 EM 算法迭代公式，然后再将一般的混合密度模型具体化为高斯混合模型。

E.1 混合密度模型

假设样本集 $X=\{\boldsymbol{x}_1,\cdots,\boldsymbol{x}_n\}$ 中的样本相互独立，并且按照如下的过程产生：

(1) 样本是依据概率由 K 个分布中的一个产生的，分布的概率密度函数为 $p(\boldsymbol{x}|\boldsymbol{\theta}_k)$，$k=1,\cdots,K$，$\boldsymbol{\theta}_k$ 为分布的参数；

(2) 由第 k 个分布产生样本的先验概率为 α_k；

(3) 先验概率 $\boldsymbol{\alpha}=(\alpha_1,\cdots,\alpha_K)^{\mathrm{T}}$，以及分布的参数 $\boldsymbol{\theta}_1,\cdots,\boldsymbol{\theta}_K$ 均未知。

称样本集 X 来自于一个"混合密度模型"，混合密度模型的概率密度函数为

$$p(\boldsymbol{x}|\boldsymbol{\Theta})=\sum_{k=1}^{K}\alpha_k p(\boldsymbol{x}|\boldsymbol{\theta}_k) \tag{E.1}$$

其中 $\boldsymbol{\Theta}=(\boldsymbol{\alpha},\boldsymbol{\theta}_1,\cdots,\boldsymbol{\theta}_K)$ 为模型的参数，每个 $p(\boldsymbol{x}|\boldsymbol{\theta}_k)$ 称为一个分量密度。

E.2 混合密度模型参数估计的 EM 迭代公式

混合密度模型的参数估计中，由于样本是由哪个分量密度所产生的信息 $Y=\{y_1,\cdots,y_n\}$ 是未知的，因此需要将其视作"丢失"信息，使用 EM 算法进行估计。EM 算法中 E 步和 M 步的迭代公式：

$$\text{E 步}: Q(\boldsymbol{\Theta};\boldsymbol{\Theta}^g)=E_Y[\ln p(X,Y|\boldsymbol{\Theta})\,|\,X,\boldsymbol{\Theta}^g] \tag{E.2}$$

$$\text{M 步}: \boldsymbol{\Theta}^*=\arg\max_{\boldsymbol{\Theta}} Q(\boldsymbol{\Theta};\boldsymbol{\Theta}^g) \tag{E.3}$$

其中 $\boldsymbol{\Theta}^g$ 是对参数 $\boldsymbol{\Theta}$ 的一个猜测值。E 步计算的是在已知样本集 X 和参数猜测值 $\boldsymbol{\Theta}^g$ 的条件下期望对数似然函数；而 M 步则是对 $Q(\boldsymbol{\Theta};\boldsymbol{\Theta}^g)$ 的优化。更新参数的猜测值设置：$\boldsymbol{\Theta}^g=\boldsymbol{\Theta}^*$，进入下一轮迭代。

1. E 步期望对数似然函数 $Q(\boldsymbol{\Theta};\boldsymbol{\Theta}^g)$ 的推导：

训练样本 $\boldsymbol{x}_i$ 是由第 y_i 个分量密度函数产生的，$y_i=1,\cdots,K$，这两个随机事件的联合概率密度：

$$p(\boldsymbol{x}_i,y_i|\boldsymbol{\Theta})=\alpha_{y_i}p(\boldsymbol{x}_i|\boldsymbol{\theta}_{y_i})$$

因此，关于完整数据集 $D=\{X,Y\}$ 的对数似然函数为

$$l(\boldsymbol{\Theta})=\ln p(X,Y|\boldsymbol{\Theta})=\sum_{i=1}^{n}\ln[\alpha_{y_i}p(\boldsymbol{x}_i|\boldsymbol{\theta}_{y_i})] \tag{E.4}$$

另外根据贝叶斯公式，在已知参数的一个猜测值 $\boldsymbol{\Theta}^g=(\alpha_1^g,\cdots,\alpha_K^g,\boldsymbol{\theta}_1^g,\cdots,\boldsymbol{\theta}_K^g)$ 和样本 $\boldsymbol{x}_i$ 的条件下，$\boldsymbol{x}_i$ 由第 y_i 个分量产生的概率为

$$P(y_i|\boldsymbol{x}_i,\boldsymbol{\Theta}^g)=\frac{p(\boldsymbol{x}_i,y_i|\boldsymbol{\Theta}^g)}{p(\boldsymbol{x}_i|\boldsymbol{\Theta}^g)}=\frac{a_{y_i}^g p(\boldsymbol{x}_i|\boldsymbol{\theta}_{y_i}^g)}{\sum_{k=1}^{K}a_k^g p(\boldsymbol{x}_i|\boldsymbol{\theta}_k^g)} \tag{E.5}$$

考虑到样本的独立同分布性，y_i 只与 $\boldsymbol{x}_i$ 有关，独立于其他 $\boldsymbol{x}_j$ 和 y_j，$j\neq i$，因此

$$P(Y|X,\boldsymbol{\Theta}^g)=P(y_1,\cdots,y_n|\boldsymbol{x}_1,\cdots,\boldsymbol{x}_n,\boldsymbol{\Theta}^g)=\prod_{i=1}^{n}P(y_i|\boldsymbol{x}_i,\boldsymbol{\Theta}^g) \tag{E.6}$$

将式(E.4)、(E.6) 代入到式(E.2)E 步的期望对数似然函数，同时考虑到每一个 y_i 是离散的，只取 $\{1,\cdots,K\}$ 中的某一个值，对 Y 的数学期望可以由如下的求和式计算：

$$
\begin{aligned}
Q(\boldsymbol{\Theta};\boldsymbol{\Theta}^g) &= \sum_{y_1=1}^{K}\sum_{y_2=1}^{K}\cdots\sum_{y_n=1}^{K}\ln p(X,Y|\boldsymbol{\Theta})P(Y|X,\boldsymbol{\Theta}^g) \\
&= \sum_{y_1=1}^{K}\sum_{y_2=1}^{K}\cdots\sum_{y_n=1}^{K}\left\{\sum_{i=1}^{n}\ln[\alpha_{y_i}p(\boldsymbol{x}_i|\boldsymbol{\theta}_{y_i})]\right\}\prod_{i=1}^{n}P(y_i|\boldsymbol{x}_i,\boldsymbol{\Theta}^g) \\
&= \sum_{y_1=1}^{K}\sum_{y_2=1}^{K}\cdots\sum_{y_n=1}^{K}\sum_{i=1}^{n}\sum_{l=1}^{K}\left\{\delta_{l,y_i}\ln[\alpha_{y_i}p(\boldsymbol{x}_i|\boldsymbol{\theta}_{y_i})]\prod_{j=1}^{n}P(y_j|\boldsymbol{x}_j,\boldsymbol{\Theta}^g)\right\} \\
&= \sum_{i=1}^{n}\sum_{l=1}^{K}\left\{\ln[\alpha_l p(\boldsymbol{x}_i|\boldsymbol{\theta}_l)]\left\{\sum_{y_1=1}^{K}\sum_{y_2=1}^{K}\cdots\sum_{y_n=1}^{K}\left[\delta_{l,y_i}\prod_{j=1}^{n}P(y_j|\boldsymbol{x}_j,\boldsymbol{\Theta}^g)\right]\right\}\right\} \qquad \text{(E. 7)}
\end{aligned}
$$

其中

$$
\delta_{l,y_i}=\begin{cases}1, & l=y_i\\ 0, & l\neq y_i\end{cases}
$$

由于 $\sum_{j=1}^{K}P(y_j|\boldsymbol{x}_j,\boldsymbol{\Theta}^g)=1$，因此式(E. 7) 内层大括号中的内容可以简化为

$$
\begin{aligned}
&\sum_{y_1=1}^{K}\sum_{y_2=1}^{K}\cdots\sum_{y_n=1}^{K}\left[\delta_{l,y_i}\prod_{j=1}^{n}P(y_j|\boldsymbol{x}_j,\boldsymbol{\Theta}^g)\right] \\
&= \left[\sum_{y_1=1}^{K}\cdots\sum_{y_{i-1}=1}^{K}\sum_{y_{i+1}=1}^{K}\cdots\sum_{y_n=1}^{K}\prod_{j=1,j\neq i}^{n}P(y_j|\boldsymbol{x}_j,\boldsymbol{\Theta}^g)\right]P(l|\boldsymbol{x}_i,\boldsymbol{\Theta}^g) \\
&= \prod_{j=1,j\neq i}^{K}\left(\sum_{y_j=1}^{K}P(y_j|\boldsymbol{x}_j,\boldsymbol{\Theta}^g)\right)P(l|\boldsymbol{x}_i,\boldsymbol{\Theta}^g) \\
&= P(l|\boldsymbol{x}_i,\boldsymbol{\Theta}^g) \qquad \text{(E. 8)}
\end{aligned}
$$

式(E. 8) 第 2 步过程使用的是乘法的分配率。代入式(E. 7) 可得

$$
\begin{aligned}
Q(\boldsymbol{\Theta};\boldsymbol{\Theta}^g) &= \sum_{i=1}^{n}\sum_{l=1}^{K}\{\ln[\alpha_l p(\boldsymbol{x}_i|\boldsymbol{\theta}_l)]P(l|\boldsymbol{x}_i,\boldsymbol{\Theta}^g)\} \\
&= \sum_{i=1}^{n}\sum_{l=1}^{K}[\ln\alpha_l P(l|\boldsymbol{x}_i,\boldsymbol{\Theta}^g)]+\sum_{i=1}^{n}\sum_{l=1}^{K}[\ln p(\boldsymbol{x}_i|\boldsymbol{\theta}_l)P(l|\boldsymbol{x}_i,\boldsymbol{\Theta}^g)] \qquad \text{(E. 9)}
\end{aligned}
$$

上式中的期望对数似然函数 $Q(\boldsymbol{\Theta};\boldsymbol{\Theta}^g)$ 只是参数 $\boldsymbol{\Theta}$ 的函数，而 $\boldsymbol{x}_1,\cdots,\boldsymbol{x}_n$ 以及 $\boldsymbol{\Theta}^g$ 均为已知。

2. M 步期望对数似然函数 $Q(\boldsymbol{\Theta};\boldsymbol{\Theta}^g)$ 的优化：

下面来求解公式(E. 3)M 步的优化问题，需要注意的是参数 $\boldsymbol{\alpha}=(\alpha_1,\cdots,\alpha_K)^{\mathrm{T}}$ 存在约束 $\sum_{k=1}^{K}\alpha_k=1$，因此构造 Lagrange 函数：

$$
\begin{aligned}
L(\boldsymbol{\Theta},\lambda) &= Q(\boldsymbol{\Theta};\boldsymbol{\Theta}^g)+\lambda\left(\sum_{k=1}^{K}\alpha_k-1\right) \\
&= \sum_{i=1}^{n}\sum_{l=1}^{K}[\ln\alpha_l P(l|\boldsymbol{x}_i,\boldsymbol{\Theta}^g)]+\sum_{i=1}^{n}\sum_{l=1}^{K}[\ln p(\boldsymbol{x}_i|\boldsymbol{\theta}_l)P(l|\boldsymbol{x}_i,\boldsymbol{\Theta}^g)] \\
&\quad +\lambda\left(\sum_{k=1}^{K}\alpha_k-1\right) \qquad \text{(E. 10)}
\end{aligned}
$$

Lagrange 函数对 α_l 求偏导数及极值：

$$
\frac{\partial L(\boldsymbol{\Theta},\lambda)}{\partial\alpha_l}=\sum_{i=1}^{n}\left[\frac{1}{a_l}P(l|\boldsymbol{x}_i,\boldsymbol{\Theta}^g)\right]+\lambda=0
$$

因此有

$$a_l\lambda+\sum_{i=1}^{n}P(l|\boldsymbol{x}_i,\boldsymbol{\Theta}^g)=0 \tag{E. 11}$$

等式对 l 求和：

$$\sum_{l=1}^{K}\left[a_l\lambda+\sum_{i=1}^{n}P(l|\boldsymbol{x}_i,\boldsymbol{\Theta}^g)\right]=\lambda\sum_{l=1}^{K}a_l+\sum_{i=1}^{n}\sum_{l=1}^{K}P(l|\boldsymbol{x}_i,\boldsymbol{\Theta}^g)=\lambda+n=0$$

因此 Lagrange 系数 $\lambda=-n$，代入式(E. 11)得到关于混合密度组合系数 a_l 的估计公式：

$$a_l=\frac{1}{n}\sum_{i=1}^{n}P(l|\boldsymbol{x}_i,\boldsymbol{\Theta}^g) \tag{E. 12}$$

其中 $P(l|\boldsymbol{x}_i,\boldsymbol{\Theta}^g)$ 可以由式(E. 5)计算。

E. 3 高斯混合模型参数估计的 EM 迭代公式

对于每一个分量密度函数参数的估计，需要考虑具体的分量密度函数形式，下面推导高斯混合模型中分量高斯的均值矢量 $\boldsymbol{\mu}_l$ 和协方差矩阵 $\boldsymbol{\Sigma}_l$ 的估计公式。

高斯混合模型中，第 l 个分量密度函数是一个高斯函数：

$$p_l(\boldsymbol{x}|\boldsymbol{\theta}_l)=\frac{1}{(2\pi)^{d/2}\,|\boldsymbol{\Sigma}_l|^{1/2}}\exp\left[-\frac{1}{2}(\boldsymbol{x}-\boldsymbol{\mu}_l)^{\mathrm{T}}\boldsymbol{\Sigma}_l^{-1}(\boldsymbol{x}-\boldsymbol{\mu}_l)\right]$$

考虑到式(E. 10) Lagrange 函数中第 1 项和第 3 项与均值矢量 $\boldsymbol{\mu}_l$ 和协方差矩阵 $\boldsymbol{\Sigma}_l$ 无关，在优化时不起作用，为了书写简单可以将其省略。将高斯函数代入式(E. 10)：

$$\begin{aligned}L(\boldsymbol{\Theta},\lambda)&=\sum_{l=1}^{K}\sum_{i=1}^{n}\left[\ln p(\boldsymbol{x}_i|\boldsymbol{\theta}_l)P(l|\boldsymbol{x}_i,\boldsymbol{\Theta}^g)\right]\\&=\sum_{l=1}^{K}\sum_{i=1}^{n}\left[\left(-\frac{d}{2}\ln 2\pi-\frac{1}{2}\ln|\boldsymbol{\Sigma}_l|-\frac{1}{2}(\boldsymbol{x}_i-\boldsymbol{\mu}_l)^{\mathrm{T}}\boldsymbol{\Sigma}_l^{-1}(\boldsymbol{x}_i-\boldsymbol{\mu}_l)\right)P(l|\boldsymbol{x}_i,\boldsymbol{\Theta}^g)\right]\end{aligned} \tag{E. 13}$$

首先对 $\boldsymbol{\mu}_l$ 求偏导数及极值：

$$\begin{aligned}\frac{\partial L(\boldsymbol{\Theta},\lambda)}{\partial\boldsymbol{\mu}_l}&=\sum_{i=1}^{n}\left[\boldsymbol{\Sigma}_l^{-1}(\boldsymbol{x}_i-\boldsymbol{\mu}_l)P(l|\boldsymbol{x}_i,\boldsymbol{\Theta}^g)\right]\\&=\boldsymbol{\Sigma}_l^{-1}\left[\sum_{i=1}^{n}\boldsymbol{x}_iP(l|\boldsymbol{x}_i,\boldsymbol{\Theta}^g)-\boldsymbol{\mu}_l\sum_{i=1}^{n}P(l|\boldsymbol{x}_i,\boldsymbol{\Theta}^g)\right]=0\end{aligned}$$

两边左乘 $\boldsymbol{\Sigma}_l$，可以得到均值矢量 $\boldsymbol{\mu}_l$ 的估计公式：

$$\boldsymbol{\mu}_l=\sum_{i=1}^{n}\boldsymbol{x}_iP(l|\boldsymbol{x}_i,\boldsymbol{\Theta}^g)\Big/\sum_{i=1}^{n}P(l|\boldsymbol{x}_i,\boldsymbol{\Theta}^g) \tag{E. 14}$$

式(E. 13)对 $\boldsymbol{\Sigma}_l^{-1}$ 求偏导数及极值(具体过程参见附录 D 的推导过程)：

$$\begin{aligned}\frac{\partial L(\boldsymbol{\Theta},\lambda)}{\partial\boldsymbol{\Sigma}_l^{-1}}&=\sum_{i=1}^{n}\left[\left(\frac{1}{2}\frac{1}{|\boldsymbol{\Sigma}_l^{-1}|}|\boldsymbol{\Sigma}_l^{-1}|\boldsymbol{\Sigma}_l-\frac{1}{2}(\boldsymbol{x}_i-\boldsymbol{\mu}_l)(\boldsymbol{x}_i-\boldsymbol{\mu}_l)^{\mathrm{T}}\right)P(l|\boldsymbol{x}_i,\boldsymbol{\Theta}^g)\right]\\&=\frac{1}{2}\left\{\boldsymbol{\Sigma}_l\left[\sum_{i=1}^{n}P(l|\boldsymbol{x}_i,\boldsymbol{\Theta}^g)\right]-\sum_{i=1}^{n}P(l|\boldsymbol{x}_i,\boldsymbol{\Theta}^g)(\boldsymbol{x}_i-\boldsymbol{\mu}_l)(\boldsymbol{x}_i-\boldsymbol{\mu}_l)^{\mathrm{T}}\right\}=0\end{aligned}$$

因此得到协方差矩阵 $\boldsymbol{\Sigma}_l$ 的估计公式：

$$\boldsymbol{\Sigma}_l=\left[\sum_{i=1}^{n}P(l|\boldsymbol{x}_i,\boldsymbol{\Theta}^g)(\boldsymbol{x}_i-\boldsymbol{\mu}_l)(\boldsymbol{x}_i-\boldsymbol{\mu}_l)^{\mathrm{T}}\right]\Big/\sum_{i=1}^{n}P(l|\boldsymbol{x}_i,\boldsymbol{\Theta}^g) \tag{E. 15}$$

总结式(E.5)、(E.12)、(E.14)和(E.15)，得到高斯混合模型参数估计 EM 算法第 j 轮的迭代公式：

$$P(l|\boldsymbol{x}_i,\boldsymbol{\Theta}^{j-1})=\alpha_l^{j-1}p(\boldsymbol{x}_i|\boldsymbol{\theta}_l^{j-1})\Big/\sum_{k=1}^{K}\alpha_k^{j-1}p(\boldsymbol{x}_i|\boldsymbol{\theta}_k^{j-1})$$

其中 $p(\boldsymbol{x}_i|\boldsymbol{\theta}_l^{j-1})$ 为高斯函数

$$a_l^j=\frac{1}{n}\sum_{i=1}^{n}P(l|\boldsymbol{x}_i,\boldsymbol{\Theta}^{j-1})$$

$$\boldsymbol{\mu}_l^j=\sum_{i=1}^{n}\boldsymbol{x}_iP(l|\boldsymbol{x}_i,\boldsymbol{\Theta}^{j-1})\Big/\sum_{i=1}^{n}P(l|\boldsymbol{x}_i,\boldsymbol{\Theta}^{j-1})$$

$$\boldsymbol{\Sigma}_l^j=\left[\sum_{i=1}^{n}P(l|\boldsymbol{x}_i,\boldsymbol{\Theta}^{j-1})(\boldsymbol{x}_i-\boldsymbol{\mu}_l^j)(\boldsymbol{x}_i-\boldsymbol{\mu}_l^j)^{\mathrm{T}}\right]\Big/\sum_{i=1}^{n}P(l|\boldsymbol{x}_i,\boldsymbol{\Theta}^{j-1})$$

附录 F　一维高斯分布均值的贝叶斯估计

样本集 $D=\{x_1,\cdots,x_n\}$ 来自于 1 维高斯分布 $N(\mu,\sigma^2)$，其中方差 σ^2 是已知的，计算均值 μ 的贝叶斯估计。假设均值的先验 $p(\mu)\sim N(\mu_0,\sigma_0^2)$ 是以 μ_0 为均值，σ_0^2 为方差的高斯分布。

首先计算 μ 的后验概率密度 $p(\mu|D)$，根据贝叶斯公式：

$$p(\mu|D)=\frac{p(D|\mu)p(\mu)}{p(D)}=\frac{p(D|\mu)p(\mu)}{\int p(D|\mu)p(\mu)\,\mathrm{d}\mu}$$

由于 $p(D)=\int p(D|\mu)p(\mu)\,\mathrm{d}\mu$ 是与 μ 及 x 无关的常数，因此令

$$\alpha=\frac{1}{p(D)}=\frac{1}{\int p(D|\mu)p(\mu)\,\mathrm{d}\mu}$$

样本集 $D=\{x_1,\cdots,x_n\}$ 是独立同分布的，因此

$$\begin{aligned}
p(\mu|D)&=\alpha p(D|\mu)p(\mu)\\
&=\alpha\prod_{i=1}^{n}p(x_i|\mu)p(\mu)\\
&=\alpha\prod_{i=1}^{n}\frac{1}{\sqrt{2\pi}\,\sigma}\exp\left[-\frac{(x_i-\mu)^2}{2\sigma^2}\right]\times\frac{1}{\sqrt{2\pi}\,\sigma_0}\exp\left[-\frac{(\mu-\mu_0)^2}{2\sigma_0^2}\right]\\
&=\frac{\alpha}{(\sqrt{2\pi}\,\sigma)^n\sqrt{2\pi}\,\sigma_0}\exp\left[-\frac{1}{2\sigma^2}\sum_{i=1}^{n}(x_i-\mu)^2-\frac{1}{2\sigma_0^2}(\mu-\mu_0)^2\right]\\
&=\alpha'\exp\left[-\frac{1}{2}\left(\frac{1}{\sigma^2}\sum_{i=1}^{n}x_i^2-\frac{2}{\sigma^2}\mu\sum_{i=1}^{n}x_i+\frac{n}{\sigma^2}\mu^2+\frac{1}{\sigma_0^2}\mu^2-\frac{2}{\sigma_0^2}\mu_0\mu+\frac{1}{\sigma_0^2}\mu_0^2\right)\right]\\
&=\alpha'\exp\left[-\frac{1}{2}\left(\frac{1}{\sigma^2}\sum_{i=1}^{n}x_i^2+\frac{1}{\sigma_0^2}\mu_0^2\right)\right]\exp\left\{-\frac{1}{2}\left[\left(\frac{n}{\sigma^2}+\frac{1}{\sigma_0^2}\right)\mu^2-2\left(\frac{1}{\sigma^2}\sum_{i=1}^{n}x_i+\frac{\mu_0}{\sigma_0^2}\right)\mu\right]\right\}\\
&=\alpha''\exp\left\{-\frac{1}{2}\left[\left(\frac{n}{\sigma^2}+\frac{1}{\sigma_0^2}\right)\mu^2-2\left(\frac{1}{\sigma^2}\sum_{i=1}^{n}x_i+\frac{\mu_0}{\sigma_0^2}\right)\mu\right]\right\}
\end{aligned}\tag{F.1}$$

上述过程中分 2 次对与 μ 无关项进行了归并，其中

$$\alpha' = \frac{\alpha}{(\sqrt{2\pi}\sigma)^n \sqrt{2\pi}\sigma_0}, \alpha'' = \alpha' \exp\left[-\frac{1}{2}\left(\frac{1}{\sigma^2}\sum_{i=1}^{n} x_i^2 + \frac{1}{\sigma_0^2}\mu_0^2\right)\right]$$

由上面的推导结果可以看出，$p(\mu|D)$ 的指数部分是关于 μ 的二次函数，由此可以断定 $p(\mu|D)$ 服从高斯分布：$p(\mu|D) \sim N(\mu_n, \sigma_n^2)$。

$$\begin{aligned} p(\mu|D) &= \frac{1}{\sqrt{2\pi}\sigma_n}\exp\left[-\frac{1}{2}\left(\frac{\mu-\mu_n}{\sigma_n}\right)^2\right] \\ &= \frac{1}{\sqrt{2\pi}\sigma_n}\exp\left[-\frac{1}{2}\left(\frac{1}{\sigma_n^2}\mu^2 - \frac{2\mu_n}{\sigma_n^2}\mu + \frac{\mu_n^2}{\sigma_n^2}\right)\right] \end{aligned} \tag{F.2}$$

对比式(F.1)和(F.2)，可以得到：

$$\frac{1}{\sigma_n^2} = \frac{n}{\sigma^2} + \frac{1}{\sigma_0^2}$$

$$\frac{\mu_n}{\sigma_n^2} = \frac{1}{\sigma^2}\sum_{i=1}^{n} x_i + \frac{\mu_0}{\sigma_0^2}$$

因此

$$\sigma_n^2 = \frac{\sigma^2\sigma_0^2}{n\sigma_0^2 + \sigma^2}$$

$$\mu_n = \left(\frac{1}{\sigma^2}\sum_{i=1}^{n} x_i + \frac{\mu_0}{\sigma_0^2}\right)\frac{\sigma^2\sigma_0^2}{n\sigma_0^2 + \sigma^2} = \frac{\sigma_0^2}{n\sigma_0^2 + \sigma^2}\sum_{i=1}^{n} x_i + \frac{\sigma^2\mu_0}{n\sigma_0^2 + \sigma^2}$$

简化符号，令 $\hat{\mu}_n = \frac{1}{n}\sum_{i=1}^{n} x_i$，则有

$$p(\mu|D) \sim N\left(\frac{n\sigma_0^2}{n\sigma_0^2 + \sigma^2}\hat{\mu}_n + \frac{\sigma^2}{n\sigma_0^2 + \sigma^2}\mu_0, \frac{\sigma^2\sigma_0^2}{n\sigma_0^2 + \sigma^2}\right)$$

这就是 1 维高斯分布均值 μ 的贝叶斯估计后验概率密度。有了分布参数 μ 的后验概率 $p(\mu|D)$，下面来计算待识样本 x 的后验概率：

$$\begin{aligned} p(x|D) &= \int p(x|\mu)\,p(\mu|D)\,\mathrm{d}\mu \\ &= \int \frac{1}{\sqrt{2\pi}\sigma}\exp\left[-\frac{1}{2}\left(\frac{x-\mu}{\sigma}\right)^2\right]\frac{1}{\sqrt{2\pi}\sigma_n}\exp\left[-\frac{1}{2}\left(\frac{\mu-\mu_n}{\sigma_n}\right)^2\right]\mathrm{d}\mu \\ &= \frac{1}{2\pi\sigma\sigma_n}\int\exp\left[-\frac{1}{2}\left(\frac{x-\mu}{\sigma}\right)^2 - \frac{1}{2}\left(\frac{\mu-\mu_n}{\sigma_n}\right)^2\right]\mathrm{d}\mu \\ &= \frac{1}{2\pi\sigma\sigma_n}\int\exp\left[-\frac{1}{2}\left(\frac{x^2}{\sigma^2} - \frac{2x\mu}{\sigma^2} + \frac{\mu^2}{\sigma^2} + \frac{\mu^2}{\sigma_n^2} - \frac{2\mu\mu_n}{\sigma_n^2} + \frac{\mu_n^2}{\sigma_n^2}\right)\right]\mathrm{d}\mu \\ &= \frac{1}{2\pi\sigma\sigma_n}\int\exp\left[-\frac{(\sigma_n^2+\sigma^2)\mu^2 - 2(\sigma_n^2 x + \sigma^2\mu_n)\mu + (\sigma_n^2 x^2 + \sigma^2\mu_n^2)}{2\sigma^2\sigma_n^2}\right]\mathrm{d}\mu \\ &= \frac{1}{2\pi\sigma\sigma_n}\exp\left[\frac{(\sigma_n^2 x + \sigma^2\mu_n)^2}{2\sigma^2\sigma_n^2(\sigma_n^2+\sigma^2)} - \frac{(\sigma_n^2 x^2 + \sigma^2\mu_n^2)}{2\sigma^2\sigma_n^2}\right] \\ &\quad \int\exp\left[-\frac{\sigma_n^2+\sigma^2}{2\sigma^2\sigma_n^2}\left(\mu - \frac{\sigma_n^2 x + \sigma^2\mu_n}{\sigma_n^2+\sigma^2}\right)^2\right]\mathrm{d}\mu \\ &= \frac{f(\sigma,\sigma_n)}{2\pi\sigma\sigma_n}\exp\left[\frac{\sigma_n^4 x^2 + 2\sigma_n^2\sigma^2\mu_n x + \sigma^4\mu_n^2 - \sigma_n^4 x^2 - \sigma^2\sigma_n^2 x^2 - \sigma_n^2\sigma^2\mu_n^2 - \sigma^4\mu_n^2}{2\sigma^2\sigma_n^2(\sigma_n^2+\sigma^2)}\right] \\ &= \frac{f(\sigma,\sigma_n)}{2\pi\sigma\sigma_n}\exp\left[\frac{-\sigma^2\sigma_n^2 x^2 + 2\sigma^2\sigma_n^2\mu_n x - \sigma^2\sigma_n^2\mu_n^2}{2\sigma^2\sigma_n^2(\sigma_n^2+\sigma^2)}\right] \end{aligned}$$

$$=\frac{f(\sigma,\sigma_n)}{2\pi\sigma\sigma_n}\exp\left[-\frac{1}{2}\frac{x^2-2x\mu_n+\mu_n^2}{\sigma_n^2+\sigma^2}\right]$$

$$=\frac{f(\sigma,\sigma_n)}{2\pi\sigma\sigma_n}\exp\left[-\frac{1}{2}\frac{(x-\mu_n)^2}{\sigma_n^2+\sigma^2}\right]$$

其中的积分项简记为关于 σ 和 σ_n 的函数形式：

$$f(\sigma,\sigma_n)=\int\exp\left[-\frac{\sigma_n^2+\sigma^2}{2\sigma^2\sigma_n^2}\left(\mu-\frac{\sigma_n^2x-\sigma^2\mu_n}{\sigma_n^2+\sigma^2}\right)^2\right]\mathrm{d}\mu \tag{F.3}$$

注意到被积函数是关于 μ 的二次指数函数，因此是一个高斯函数，而式(F.3)为高斯积分，其值的大小只与 σ 和 σ_n 有关，与 μ，x 和 μ_n 无关。根据上面的推导结果可以看出，样本 x 的后验概率密度 $p(x|D)$ 服从高斯分布：

$$p(x|D)\sim N(\mu_n,\sigma_n^2+\sigma^2)$$

$f(\sigma,\sigma_n)$ 只是一个归一化因子，不需要计算积分即可得到

$$f(\sigma,\sigma_n)=\frac{\sqrt{2\pi}\,\sigma\sigma_n}{\sqrt{\sigma_n^2+\sigma^2}}$$

参考文献

[1] HALL A V. Methods for demonstrating resemblance in taxonomy and ecology[J]. Nature, 1967, 214(5):830-831.

[2]STEINHAUS H. Sur la division des corps matériels en parties[J]. Bull. Acad. Polon. Sci, 1957, 4(12):801-804.

[3]MACQUEEN J B. Some methods for classification and analysis of multivariate observations [C]//Proceedings of 5th Berkeley Symposium on Mathematical Statistics and Probability. USA: University of California Press, 1967:281-297.

[4]LLOYD S P. Least squares quantization in PCM[J]. IEEE Transactions on Information Theory, 1982, 28(2):129-137.

[5]McCULLOCK W S, PITTS W H. A logical calculus of ideas imminent in nervous activity[J]. Bulletin of Mathematical Biophysics, 1943, 5(4):115-133.

[6]ROSENBLATT F. The perceptron: a probabilistic model for information storage and organization in the brain[J]. Psychological Review, 1958, 65(6):386-408.

[7]NASH S, SOFER A. Linear and nonlinear programming[M]. New York: McGraw-Hill, 1995.

[8]KIMURA F, TAKASHINA K, TSURUOKA S, et al. Modified quadratic discriminant functions and the application to Chinese character recognition[J]. IEEE Transactions on Pattern Analysis and Machine Intelligence, 1987, 9(1):149-153.

[9]DEMPSTER A P, LAIRD N M, RUBIN D B. Maximum-likelihood from incomplete data via the EM algorithm[J]. Journal of the Royal Statistical Society, 1977, 39(1): 1-38.

[10]RABINER L, HWANG H B. Fundamentals of speech recognition[M]. New Jersey: Prentice Hall, 1993.

[11]BISHOP C M. Pattern recognition and machine learning[M]. New York: Springer-Verlag, 2006.

[12]KATO N, SUZUKI M, OMACHI S, et al. A handwritten character recognition system using directional element feature and asymmetric mahalanobis distance[J]. IEEE Transactions on Pattern Analysis and Machine Intelligence, 1999, 21(3): 258-262.

[13]VIOLA P, JONES M J. SNOW D. Detecting pedestrians using patterns of motion and appearance[J]. International Journal of Computer Vision, 2005, 63(2):153-161.

名词索引

B

C

D

E

F

G

H

Q

R

S

T

V

W

X

Y

Z